中国科学院大学研究生教材系列

全国优秀教材特等奖

冰冻圈科学概论

（修订版）

主　编　秦大河
副主编　姚檀栋　丁永建　任贾文

科学出版社
北　京

内 容 简 介

本书系统地介绍了冰冻圈科学,其内容涵盖冰冻圈组成各要素的形成发育、演化和研究方法,冰冻圈与气候系统其他圈层及人类圈的相互作用,涉及社会经济可持续发展和地缘政治等热点问题。

本书可供地理、水文、地质、地貌、大气、生态、环境、海洋和区域经济社会可持续发展等领域有关科研和技术人员、大专院校相关专业师生使用和参考,也可供在经济、社会、人文等领域和部门工作的同仁参考使用。

审图号:GS(2018)4276号

图书在版编目(CIP)数据

冰冻圈科学概论. 修订版/秦大河主编. —北京:科学出版社,2018.9
(中国科学院大学研究生教材系列)
ISBN 978-7-03-058622-3

Ⅰ. ①冰… Ⅱ. ①秦… Ⅲ. ①冰川学-研究生-教材 Ⅳ. ①P343.6

中国版本图书馆 CIP 数据核字(2018)第 198864 号

责任编辑:杨帅英 赵 晶/责任校对:何艳萍
责任印制:赵 博/封面设计:图阅社

科学出版社 出版
北京东黄城根北街16号
邮政编码:100717
http://www.sciencep.com
北京建宏印刷有限公司印刷
科学出版社发行 各地新华书店经销
*

2018年9月第 一 版 开本:787×1092 1/16
2025年1月第七次印刷 印张:23 1/4
字数:518 000

定价:98.00元
(如有印装质量问题,我社负责调换)

《冰冻圈科学概论（修订版）》编写委员会

主　　编：秦大河

副 主 编：姚檀栋　丁永建　任贾文

主　　笔（按姓氏汉语拼音排序）：

丁永建　何元庆　康世昌　赖远明　李　新　李志军
李忠勤　刘时银　罗　勇　秦大河　任贾文　孙　波
孙俊英　王根绪　王宁练　温家洪　吴青柏　武炳义
效存德　姚檀栋　张廷军　赵　林　赵进平　周尚哲

主要作者（按姓氏汉语拼音排序）：

车　涛　陈仁升　丁明虎　窦挺峰　方一平　何剑锋
侯书贵　金会军　李国玉　刘耕年　刘晓宏　马丽娟
牛富俊　沈永平　田立德　王世金　肖　瑶　徐柏青
徐世明　阳　坤　杨建平　叶柏生　张　通　张建明
张人禾　张世强　朱立平

秘书组　马丽娟　窦挺峰　徐新武　王世金　王亚伟　俞　杰

修订版前言

冰冻圈科学是研究自然背景条件下，冰冻圈各要素形成、演化过程与内在机理，冰冻圈与气候系统其他圈层相互作用，以及冰冻圈变化的影响和适应的新兴交叉学科。随着全球变暖更趋强势，冰冻圈在全球变化研究中的作用日益显著，将冰冻圈作为一个独立圈层进行全球变化研究，提高了冰冻圈科学的学科地位。

国际冰冻圈科学研究沿着两条主线展开：一条以世界气候研究计划/气候与冰冻圈计划为主线，目标是加深对冰冻圈与气候系统之间相互作用的物理过程与反馈机制的理解，提高气候预测的准确性，为防灾减灾服务；另一条是以国际大地测量与地球物理学联合会麾下"国际冰冻圈科学协会"为核心，推动建立冰冻圈科学体系，服务社会经济与可持续发展。中国科学家经过几代人的学术积累，结合气候变化科学和可持续发展理论，经过不懈努力率先提出了冰冻圈科学的概念和理论框架。近年，冰冻圈科学国家重点实验室联合其他科研单位和高等院校专家，先后在中国科学院大学、兰州大学、北京师范大学、中山大学等高校开设了"冰冻圈科学概论"课程，并在实际授课基础上总结出版了《冰冻圈科学概论》（以下简称《概论》），极大地普及了冰冻圈科学知识，推动了冰冻圈科学的发展，加强了冰冻圈与其他科学交叉研究的深入。

《概论》第一版出版后受到专家和读者一致好评。同年，中国科学院冰冻圈科学国家重点实验室与中国科学院大学联合举办"冰冻圈科学概论"高校青年教师培训班，来自国内20家相关高等院校和科研院所的100多名学员参加了培训，为冰冻圈科学的发展培养了人才。编纂冰冻圈科学教材，在国内属首次，国际上亦无现成模板，加上学科发展迅速、涉及面广，难免存在错误和纰漏。注意到第一版篇幅对高等院校学生仍偏大，所以我们精炼了《概论》第一版，成为《概论》修订版。在此对各位专家和读者的关心和贡献表示感谢，希望在使用中给予批评指正，以便再版时参考。

本书的出版得到国家自然科学基金创新研究群体项目（41721091）、中国科学院前沿科学重点研究项目（QYZDY-SSW-DQC021）、国家自然科学基金重大项目（41690140）、冰冻圈科学国家重点实验室自主课题（SKLCS-ZZ-2018）和中国科学院大学教材出版中心共同资助，作者表示衷心感谢。同时，也感谢对本书的出版给予关心、支持和帮助的所有师长、同仁和朋友。

2018年8月8日

序 一

冰冻圈科学以自然界的冰、雪、冻土为研究主体。冰冻圈是受气候变暖影响最严重的一个圈层，突出表现在全球冰川严重退缩，北极海冰和北半球积雪迅速减少，以及多年冻土活动层增厚，等等。与此同时，冰冻圈通过与其他圈层间的物质、能量交换，对自然系统和社会经济系统也产生显著影响。中国科学家经过数十年的研究阐明了冰冻圈现状、演变规律及变化机理，并揭示了冰冻圈与其他圈层的相互作用。中国科学家还率先在冰冻圈与可持续发展的关联方面进行了探索性研究。

冰冻圈以其表面的高反射率、巨大的冷储和相变潜热，作为温室气体的源汇和气候环境的记录器，以及巨大的淡水储量等不可替代的功能，加之其变化过程、趋势和其他圈层的相互作用，已成为当前气候系统和可持续发展研究中最活跃的领域之一，受到前所未有的重视。2007年，中国率先成立了冰冻圈科学国家重点实验室。同年，国际大地测量地球物理联合会（IUGG）将其下属原国际雪冰委员会（ICSI，二级学会）升格为国际冰冻圈科学联合会（IACS，一级学会），成为IUGG成立87年里增加的唯一的一级学会。2016年，中国科学技术协会批准成立中国冰冻圈科学学会。

近几年来，冰冻圈科学国家重点实验室联合其他科研单位和高等院校的专家，先后在中国科学院大学、北京师范大学和兰州大学开设"冰冻圈科学概论"研究生课程，在此基础上编写出版了该书。这是继2012年《英汉冰冻圈科学词汇》和2014年《冰冻圈科学辞典》之后，秦大河院士等科学家编写出版的第三部冰冻圈科学系列书籍。

《冰冻圈科学概论》内容丰富，涵盖了冰冻圈科学的基本概念和理论，深入浅出地阐述了冰冻圈各要素的形成演化、冰冻圈与气候系统其他圈层的相互作用，以及冰冻圈变化对社会经济可持续发展的影响，可作为大专院校相关专业的教材和生态环境领域科技人员的参考文献。该书是至今第一部系统论述冰冻圈科学的专著，我相信该书的问世必将进一步促进冰冻圈科学的发展。

中国科学院院士

2017 年 3 月

序 二

自 20 世纪 50 年代我国老一辈地理学家开启现代冰川和冻土科学考察以来，以分支学科并行研究冰川、冻土和积雪，历经了半个多世纪。近十几年来，以秦大河院士为首的团队用系统综合的思想，提出并发展了一门新兴学科——冰冻圈科学，组建成立了冰冻圈科学国家重点实验室，先后出版了《英汉冰冻圈科学词汇》和《冰冻圈科学辞典》。今天他们又推出了系统介绍冰冻圈科学内容的《冰冻圈科学概论》。我有幸目睹和经历了这一过程，一路走来，我对他们勇于开拓、勇攀高峰的精神所感动。作为随行者，我首先拜读了《冰冻圈科学概论》。

冰冻圈科学与地理学、气象气候学、水文学、地貌学、生态学、海洋科学、遥感科学、环境科学等学科交叉，与社会经济可持续发展乃至地缘政治相关。伴随新技术和新方法，冰冻圈科学的研究深度和广度都获得了长足发展，涉及全球变化、环境变迁、可持续发展等多个领域。"气候变暖冰先知"，冰冻圈的变化通过影响水资源、生态环境、海平面变化和极端天气气候事件等，对人类社会产生不可估量的影响。因此，冰冻圈科学的发展不仅关系到冰冻圈研究本身，还牵动着与之相关的人类生存环境、经济社会等多个方面，与我们日常生活息息相关。在此背景下，推出一本全面介绍冰冻圈基本概念、研究概况和前沿进展的书籍，对冰冻圈科学体系的建立和发展、教育和普及具有重要的现实意义。

冰冻圈科学包含冰川、冻土、积雪等多个分支，每个分支的内容又极为丰富、差异性大，要把冰冻圈所含各要素有机地统筹到冰冻圈系统中，针对某一方面内容（比如：冰冻圈物理、化学、观测、模拟等）集中在一章或一节中呈现给读者，还要确保内容的连贯性，这本身是有相当难度的。可以看出本书在这方面下了很大功夫，对讲授内容、讲解顺序和理论深度都作了较好的安排，使得冰冻圈科学中的各主要要素都在书中得到体现。在章节安排上循序渐进、由浅入深，既有基础知识、又有机理探究；既有野外工作介绍、又有观测实验分析。在获取理论知识的同时又不会觉得枯燥，可读性强。该书的另一个特点是取材新颖。书中不少资料是最近十年研究的新成果、新技术，不仅图文并茂地阐述冰冻圈观测事实，还作了物理解释，大大扩展了本书的受众。

尽管该书在内容上个别表述仍有专著的影子，但已适合具备一定自然地理学基础的本科生、研究生作为冰冻圈科学入门学习和后期科研参考的教科书，相信会对学生开阔视野乃至今后科研能力的发展大有裨益。该书亦可作为对冰冻圈科学感兴趣的教师、媒体等社会公众的参考书目。冰冻圈科学是一个注重野外实地观测的学科，观测技术的进步会大大促进该学科的发展。因此随着未来观测技术水平的进步，冰冻圈科学仍将快速发展壮大，新的研究成果必将不断涌现。相信再版时会更加完善。

学科要发展，教育须先行。作者团队高瞻远瞩，在连续出版了一系列冰冻圈科学工具书的基础上，又亲自在多所大学讲授相关课程，形成了系统介绍冰冻圈科学内容的《冰冻圈科学概论》，这是在冰冻圈科学领域的首开先河。该书的出版必将增强冰冻圈科学研究的中坚力量和后继人才队伍建设，势必推动冰冻圈科学取得实质性进展，并引领冰冻圈科学迈上新台阶。

傅伯杰

中国科学院院士
中国地理学会理事长
2017年2月

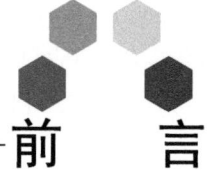

前　言

当今世界，科技进步带来经济社会的快速发展，提高了人民生活水平，也带来了全球气候变暖、生态环境恶化的后果，引起社会广泛关注。山地冰川退缩、雪线上升、冻土退化、南极冰盖消融、北极海冰范围减小等冰冻圈科学涵盖的问题备受关注。不同领域的研究者已经发表了大量涉及冰冻圈科学的学术论著；大众传媒刊登大量文章，讨论气候变化和冰冻圈变化的影响，受众甚广；各种各类演讲报告里，拿冰冻圈举例说事的，比比皆是；……冰冻圈科学正在向不同学科领域交叉渗透，科学知识不断普及，影响日益扩大，社会效益日增，带来了冰冻圈科学的大发展、大传播。

将气候变化、冰冻圈变化的影响、适应与经济社会发展紧密接合，保护地球环境、实现可持续发展，是我们的夙愿。大好形势下实现夙愿和抱负，是喜事。但喜中也有忧。由于科技队伍快速扩大，人才培养滞后发展速度，部分冰冻圈科技工作者对本学科的新发展和未来趋势了解不够，专业知识结构存在缺陷。这不利于冰冻圈科学深入发展，不利于科学普及，也不利于保护地球、保护环境，实现可持续发展。随着人类生产活动的发展和科学技术水平的提高，特别是卫星及遥感探测技术的提高，使冰冻圈科学得到迅速发展。《冰冻圈科学概论》正是顺应这一发展需求，对此门科学做一个较为全面的介绍。

全书共分为 11 章，对冰冻圈科学的有关问题进行了较为系统的论述。第 1 章是冰冻圈与冰冻圈科学，系统讲述冰冻圈科学的定义和研究简史，以及冰冻圈在全球变化和社会发展中的作用等；第 2 章是冰冻圈的分类和地理分布，主要阐述冰冻圈各要素在全球的地理分布以及各要素的分类；第 3 章是冰冻圈的形成和发育，介绍冰冻圈发育的地带性，以及冰冻圈各要素的形成机制和发育条件等；第 4 章是冰冻圈的物理特征，从力学、热学、电学、磁学等方面介绍冰川、冻土、积雪、海冰等要素的物理特征；第 5 章是冰冻圈的化学特征，主要包括冰川的雪冰化学特征、冻土的化学特征，以及海冰的化学特征；第 6 章是冰冻圈内的气候环境记录，系统介绍从冰芯、冻土、树木年轮及寒区其他介质记录反映的气候演变；第 7 章是不同尺度的冰冻圈演化，主要从构造尺度、轨道/亚轨道尺度、千年尺度、百年-年代际尺度到年际-季节尺度介绍冰冻圈各要素的变化特征；第 8 章是冰冻圈与其他圈层的相互作用，讨论了冰冻圈与气候系统其他四大圈层之间相互作用关系，主要介绍其中密切关联的交叉部分；第 9 章是冰冻圈与可持续发展，介绍了冰冻圈变化对社会的影响、冰冻圈灾害与风险管理、冰冻圈区重大工程建设等与社会经济发展密切相关的内容；第 10 章是冰冻圈模式和冰冻圈变化的预估，介绍了冰冻圈各要素现有的模式，并讨论了冰冻圈过程与气候的耦合模拟；第 11 章是冰冻圈科学观测和实验技术，对冰冻圈探测的传统方法和实验室分析技术进行了系统介绍，并讨论了冰冻圈科学加速发展所使用的新技术和新方法。可以预料，未来十几年有关冰冻圈科学的研究将有更全面的进展，本书中提到的一些冰冻圈科学问题也将有更全面的结论，尤其是冰冻圈与其他圈层相互作用，冰冻圈变化与可持续发展等当前研究热点，一定会有更加成熟的结论。从这一点讲，本书作为"概论"，可将其视为冰冻圈科学的"初级阶段"，是进一步研究的基础。

本书主要面向高等院校相关专业的师生和科研机构的科技人员。通过阅读本书，使读者从圈层的角度重新认识冰冻圈及其组成要素的意义，了解冰冻圈变化的复杂性和重要影响，获得新的知识，从阅读中也可以提出需要研究的新问题。冰冻圈科学内容丰富，单靠一本概论无法详尽阐述，我们已经考虑在出版《冰冻圈科学概论》的同时，编撰冰冻圈科学分论系列书籍，作为概论的补充教学。由于我们第一次编撰《冰冻圈科学概论》，经验不足，学识有限，国际视野仍欠缺，加上涉及的学科面广、学科发展迅速，等等，难免有不当或疏漏之处，敬请读者批评指正，以便再版时补充或修正。

本书的编撰和出版得到国家自然科学基金创新研究群体项目（41421061）、国家重大科学研究计划项目（2013CBA01800）、国家重点基础研究发展计划项目（2007CB411507）、冰冻圈科学国家重点实验室自主课题（SKLCS-ZZ-2016）和中国科学院大学教材出版中心共同资助，同时还得到中国科学院学部局常委会自主部署的学科发展战略研究支持，作者表示衷心感谢。同时，也感谢对本书的出版给予关心、支持和帮助的所有师长、同仁和朋友。

秦大河

2016年12月于北京

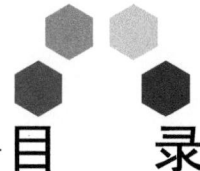

目 录

修订版前言
序一
序二
前言

第1章　冰冻圈与冰冻圈科学 1
　1.1　冰冻圈 1
　　1.1.1　地球上的冰冻圈 1
　　1.1.2　冰冻圈的分类和数量特征 2
　　1.1.3　冰冻圈变化 4
　1.2　冰冻圈科学 6
　　1.2.1　冰冻圈科学的定义、内容和范畴 6
　　1.2.2　学科体系和研究方法 7
　　1.2.3　冰冻圈科学的发展 8
　　1.2.4　国际重大科学计划中的冰冻圈科学 9
　　1.2.5　关注 IPCC AR6 对冰冻圈科学的要求 10
　1.3　冰冻圈与气候系统 10
　　1.3.1　冰冻圈的发育机理、过程和变化 10
　　1.3.2　冰冻圈发育的时空尺度 12
　　1.3.3　冰冻圈与其他圈层的相互作用 13
　　1.3.4　冰冻圈在气候系统中的作用 14
　1.4　冰冻圈科学在经济社会发展中的作用 16
　　1.4.1　水循环和水资源 17
　　1.4.2　冰冻圈灾害 17
　　1.4.3　矿产资源和工程建设 18
　　1.4.4　冰冻圈地区探险与旅游 18
　　1.4.5　冰冻圈对人类社会的惠益 19
　　1.4.6　冰冻圈地缘政治 19
　1.5　行星冰冻圈 20

    1.5.1　火星冰冻圈的特征 ………………………………………………… 20
    1.5.2　火星水冰的证据 …………………………………………………… 21
  思考题 ……………………………………………………………………………… 22
  延伸阅读 …………………………………………………………………………… 23
    【代表人物】……………………………………………………………… 23
    【经典著作】……………………………………………………………… 24

第 2 章　冰冻圈的分类和地理分布 ……………………………………………… 25
  2.1　冰冻圈的全球分布、组成与分类 ……………………………………………… 25
    2.1.1　冰冻圈分布的地带性 ………………………………………………… 25
    2.1.2　冰冻圈的组成和分布特征 …………………………………………… 26
    2.1.3　陆地冰冻圈、海洋冰冻圈和大气冰冻圈 …………………………… 27
  2.2　陆地冰冻圈的分类与分布 ……………………………………………………… 28
    2.2.1　冰川与冰盖的分类与分布 …………………………………………… 28
    2.2.2　冻土的分类与分布 …………………………………………………… 35
    2.2.3　积雪的分类与分布 …………………………………………………… 41
    2.2.4　河冰和湖冰的分类与分布 …………………………………………… 45
  2.3　海洋冰冻圈的分类与分布 ……………………………………………………… 48
    2.3.1　冰架与冰山的分类与分布 …………………………………………… 48
    2.3.2　海冰的分类与分布 …………………………………………………… 50
    2.3.3　海底多年冻土的分类与分布 ………………………………………… 54
  2.4　大气冰冻圈的分类与分布 ……………………………………………………… 56
    2.4.1　大气冰冻圈的分类 …………………………………………………… 56
    2.4.2　大气冰冻圈的分布 …………………………………………………… 56
  思考题 ……………………………………………………………………………… 59
  延伸阅读 …………………………………………………………………………… 59
    【经典著作】……………………………………………………………… 59

第 3 章　冰冻圈的形成和发育 …………………………………………………… 61
  3.1　冰冻圈形成与发育的条件 ……………………………………………………… 61
    3.1.1　冰川的形成与发育条件 ……………………………………………… 61
    3.1.2　多年冻土的形成与发育条件 ………………………………………… 62
    3.1.3　积雪的形成与发育条件 ……………………………………………… 63
    3.1.4　河冰和湖冰的形成与发育条件 ……………………………………… 63
    3.1.5　海冰、冰架、冰山的形成与发育条件 ……………………………… 64
  3.2　冰冻圈形成与发育的物理基础 ………………………………………………… 64
    3.2.1　冰冻圈表面的能量平衡物理基础 …………………………………… 64

3.2.2　冰冻圈表面的水分平衡物理基础 65
　　3.2.3　冰冻圈介质中的热量传输物理基础 65
　　3.2.4　冰冻圈物质平衡的物理基础 66
　　3.2.5　土壤中水分迁移/运动的物理机制 69
3.3　陆地冰冻圈的形成与发育 70
　　3.3.1　冰川（盖）的形成与发育 70
　　3.3.2　冻土的形成与发育 72
　　3.3.3　积雪的形成与发育 74
　　3.3.4　河冰和湖冰的形成与发育 75
3.4　海洋冰冻圈的形成与发育 76
　　3.4.1　海冰的形成与发育 76
　　3.4.2　冰架和冰山的形成与发育 80
　　3.4.3　海底多年冻土的形成与发育 81
3.5　大气冰冻圈的形成与发育 81
　　3.5.1　雪花的形成与发育 81
　　3.5.2　霰、冰粒和冰雹的形成与发育 82
思考题 82
延伸阅读 83
　　【经典著作】 83

第4章　冰冻圈的物理特征 84

4.1　冰的主要物理性质 84
　　4.1.1　冰的晶体结构 84
　　4.1.2　冰的力学性质 86
　　4.1.3　冰的热学性质 89
　　4.1.4　冰的电学和光学性质 91
4.2　冰冻圈主要要素力学和动力学特征 91
　　4.2.1　冰川运动和动力学特征 91
　　4.2.2　冻土力学特征 94
　　4.2.3　积雪的动力学特征 98
　　4.2.4　河冰和湖冰动力学特征 99
　　4.2.5　海冰动力学特征 99
4.3　冰冻圈主要要素热学特征 100
　　4.3.1　冰川和积雪热学特征 100
　　4.3.2　冻土中的水热迁移 102
　　4.3.3　海冰、河冰和湖冰的热力学特征 104

  4.4 冰冻圈主要要素的其他物理特征 106
    4.4.1 反照率特征 106
    4.4.2 电磁学特征 107
 思考题 109
 延伸阅读 109
  【代表人物】 109
  【经典著作】 109

第 5 章 冰冻圈的化学特征 111
  5.1 冰冻圈化学成分的来源 111
    5.1.1 大气化学成分进入冰冻圈的主要过程 113
    5.1.2 冰冻圈化学对气候环境的影响 113
  5.2 冰川化学 114
    5.2.1 无机成分 114
    5.2.2 有机成分 119
    5.2.3 不溶性微粒 120
    5.2.4 稳定同位素比率 121
  5.3 冻土化学 122
    5.3.1 已冻结土及正冻土的化学过程 122
    5.3.2 天然气水合物 124
  5.4 河冰和湖冰化学特征 126
    5.4.1 氢氧稳定同位素比率在冰-水两相间的变化与影响因素 126
    5.4.2 痕量气体在河冰和湖冰中的分布 126
    5.4.3 河冰和湖冰中有色可溶性有机物的排斥效应与光学特性 127
  5.5 海冰化学 127
    5.5.1 海冰盐度及其演化 128
    5.5.2 海冰相图 131
    5.5.3 海冰中的气体 133
    5.5.4 生物过程对海冰化学的影响 134
 思考题 135
 延伸阅读 135
  【经典著作】 135

第 6 章 冰冻圈内的气候环境记录 136
  6.1 冰冻圈中的气候环境指标 136
    6.1.1 冰芯 136
    6.1.2 冻土 137

####### 6.1.3 树木年轮 137
####### 6.1.4 湖泊沉积 138
6.2 冰芯记录 138
####### 6.2.1 冰芯定年方法 138
####### 6.2.2 格陵兰冰盖和南极冰盖冰芯记录 139
####### 6.2.3 山地冰芯记录 144
6.3 冻土记录 147
####### 6.3.1 冰楔记录 147
####### 6.3.2 冻胀丘记录 150
6.4 树木年轮记录 150
####### 6.4.1 寒区树木年轮记录的重大气候事件 151
####### 6.4.2 寒区树木年轮记录的冰川末端进退 151
####### 6.4.3 寒区树木年轮记录的冻土环境变化 152
####### 6.4.4 树轮记录的积雪变化 153
6.5 寒区湖泊记录 154
6.6 冰冻圈其他介质记录 154
思考题 156
延伸阅读 156
【代表人物】 156
【经典著作】 157

第7章 不同尺度的冰冻圈演化 159
7.1 构造尺度冰冻圈演化 159
####### 7.1.1 前寒武纪大冰期 159
####### 7.1.2 石炭-二叠纪大冰期 161
####### 7.1.3 第四纪大冰期 162
####### 7.1.4 三大冰期形成原因 163
7.2 轨道尺度冰冻圈演变——更新世气候演变与米兰科维奇理论 165
####### 7.2.1 冰期天文理论的创立过程 165
####### 7.2.2 冰期天文理论的基本原理 166
####### 7.2.3 冰期天文理论的修正 169
####### 7.2.4 冰期天文理论面临的挑战 170
7.3 晚更新世亚轨道尺度的冰冻圈演变 170
####### 7.3.1 气候变化若干重要事件及其基本概念 171
####### 7.3.2 末次冰期以来冰冻圈各要素演变 173
7.4 百年来冰冻圈变化 178

7.4.1　南极冰盖百年际变化 179
　　　7.4.2　山地冰川变化 180
　　　7.4.3　全球冻土变化 183
　　　7.4.4　北半球积雪变化 187
　　　7.4.5　两极海冰变化 189
　思考题 190
　延伸阅读 190
　　【代表人物】 190
　　【经典著作】 191

第8章　冰冻圈与其他圈层的相互作用 192

　8.1　冰冻圈与大气圈 192
　　　8.1.1　冰雪-反照率反馈机制 192
　　　8.1.2　冰-气潜热和感热交换 193
　　　8.1.3　冰-气动量交换 194
　　　8.1.4　冰冻圈与东亚季风 194
　8.2　冰冻圈与生物圈 195
　　　8.2.1　冰冻圈与生态 195
　　　8.2.2　冰冻圈与寒区碳氮循环 203
　　　8.2.3　极地海洋生物 205
　8.3　冰冻圈与水圈 208
　　　8.3.1　冰冻圈水文特点与作用 208
　　　8.3.2　冰冻圈与大尺度水循环 211
　　　8.3.3　冰冻圈与海平面 213
　　　8.3.4　冰冻圈与陆地水文 215
　8.4　冰冻圈与岩石圈 231
　　　8.4.1　冰川侵蚀、搬运与堆积作用 232
　　　8.4.2　多年冻土与岩石圈表层 236
　思考题 240
　延伸阅读 240
　　【经典著作】 240

第9章　冰冻圈与可持续发展 242

　9.1　冰冻圈变化影响与适应的基本概念 242
　　　9.1.1　影响、适应与可持续发展 242
　　　9.1.2　冰冻圈变化影响的脆弱性 243
　　　9.1.3　冰冻圈变化的适应框架 245

9.2 冰冻圈变化对水文-生态的影响与适应 …… 246
9.3 冰冻圈灾害的影响 …… 247
9.3.1 灾害风险与管理 …… 247
9.3.2 冰冻圈灾害风险评估 …… 248
9.4 冰冻圈区重大工程建设 …… 258
9.4.1 寒区铁路、公路与冻土融沉 …… 258
9.4.2 冻土区输油管道 …… 263
9.4.3 海冰区港口 …… 264
9.5 冰冻圈旅游 …… 265
9.5.1 冰冻圈旅游内涵 …… 265
9.5.2 冰冻圈旅游资源特点 …… 265
9.5.3 国际冰冻圈旅游发展概况 …… 266
9.6 冰冻圈服务功能及其价值 …… 266
9.6.1 冰冻圈服务功能 …… 266
9.6.2 冰冻圈服务价值 …… 268
思考题 …… 269
延伸阅读 …… 270
【经典著作】 …… 270

第10章 冰冻圈模式和冰冻圈变化的预估 …… 271
10.1 气候模式与冰冻圈模式 …… 271
10.1.1 气候模式的发展 …… 271
10.1.2 冰冻圈模式 …… 274
10.2 冰冻圈过程的模拟 …… 287
10.2.1 冰川物质平衡模拟 …… 287
10.2.2 冰盖物质平衡模拟 …… 287
10.2.3 冻土分布与气候响应模拟 …… 288
10.2.4 积雪模拟 …… 289
10.2.5 海冰模拟 …… 290
10.2.6 河/湖冰模拟 …… 291
10.3 冰冻圈变化的预估 …… 292
10.3.1 全球社会经济情景和温室气体排放情景 …… 292
10.3.2 冰川变化的预估 …… 295
10.3.3 冰盖变化的预估 …… 296
10.3.4 冻土变化的预估 …… 298
10.3.5 积雪变化的预估 …… 300

  10.3.6 海冰变化的预估 ……………………………………………… 301
  10.3.7 冰冻圈变化预估的不确定性 …………………………………… 301
思考题 ………………………………………………………………………… 302
延伸阅读 ……………………………………………………………………… 303

第 11 章 冰冻圈科学观测和实验技术 ……………………………………… 304
11.1 观测和实验技术在冰冻圈科学发展中的作用 ………………………… 304
11.2 野外观测和勘测方法与技术 …………………………………………… 305
  11.2.1 通用方法和技术 ………………………………………………… 305
  11.2.2 冰冻圈要素监测 ………………………………………………… 313
11.3 实验室分析技术 ………………………………………………………… 324
  11.3.1 力学 ……………………………………………………………… 324
  11.3.2 热学 ……………………………………………………………… 325
  11.3.3 光学 ……………………………………………………………… 325
  11.3.4 微观物理结构 …………………………………………………… 327
  11.3.5 化学成分 ………………………………………………………… 327
  11.3.6 测年方法与技术 ………………………………………………… 330
11.4 遥感技术 ………………………………………………………………… 332
  11.4.1 光学遥感 ………………………………………………………… 334
  11.4.2 微波遥感 ………………………………………………………… 337
  11.4.3 高度计 …………………………………………………………… 339
  11.4.4 无线电回波探测 ………………………………………………… 340
  11.4.5 重力卫星 ………………………………………………………… 340
思考题 ………………………………………………………………………… 341
延伸阅读 ……………………………………………………………………… 341

参考文献 ……………………………………………………………………… 342
索引 …………………………………………………………………………… 346

第 1 章 冰冻圈与冰冻圈科学

自然界的冰体对全球升温特别敏感。联合国政府间气候变化专门委员会（IPCC）第五次评估报告（AR5）指出，观测到的 1951～2010 年全球平均地表温度升高的一半以上，是由温室气体浓度的人为增加和其他人为强迫共同导致的；这一认知的信度达到了 95%以上。气候系统(由大气圈、水圈、冰冻圈、生物圈和岩石圈五大圈层组成)变暖，意味着冰冻圈也在变暖，冰川、冻土和积雪等冰冻圈各要素均呈退缩和减少的趋势。

冰冻圈变化对全球和区域气候、生态和人类福祉都有影响。在全球尺度上，南极冰盖和格陵兰冰盖的形成发育与气候相关，它们的变化影响大洋环流和海平面升降；积雪与海冰的体量小但覆盖范围大，它们的变化对地球能量收支、辐射平衡和大气环流的关键过程与反馈至关重要；多年冻土的冻融过程影响土壤含水量、植被和生态系统，冻胀与融沉破坏地面基础设施，气候变暖时"蛰伏"的有机碳经微生物降解释放温室气体，增加大气圈内甲烷（CH_4）和二氧化碳（CO_2）的浓度，加速全球变暖。在区域尺度上，山地冰川、河冰、湖冰的变化影响水资源、生态系统，甚至带来灾害；北冰洋海冰退缩为北冰洋航道开拓和海底资源开发创造了机遇，但也增加了环北极国家间的领土和资源纷争。上述冰冻圈的种种"作用"，与诸多学科交叉，和人类活动关联，内容丰富且实用，过程复杂而有意义，是冰冻圈和冰冻圈科学的重要内涵。

1.1 冰 冻 圈

1.1.1 地球上的冰冻圈

冰冻圈是指地球表层具有一定厚度且连续分布的负温圈层，又称为冰雪圈、冰圈或冷圈。冰冻圈内的水体一般处于冻结状态。冰冻圈在岩石圈内位于从地面向下一定深度（数十米至上千米）的表层岩土；在水圈主要位于南大洋、北冰洋海表向下数米至上百米，以及周边一些大陆架向下数百米范围内；在大气圈内主要位于 0℃线以上的对流层和平流层内。

冰冻圈的英文为 cryosphere，源自希腊文的 kryos，含义是"冰冷"。在中国，由于冰川、冻土和积雪的作用、价值和影响，以及冰川学和冻土学在中国发展过程中相辅相成，学术界将 cryosphere 称为冰冻圈。

冰冻圈的组成要素包括冰川（含冰盖）、冻土（包括多年冻土、季节冻土）、积雪、河冰和湖冰，海冰、冰架、冰山和海底多年冻土，以及大气圈对流层和平流层内的冻结状水体。在地表水平方位上，中、高纬度地区是冰冻圈发育的主要地带（图1.1）。

图 1.1　冰冻圈的全球分布示意图（IPCC，2013）

在北半球图（左上）上，海冰覆盖显示的是北半球夏季海冰范围最小时（2012年9月13日）的状态，30年平均海冰范围（黄线）显示的是年最小海冰南界（海冰密集度15%）在1979~2012年的平均值，所以在南半球显示的分别是最大海冰覆盖和年最大海冰北界的多年平均值；右下图为极射赤面投影，未能表现低纬度冰川和积雪的信息

在自然界，负温时冰晶表面存在有"准分子厚度"的薄膜水，冻土内因毛细管作用和土壤颗粒吸附作用等，发育有未冻水，它们处于未冻结状态，但属于冰冻圈范畴。南大洋和北冰洋表层的海水冬季温度在0℃以下，未冻结成冰，它们不属于冰冻圈。

1.1.2　冰冻圈的分类和数量特征

根据冰冻圈形成发育的动力、热力条件和地理分布，冰冻圈可划分为陆地冰冻圈

（continental cryosphere）、海洋冰冻圈（marine cryosphere）和大气冰冻圈（aerial cryosphere）。

陆地冰冻圈由发育在大陆上的要素组成，包括冰川（含冰盖）、冻土（含季节冻土、多年冻土和地下冰，但不含海底多年冻土）、积雪、河冰和湖冰；海洋冰冻圈包括海冰、冰架、冰山和海底多年冻土；大气圈内冻结状的水体，包括雪花、冰晶等构成大气冰冻圈。大气冰冻圈是冰冻圈科学与大气科学交叉的部分，但学科内容各有侧重。

陆地冰冻圈占全球陆地面积的52%~55%。其中，山地冰川和南极冰盖、格陵兰冰盖覆盖了全球陆地表面的10%（南极冰盖和格陵兰冰盖占9.5%，山地冰川占0.5%）。积雪覆盖范围平均占全球陆地面积的1.3%~30.6%，北半球多年平均最大积雪范围可占北半球陆地表面的49%。全球多年冻土区（不包括冰盖下伏的多年冻土）占全球陆地面积的9%~12%。北半球最大季节冻土（含多年冻土活动层）占全球陆地面积的33%。也有资料显示，北半球季节冻土（含多年冻土活动层）多年平均最大占到北半球陆地面积的56%以上，在极端寒冷年份高达80%以上。

冰冻圈储存了地球淡水资源的75%，其中现代冰川和格陵兰冰盖、南极冰盖约占全球淡水资源的70%，如果将这些淡水资源全部释放到海洋，全球海平面将分别上升约58.3m和7.36m（又称当量），山地冰川的当量为0.41m，多年冻土内过饱和冰的当量约为0.10 m。全球变暖，冰冻圈内的冰体融化，已致海平面上升，1993~2010年，陆地冰冻圈的冰量融化使全球海平面平均每年上升1.36mm。

多年平均值显示，全球5.3%~7.3%的海洋表面被海冰和冰架覆盖。北冰洋海冰最大范围约可达$15\times10^6 km^2$，夏季最小时约为$6\times10^6 km^2$。9月南大洋海冰范围最大，约为$18\times10^6 km^2$，2月最小时约为$3\times10^6 km^2$。根据冰龄，海冰又分为当年冰、隔年冰和多年冰。大部分海冰都是移动着的浮冰群中的一部分，在风与大洋表层洋流的作用下漂流。浮冰在厚度、冰龄、雪的覆盖及开阔水域的分布均极不均匀，空间尺度为数米到数百千米。南极冰盖外缘的诸多冰架总面积约为$161.7\times10^4 km^2$，占全球海洋面积的0.45%。全球海底多年冻土约占海洋面积的0.8%（表1.1）。

表1.1 全球冰冻圈各要素统计

陆地冰冻圈	占全球陆表面积[a]比例/%	海平面当量[b]/m
南极冰盖[c]	8.3	58.3
格陵兰冰盖[d]	1.2	7.36
冰川[e]	0.5	0.41
多年冻土[f]	9~12	0.02~0.1[g]
季节冻土[h]	33	不适用
积雪（季节变化）[i]	1.3~30.6	0.001~0.01
北半球淡水（湖泊河流）冰[j]	11	不适用
总计[k]	52~55	约66.1
海洋冰冻圈	占全球海洋表面积[a]比例/%	体积[l]/$10^3 km^3$
南极冰架	0.45[m]	约380

续表

海洋冰冻圈	占全球海洋表面积[a]比例/%	体积/10^3 km³
南极海冰，南半球夏季（春季）[n]	0.8 (5.2)	3.4 (1.1)
北极海冰，北半球秋季（冬季/春季）[n]	1.7 (3.9)	13.0 (16.5)
海底多年冻土[o]	约 0.8	无数据
总计[p]	5.3~7.3	

a 全球陆地面积按 $14760×10^4$ km²、全球海洋面积按约 $36250×10^4$ km² 计算。
b 冰密度为 917 kg/m³，海水密度为 1028 kg/m³，海平面以下冰体以等量海水替代。
c 南极冰盖面积（不包含冰架）为 $1229.5×10^4$ km²。
d 该冰盖及其外围冰川面积为 $180.1×10^4$ km²。
e 包括格陵兰和南极周边的冰川。海平面当量资料来源见 IPCC AR5 WGI 表 4.2（IPCC，2013）。
f 多年冻土面积（不包括冰盖下伏的多年冻土）为 $1320×10^4$~$1800×10^4$ km²。
g 该数值系指北半球多年冻土的估计值。
h 最大季节冻土面积（不包括南半球）多年平均值为 $4810×10^4$ km²。
i 该数值只包含北半球的数值。
j 淡水（湖冰和河冰）范围和体积来源于模式估计的季节最大范围。
k 多年冻土和季节冻土也被积雪覆盖，总面积不包含积雪面积。
l 南极南半球秋季（春季）和北极北半球秋季（冬季）。
m 面积相当于 $161.7×10^4$ km²。
n IPCC AR5 WGI 评估中最大和最小范围，见 IPCC AR5 WGI 4.2.2 节和 4.2.3 节（IPCC，2013）。
o 关于海底多年冻土面积计算的文献很少。该数据由 Gruber 的论文总结而成，其数据中 $280×10^4$ km² 有很大的不确定性。
p 夏季和冬季分开进行评估。
资料来源：IPCC，2013。

大气圈内的水含量很低，总量为 $1.14×10^5$ t，是 3 个冰冻圈类型中冰量最少、寿命最短的。

1.1.3 冰冻圈变化

早在 1939 年，苏联地理学家 C.B.卡列斯尼克就指出，"冰川首先是一定气候状况下的产物"。随着对这种响应复杂性的深入研究和理解，科学家发现冰冻圈的各个要素更应被视为"天然的气候指示计"（nature climate-meter）。

研究冰冻圈变化，先要明白何谓气候变化。当代的气候变化是指气候系统五大圈层的变化，5 个圈层中任何一个的变化都被视为气候变化。例如，全球变暖不仅表现为地表平均温度的升高，还表现为海洋热含量增加、冰川退缩、多年冻土活动层厚度增加、积雪和海冰范围减小、生物多样性锐减等，它们都被视为气候变化，也是气候变暖的佐证。

气候变化有两类定义。一是 IPCC 的定义："气候变化是指可识别的（如使用统计检验）持续较长一段时间（典型的为几十年或更长）的气候状态的变化，包括气候平均值和/或变率的变化。气候变化的原因可能是自然界内部过程，或是外部强迫，如太阳周期、火山爆发,或者是人为地持续对大气成分和土地利用的改变。"二是联合国气候变化框架公约(UNFCCC)的定义:"在可比时期内所观测到的在自然气候变率之外的直接或间接归因于人类活动改变全球大气成分所导致的气候变化。"可见,UNFCCC对人类活动改变大气成分等导致的气候变化与自然原因导致的气候变率做了区分。

冰冻圈变化是气候系统内部变率,不是外强迫。冰冻圈变化是指冰冻圈内热状况和质量的时空分布变化。其具体是指冰冻圈各组成要素的变化,包括冰川和冰盖的面积、厚度、冰量及末端或边缘变化;冻土(包括多年冻土和季节冻土)面积或范围、厚度变化;积雪范围和雪水当量变化;海冰范围和厚度变化;河/湖冰封冻和解冻日期、冻结日数、厚度变化等。冰冻圈内部的变化,如温度、物质结构、几何形态与体积等变化,也属于变化的内容。

冰冻圈是气候变化科学的热点之一。IPCC AR5 第一工作组(WGI)报告认为,地球冰冻圈是气候系统最敏感的圈层,全球变暖的今天,冰冻圈各要素都在变暖(图 1.2)。冰冻圈远离如城市,独立观测到冰冻圈变暖,雄辩地证明全球变暖毋庸置疑。

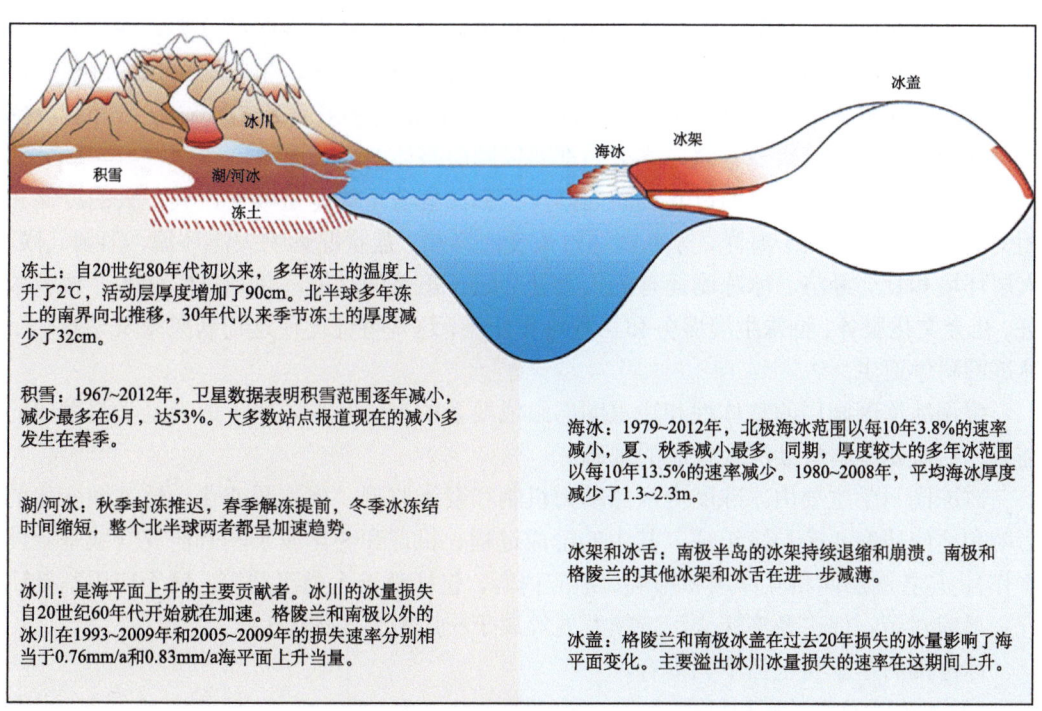

图 1.2　观测到的冰冻圈主要变化(ZPCC, 2013)

物候学特别注重对植物发育影响较大的古今物候对比观测,其中许多与冰冻圈有关。例如,秋冬初雪和初霜,春季终雪和终霜,植物冻害和受冻植物种类,河、湖和近地表土壤首次结冰、完全冻结日期、开始解冻、完全解冻日期,严寒开始、阴暗处开始结冰的日期,生物、农业、气象和冰冻圈要素的交叉观测等。高寒、高纬地区的树木年轮研究结果丰富了冰冻圈科学。

1.2 冰冻圈科学

1.2.1 冰冻圈科学的定义、内容和范畴

冰冻圈科学是研究自然背景条件下，冰冻圈各要素形成、演化过程与内在机理，冰冻圈与气候系统其他圈层相互作用，以及冰冻圈变化的影响和适应的新兴交叉学科。冰冻圈科学的目的是认识自然规律，服务人类社会，促进可持续发展。其国家目标也是区域冰冻圈科学的研究内容之一。

传统冰冻圈科学以其组成要素为基础，以分支学科的形式开展研究，如冰川学、冻土学、冰川与冰缘地貌学等。这些研究历史悠长、基础扎实、内容丰富、贡献巨大，但它们相对独立、联系薄弱。随着全球变暖影响日益严重，应对气候变化要求急迫，这种独立的研究方式很难适应科学发展的步伐。

把冰冻圈作为一个整体，需要把冰冻圈各要素的共性和内容归纳分类、综合分析、系统阐述，在冰冻圈的物理、化学性质，形成发育和演化规律，生物地球化学过程等机理机制，冰冻圈变化及其影响和适应对策，观测（包括遥感遥测）、模式、经济社会可持续发展和地缘政治等诸多方面，冰冻圈都要以圈层整体的形式出现。

从圈层角度看，冰冻圈以其表面的高反照率改变着全球能量收支，其巨大的冷储和相变潜热的能量仅次于海洋，冰冻圈通过改变海洋热、盐状况影响大洋环流，影响气候、人居环境和社会经济。冰冻圈还有为人类社会赋予惠益的功能，包括供给服务、调节服务、社会文化服务、特殊生境服务和工程服役服务，这些特征促使这门新兴交叉学科——冰冻圈科学诞生。

强调冰冻圈圈层的整体性和注重圈层组成要素的个性并不矛盾，前者是学科发展的需要，后者是学科持续深入发展的基础。

冰冻圈科学主要由冰冻圈内水热动力机制和要素监测、冰冻圈变化、冰冻圈变化的影响和适应研究4个层阶组成，其中形成过程、机理和变化属于基础研究（或基础性工作）；与各圈层间相互作用和影响、适应内容，包括赋予人类惠益等，属于应用基础研究；适应对策、促进经济社会可持续发展等属于应用研究（图1.3）。

冰冻圈科学主要包括下列内容。

1）冰冻圈发育过程和机理

从微观和宏观尺度研究冰冻圈的物理、化学和生物地球化学过程，其中热力、动力机制是重点。通过传统的和现代化监测手段，如地基和空基监测，获取冰冻圈各要素及其变化的定量数据，通过模型模拟，分析不同时间（日、月、季节、年际和年代际）和不同空间（站点、局地、流域、区域、半球和全球尺度）尺度上，冰冻圈各要素变化过程，揭示其变化机理，为预测和预估未来变化、评估变化带来的影响奠定基础。

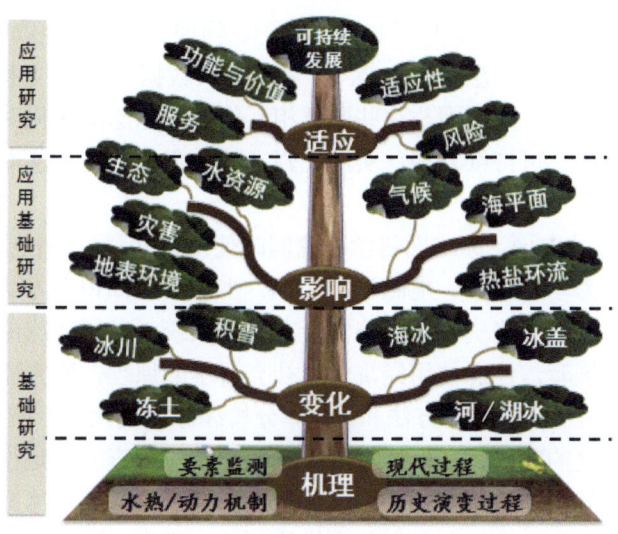

图 1.3　冰冻圈科学的研究构架

2）冰冻圈变化的影响

冰冻圈变化的影响是指冰冻圈组成要素及其变化对自然和人类经济社会产生的正面、负面作用，可理解为气候系统各圈层相互作用中，冰冻圈所起到的作用，如对气候、生态、水、环境和经济社会乃至地缘政治的影响。

3）冰冻圈变化的适应性

利用冰冻圈未来变化的预估，通过自然科学和社会科学交叉融合，分析冰冻圈变化的风险、暴露度和脆弱性，结合区域经济社会调查，建立冰冻圈变化适应性的评估方法，提出冰冻圈变化的适应和减缓对策，为全球和区域经济社会可持续发展提供科技支撑。

4）冰冻圈演化及历史背景研究

通过对古冰冻圈地质地貌特征和模型模拟进行分析，研究地质时期冰川、冰盖、多年冻土形成、演化过程、机理和影响，研究冰冻圈内不同分辨率的气候环境记录。例如，南极冰盖记录的过去 80 万年气候变迁和大气温室气体浓度变化，外太空事件的记录等，为全球气候变化研究做出了其他学科不可取代的贡献。也可尝试利用多年冻土温度梯度重建过去千年尺度的地球气候变化，为反演和验证冰冻圈动力过程和建模服务。

1.2.2　学科体系和研究方法

（1）冰冻圈科学始于冰川学、冻土学、雪冰物理学、冻土工程学、寒区水文和气象学、冻土水文学、冰川地貌学、冰缘地貌学、雪冰微生物学、寒区生态和积雪研究，以及应运而生的冰冻圈遥感、地理信息系统(GIS)和相关高新技术等。在气候变化和可持续发展需求的驱动下，冰冻圈根据自身特点，从动量、能量、水量、经济社会特征出发，研究冰冻圈与大气圈、水圈、生物圈、岩石圈、人类经济社会相互作用时，冰冻圈起的作用，其是冰冻圈科学研究的核心。所以，冰冻圈科学的基础较为"宽泛"，地理、大气、水文、海洋、地质、生态、环境科学，数学、物理、化学、生物学及人文社会科学、经济、可持续发展、GIS、遥感、模式、计算机、大数据等高新技术，以及旅游、文化和地缘政治等都在此列。冰冻圈与这些圈层相互作用，冰冻圈变化对各圈层的影响和适应研究涉及社会经济、可持续发展，实用性强，社会需求迫切，从而进一步完善了冰冻圈科学体系。

（2）在研究方法方面，冰冻圈科学研究同时使用自然科学和社会科学的方法，包括利用光学、热学、力学、电学、电磁学、化学、生态学的知识和方法，建立立体观测体系，采集冰冻圈各要素观测资料，完善实验室测试系统，发展冰冻圈全球和区域模式，并与地球系统模式嵌套，注意使用经济学、社会科学的原理，研究冰冻圈自身规律及其与社会的关系，利用社会科学的方法和原理，分析冰冻圈变化的影响、脆弱性和适应性。

冰冻圈科学研究的路线图是，通过野外实地考察（调查）与定位观测、航空及卫星遥感观测、GIS 和实验室分析测试，同时展开社会调查等，获得冰冻圈各个要素的科学数据和统计资料，结合大数据和数据共享措施，建立模型，进行数值模拟、综合诊断和预估未来，探讨冰冻圈及其与相关圈层的相互作用。阐明这些作用与经济社会可持续发展之间的关系，提出适应对策，都是冰冻圈科学研究的内容。

1.2.3 冰冻圈科学的发展

西方科学家提出了冰冻圈的概念，中国科学家将其发展成冰冻圈科学。

由于发展阶段、方式和理念不同，所处自然条件和人口结构各异，西方虽然最早提出了冰冻圈的概念，但发展成冰冻圈科学的路径却大相径庭。1923 年，波兰学者 A.B.Dobrowolski 引入冰冻圈的概念，20 世纪 60~70 年代，该术语又被苏联科学家 P. A. Shumskii、O. Reinwarth 和 G. Stäblein 进一步论述。1972 年，在斯德哥尔摩联合国人类环境会议上，世界气象组织（WMO）首次将冰冻圈这一独特自然环境综合体与大气圈、水圈、生物圈和岩石圈并列，明确了五大圈层之间的相互作用与反馈，奠定了气候系统的概念，冰冻圈的重要性也得到共识。2000 年，世界气候研究计划（WCRP）科学委员会决定设立"气候与冰冻圈"（CliC）计划，旨在定量评估气候变化对冰冻圈各要素的影响，以及冰冻圈在气候系统中的作用。北极理事会、日本等也实施了冰冻圈研究计划。

经过几代人的学术积累，结合气候变化科学和可持续发展理论，中国学者通过不懈努力，厚积薄发，提出了冰冻圈科学的概念和理论框架。

早在 20 世纪 20 年代初，竺可桢在教授《地学通论》时就设立专章讲述冰川，1943 年又提出可在河西和天山南麓采用人工融化山区积雪的方法增加水源。1957 年，施雅风组织祁连山和天山现代冰川考察，发表了《祁连山现代冰川考察报告》，后在兰州设立中国科学院兰州冰川冻土研究所，其成为中国冰冻圈科学的研究基地，建成了天山冰川站、青藏高原冰冻圈观测研究站等野外台站，获得了青藏铁路冻土工程国家科技进步一等奖。20 世纪 80 年代起，冰冻圈在全球变化研究中的作用日益提高，国际科技界开始以冰冻圈圈层开展研究。中国科学家抓住机遇，2007 年 4 月成立了"冰冻圈科学国家重点实验室",其成为国际上第一个以"冰冻圈科学"命名的研究机构,承担了"冰冻圈变化及其影响适应"等国家重大科技专项,联系区域经济社会可持续发展,开展冰冻圈影响的适应和对策研究。将自然科学与经济社会可持续发展结合起来,开展交叉研究,标志着中国冰冻圈科学研究进入了新阶段(图1.4)。

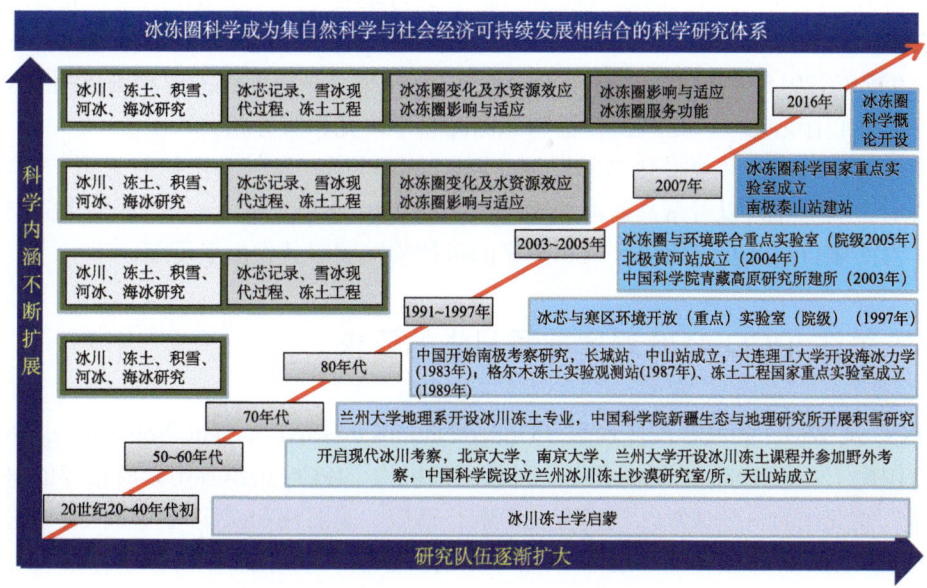

图1.4 冰冻圈科学在中国发展的主要历程

国际冰冻圈科学研究沿着两条主线展开:一条以 WCRP/CliC 为主线展开,目标是加深对冰冻圈与气候系统之间相互作用的物理过程与反馈机制的理解,提高气候预测的准确性,为防灾减灾服务;另一条是以国际大地测量与地球物理学联合会(IUGG)麾下"国际冰冻圈科学协会"(IACS)为核心,推动建立冰冻圈科学体系,服务社会经济与可持续发展。

1.2.4 国际重大科学计划中的冰冻圈科学

国际地圈-生物圈计划(IGBP)、国际全球环境变化人文因素计划(IHDP)、WCRP和国际生物多样性计划(DIVERSITAS),是过去30多国际科学联盟(ICSU)协调下的全球变化"四大科学计划",2002年合并为地球系统科学合作伙伴(ESSP)。2014年,ICSU和国际社会科学联盟(ISSU)联袂,推出了"未来地球"(FE)十年科学计划,同时,"四大科学计划"将部分项目陆续按FE的思路整合,转为FE的核心项目。无论"四大科学计划"还是FE,冰冻圈科学一直是它们当中的重要内容。WCRP/CliC是冰冻圈科学最具代表性的国际计划,IGBP计划中的过去全球变化(PAGES)研究是冰冻圈科学的重要阵地,中国科学家领衔IGBP综合集成研究计划——"冰冻圈变化对亚洲干旱区生态与经济社会的影响",都与冰冻圈科学有缘。

IUGG 下有"国际水文科学协会"（IAHS）等 7 个一级协会，2007 年 7 月在意大利佩鲁贾举行的 IUGG 第 24 届全会上，IACS 成为第八个一级协会，这是 IUGG 成立 87 年来唯一增加的一级协会。

2018 年 7 月 4 日，ICSU 和 ISSU 正式合并，取名国际科学理事会（ISC）。

"2007~2009 年第四次国际极地年"期间，5 万多名各国科学家在南极和北极地区实施了 228 个科学计划。之后，WMO 成立了"极地和高山观测、研究与服务执委会小组"（EC-PHORS），2015 年 WMO 第 17 届全会决定，将极地与高山地区的观测服务列为 WMO 未来七大核心计划之一，这些工作都与冰冻圈科学研究和服务相关。

在区域冰冻圈和环境变化国际计划方面，中国科学家发起并主持的"第三极环境"（TPE）计划是典范。以青藏高原冰冻圈为核心的 TPE 计划，紧扣"第三极"多圈层相互作用，为西藏自治区及其周边区域和国家的可持续发展服务作出了贡献。

1.2.5 关注 IPCC AR6 对冰冻圈科学的要求

IPCC 是 WMO 和联合国环境署（United Nations on Environment Programme, UNEP）在联合国麾下，于 1988 年联袂成立的科学评估机构。IPCC 组织各国政府推荐的科学家对全球气候变化的科学认知，气候变化影响、适应、脆弱性和减缓气候变化对策进行评估，其主席团和评估报告编写团队的组织原则是地理平衡。报告编写秉承严格（rigor）、确凿（robustness）、透明（transparency）和全面（comprehensiveness）的原则，已于 1990 年、1995 年、2001 年、2007 年和 2014 年发布了 5 次评估报告和一系列特别报告、技术报告和方法学报告。IPCC 报告大大推动了人类对气候系统变化的认知，是人类社会应对气候变化的科学依据。目前，正在组织编写的第六次评估报告（AR6）将于 2022 年完成。

要特别关注 IPCC AR6 里和冰冻圈科学相关的问题，除主报告外，当务之急是 2018 年和 2019 年将发布的《全球 1.5℃增暖量》、《气候变化中的海洋与冰冻圈》以及《气候变化与陆地》等 3 个特别报告。不同情景下，全球和区域冰冻圈变化对水资源、海平面、生态系统和经济社会的影响和适应对策尤为重要。理解 IPCC 的精髓不是一件轻松之事。冰冻圈科学工作者应在深刻认识气候变化的情况下，理解气候变化的归因、影响、适应和减排，理解不同社会经济路径下地球系统模式的预估结果。要做到这些，就需要遥感、GIS、建模等基本理论知识和技能，特别要注意应用中国在这些领域领先的科技成果研究冰冻圈科学。

1.3 冰冻圈与气候系统

1.3.1 冰冻圈的发育机理、过程和变化

冰冻圈的形成过程、机理、变化及其监测是冰冻圈科学的研究对象（图 1.5 内圈），

也是冰冻圈科学各分支学科的主要研究内容。

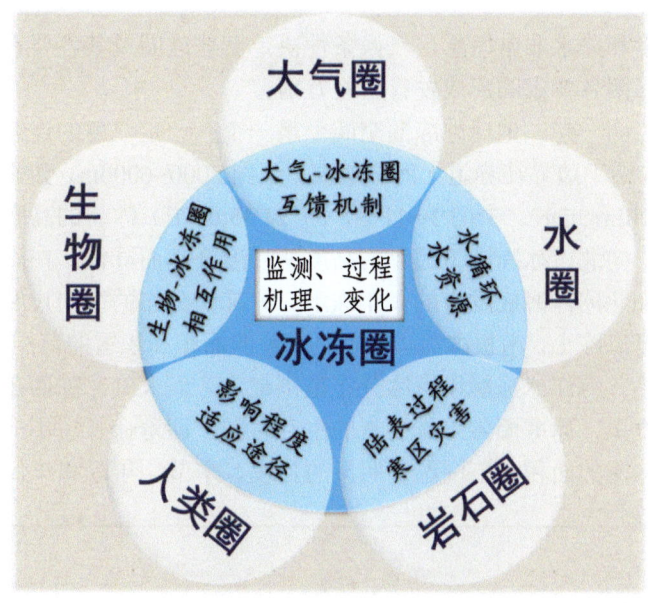

图 1.5　冰冻圈及与其他圈层相互作用关系

物理学是冰冻圈形成发育的理论基础。在适宜的温度、降水和地形条件下，冰川、冻土、积雪和其他冰冻圈组成要素得以形成和发育。由于其是自然界的行为，多种介质、元素乃至有机物的参与不可避免，所以生物地球化学过程伴随始终。

随着外界物理条件的变化，如变暖则冰冻圈退缩，变冷则推进，根据这一思路，考虑到纯冰物质和含杂质的非纯冰物质的物理属性，在外界物理条件发生变化时，可用数学物理方程描述冰冻圈的宏观变化，预估未来不同情景下的冰冻圈变化。自然界的情况远比理论模型复杂，加上生物地球化学作用，现有的物理模式尚不能完全反映自然界的真实状况，不断改进、完善模式是冰冻圈科学的任务。目前，冰冻圈模式研发取得了一定进展。

冰冻圈监测是过程研究的主要内容。冰冻圈监测始于早年对其各要素，即冰川（冰盖）、冻土、积雪的定点、定位观测，根据空间分布情况，观测内容既包括各要素的物理参数，也包括测点附近的水文要素、气象要素、地质地貌条件、相关的生物地球化学参数、颗粒物沉降等。观测方式和手段随技术进步而日新月异，从早年的野外爬冰卧雪、人背马驮进行人工观测、建站定位观测和采样，发展到现在的航空、卫星遥感遥测，小型无人机监测，观测范围从局部走向全球，结合数值模式、大数据和大型计算机，对冰冻圈过程和变化的认知大大提高。

冰冻圈影响和适应涉及人类经济社会，这一部分内容的"监测"和对自然界的观测方法迥然不同，社会调查、问卷等社会学调查方式是常用的方法。

1.3.2 冰冻圈发育的时空尺度

冰冻圈对温度和降水非常敏感，气候条件决定着冰冻圈及其各要素的生存寿命；连同地形因素，冰冻圈各要素的形成发育千差万别。

连同大气冰冻圈一起，地球冰冻圈空间上是一个有一定厚度的连续圈层。由于高度和纬度效应，冰冻圈下边界在赤道上海拔最高，达到5000~6000m，如非洲大陆赤道附近的乞力马扎罗（Kilimanjaro，3°03′39.11″S，37°21′35.69″E）冰川的高度达5897m a.s.l.。从赤道分别向南、向北，冰冻圈下边界的高度随纬度升高而降低，在高纬地区下降到海平面甚至以下，如北冰洋海底发育的多年冻土。冰冻圈分布的空间尺度差别较大。陆地冰冻圈的空间尺度以冻土、南极冰盖、格陵兰冰盖的面积和积雪的范围最大，山地冰川、河冰和湖冰为最小。海洋冰冻圈以海冰分布范围最大。而大气冰冻圈在空间上为一个椭球体。在时间尺度上，冰冻圈各组成要素的生存时间，即寿命长短不一，形式也千差万别（图1.6）。冰冻圈的面积和范围都有明显的昼夜、季节、年际和年代际变化。

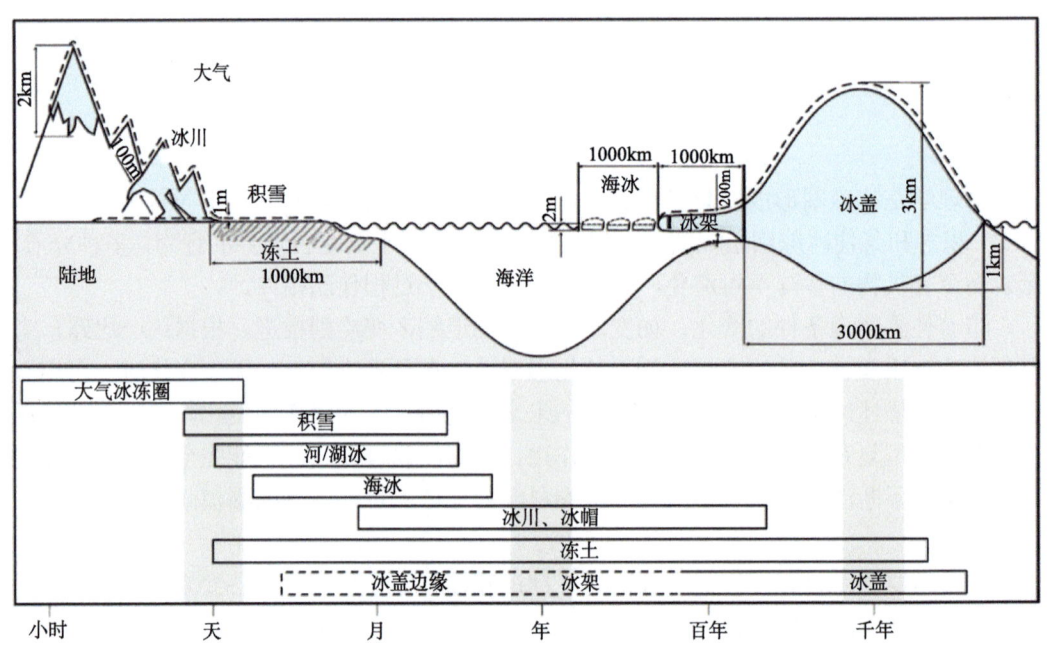

图1.6　地球冰冻圈分类和时空尺度（据IPCC，2007，有修改）

在陆地冰冻圈里，山地冰川的冰体从积累区流动到冰川末端消融流失，需要的时间因冰川规模和性质、地形和气候条件的不同而不同，从几十年到数千年，南极冰盖和格陵兰冰盖需要的时间要长得多，达数十万年到百万年之久。过去1400万年，东南极冰盖基本保持稳定，考虑到冰体的流变性质、气候条件和地形，估计东南极冰盖现存的最老冰体的年龄可能为100万年。冻土发育的范围远大于冰川、冰盖，在气候变暖的情况下，其变化在水平方向上表现为由连续多年冻土向不连续多年冻土或季节冻土退化，在竖直方向上活动层厚度增加，多年冻土的厚度从上下两个方向相向减小。河/湖冰随季节转换（冬季转夏季）而消失殆尽。积雪随着春去夏来融化流失，可在山区形成春汛。

在海洋冰冻圈里，南大洋和北冰洋海冰进退随季节变化而变化，初冬形成，夏季崩解消融。海冰生存时间一般不超过 12 个月，但也有多年海冰存在，比例很低。冰架存活时间从几十年到数千年不等。冰山主要发育在南大洋和北冰洋，它们的寿命与大气环流、海温、洋流等相关，与其规模、地点和产生的时间也有关，从数月到数百年不等。冰盖和冰架崩解形成的冰山，随洋流和风向向较低纬度海洋漂移，逐渐融化消失，这一过程也需要数年到几十年时间。

大气冰冻圈内冻结状水体的存活时间按天甚至小时计算。

1.3.3 冰冻圈与其他圈层的相互作用

"其他圈层"指气候系统的大气圈、水圈、生物圈、岩石圈，以及人类圈。考虑到冰冻圈变化与可持续发展、地缘政治、国家利益等相关，所以冠以人类圈来表述（图 1.5）。

冰冻圈科学将冰冻圈与其他圈层的相互作用、影响和适应，以及与人类经济社会可持续发展、地缘政治等内容融为一体，将自然科学与社会科学、科学与政策相联系，丰富和发展了冰冻圈科学的内涵，提高了它的科学价值和社会价值（图 1.5 圈层交叉部分）。冰冻圈和其他圈层的相互作用内容丰富、过程复杂，仅作扼要介绍（图 1.7）。

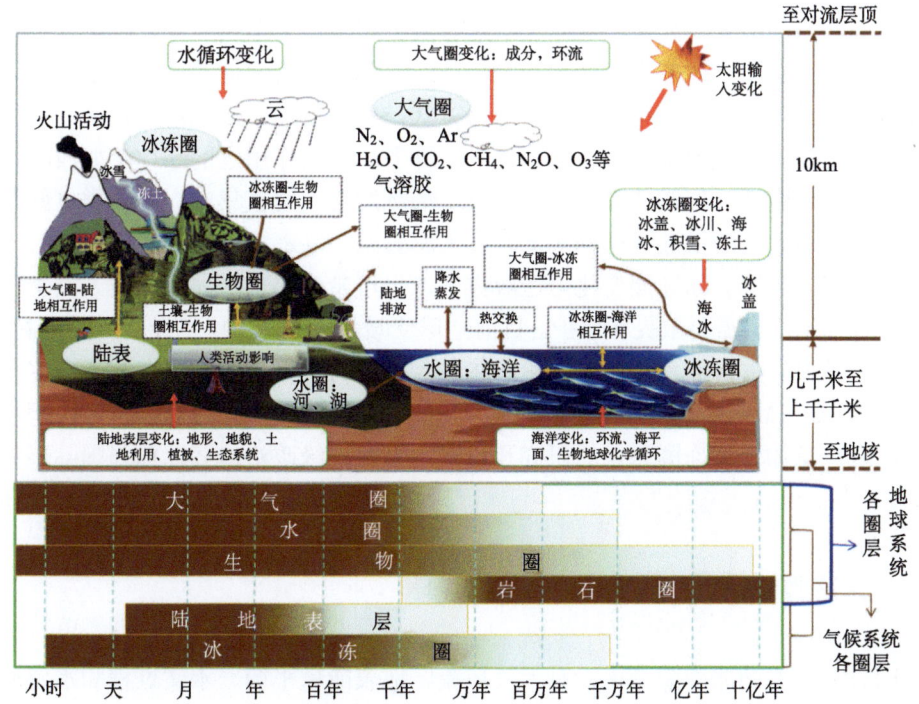

图 1.7　冰冻圈与其他圈层相互作用时空尺度关系

冰冻圈与大气圈。冰冻圈是气候的产物，它一经生成，即通过相变、冰雪反照率和冰冻圈进退变化影响着天气、气候和气候系统。冰冻圈和大气圈的互馈作用和物理机制受到许多学科的关注。

冰冻圈与水圈。冰是自然界以固态形式存在的水体，传统地质学中的"四圈说"将冰和水划分在一个圈层里，即冰冻圈是水圈的一部分。这个概念在20世纪80年代发生了变化。气候系统"五圈说"将冰冻圈从水圈划分出来，成为单独圈层，原因是冰冻圈在反照率、相变潜热、改变洋流的热盐状况进而影响大洋环流，在全球、区域尺度上影响大气环流，以及它能给人类社会带来福祉等，这些属性水圈都不具备。在全球变化研究中，冰冻圈是一个独立圈层。

冰冻圈是地球上的天然固体水库，蕴藏着大量的淡水资源。冰冻圈内的水体参与地球水循环，影响全球和区域海平面、气候、生态、环境和经济社会可持续发展，这些都是科学界和社会最关注的问题。在全球尺度上，冰冻圈变化引起海平面升降，改变全球水循环；在区域和流域尺度上，冰冻圈变化影响流域径流变化和年内分配，进而影响水资源的配置和利用。

冰冻圈与生物圈。在多年冻土区，生物圈在大气圈与冰冻圈之间的界面作用，生物地球化学循环和碳循环等过程的研究，加上冬季积雪覆盖，使作用过程更趋复杂，需要展开研究。在陆地上，冰冻圈变化影响土壤水、热状态，影响植被发育，植被的改变又影响冰冻圈的生存环境。在海洋，冰冻圈变化影响海洋温度、盐度、酸度和大洋环流，进而影响海洋生态系统和海洋经济。冰架、海冰和冰山影响大洋环流和海洋生态系统。此外，冰冻圈与种植业、渔业、森林、草原等人工和自然生态系统关系密切。

冰冻圈与岩石圈。冰冻圈的强大动力作用改变和塑造着地球的面貌。寒冻风化、雪蚀、冻融作用是冰冻圈改造地球面貌的动力方式，各种侵蚀、堆积地貌是这些动力过程的结果，也是地质时代地球环境演化的记录。许多冰冻圈作用过的陆地，如西欧、北欧地区，那里土地肥沃、气候适宜、人口密集、经济发达、财富集中，是人类良好的栖居地。冰冻圈作用区内的松散堆积物是下游发生泥石流、洪水灾害的潜在危险。

冰冻圈与人类圈。冰冻圈变化可造成灾害，也可带来福祉。冰冻圈是人类生存和发展的重要自然遗产，需要敬畏和保护。目前全球变暖，冰冻圈地区已经成为生态脆弱区，人类应当"敬畏"大自然，与冰冻圈和谐共存，20世纪中叶，我们曾在祁连山冰川上播撒黑灰，搞人工融冰化雪，成为教训。冰冻圈变暖使地缘政治问题浮出水面，解决该问题的办法之一是加强冰冻圈科学的研究和实践，直面地缘政治博弈，加强国际事务对话语协商。

1.3.4 冰冻圈在气候系统中的作用

不同时空尺度的冰冻圈变化，对大气环流、地表能量平衡、水文过程和水资源有影响，还起调节气候的作用。这里仅介绍几点。

1. 冰冻圈与积雪

积雪与气候，尤其与季风和各种大气信号的关系密切。积雪反照率和融化潜热的季节变化影响地表能量平衡，积雪融水改变着土壤含水量，而后者具有"记忆"功能，这一功能是积雪影响短期气候的主要原因。早在19世纪晚期，科学家就观察到喜马拉雅山区积雪变化对印度夏季风有很大影响，积雪较多的年份，印度夏季风来得晚，带来的降水也较少；反之，印度夏季风来得早，降水也会增加。青藏高原冬季积雪异常对东亚、南亚夏季风也有很大影响，青藏高原东部积雪范围增加，以东地区及中南半岛的降水会减少，而印度东部、南部地区和孟加拉湾西北部的降水会增加。

积雪范围、深度的变化还与北大西洋涛动（NAO）、北极涛动（AO）等其他大气信号密切相关，20世纪70年代以来NAO显著增强，气旋环流发生显著变化，影响水汽输送路径，导致欧亚大陆多地积雪增厚。随着全球变暖，秋季气温升高和北冰洋海冰范围减少，会导致海面蒸发量上升，对流层水分增加，造成冬季欧亚大陆降雪量增加、积雪范围扩大。

2. 冰雪反照率反馈效应

洁净冰雪表面对太阳辐射有很高的反照率（最高可达0.9），显著高于其他下垫面的反照率（一般在0.2以下）。地表反照率的微小变化会影响地-气系统的能量平衡，引起天气、气候变化。地表反照率的减小意味着更多的太阳辐射被地表吸收，地表温度升高，增强了地表长波辐射对大气的释放和对大气的加热，加快了大气升温的节奏，而气温升高则进一步加快冰冻圈融化，形成正反馈效应，简称冰雪反照率反馈效应。

冰雪覆盖范围变化，积雪粒度的增减、表面湿度改变，以及冰雪内杂质和黑碳含量的多寡等，都会改变冰雪反照率，影响全球能量分配。气候变暖，地表冰雪覆盖减少，能量平衡发生变化，热量收入增加，导致升温；反之，则降温。

气温升高，粒雪化过程加速，雪的粒径增加。观测表明，积雪颗粒粒径和颗粒表面湿度增加，导致积雪表面反照率减小。对此问题的定量评估仍欠缺。

化石燃料的不完全燃烧、使用薪柴等产生黑碳并沉降附着在冰雪表面，则降低冰雪反照率，加强冰雪反照率反馈效应。IPCC AR5 WGI给出，雪冰中黑碳的辐射强迫为$0.04[0.02\sim0.09]W/m^2$。

3. 冰冻圈与海洋

海洋是水圈最大的分量。冰冻圈和海洋相互作用涉及海平面变化，对"大洋输送带"和洋流强度产生影响，进而影响全球气候。

冬季，高纬地区海水冻结成冰，排出的盐分增加了海洋表层水的盐度和密度，较重的海水缓慢下沉，形成底层冷水流。夏季，海冰融化释放的大量含盐度低的水体进入海洋表层。这些过程使近海面的和深部的海洋水体产生交换，发展成经向翻转流（meridional overturning circulation，MOC）。最具代表性的大西洋经向翻转流（Atlantic meridional overturning circulation，AMOC）是"大洋输送带"中的显著区段，是调节地球气候的关键因素。其作为海洋环流和气候相互关系的一部分,"大洋输送带"向北半球高纬地区输送温暖的洋流,而以深海流的方式将北大西洋的冷水向赤道方向输送。这一输送的关键之处是丹麦海峡溢流水,它通过格陵兰-苏格兰海脊实现低密度和高密度海水的交换。多年来,科学家们一直认为丹麦海峡溢流水主要源于东格陵兰洋流,但冰岛的海洋学家对此提出质疑,他们发现了一个深层洋流沿冰岛大陆坡向南流动,并命名为"北冰岛洋流"。数据显示,北冰岛洋流确实将溢流水运回丹麦海峡,其是促成 AMOC 的关键因素。

由于全球变暖,AMOC 也在逐渐变缓。洋流能使局部地区气候发生变化,使北大西洋北部海区的海冰融化,产生较低盐度水体并进入海洋,加上格陵兰冰盖加速融化释放淡水,阻止了表层海水下沉速度,继而减少了大西洋低纬度和高纬度之间的洋流循环,使这一地区海面结冰,冰雪反照率反馈效应又导致北半球气候变冷,即发生"气候突变"。这个推测的科学意义重大,科学家认识到了 AMOC 的过程,并能预估未来气候与环流的关系。

目前全球变暖,格陵兰冰盖、南极冰盖的冰量都为负平衡,更多淡水注入了海洋,导致海平面升高,高纬地区海洋表层水变暖、变淡,改变着温盐环流(又称热盐环流;thermohaline circulation,THC),影响了全球气候。

4. 冰冻圈与生物地球化学循环

冻融过程、多年冻土演化、冻土地区的生物种群等,都和全球碳、氮循环有关。多年冻土的形成、退化直接影响区域和全球生物地球化学循环。

据统计,北半球多年冻土区内存储的土壤有机碳为 1832×10^9 t,是 1750 年以来人类总排放量(555×10^9 t)的 3.3 倍。全球变暖,多年冻土退化,将加速多年冻土内碳汇的释放,增加大气温室气体的浓度,加速全球变暖。多年冻土变化对陆地生态系统和地气之间碳、氮循环起重要作用。在北极地区,多年冻土中的 CH_4 释放速率持续增加,北冰洋底部多年冻土内的 CH_4 也在释放。

研究多年冻土碳循环的过程、机理,估算多年冻土碳库变化和对气候变化的响应,尤其是释放量和释放速率,意义重大。

1.4 冰冻圈科学在经济社会发展中的作用

全球变暖背景下,冰冻圈变化对社会经济发展、赋予人类惠益、生态文明建设有特别意义。

2016 年 12 月 12 日通过的《巴黎协定》提出,1750~2100 年全球地表平均温度升高不超过 2℃,并力争控制在 1.5℃的减排要求范围内。这个协议关系社会转型、转变经济发展模式,冰冻圈科学应当关注这个问题。

1.4.1 水循环和水资源

冰冻圈是人类最重要的淡水资源地之一。地球上大江大河多数发源于冰冻圈地区，江河流动延绵不绝、滋润大地、造福人类。但是，冰川退缩、冻土退化、积雪范围减小改变着这一切。目前，一些冰川补给的河流径流增加，冰川加速消融，河川补给增加，若持续下去冰川消融出现拐点，进而成为零补给，将影响水循环和淡水资源的供给，给食物安全、人体健康、维系生态系统和经济社会发展等带来巨大的负面影响。

多年冻土含有大量地下冰，是重要的水资源。全球变暖，多年冻土变化影响地表径流、地下水储量，以及地表与地下水的交换。

积雪可以改变河流年内径流分配。秋冬季积雪深度增加，除升华进入大气圈外，大部分积雪春季融化并补充河川径流。春季积雪融化时间短、速度快，加上地形因素，常发生春汛，造成灾害。

以现状为基准，应当评估中国西部内陆河流域冰冻圈水资源变化，特别要预估1.5℃和2℃温升条件下，2030年、2050年和2100年冰冻圈水资源量的变化，评估冰冻圈变化对内陆河流域河川径流影响。结合西北绿洲干旱区的实际，针对不同社会经济情景下冰冻圈水资源服务功能的盛衰过程和功能丧失阈限，在服务功能最大化目标下，提出未来绿洲及其城市群产业结构调整的最优化路径和方案。

1.4.2 冰冻圈灾害

当前，冰冻圈灾害频次和强度都在增加，影响在加重。研究变暖条件下冰冻圈变化直接和间接导致的灾害，提出对策，最大限度地减轻负面影响，是冰冻圈科学的重要内容。

在陆地冰冻圈里，冰川变化、河川径流变化造成旱涝，影响农业、生态和城市生活；冰川泥石流、冰湖溃决埋没良田、冲毁公路、毁坏建筑、造成人员伤亡和财产损失；雨雪冰冻灾害造成冻害、凝冻、道路结冰、电线覆冰等。多年冻土区的冻融作用造成热融性灾害及冻胀性灾害等，对区内道路、机场、输油管线、通信线路等基础设施造成破坏（图1.8）。雪灾是中国北方冬春季常见的灾害，暴风雪带来的低温和严寒给农牧业和交通

图1.8 冻融作用下被破坏的公路和铁路

运输造成威胁。新疆北部天山山区常发生春汛，近 30 年春汛日期提前了 1 个月。河流春季的凌汛对生命和财产造成巨大损失。全球每年因雪崩死亡人数达数十至上百人。

在海洋冰冻圈里，海冰的范围、厚度及其变化对海洋运输、海洋作业、海上设施和沿岸基础设施造成损害。海岸带多年冻土的融化和塌方影响基础设施。海平面上升造成海水倒灌、土地盐渍化、地下水咸化和风暴潮，威胁海岸带、沿岸城市和低地的安全，影响世界经济。

在大气冰冻圈里，与低温相关的气象灾害是冰冻圈科学和大气科学都关注的内容，如雨雪冰冻灾害就是一例。

冰冻圈灾害早期预警、预报可减少人员伤亡和财产损失。中国科学家在 2011 年、2012 年对吉尔吉斯斯坦境内的麦兹巴赫冰湖溃决的成功预警，验证了预警方法可行、有效，对冰湖溃决的快速反应，及时发布洪水预报，大大减少了下游损失。

1.4.3 矿产资源和工程建设

经济发展对矿产资源的需求加快了冰冻圈地区的开发速度，铁路、公路、机场、油田、城镇数量激增。需求和工程促进了冰冻圈科学和技术的发展，但也面临环境保护的挑战。加拿大北极地区、美国阿拉斯加北部、西伯利亚和北欧陆地及沿海大陆架蕴藏丰富的石油和天然气，海洋钻探、油气开采，铺设输油管线，以及海上筑冰坝钻探油气等，遇到过许多冰冻圈地区施工的工程技术难题。

19 世纪中后期，俄罗斯基于地缘政治战略，修建了西伯利亚铁路和中国东方铁路（简称"中东铁路"），遇到许多冻土问题。后期在北冰洋大陆架开采油气，遇到海冰碰撞钻井平台问题。线性工程建设和运行受多年冻土、地下冰、海冰、河冰和湖冰、积雪、风吹雪的制约，影响工程造价、质量和使用寿命。资源开发和工程建设给冻土工程和雪冰工程技术发展带来了机遇。

中国对冰冻圈地区的资源开发、交通运输、基础设施建设有巨大需求。20 世纪 50 年代初，东北地区开发遇到冰锥、雪害、河湖冰害、道路冻胀和融沉等问题。60 年代西部矿山开采也遇到冻土工程地质问题。70 年代后期，青藏公路扩建，格尔木至拉萨输油管线和通信线路建设也在多年冻土区。21 世纪初，青藏铁路建设根据中国冻土学家的"冷却路基技术与理论"，成功解决了路基稳定性问题。西部大开发和"一带一路"建设对冰冻圈科学的需求更多、更高，应加强不同情景下 2030 年和 2050 年冰冻圈变化对重大工程影响的研究。

1.4.4 冰冻圈地区探险与旅游

高纬度、高海拔、严寒天气的冰冻圈地区，有极昼、极夜和高山缺氧环境，低温严寒和暴风雪等自然现象，其是探索大自然、挑战极限和旅游、探险的理想之地，可满足人类探索大自然、认识大自然的天性，实现人与自然和谐发展的良好愿景。

南极、北极和北半球高纬地区，青藏高原及毗邻山区和各大洲的高山峻岭，是人们向往的旅游和探险圣地。在这些地区，早年的探险和地理大发现增加了人类对冰冻圈的科学认知，为后来的科学考察、资源调查、区域开发等奠定了基础，而社会发展和人类生活水平的提升，使更多的爱好者加入到冰冻圈旅游探险的行列。

冰冻圈地区的探险和旅游活动内容丰富多彩，有登山、滑雪、狗拉雪橇、航海、观光、朝觐等活动,集休闲娱乐、回归自然、挑战自我、陶冶情操于一体，伴随餐饮、旅店、交通、摄影等项目，形成一条生态保护链和生态经济链。冰冻圈地区旅游是许多国家大力发展和推动的旅游项目，对文化交流、增加就业、繁荣经济社会有重要作用。

中国是中低纬地区冰冻圈最发育的国家，境内现有冰川和滑雪旅游景区（点）200余处，开发成熟的旅游区极少，与国际差距很大。随着2022年国际第24届冬季奥林匹克运动会在中国北京-张家口的成功申办，冰雪运动和冰冻圈地区旅游将有大的发展，要及早做好准备。

此外，冰冻圈旅游探险活动应当注意环境保护和生态保育。

1.4.5 冰冻圈对人类社会的惠益

冰冻圈可以在气候、生态、资源、基础设施、旅游、休闲、体育、探险和特色人文等方面提供多种服务，包括供给服务（如冷能、种质资源、天然气水合物）、调节服务（如调节气候、调节径流、涵养水源、生态调节等）、社会文化服务（如冰雪旅游休闲和体育服务、冰冻圈研究和教育服务、冰冻圈原住民文化结构、宗教与精神服务）和生境服务（如极地和亚极地地区的冰冻圈与栖息地等）。位于冰冻圈内的南极、北极地区，是国际地缘政治敏感区和战略区，加强战略规划，提升冰冻圈科学研究水平，才能增强国家在国际极地事务中的话语权和影响力。

1.4.6 冰冻圈地缘政治

冰冻圈地缘政治是研究与冰冻圈圈层及其组成要素的形成、发育和演化相关的政治、经济、社会、人文、历史、资源、环境、领土、军事乃至国家安全等问题的科学。冰冻圈因为其特殊的地理区位和自然条件，其地缘政治的发展和变化关系国家安全、世界格局和人类福祉，是学术界和决策者都关心的领域。

冰冻圈发育在高海拔、高纬度地区，多为不毛之地。全球变暖，科技发展，昔日的不毛之地频现地缘问题。冰冻圈变化对资源、气候、环境、航道、民族、经济、领土、国家安全等都有很大影响，是冰冻圈地缘政治关注的主要内容。

气候变暖，北冰洋海冰范围缩小，东北和西北航道开通，缩短了东亚和欧美之间海上航行距离，节省时间、资金，减少能耗，降低碳排放，商业利益和环境效应明显，军事和战略博弈也浮出水面。北极海冰退缩为大陆架和洋盆的矿产资源开发创造了条件，产生了领土和资源纷争。1990年以来，美国和加拿大对北极大陆架的争端也见诸媒体。

环北冰洋 8 个国家都不同程度地对北冰洋大陆架及海域提出领土要求和资源开发权。2007 年 8 月 2 日，俄罗斯一支探险队乘深海下潜器抵达北极点附近 4000m 深的海底，插上钛合金制作的俄罗斯国旗，2015 年 8 月 4 日俄罗斯向联合国提出拥有对该区 120 万 km^2 海域底资源开发权的要求。

南极洲是科学研究的殿堂。1957～1958 年国际地球物理年期间，12 个国家的上万名科学家踏上南极洲，合作开展科学考察，但一直被地缘问题困扰。1908 年英国宣布对包括南极半岛在内的扇形地块及其水域拥有主权，接着澳大利亚、新西兰、法国、智利、阿根廷、挪威也提出领土要求。几经协商，1959 年 12 月，美国和苏联等 12 国签订了《南极条约》，并于 1961 年 6 月 23 日生效。《南极条约》承认为了全人类的利益，各国可以自由开展南极科学考察，发展国际合作，冻结领土要求，确保南极仅用于和平目的。《南极条约》是 20 世纪最成功的国际条约，保证了各国合作研究，保证了南极洲的和平。目前，世界上 20 个国家在南极洲建有 150 多个科学考察站和基地，中国已在南极洲建立了 4 个科学考察站。

青藏高原冰冻圈变暖影响发源于这里的大江大河，直接或间接影响下游近 20 亿人口的水源供给，导致风险增加，若处理不当，将产生国际纠纷。21 世纪是水世纪，水资源争夺激烈，地缘政治问题将更加突出，此言不虚。

冰冻圈变化的影响不仅是区域性的，也是全球性的，涉及环境、资源、领土主权。中国是拥有 13 多亿人口的发展中大国，应当为冰冻圈地区开发作出贡献。

1.5 行星冰冻圈

地球是太阳系八大行星之一，关于地球冰冻圈，我们已积累了较丰富的知识，但其他行星是否有冰冻圈发育？如果有的话，其他行星的冰冻圈与地球冰冻圈有何相似性和差异？这是本节所关心的问题。

随着太空探测的发展，人类对太阳系行星已经有了较深入的研究，已发现在水星、火星有冰冻圈发育。在一些矮行星（如冥王星、谷神星），以及一些行星的卫星上（如木卫二、土卫六等）都富含水分，也存在冰冻圈。但在温度和压力与地球极不相同的条件下，这些行星/卫星的冰冻圈特征与地球有着很大的不同。本节将简要介绍研究程度较高的火星冰冻圈。

1.5.1 火星冰冻圈的特征

火星是太阳系行星中的一员，是类地行星。其公转周期为 687 个地球日（即 1.88 个地球年），或 668.6 个火星日；火星的自转速度与地球的接近，所以，平均火星日为 24 小时 39 分钟 35.244 秒，即 1.027491251 个地球日；火星自转轴倾角为 25.19°，与地球相近，因此也有 4 个季节。2013 年 9 月 26 日，火星探测车"好奇号"发现火星土壤含丰富的水分，含量为 1.5~3 质量分数。火星距离太阳比地球远，接收太阳辐射也较少，火星探测车测得的表面温度为–80~0℃，平均温度约为–46℃。火星表面大气压很低，不到地球大气压的百分之一（平均气压为600Pa），火星大气的主要成分是CO_2，其体积浓度为95%，其他成分N_2为3%，Ar为1.6%，O_2、水汽含量极少。

现有的探测表明，火星两极有冰盖存在，曾经被认为是干冰，实际上绝大部分为水冰，仅表面一层为干冰，北极厚约1m、南极厚8m。由于极夜期间极地温度很低，大气中的CO_2凝华沉降到极区地面，到了夏季，再度升华进入大气，但南极的干冰不会全部升华，全年都存在。北极冰盖宽1100km、厚2km，体积约为$82.1×10^4$ km^3；南极冠宽1400km，最厚达3.7km，体积约为$1.6×10^6$ km^3。所以，火星冰冻圈有两类：一类是水冰冰冻圈，另一类是CO_2干冰冰冻圈。

两极冰盖均有独特的螺旋状凹谷（图1.9），主要由光照与夏季接近升华点的温度使沟槽两侧水冰发生差异融解和凝结逐渐形成。由火星"奥德赛号"X射线光谱仪的中子侦测器得知，自极区延伸至纬度约60°的地方，表层1m的土壤含冰量超过60%，估计有更大量的水冻结在下伏冰层中。火星地表遍布类似流水的遗迹，规模较小的冲蚀沟多分布于撞击坑壁处，形态多样，其成因有两种：一种认为是由流水造成的；另一种认为是由凹处累积的干冰促使松软物质滑动形成的。

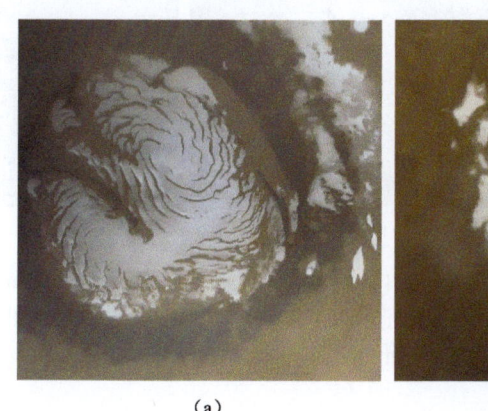
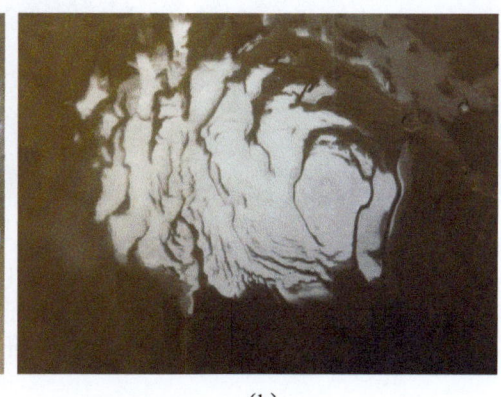

(a) (b)

图1.9 火星两极的冰盖

(a) 北极冰盖（源自：NASA/JPL/MSSS，http://photojournal.jpl.nasa.gov/catalog/PIA02800），(b) 南极冰盖（源自：NASA/JPL/MSSS，http://photojournal.jpl.nasa.gov/catalog/PIA02393）

现在，火星表面温度极低，无液态水，所以不可能形成水圈。但许多研究建议，火星在30亿年前气候较温暖，曾有液态水存在，有些学者甚至建议，火星北半球低凹的平原地区曾被海洋覆盖过，火星表面的河床、被侵蚀的撞击坑和针铁矿等矿物，都直接显示火星表面或之下有过液态水。如果现在火星上有液态水的话，很可能是以冰下湖的形式存在于极冠之下。中低纬度的水分则主要封存于冻土中。

1.5.2 火星水冰的证据

2005年7月28日，欧洲航天局（ESA）公布了火星上一个撞击坑被水冰部分充填的照片[图1.10 (a)]，照片显示的是火星北方大平原（70.5°N、103°E）撞击坑内的冰层。

该坑直径约 35km，深约 2km，底部和冰层表面的高差约 200m。火星表面许多地区可以观测到大量的冰川地形。最新的证据表明，水冰在火星表面以冰川形式存在，且冰面被岩屑覆盖。2010 年 3 月，雷达探测影像判断数米岩石下有水冰存在的证据。冰川表面上现存岩屑物的顶端表示冰体移动的方向。冰体升华导致冰面凸凹不平，形成的空洞使冰面岩屑物质坍塌进入空洞，冰川退缩后卸下挟带的物质形成条形脊状地形，称为冰碛。火星表面有些地方出现的扭曲状冰碛垄，可能由后期构造运动而致[图 1.10（b）]。长期以来，科学家认为火星表面部分区域很像地球上的冰缘区，或者说就是冻土区，许多观测显示这类地区有下伏冰层存在。在高纬度地区常可见到所谓的"多边形土"[图 1.10（c）]，在地球上这种地形是由冻土冻裂而形成。2008 年 7 月 31 日，美国国家航空航天局科学家宣布，"凤凰号"在火星上加热土壤样本时鉴别出有水汽产生，确认火星上有水存在。

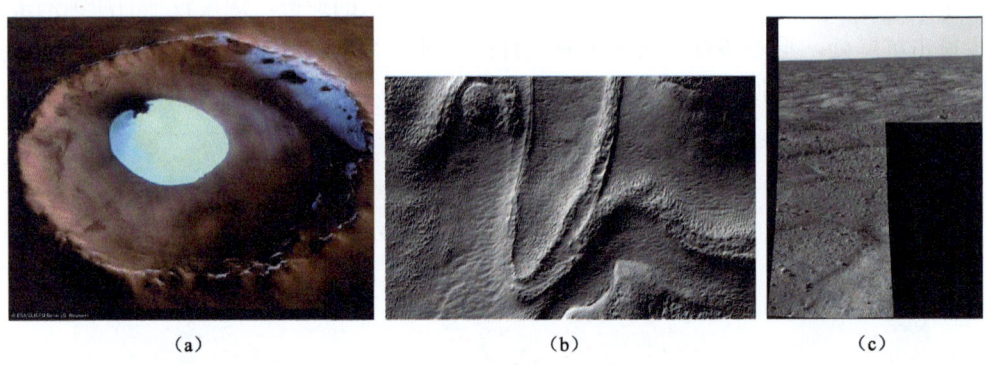

图 1.10 （a）欧洲航天局火星快车拍摄的火星撞击坑内的水冰（源自：ESA/DLR/FU Berlin）；（b）火星上的舌形冰川（源自：http://www.msss.com）；（c）"凤凰号"火星探测器在火星北极的登陆地点附近拍摄的"多边形土"（源自：NASA/Jet Propulsion Lab/University of Arizona）

思 考 题

1. 根据本课程或查阅相关文献，尝试解释下列名词：冰冻圈，冰冻圈科学，气候系统，气候变化，温室气体，温室效应，辐射强迫，气候变化的归因、影响、适应和减排，社会经济情景，气候情景，气候变化的预估。

2. 冰冻圈科学的主要内容是什么？

3. 传统地质学将冰冻圈归到水圈，而气候系统将其列为一个独立圈层，为什么？

4. 如何理解冰冻圈与气候系统其他圈层的关系？简述冰冻圈和人类圈的关系。

延 伸 阅 读

【代表人物】

1. 施雅风（1919~2011年）

江苏海门人。地理学家、冰川学家，中国冰川冻土事业的开拓者。1980年当选为中国科学院学部委员（院士）。1944年浙江大学研究院史地所毕业，获硕士学位。中国科学院寒区旱区环境与工程研究所名誉所长、研究员，中国科学院南京地理与湖泊研究所研究员，中国地理学会名誉理事长，国际冰川学会、国际第四纪联合会与英国皇家伦敦地质学会名誉会员。施雅风长期致力于冰川与地理环境的探索与研究。自20世纪50年代起，他多次领队对祁连山、天山、喜马拉雅山、喀喇昆仑山冰川进行考察，提出高亚洲冰川可分为海洋型温冰川、亚大陆型与极大陆型冷冰川三大类型；领导编纂完成多卷中国冰川目录，详查了中国的冰川资源；提出青藏高原最大冰期出现在60万~80万年前，但未形成统一冰盖；重建2万年前中国末次冰期的冰川范围与气候环境，认为青藏高原与东亚大陆在3万~4万年前均盛行暖湿气候；他明确指出，中国东部只有少数高山存在末次冰期冰川遗迹，而庐山、黄山、北京西山等地的冰川遗迹均属误解；他开拓、倡导中国冻土与泥石流研究，并在西北水资源、第四纪环境演变、全球变暖对海平面上升的影响等领域都卓有贡献。发表论文200余篇，主编专著20余部。曾获国家自然科学奖一等奖、二等奖、三等奖和国家科学技术进步奖二等奖，中国科学院自然科学奖一等奖和二等奖多次，何梁何利基金科学与技术进步奖，中国地理学会地理科学成就奖，甘肃省科技功臣奖，中国第四纪研究会功勋科学家奖。

2. B.A.库德里亚夫采夫（1911~1982年）

B.A.库德里亚夫采夫教授是苏联莫斯科大学冻土学派的创立者，他在现代冻土学的许多领域中作出了重要贡献。早在20世纪50年代，B.A.库德里亚夫采夫教授继承并发展冻土学的地球物理研究方向，主张把冻土学中的地质地理方向与数学物理方向结合起来，应用热学观点研究冻土层的形成和发育。他认为，冻土层是地壳表层在地质地理环境中与大气层热交换的产物，并随这一过程中各因子作用的改变而改变。他所提出的季节冻土成因分类获得苏联冻土学界的公认和肯定。他总结了前人对地质地理环境因子在冻土发育趋势和变化中的作用，并使这些因子成为判断冻土发育演化的依据。B.A.库德里亚夫采夫教授不仅对冻土学的基础理论有创造性的贡献，而且出色地把冻土学最新理论应用于生产实践。正是他提出了季节冻土层的调绘方法；他领导研究的1∶20万冻土水温地质勘测方法和规范，由苏联地质保矿部审定、公布，在冻土区推广使用，并获1977年一等罗蒙诺索夫奖。

【经典著作】

The Global Cryosphere: Past, Present and Future

作者：Roger G. Barry，Thian Yew Gan。

出版社：剑桥大学出版社，2011年。

内容简介：这是一部介绍全球冰冻圈分布、分类、演化和未来变化的书籍。全书对冰川、冰盖、积雪、河冰、湖冰、冻土、海冰和冰山等冰冻圈主要要素做了详细介绍，重点对现状变化和未来变化做了预估。本书是 Barry 教授多年从事教学科研工作的经验和总结，时代原因，未涉及冰冻圈变化的影响、适应和可持续发展等现代问题。

全书共 458 页，分为四篇、十一章，四篇分别是：陆地冰冻圈、海洋冰冻圈、冰冻圈的过去与未来、冰冻圈的应用。本书内容丰富，材料翔实，还有许多专家学者传记，有彩图、照片、注释窗、名词解释等，是一部较全面反映冰冻圈科学全貌的英文专著，阅读本书对理解冰冻圈科学很有帮助，本书尤其适合大学高年级及以上学历，以及环境科学、地理、地质、地貌、气候、水文水资源、海洋和气候变化科学等领域的科技人员阅读。

第 2 章 冰冻圈的分类和地理分布

本章阐述冰冻圈要素的分类及其在全球的地理分布。先从全球尺度阐述陆地冰冻圈、海洋冰冻圈和大气冰冻圈的总体分布情况；在此基础上，着重概述冰川（含冰盖）、冻土、积雪、海冰、河冰与湖冰、固态降水等冰冻圈要素分述其分类和地理分布特点。对冰冻圈各要素地理分布的介绍，按全球、半球、中国的顺序依次展开。

2.1 冰冻圈的全球分布、组成与分类

2.1.1 冰冻圈分布的地带性

气候是影响冰冻圈形成、发育过程的首要因子。因此，冰冻圈的分布总体上与特定的气候带相契合，具有一定的纬度地带性和垂直地带性规律。

陆地冰冻圈的纬度地带性和垂直地带性： 由于地球呈球形，太阳高度角不同导致太阳辐射随纬度呈不均匀分布。太阳辐射的地带性分布直接和间接地反映在地球气候系统的各种过程中，它首先使各种大气过程和气象因素，如气温、气压、大气环流、蒸发、空气湿度、云量和降水等表现出地带性，作为这些因素之综合的气候最终也表现出地带性分布特征，即地带性差异。陆地冰冻圈的分布具有明显随纬度变化的特征。冰冻圈的各种分量，如冰川、积雪、海冰、河冰、湖冰、季节冻土和多年冻土主要分布在中高纬度，南极冰盖和格陵兰冰盖分别盘踞于南北半球高纬度陆地之上。陆地冰冻圈分布具有明显的纬度地带性。

陆地冰冻圈的分布也遵循垂直地带性规律。气温通常随山地高度增加而降低，降水与空气湿度在一定高度以下随海拔升高而递增，这种使自然环境及其成分发生垂直变化的现象称为垂直地带性。与纬度地带性不同，垂直地带性的温度随高度增加而递减不是因太阳光线入射角的变化而导致太阳辐射量和气温降低，而是因长波辐射的热辐射随高度增加迅速加强而导致辐射平衡和气温下降。通常只要有足够的相对高度，山地就会出现垂直地带性分异。因为冰冻圈各组成要素受温度影响显著，所以陆地冰冻圈垂直地带性明显。冰雪带和寒漠带均分布于垂直地带的最高一个带中，这个带又受纬度地带控制，因而其在地球不同纬度上处于不同的高度。在山地和高原地区这种现象尤为突出，如赤道附近的乞力马扎罗山顶部终年被冰雪覆盖。青藏高原地区，由于海拔高、气候严寒，

分布了除海冰以外的冰冻圈各要素，如冰川、冻土、积雪、河冰和湖冰等。垂直地带性是中尺度的地域分异规律，同时受大尺度地域分异规律的制约。山地高度自然带谱的结构类型与基带（山体所在地理位置）及山地高度等有密切关系。在青藏高原地区，冰冻圈要素分布受海拔影响显著，同时纬度地带性和海陆分布也会产生一定的影响。例如，在西部西昆仑地区，雪线海拔为5600~6000 m，多年冻土下界海拔为4550 m左右；在青藏高原南部，唐古拉山小冬克玛底冰川多年平均粒雪线为5620 m，唐古拉山南麓的安多北山多年冻土下界海拔为4780 m；在东部，阿尼玛卿山的雪线高度为4950~5200 m，多年冻土下界为4000~4050 m。

海洋冰冻圈的纬度地带性：海洋冰冻圈主要受控于纬度地带性。极区的热量主要来自太阳，高纬度太阳辐射随纬度而变化，纬度越高，获得的太阳辐射能越少，因而，海冰的分布具有很强的纬度地带性。例如，南大洋海冰在冬季的扩展及夏季的消退就显示了空间上显著的纬度地带性。

2.1.2 冰冻圈的组成和分布特征

冰冻圈的组成要素包括冰川（含冰盖）、冻土（包括多年冻土、季节冻土）、积雪、河冰和湖冰、海冰、冰架、冰山和海底多年冻土，以及大气圈对流层和平流层内的冻结状水体（图2.1）。

北半球积雪范围在1月达到最大值，1964~2004年平均为$45.2×10^6$ km^2，在8月最小，平均为$1.9×10^6$ km^2。11月至翌年4月，积雪覆盖了北半球陆地面积的33%以上，其中1月达到了49%的覆盖率。南半球积雪主要分布在南美洲南部、新西兰南岛和澳大利亚东部高山区。积雪在气候系统中的作用随着纬度和季节的变化而变化，包括与反照率等有关的强正反馈作用，以及与水分存储、潜热和地表绝热作用相关的弱反馈作用。高纬度的河流和湖泊在冬季被冰覆盖，尽管与其他冰冻圈组成部分相比，其体积和表面积都很小，但在淡水生态系统、冬季交通、桥和管道方面扮演了重要角色。因此，其厚度和持续时间对自然环境和人类活动都会产生重要影响。河冰的解冻破碎常常形成"冰塞"（碎冰堆积形成的堵塞），这种堵塞阻碍了水的流动，可能导致严重的洪水。

陆地上的冰冻圈储存了全球75%的淡水。格陵兰冰盖与南极冰盖存储的水当量可使海平面分别上升约7.36 m和58.3 m。陆地冰量的变化已经导致了近百年来海平面高度的变化。冰川和积雪还是重要的淡水来源。

目前，冰覆盖了陆地表面的10%，南极和格陵兰占了主要部分（表1.1）。从年平均看，7%的海洋表面由冰覆盖。在隆冬季节，北半球49%的陆地表面被积雪覆盖。冻土是冰冻圈组成中面积最大的要素。基于其动力和热力的特征，冰冻圈不同组成部分的变化发生在不同的时间尺度。

北极海冰最大范围达到$15×10^6$ km^2，而在夏季最小只有$6×10^6$ km^{2}左右。南极海冰季节变化更大，冬季最大范围超过$18×10^6$ km^2，而夏季最小范围只有$3×10^6$ km^{2}左右。大部分的海冰都是移动的"浮冰群"中的一部分，在风和表面洋流的作用下，在极地海洋中漂流。浮冰在厚度、冰龄、雪的覆盖及开阔水域的分布等都极不均匀。

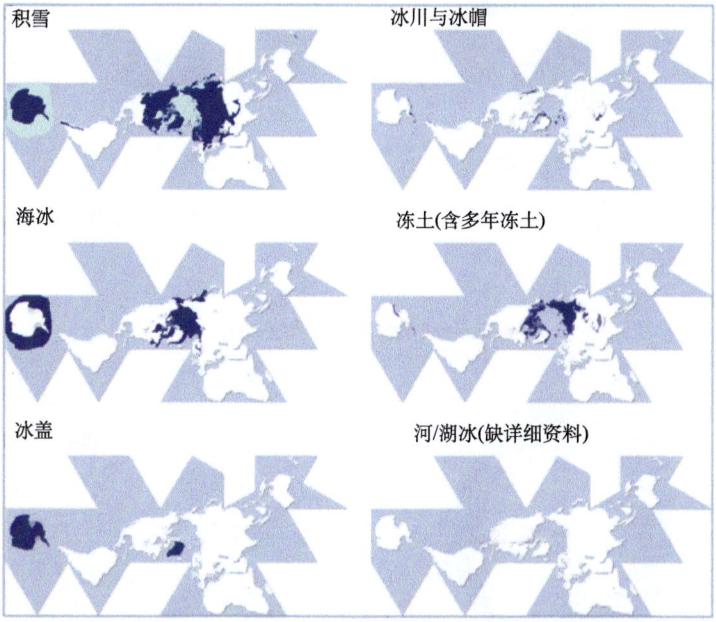

图 2.1　全球冰冻圈各要素（深蓝色）的地理分布（UNEP, 2007）

2.1.3　陆地冰冻圈、海洋冰冻圈和大气冰冻圈

全球冰冻圈大致分为 3 类：陆地冰冻圈、海洋冰冻圈和大气冰冻圈。

陆地冰冻圈包括冰川（含冰盖）、冻土（不包括海底多年冻土）、积雪、河冰和湖冰等主要组分。与海洋冰冻圈不同的是，除少数咸水湖上的湖冰之外，陆地冰冻圈的水体多为淡水。陆地冰冻圈是全球水循环的重要组分。其水循环效应，一是对海平面变化和大洋环流具有重要影响；冰盖的消融生成大洋冷水，是全球海洋环流的重要驱动力之一。二是陆地冰冻圈融水径流是陆地水循环的重要一环，往往是大江大河的源头，也是重要的水资源；积雪的季节交替变化不但具有水循环效应，还具有重要的气候效应。三是陆地冰冻圈融水的突发性释放常常具有灾害效应，导致冰湖溃决、山区春汛、河流凌汛及陆面融沉坍塌等。

海洋冰冻圈包括海冰及其上覆积雪、冰架与冰山，以及海底多年冻土。海冰是海洋冰冻圈的主体，全球海冰的覆盖范围为 $19 \times 10^6 \sim 27 \times 10^6 \, \text{km}^2$。在北半球，海冰的南界可达中国的渤海（约 38°N），在南半球，海冰主要出现在环南极海域，其北界可达 55°S（图 2.2）。全球 15%的海洋面积在一年中存在发育时间长短不一的海冰。

海洋冰冻圈由于主要位于地球两极，伴随着季节的变化，冬夏之间范围变化很大，通过反照率极大地影响地球能量平衡；海洋冰冻圈的主体海冰通过析出盐分，生成重而冷的下沉水，驱动全球洋流。此外，海洋冰冻圈对航海、生物栖息地等有重要影响。

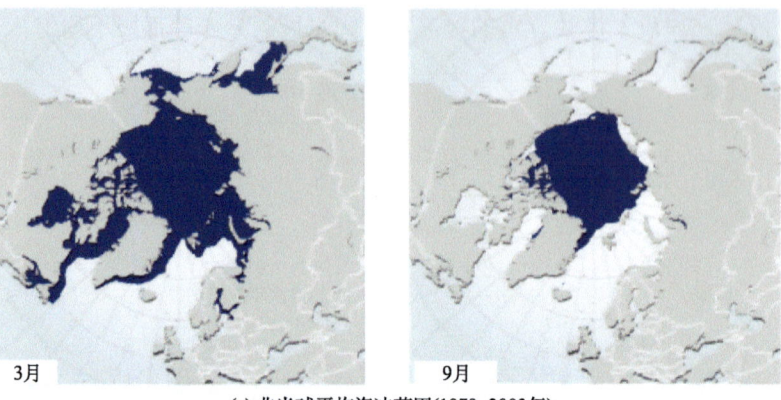

(a) 北半球平均海冰范围(1979~2003年)

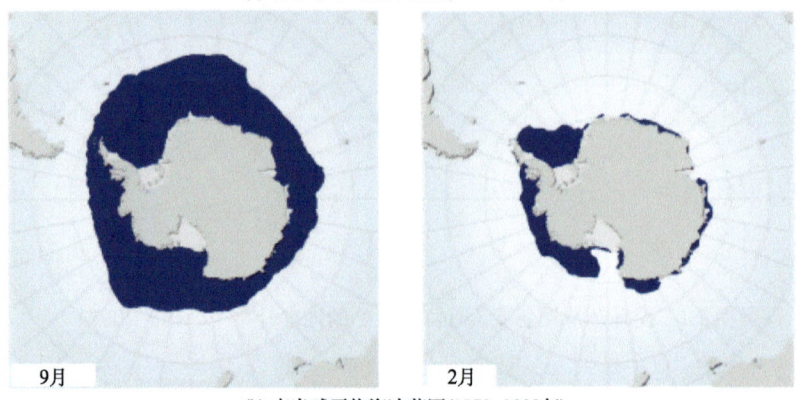

(b) 南半球平均海冰范围(1979~2002年)

图 2.2 海洋冰冻圈的主体——海冰的平均范围（UNEP, 2007）

在北半球，冬季（3月）海冰范围最大，夏季（9月）海冰范围最小；南半球相反

大气冰冻圈包括温度低于冰点（0℃）的大气对流层和平流层，该空间存在固态水体，主要包括降雪、冰雹、霰等。

2.2 陆地冰冻圈的分类与分布

陆地冰冻圈的主要组成：冰川冰盖、冻土、积雪，以及河冰和湖冰，本节分别介绍其分类与分布。

2.2.1 冰川与冰盖的分类与分布

冰川是指陆地表面由雪或其他固态降水积累演化（通过压缩、重结晶、融化再冻结等）而形成的，在自身重力作用下通过内部应变变形或者沿底部界面滑动等方式运动着的多年存在的巨大冰体。根据规模不同，通常将冰川分为山地冰川（简称冰川）和冰盖。

1. 冰川分类

地球上的山地冰川数量众多、类型多样，可以按形态分类，也可按地理分类，或按物理分类等，但常见的是按形态分类和按物理分类。本节首先介绍冰川的形态分类，然后给出冰川的物理分类，最后简要介绍中国的冰川类型。

1）冰川形态分类

按照冰川的形态和规模，地球上的冰川基本上可分为两类，即冰盖和冰川。

冰盖（ice sheet），也称为大陆冰盖，是指面积大于 5×10^4 km^2 的冰川，不受地形约束。冰盖几乎不受下伏地形的影响，自中心向四周外流。目前，地球上有南极冰盖和格陵兰冰盖。在气候寒冷、有一定降雪量的高纬地区，发育有除少数山峰突出冰面外（冰原岛山），全部地面几乎被厚达数百米至数千米冰雪连续覆盖的盾形冰体。因为冰盖是冰川的特殊形式，下文将对其分类和分布单独论述。

冰川（glacier），地球上由降雪和其他固态降水积累、演化形成的处于流动状态的冰体均称为冰川。除冰盖之外的冰川是一种受地形约束的冰川，其规模与厚度远不及冰盖。冰川是对除冰盖外陆地冰川的统称，包括冰帽、冰原、山地冰川等。不同地区、不同地形条件下，冰川形态各异、规模不等。

冰川形态分类是在上述分类的基础上延伸的，主要划分为以下几种。

悬冰川（hanging glacier），是指悬贴于山坡而不能下伸到山麓的冰川。

坡面冰川（slope glacier），是指坡度与悬冰川相比较为平缓，规模一般大于悬冰川，受到地形限制不明显的一类冰川。

冰斗-悬冰川（cirque-hanging glacier），是指超出冰斗范围的悬冰川。

冰斗冰川（cirque glacier），是指发育在山坡或谷源呈围椅状洼地中的冰川。

冰斗-山谷冰川（cirque-valley glacier），是指超出冰斗范围而延伸到山谷的冰川。

山谷冰川（valley glacier），是指延伸到山谷，随山谷地形展布的冰体。其形态多样，可分为单式山谷冰川、复式山谷冰川、树枝状山谷冰川和网状山谷冰川，还有一些特殊的类型。若干冰流汇合，常形成彼此并列或相互重叠的冰川组合。

峡湾冰川（fjord glacier），类似于山谷冰川，也是发育在山谷中，但没有明显的粒雪盆，形态表现为明显的细长特征。

冰帽（ice cap），是指外形与冰盖相似，规模较小而穹形更为突出的覆盖型冰川。冰体从中心向四周呈放射状漫流。有高原冰帽和岛屿冰帽之分。

2）冰川物理分类

主要根据冰川冰的温度状况或热力特征进行划分，有多种分类形式。

拉加里分类：拉加里根据冰川活动层（冰川表面以下 15~20 m 深度内，参见第 4 章）以下的恒温层的热力特征，将冰川分为暖型、过渡型和冷型冰川 3 类。暖型冰川是指活动层以下到底部具有相应压力下的冰融点温度；冷型冰川是指活动层以下到底部温度低于冰融点；过渡型冰川是表层温度处于 0℃以下，而接近底部的冰体温度达到相应的压力融点的一类冰川。

阿夫修克分类：阿夫修克根据冰川所处的气候条件和冰川温度状况，将冰川分为5类：①干极地型冰川——整个冰层温度低于融点，并稍低于当地年平均气温；②湿极地型冰川——夏季气温高于0℃，冰川浅表层接近0℃，有少量融水形成；③湿冷型冰川——冰的平均温度高于年平均气温，但仍低于0℃，融水可渗至活动层底部；④海洋型冰川——冰体热状况取决于融水，活动层温度夏季为0℃，冬季转为负温，活动层上部温度低于下部，深层全部为0℃；⑤大陆型冰川——辐射强烈、降水稀少，各深度冰温低于0℃，表层5~10 cm深度内夏季可达0℃，下部冰体恒为负温。

阿尔曼分类：属地球物理分类法。阿尔曼根据冰川上部的物质结构和冰川温度状况，将冰川分为温（temperate）冰川、亚极地（sub polar）冰川和高极地（high polar）冰川3类。温冰川是指融水渗浸再结晶作用强烈，整个冰体温度处于压力融点，只有冬季上层几米处于负温；极地冰川的绝大部分冰体处于负温。高极地冰川的积累区由厚度很大的负温粒雪组成，夏季通常也无融化；亚极地冰川的积累区由厚10~20 m的粒雪组成，夏季温度接近0℃，有融化现象。

3）中国的冰川类型

参考国际不同分类，中国现代冰川划分为大陆型冰川和海洋型冰川，其中大陆型冰川进一步划分为极大陆型冰川和亚大陆型冰川。利用冰川观测各类物理指标进行聚类分析，确定了极大陆型、亚大陆型和海洋型冰川亚类间的阈值标准，以划分中国不同类型冰川的分布范围。基于这些研究，总结出中国3类冰川具有以下特征和空间分布。

海洋型冰川或温型冰川。平衡线高度年降水量可达1000~3000 mm，年平均气温高于–6℃，夏季6~8月平均气温为1~5℃，冰温为–1~0℃。冰川运动速度快，年运动速度达100 m以上；冰面消融强度大，冰舌下端年消融深达10 m等。其主要分布于念青唐古拉山东段、横断山和喜马拉雅山东段。

亚大陆型或亚极地型冰川。平衡线高度年降水量为500~1000 mm，年平均气温为–6~12℃，夏季6~8月平均气温为0~3℃，冰层温度20 m深以内为–10~–1℃。冰川运动速度较快，平均为5~100 m；冰面年消融深2~8 m。其主要分布于青藏高原除藏东南外的外围山地、帕米尔高原、天山和阿尔泰山。

极大陆型或极地型冰川。平衡线高度年降水量为200~500 mm，年平均气温低于–10℃，夏季6~8月平均气温低于–1℃。冰川运动速度较慢，年平均为30~50 m；冰舌年消融深1~2 m。其主要分布于青藏高原内部、祁连山西段。

2. 冰川的全球分布

据IPCC AR5统计，除冰盖外，全球有山地冰川（含冰帽）168 331条，冰川总面积为726258.3 km^2，储量为113915~191879 Gt[①]，对海平面上升的潜在贡献量为411.9 mm，

---

① 1 Gt=10^{12} kg。

其数量和分布见表 2.1，具体分布特征如下。

（1）北半球是全球山地冰川分布最多的地方，分布有现代冰川 143450 条，冰川面积为 560914.5 km^2，冰川冰储量为 82270~141762 Gt（水当量），对海平面上升的潜在贡献量为 301.4 mm，冰川条数、面积、冰储量和海平面贡献量分别占全球山地冰川总量的 85.2%、77.2%、72.2%~73.9% 和 73.2%。

（2）中低纬地区冰川数量要比高纬地区多，但冰川面积、冰储量及对海平面贡献量则高纬（50°以上）地区要大。例如，北半球中低纬（表 2.1 中编号 2、11、12、13）有冰川 87360 条，冰川面积为 137849 km^2，冰储量为 9103~12900 Gt，对海平面上升潜在贡献量为 33 mm；而 50°N 以北的高纬地区，分布有冰川 56090 条，较中低纬度地区少，但冰川面积为 423065 km^2，冰储量为 72567~126759 Gt，其海平面当量为 268.4 mm，均要大于 50°N 以南中低纬地区。南半球中低纬（表 2.1 中编号 16、18）地区分布有冰川 21607 条，冰川面积为 33076 km^2，冰储量为 4421~6345 Gt，相当于海平面上升 14.2 mm；而 50°S 以南高纬地区，分布有山地冰川 3274 条，冰川面积为 132267.4 km^2，冰储量为 27224~43772 Gt，对海平面上升潜在贡献量 96.3 mm，较南半球中低纬地区大。

表 2.1 全球山地冰川的数量分布

编号	地区名称	冰川条数/条	冰川面积/km^2	最小冰储量/Gt	最大冰储量/Gt	海平面当量/mm
1	阿拉斯加	32112	89267	16168	28021	54.7
2	加拿大西部与美国	15073	14503.5	906	1148	2.8
3	加拿大北极地区北部	3318	103990.2	22366	37555	84.2
4	加拿大北极地区南部	7342	40600.7	5510	8845	19.4
5	格陵兰	13880	87125.9	10005	17146	38.9
6	冰岛	290	10988.6	2390	4640	9.8
7	斯瓦尔巴群岛	1615	33672.9	4821	8700	19.1
8	斯堪的纳维亚	1799	2833.7	182	290	0.6
9	俄罗斯北部	331	51160.5	11016	21315	41.2
10	亚洲北部	4403	3425.6	109	247	0.5
11	欧洲中部	3920	2058.1	109	125	0.3
12	喀斯喀特	1339	1125.6	61	72	0.2
13	亚洲中部	30200	64497	4531	8591	16.7
14	南亚西部	22822	33862	2900	3444	9.1
15	南亚东部	14006	21803.2	1196	1623	3.9
16	低纬地区	2601	2554.7	109	218	0.5
17	安第斯山南部	15994	29361.2	4241	6018	13.5
18	新西兰	3012	1160.5	71	109	0.2
19	南极及亚南极地区	3274	132267.4	27224	43772	96.3
	总计	168331	726258.3	113915	191879	411.9

资料来源：IPCC，2013。

3. 中国现代冰川分布

按照冰川发育的气候条件，中国现代冰川可划分为海洋型冰川、亚大陆型冰川和极大陆型冰川（图2.3）。

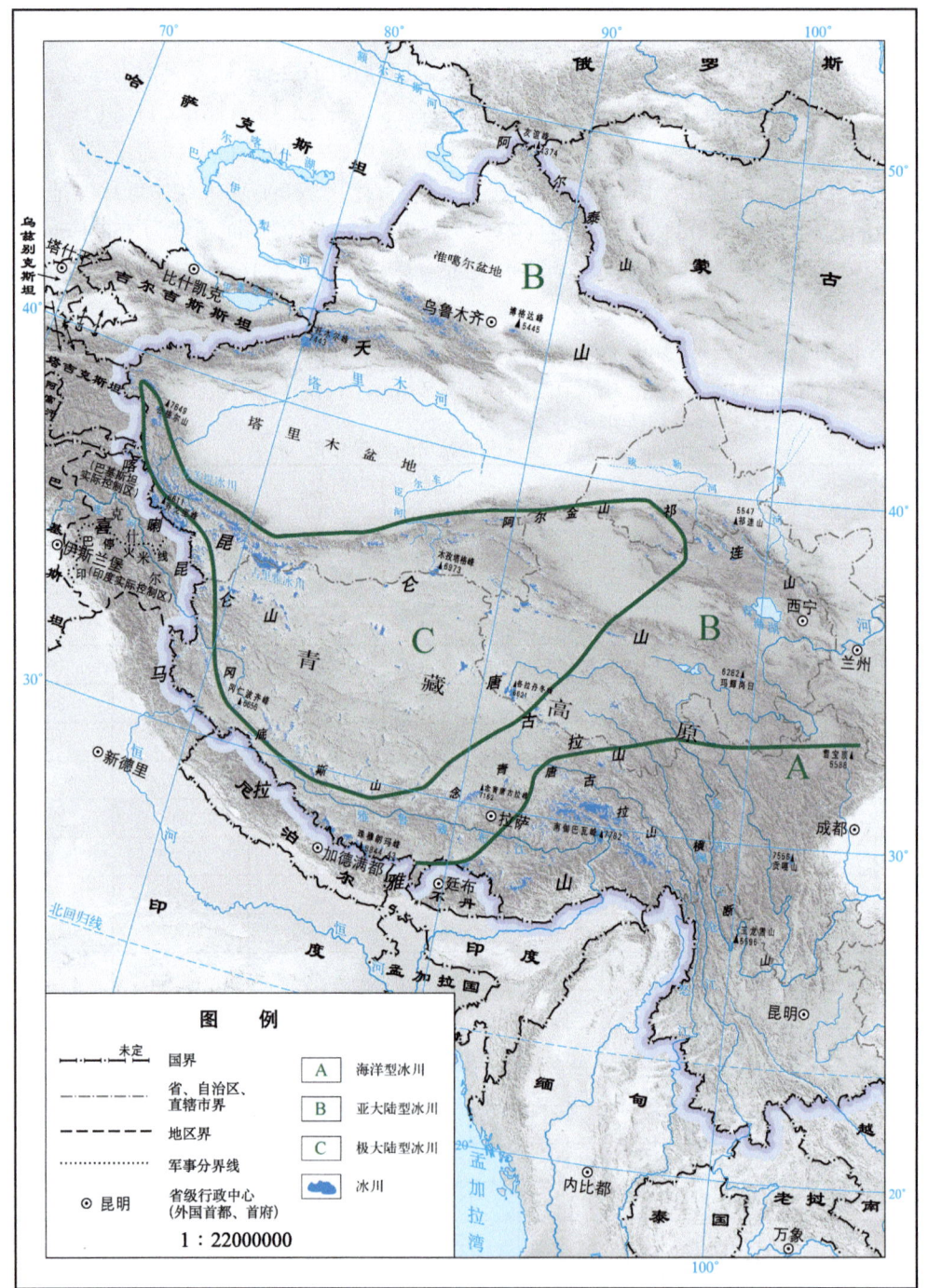

图2.3 中国冰川分布的主要山脉、雪线高度和冰川类型示意图（据施雅风，2005，有更新）

经第一次中国冰川编目数据的最新修订统计,第 2 次冰川编目的最新统计表明,中国冰川共 48571 条,面积为 51766.08 km²,冰储量为(4494.00±175.93)km³。就各山系而言,昆仑山、念青唐古拉山、天山、喜马拉雅山和喀喇昆仑山是中国冰川分布比较多的山系,统计表明(表 2.2),分布在昆仑山山系的冰川数量最多(8922 条),面积和冰储量也最大[11524.13 km²、(1106.34±56.60)km³],其数量、面积和冰储量占全国冰川各总量的 18.37%、22.26%和 24.62%;天山山系冰川数量仅次于昆仑山而位居第 2,但面积和冰储量低于昆仑山和念青唐古拉山而位居第 3。除上述 3 座山系外,喜马拉雅山和喀喇昆仑山冰川数量均在 5000 条以上,这 5 座山系共分布了冰川 35104 条,面积为 41072.75 km²,约分别占中国冰川相应总量的 3/4 和 4/5。羌塘高原深居青藏高原腹地,其上分布若干海拔 6000 m 以上的较为平坦的山峰,以这些山峰为中心发育了普若岗日、藏色岗日、土则岗日、金阳岗日等较大放射状冰帽冰川。这些山区发育有规模较大的冰川(≥2.00 km²),大冰川的面积占该区域冰川总面积的 78.64%,小冰川数量虽多但面积仅占 21%左右,冰川平均面积达 1.65 km²,从而羌塘高原成为中国冰川平均规模最大的高原(山系)。帕米尔高原冰川数量虽仅有 1612 条,但冰川总面积高达 2159.62 km²,冰川平均规模达到 1.34 km²,仅次于羌塘高原和念青唐古拉山(1.39 km²)。世界最高峰——珠穆朗玛峰(8844.43 m)所在的喜马拉雅山虽然非常高峻,但由于山脊较狭窄而限制了冰川扩展,冰川平均面积只有 1.12 km²,与喀喇昆仑山冰川平均规模类似。相比较而言,冈底斯山冰川尽管数量较多(3703 条),但总面积为帕米尔高原冰川面积的一半多,冰川平均面积仅有 0.35 km²,是中国冰川平均规模最小的山系。冰川数量和面积最少的 3 座山系分别为穆斯套岭、阿尔泰山和阿尔金山,冰川平均规模均在 0.75 km² 以下。

表 2.2 中国西部各山系(高原)冰川数量统计

山系(高原)	数量		面积		冰储量	
	数量/条	比例/%	面积/km²	比例/%	储量/km³	比例/%
阿尔泰山	273	0.56	178.79	0.35	10.50±0.21	0.23
穆斯套岭	12	0.02	8.96	0.02	0.40±0.03	0.01
天山	7934	16.33	7179.77	13.87	707.95±45.05	15.75
喀喇昆仑山	5316	10.94	5988.67	11.57	592.86±34.68	13.19
帕米尔高原	1612	3.32	2159.62	4.17	176.89±4.63	3.94
昆仑山	8922	18.37	11524.13	22.26	1106.34±56.60	24.62
阿尔金山	466	0.96	295.11	0.57	15.36±0.65	0.34
祁连山	2683	5.52	1597.81	3.09	84.48±3.13	1.88
唐古拉山	1595	3.28	1843.91	3.56	140.34±1.70	3.12
羌塘高原	1162	2.39	1917.74	3.70	157.29±3.11	3.50
冈底斯山	3703	7.62	1296.33	2.50	56.62±3.43	1.26
喜马拉雅山	6072	12.50	6820.98	13.18	533.16±8.71	11.87
念青唐古拉山	6860	14.12	9559.20	18.47	835.30±31.30	18.59
横断山	1961	4.04	1395.06	2.69	76.50±2.41	1.70
总计	48571	100.00	51766.08	100.00	4494.00±175.93	100.00

资料来源:刘时银等,2015。

按照国际冰川流域编目规范,中国西部山地冰川分布区域首先划分为内流区和外流区,其次分为10个一级流域(表2.3)和29个二级流域。据统计,中国内流区和外流区冰川数量分别为28912条和19659条,相应面积分别为31242.58 km²(60.35%)和20523.50 km²(39.65%)。

表 2.3 中国各水系冰川数量统计

分区	一级流域(编码)	数量		面积		冰储量	
		数量/条	比例/%	面积/km²	比例/%	储量/km³	比例/%
内流区	中亚内流区(5X)	2122	4.37	1554.70	3.00	106.00±0.27	2.36
	东亚内流区(5Y)	20412	42.03	22414.58	43.30	2113.98±112.51	47.04
	青藏高原内流区(5Z)	6378	13.13	7273.30	14.05	662.06±27.78	14.73
	合计	28912	59.53	31242.58	60.35	2882.04±140.56	64.13
外流区	鄂毕河(5A)	279	0.57	186.12	0.36	10.84±0.23	0.24
	黄河(5J)	164	0.34	126.72	0.24	8.53±0.03	0.19
	长江(5K)	1528	3.15	1674.69	3.24	117.24±0.14	2.61
	湄公河(5L)	469	0.97	231.32	0.45	11.15±0.55	0.25
	萨尔温江(5N)	2177	4.48	1479.09	2.86	91.88±0.86	2.04
	恒河-雅鲁藏布江(5O)	12641	26.03	15718.65	30.36	1306.95±38.01	29.08
	印度河(5Q)	2401	4.94	1106.91	2.14	65.37±1.11	1.45
	合计	19659	40.47	20523.50	39.65	1611.96±35.37	35.87
	总计	48571	100.00	51766.08	100.00	4494.00±175.93	100.00

资料来源:刘时银等, 2015。

中国冰川资源分布在新疆、西藏、青海、甘肃、四川和云南6省(自治区)(表2.4)。从冰川数量来看,西藏最多,其次是新疆,中国22条面积≥100 km²的冰川都分布在这两个自治区,二者冰川数量和面积可占全国冰川总量的87.62%和89.67%。

表 2.4 中国西部6省(自治区)冰川数量统计

省(自治区)	数量		面积		冰储量	
	数量/条	比例/%	面积/km²	比例/%	储量/km³	比例/%
西藏	21863	45.01	23795.78	45.97	1984.78±61.22	44.17
新疆	20695	42.61	22623.82	43.70	2155.82±116.60	47.97
青海	3802	7.83	3935.81	7.60	274.74±0.32	6.11
甘肃	1538	3.17	801.10	1.55	39.90±1.76	0.89
四川	611	1.26	549.12	1.06	35.02±0.38	0.78
云南	62	0.13	60.45	0.12	3.74±0.07	0.08
总计	48571	100.00	51766.08	100.00	4494.00±175.93	100.00

4. 冰盖的分类与分布

冰盖是指面积大于 $5\times10^4\ km^2$ 的巨大冰川体,是陆地冰川的特殊类型。冰盖通常呈穹状,冰流轨迹呈辐散状从冰盖中心(分冰岭)流向冰盖边缘。

对于冰盖,目前只以面积达到一定规模来定义,对其类型的研究尚少。对当今现存的南极冰盖和格陵兰冰盖(图2.4),只从其底部基底的性质认为存在两种不同稳定程度的冰盖。大部分基底远低于海面、稳定较差的冰盖,即西南极冰盖,以及大部分基底高于海面的较稳定的冰盖,即东南极冰盖和格陵兰冰盖。

南极冰盖(不包括冰架)面积约 $1229.5\times10^4\ km^2$,占全球陆地总面积的8.3%,平均冰厚约2100 m,冰储量约 $30\times10^6\ km^3$,相当于海平面当量58.3 m。南极冰盖以南极横断山为界,分为东南极冰盖和西南极冰盖。南极冰盖下伏大量湖泊和水流系统,冰盖底部的科学研究已成为重要的前沿领域。格陵兰冰盖面积约 $1.84\times10^6\ km^2$,占全球陆地总面积的1.2%,平均冰厚约1600 m,冰储量约 $3\times10^6\ km^3$,相当于全球海平面7.36 m 的变化量。

虽然冰盖表面气温很低,但冰盖底部温度却因地热释放、压力作用及流动热而相对较高,发生底部融化,产生润滑作用而促使冰盖流动加速。

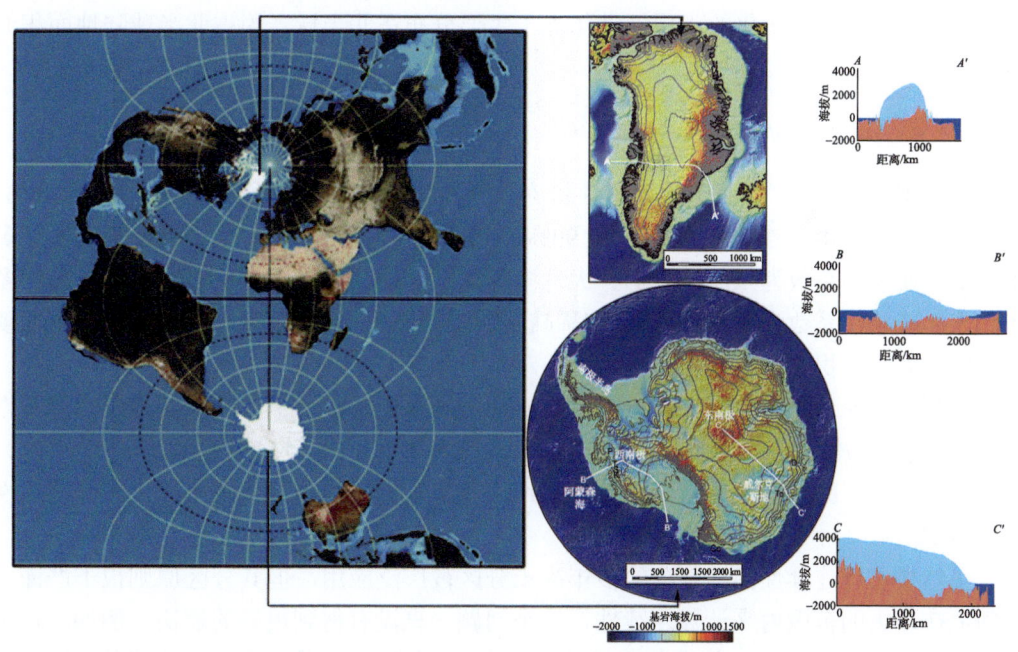

图2.4 格陵兰冰盖(左上部白色部分)与南极冰盖(左下部白色部分)的地理位置,以及两大冰盖的形态与典型断面的冰下地形分布(据 IPCC,2013 改绘)

2.2.2 冻土的分类与分布

冻土是指在0℃或0℃以下,并含有冰的各种岩石或土。冻土是由矿物颗粒、冰、未冻水、气体及有机质等组成的多成分和多相体物质。

1. 冻土分类

依据不同目的和参数,冻土的分类有很多种。以下主要针对多年冻土和季节冻土的常见分类进行简要介绍。从土壤发生学的角度划分冻土类型,则属于土壤学范畴,此处不再赘述。

1）存在时间分类

按土的冻结状态保持时间的长短,冻土一般可以分为短时冻土（冻结时间为数小时、数日至半月）、季节冻土（冻结时间为半月至数月）、隔年冻土（冻结时间超过1年但少于2年）及多年冻土（连续冻结时间在2年以上）4种类型。短时冻土主要分布在中低纬度地区,其分布特征主要受天气尺度的大气寒冷气流的影响,生存时间较短,冻结深度一般小于30 cm。季节冻土的多年平均面积大约为4812×10^4 km^2,占北半球陆地面积的50.5%。隔年冻土在理论上是存在的,但目前尚无文献报道。北半球短时冻土多年平均面积为627×10^4 km^2,约占北半球陆地面积的6.6%。季节冻土分布范围较大,主要分布在中高纬度地区。特别需要指出的是,多年冻土区的活动层属于季节冻土,因为活动层是冬季冻结、夏季融化的土层。多年冻土主要分布在北半球,约占北半球陆地面积的24%。

2）空间连续性分类

在多年冻土区内,按照空间连续性将冻土分为连续多年冻土（连续性系数超过90%）和不连续多年冻土（连续性系数低于90%）。在不连续多年冻土中,又可细分为断续多年冻土（连续性系数为75%~90%）、大片多年冻土（连续性系数为60%~75%）、岛状多年冻土（连续性系数为30%~60%）和稀疏岛状多年冻土（连续性小于30%）,其中连续性系数为冻土面积与区域面积之比。

国际多年冻土协会（International Permafrost Association，IPA）的空间连续性分类指标是:连续多年冻土区（连续性大于90%）、不连续多年冻土区（连续性系数为50%~90%）、大片不连续多年冻土区（连续性系数为10%~50%）,以及稀疏岛状多年冻土区（连续性小于10%）。

虽然按空间连续性指标划分的多年冻土分区被广泛应用,但其分区原则很不严谨,空间上在多大的范围内来计算连续性,这个问题一直没有得到很好的解决。例如,在某一地区,1 km^{2}以内,90%的面积可能是多年冻土,按照IPA的定义,这应该是连续多年冻土区;但在100 km^{2}以内,多年冻土面积可能就只有20%,则是大片不连续多年冻土区。

3）热稳定性分类

根据多年冻土温度及厚度,可将其分为以下几种类型:

极稳定型，年平均地温小于-5℃，多年冻土厚度大于 170 m；

稳定型，年平均地温为-5~-3℃，多年冻土厚度为 110~170 m；

亚稳定型，年平均地温为-3.0~-1.5℃，多年冻土厚度为 60~110 m；

过渡型，年平均地温为-1.5~-0.5℃，多年冻土厚度为 30~60 m；

不稳定型，年平均地温为-0.5~0.5℃，多年冻土厚度为 0~30 m；

极不稳定型，其余年平均地温更高和厚度更薄的多年冻土。

多年冻土温度和厚度是由很多因素决定的，其是反映一个地区或局地多年冻土生存的综合指标。对于同一地区或地点，多年冻土类型的变化反映了当地气候或局地条件的变化，可以用来作为多年冻土变化的主要证据。

4）温度分类

根据多年冻土年平均地温，可以将多年冻土分为以下几类：

低温多年冻土，一般年平均地温小于-2.0℃，当其受到短期干扰时，能够在较短冻融周期（为 1~2 年）中得到恢复；

中温多年冻土，是过渡类型的多年冻土，当年平均地温低于-1.0℃时，对应的多年冻土厚度一般大于 50 m，这些地区相对稳定，年平均地温的波动一般在-1.0~0.1℃；

高温多年冻土，一般年平均地温为-1.0~-0.5℃，对地表扰动的影响较敏感，扰动造成的多年冻土变化同样是不可逆的；

极高温多年冻土，一般年平均地温在-0.3℃左右，对地表扰动的影响极为敏感，在人为因素影响下，多年冻土的变化基本是不可逆的。

这个划分在中国国内文献中应用较多，但还没有被国际同行认可或引用。

5）含冰量分类

按含冰量从少到多，多年冻土可分为干寒土、少冰多年冻土、多冰多年冻土、富冰多年冻土、饱冰多年冻土与含土冰层。致密的岩体和干土在 0℃或 0℃以下时，既不含冰也不含水，称为干寒土。少冰多年冻土包裹的冰体积含冰量一般小于 3%，多冰和富冰多年冻土体积含冰量为 3%~20%，饱冰多年冻土为 20%~40%，含土冰层的体积含冰量一般大于 40%。

根据多年冻土中总含水量来划分，对于碎砾石土，少冰多年冻土的总含水量小于10%，多冰多年冻土为 10%~18%，富冰多年冻土为 18%~25%，饱冰多年冻土为 25%~65%，含土冰层超过 65%；对于砂土、砂性土，少冰多年冻土总含水量小于 12%，多冰多年冻土为 12%~21%，富冰多年冻土为 21%~28%，饱冰多年冻土为 28%~65%，含土冰层一般大于 65%；对于粉性土、黏性土，一般是根据土体的塑限和液限来进行划分。

多年冻土含冰量是影响多年冻土工程性质的主要因素，它是多年冻土工程分类的主要参数。

6）工程分类

冻土工程的分类以工程应用为目的，并考虑与建筑物基础的相互关系，能较充分地反映多年冻土对工程建筑物破坏的主要因素，主要是在热作用下，冻土的融沉性；同时，还能反映客观存在的差异，使冻土体组构与物理力学指标统一起来；分类既要适用于多年冻土，又要基本适用于多年冻土之上的季节融化层。

根据以上分类原则，从不同的指标类别考虑，分为3种划分方案：

（1）融沉方案，以融沉系数（A）为指标，划分为5类，分别是不融沉土、弱融沉土、融沉土、强融沉土和强融陷土；

（2）冻胀方案，以冻胀系数（η）为指标，划分为5类，分别是不冻胀土、弱冻胀土、中等冻胀土、冻胀土、强冻胀土；

（3）强度方案，以相对强度为指标，划分为4类，分别是少冰冻土、多-富冰冻土、饱冰冻土、含土冰层。

冻土的工程分类对于多年冻土区及深季节冻土区工程设计、建设及运营都非常重要。目前，国际上还没有一个标准的划分指标，但各国根据自己国家的建设规范，相应地制定了冻土工程分类及基于冻土工程类型的建筑规范。

7）季节冻土分类

比较系统的季节冻土分类是苏联的B.A.库德里亚夫采夫分类。他将季节冻土分为两大类：季节冻结层和季节融化层。季节融化层（活动层）下伏多年冻土层，并与多年冻土上限衔接，而季节冻结层下伏非多年冻土层。他的分类原则是既要考虑气候地带性及大陆度，又要考虑影响冻土发育的地域差异。B.A.库德里亚夫采夫应用年平均地温、地表温度年较差、岩性和土壤含水量4个指标对季节冻土进行系统分类。年平均地温主要反映气候地带性特征，地表温度年较差主要代表大陆度，岩性和土壤含水量主要反映区域差异。在这4个指标中，又有不同的界限指标。排列组合后，这种分类方法将全球季节冻土分出1200多种。这种分类原则比较全面，主要是从发生学、影响冻土形成及发育出发，探讨季节冻土的分布规律及类型划分。但其实际操作性很差，一方面缺乏资料，另一方面冻土的类型太多，应用性差，还没有被广泛应用。

根据季节冻结深度，可将季节冻土深度大于1 m的定义为深季节冻土，而小于1 m的定义为浅季节冻土。美国陆军寒区研究与工程实验室将冬季土壤冻结深度大于30 cm的地区划分为季节冻土区。根据土壤冻结时间，近地表土壤冻结时间大于15天为季节冻土，小于15天为短时冻土。

2. 冻土的分布

冻土（包括多年冻土及季节冻土）就其空间范围而言，是冰冻圈最大的组成部分。土的冻结与融化状态对土壤的热学及物理性质有很大的影响，从而对地-气间水热交换、生态-水文过程、地-气间碳循环，以及天气气候系统都起着至关重要的作用。因此，研究冻土时空分布非常重要。

1）全球冻土分布概况

全球多年冻土主要分布在北半球的极地地区，以及北美洲、亚洲的高山地区。南半球多年冻土主要分布在安第斯山及南极大陆没有被冰川覆盖的基岩裸露地区。然而，南极冰盖下多年冻土的具体面积不详。此外，据初步分析，高山大陆型冰川下应该有多年冻土存在，而在海洋型冰川下是否有多年冻土还没有定论，有待进一步研究。环北极大陆架下也有大量的多年冻土存在，其称为海底多年冻土，这部分归入海洋冰冻圈。

2）北半球冻土分布

北半球多年冻土主要分布在欧亚大陆和北美大陆及其北部的北冰洋岛屿（包括格陵兰、冰岛等），以及大陆架和部分洋底（图2.5）。北半球多年冻土的面积为 $2279\times10^4\,\mathrm{km}^2$，占北半球陆地面积的23.9%；季节冻土的多年平均面积大约为 $4812\times10^4\,\mathrm{km}^2$，占北半球陆地面积的50.5%；短时冻土多年平均面积为 $627\times10^4\,\mathrm{km}^2$，占北半球陆地面积的6.6%。在极端条件下，北半球季节冻土面积可达北半球陆地面积的80%以上。

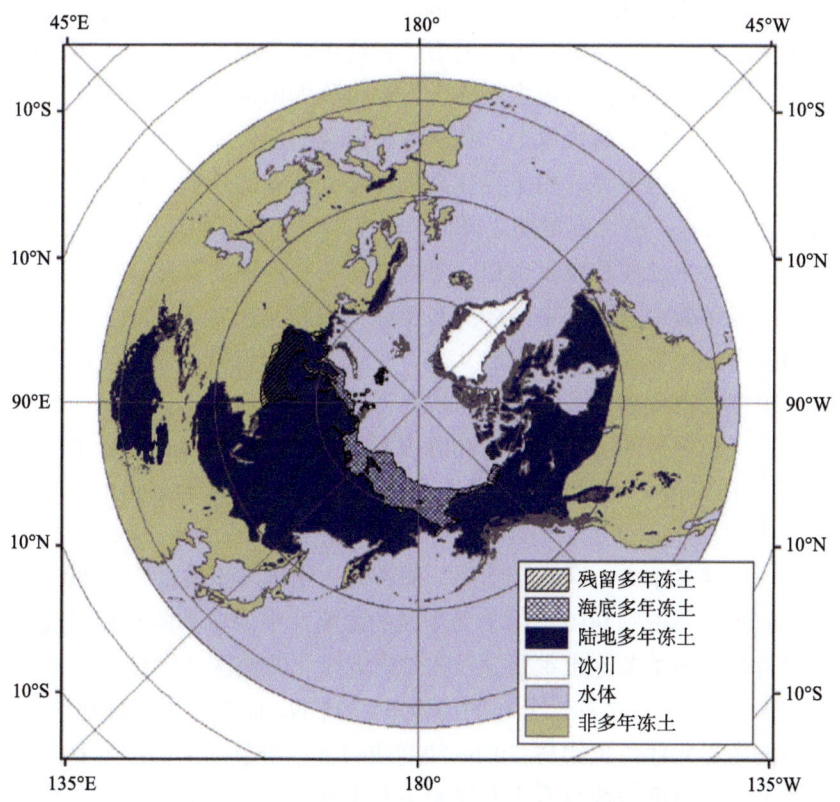

图 2.5 北半球多年冻土分布（Zhang et al., 2008）

从纬度分布角度，北半球多年冻土从 26°N 的喜马拉雅山脉到 84°N 的格陵兰岛，其中 70%分布于 45°N~67°N。从海拔角度，北半球大约有 62%的多年冻土分布在海拔 500 m 以下，10%的多年冻土分布于海拔 3000 m 以上。

从多年冻土的含冰量角度，体积含冰量高于 20%的高含冰量多年冻土主要分布在北半球高纬度地区，大约为多年冻土面积的 8.57%；体积含冰量小于 10%的多年冻土主要分布于高海拔的山地多年冻土区，大约为多年冻土面积的 66.5%。

3）中国冻土分布

中国是世界上三大多年冻土国之一，多年冻土区面积大约为 $220×10^4$ km^2，占国土面积的 22.3%，在世界上位居第三位。其中，高海拔多年冻土面积则居世界之最，季节冻土更遍布大部分国土。多年冻土主要分布在东北大、小兴安岭和松嫩平原北部及西部高山和青藏高原，并零星分布在季节冻土区内的一些高山上（图 2.6）。其中，东北多年冻土区位于欧亚大陆多年冻土区的南缘地带，面积约为 $39×10^4$ km^2，位于 46°30′ N~53°30′N，其分布的主要特点为：主要受纬度地带性制约；海拔的叠加使东北多年冻土分布更具特色；低洼处冻土分布条件更为严酷；东北岛状、稀疏岛状和零星分布冻土区南北宽达 200~400 km，面积比大片和大片-岛状冻土两个区的面积大得多。中国西部高山、高原多年冻土区主要分布在阿尔泰山、天山、祁连山及青藏高原，由于多年冻土分布主要受海拔控制，则其可称为高海拔多年冻土，也可称为山地或者高原多年冻土。高山高原多年冻土仅出现在一定的海拔以上，岛状冻土出现的最低海拔的连线即为多年冻土分布下界，也就是自然地理下界。由下界往高处，冻土分布的连续性增大，由岛状分布至大片分布直至连续分布，冻土温度随之降低、厚度增大，具有明显的垂直地带性。此外，季节冻结和融化、冷生过程和现象也相应随海拔增高有规律的变化。

中国区域内多年冻土主要为中高纬度多年冻土与高海拔多年冻土。其中，高海拔区域多年冻土面积占全国多年冻土面积的 92%，主要分布于青藏高原及西部高山地区。依据不同的估算模型，青藏高原多年冻土面积约为 $130×10^4$ km^2，占国土面积的 13.5%，占全中国多年冻土总面积的 87.2%，占高海拔多年冻土面积的 94.5%。中高纬度多年冻土面积约为 $12×10^4$ km^2，占全国多年冻土面积的 7.8%，分布于东北大、小兴安岭和松嫩平原北部。

季节冻土（包括多年冻土区的活动层）面积约占中国陆地总面积的 70%，如果算上短时冻土，其面积则要占到 90%。由于受季风的影响，中国冬季降雪相对较少，导致季节冻土非常发育。中国季节冻土主要分布在 25°N 以北的地区（图 2.6）。在中国西部地区，由于受海拔的影响，季节冻土分布的南界可达 25°N，而在中国东部地区，海拔较低，季节冻土分布的南界北移，大约与 30°N 纬度线吻合。季节冻土的厚度变化较大，在其南界地区，季节冻土厚度一般只有十几厘米或几十厘米，而在北方地区，季节冻土厚度可达 2 m 以上。随着气候变暖，季节冻土的冻结时间变短、冻结厚度减薄。

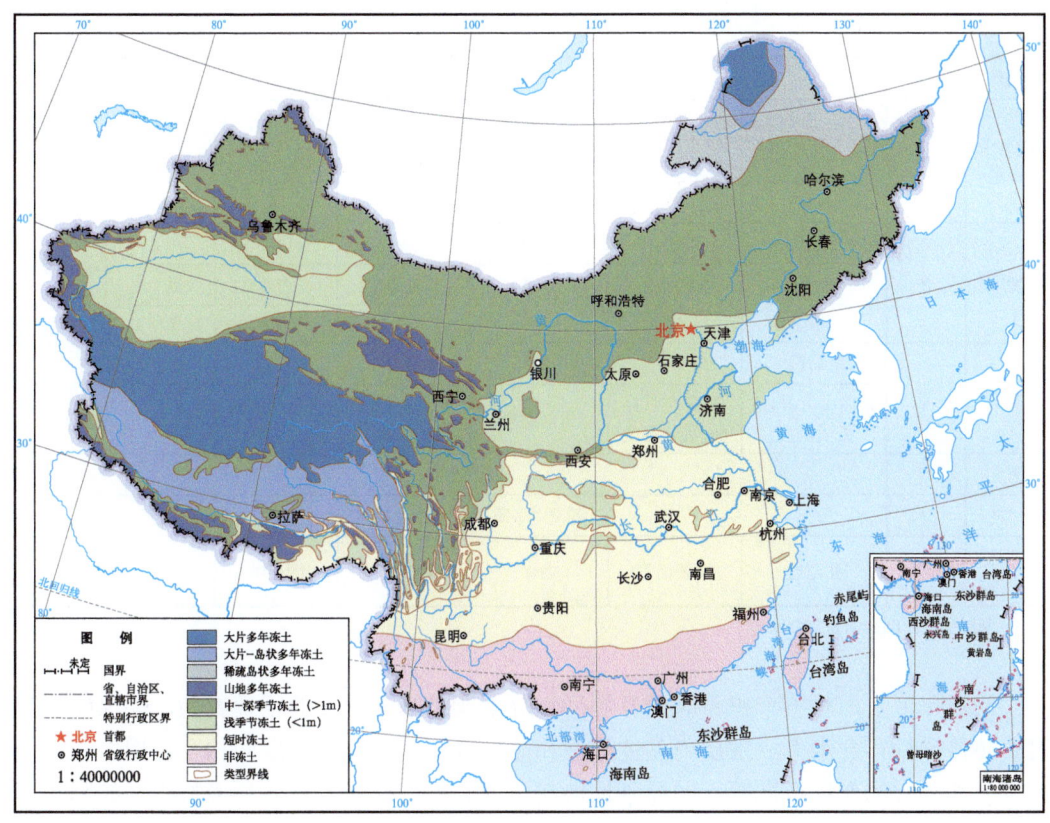

图 2.6 中国冻土分布（周幼吾等，2000）

2.2.3 积雪的分类与分布

地球表面存在时间不超过一年的雪层，即季节性积雪，简称积雪。

1. 积雪分类

积雪分类可以有微观尺度和宏观尺度两个方面。微观尺度上通常是雪的分类，指标较多，划分的类型也多。例如，根据雪颗粒特征，雪可分为新雪、老雪、粗颗粒雪、细颗粒雪、深霜等；根据颜色，雪可分为洁净雪、污化雪等；根据密度、硬度、含水率、温度等，雪也可划分出多种类型（表 2.5）。

表 2.5 国际雪分类

项目	符号	亚类						备注
颗粒形状	F	降水粒子 PP	人造雪粒子 MM	分解碎片降水粒子 DF	圆形颗粒 RG	片状颗粒 FC	深霜 DH	使用代码标志
		表面霜 SH	融化状态 MF	冰组构 IF				
颗粒大小	E	很细	细	中等	粗	很粗	非常粗	单位 mm
		<0.2	0.2~0.5	0.5~1.0	1.0~2.0	2.0~5.0	>5.0	

续表

项目	符号	亚类						备注
液态水含量	LWC	干	潮湿	湿	很湿	湿透		体积/%
		0	0~3	3~8	8~15	>15		
		D	M	W	V	S		代码
硬度	R	很软	软	中等	硬	很硬	冰	手工测量方法
		拳头	四指	一指	铅笔	刀片	冰	
		F	4F	1F	P	K	I	
温度	T	$T_s(H)$	$T_s(-H)$	T_{ss}	T_a	T_g		标出观测位置及数值
		地面以上 H cm 处雪温度	表面以下 H cm 处雪温度	雪面温度	雪面上 1.5 m 处气温	雪下伏地表温度		
密度	G	指标密度值						
纯度	J	需说明杂质类型及其质量百分比						
微观结构		孔隙度	比表面积	曲率	弯曲度	配位数		指标名称及数值

资料来源：Fierz et al., 2009。

宏观尺度上，对整个积雪区进行类型划分主要是基于积雪的物理属性，如深度、密度、热传导性、含水率、雪层内晶体形态和晶粒特征，以及各雪层间相互作用、积雪横向变率和随时间变化特征等，并经验性地参考各类积雪存在的气候环境特点（如降水、风、气温），将全球积雪分为6类：苔原积雪、针叶林积雪、高山积雪、草原积雪、海洋性积雪和瞬时积雪。国际冰雪委员会（ICSI）根据积雪液态水含量，将积雪划分为干雪（0%）、潮雪（0~3%）、湿雪（3%~8%）、很湿雪（8%~15%）和雪浆（>15%）。

以年累计积雪日数和连续积雪日数为界定标准，中国积雪可分为稳定积雪区和不稳定积雪区两大类。20世纪80年代初期，李培基等应用中国气象台站积雪观测资料，将一年累计积雪日数大于60天的地区定义为稳定积雪区，小于60天的定义为不稳定积雪区。不稳定积雪区进一步可以划分为两个亚区：年周期性不稳定积雪区，平均年积雪日数为10~60天；非年周期性不稳定积雪区，平均年积雪日数小于10天。中国的稳定积雪区主要包括青藏高原地区（藏北高原和柴达木盆地除外）、东北和内蒙古地区、北疆和天山地区，同时在秦岭、贺兰山、六盘山、五台山、峨眉山等地也有零星分布。年周期性不稳定积雪区主要包括辽河流域至秦岭、大别山之间的广大地区。非年周期性不稳定积雪区包括秦岭、大别山以南地区，以及塔里木盆地和柴达木盆地。无积雪区主要位于中国25°N以南的区域[图2.7（a）]。何丽烨和李栋梁应用1951~2004年中国105°E以西地区232个地面气象观测站积雪日数资料和1980~2004年多通道扫描微波辐射计（SMMR）、特殊传感器微波成像仪（SSM/I）逐日雪深资料，对中国西部各类型积雪重新进行了划分[图2.7（b）]。可以看出，北疆、天山和青藏高原东部地区为稳定积雪区，南疆盆地中心、四川盆地和云南省南部无积雪，其他地区为不稳定积雪区，北疆、天山、河西走廊，以及成都、昆明一线广大地区积雪类型稳定少变。

此外,随着气候变暖,有些地区降雪占总降水量的比例,以及新雪累积量占总降雪量的比例都在减小,这样的区域被称为"脆弱"降雪区和"脆弱"积雪区。定义气温 0℃为降雨或降雪的临界温度,发生在 0℃以上的降雪因气温较高而不稳定,当气温升高时,这部分降雪有可能转化为降雨,因而是"脆弱"降雪;秋/春季,发生在日平均气温 0℃以上且降雪量≥4.0/3.0 mm 的降雪,因气温较高、降量较大而不容易累积,因而是"脆弱"积雪。

2. 积雪分布

1) 全球积雪分布

在冰冻圈中,积雪的空间覆盖范围仅次于季节冻土。积雪 98%分布在北半球,南半球除南极洲之外鲜有大范围陆地被积雪覆盖。积雪季节变化显著,北半球陆地积雪范围最小仅为 1.9×10^6 km^2,最大可达 47×10^6 km^2,接近北半球陆地面积的一半(图 2.8),而南半球最大积雪范围只约占其陆地总面积的 25%。

积雪通常分布在季节雪线以北(北半球)、以南(南半球)或以上(山区)。季节雪线,即积雪的最南界线(北半球)和山区积雪的下线(表 2.6),它随着积雪的融化向高纬度或高海拔上移,积雪完全融化,季节雪线消失,所以该雪线随季节而变化。

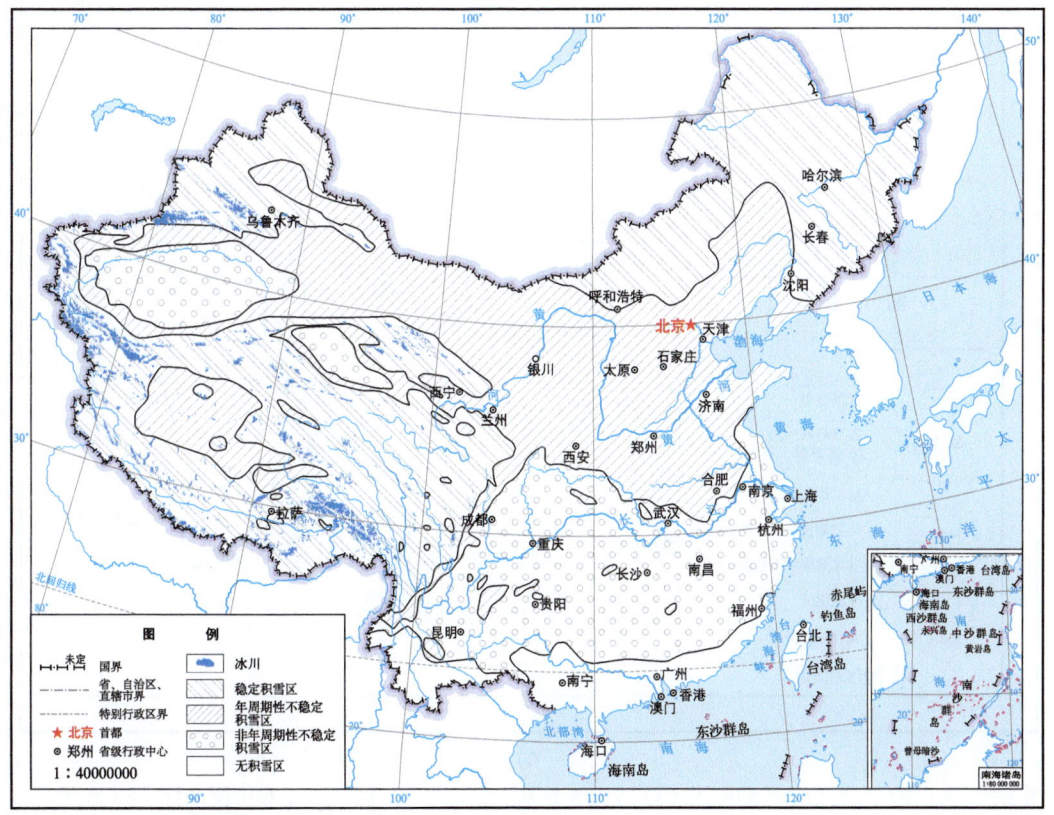

(a)

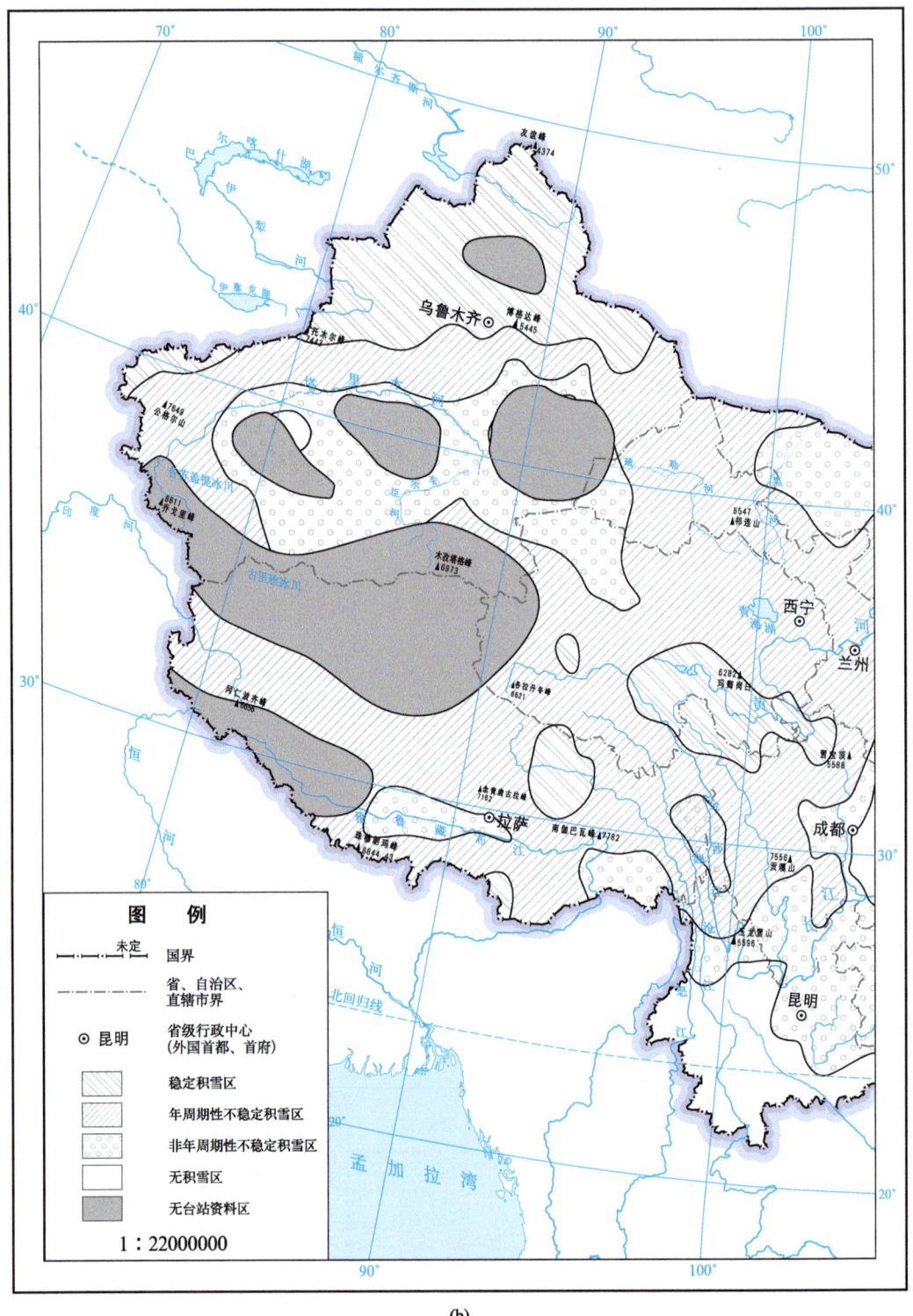

(b)

图 2.7 基于年积雪日数划分的中国（a）（据李培基和米德生，1983 改绘）和中国西部（b）积雪类型分布图

第 2 章 冰冻圈的分类和地理分布

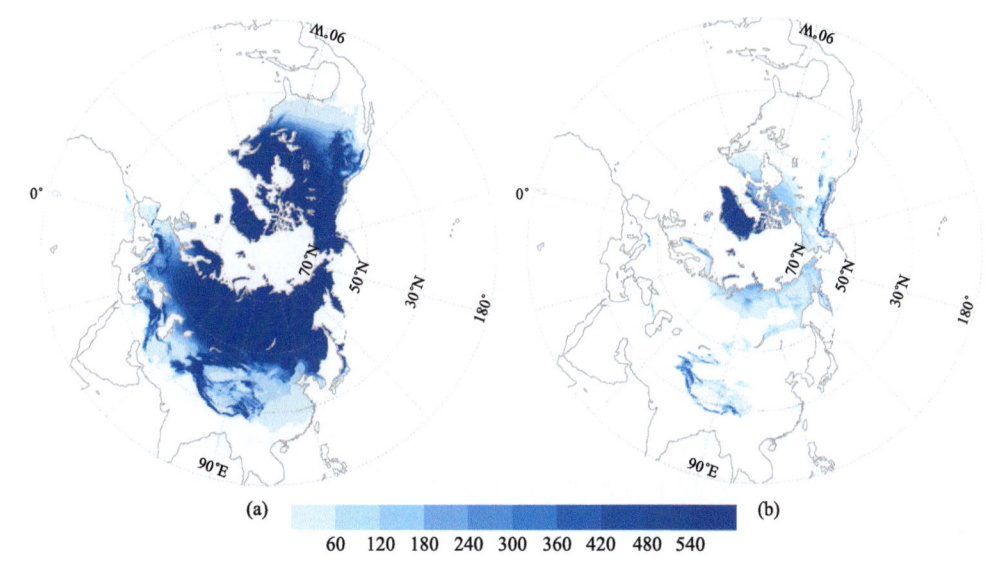

图 2.8 北半球冬季（a）和夏季（b）积雪范围气候场分布
采用美国国家冰中心的交互式多传感器雪冰制图系统（Ims）数据

表 2.6 北半球山区雪线的海拔

纬度/(°)	80	70	60	50	40	30	20	10
最高海拔/m	600	1500	2600	3700	5100	6100	5300	4700
最低海拔/m	100	300	700	1100	2500	4200	4700	4500

注：其中纬度为各纬度带的中心值，如 80°指 75°~85°纬度带。

资料来源：Vladimir，2009。

2) 中国积雪分布

中国积雪的地理分布较广，但极不均匀。中国积雪主要分布在东北和内蒙古东部地区、新疆北部和西部地区及青藏高原地区，共约 3.4×10^6 km²。中国年平均雪深、积雪密度、雪水当量分别为 0.49 cm、140 kg/m³、0.7 mm。积雪日数最多的区域位于东北大、小兴安岭北部山区，帕米尔高原、喀喇昆仑山、喜马拉雅山、天山等地的积雪日数也很长。青藏高原在冬季的 1 月达到最大（7 天以上），夏季（6~9 月）最小，积雪日数不足 1 天。在季节尺度上，冬季积雪日数最大，平均在 18 天以上；春季次之，在 14 天以上；秋季也可达到 8 天以上。就多年平均年积雪日数而言，青藏高原和新疆地区年积雪日数都大于东北地区，但东北地区积雪范围更大一些。

2.2.4 河冰和湖冰的分类与分布

河冰与湖冰是指寒冷地区河水和湖水冻结而成的季节性冰体。

1. 河冰分类

河冰按照河道的形态（梯度）、河道宽窄及寒冷程度可分为六大类，分别为冰壳（ice shell）、悬浮覆冰（suspened ice cover）、漂浮覆冰（floating surface ice cover）、承压覆冰（confined surface ice cover）、坚覆冰（solid ice cover）、无冰（no ice）。

冰壳，形成于封冻期早期十分陡峭的河道，常常依附于低温的物质表面，如裸露的岩石、堤岸等，冰壳不会随波逐流。形成冰壳的温度并不需要很低，甚至在 0℃时也会形成，所以在较温暖的水源地区也会发现冰壳的存在。

悬浮覆冰，在河水温度降至 0℃以下的陡峭河道，通过动力作用产生。在冰冻第一阶段，锚冰脱离河底向上漂浮。在冰冻第二阶段，锚冰积累促使冰坝形成。在冰冻第三阶段，在冰坝演变崩解的过程中，冰坝后的水得以释放，使得覆冰悬浮于流水之上。

漂浮覆冰，形成于相对较平缓的河道，主要由岸冰横移、底层冰或冰盘堵塞、前端推进3种过程产生。

承压覆冰，消融期开始时，覆冰下出现水波的传播现象，使覆冰产生裂缝，覆冰的厚度形状大小不同，所能对抗水压的能力也不同。承压覆冰与漂浮覆冰不同，可以引起河床冲刷，增大沉积物的输送。承压覆冰常形成于河道源头和中游地区。

坚覆冰，形成于河道消融末期或覆冰冻结并入河床时。该种覆冰最常形成于极寒区的上游和中游。坚覆冰可能导致的两种结果：①限制冬季水流量；②使河滩积冰量增加。

2. 湖冰分类

湖冰是指湖表层形成的冰，主要分布在北半球高纬度与高山区。其通常存在 4 种类型（图 2.9）。

黑冰，最初在河、湖表层形成的冰，因为冻结过程中含有少量来自下伏水中的有色物质，颜色较普通冰较深，因此，称为黑冰。其是河、湖冰的主要成分，形成过程较慢。

雪冰，冬季积雪沉降在冰面冻结形成的冰。

白冰，随着积雪在河、湖冰表面的增加，在静水压力的扰动下致使黑冰开裂，下伏水沿裂隙快速上升，与表层积雪冻结而成的冰，其含有大量的气泡，更加透明，因此称为白冰。

雪泥，下伏水沿裂隙上升，因积雪成分较少，经过多次冷冻与溶出作用，形成一种富含营养物质的"泥炭层"。

3. 河冰与湖冰的地理分布

河冰与湖冰广泛分布在高纬度地区和高海拔地区。以结冰期和解冻期为标志日期，河冰与湖冰的冻结期与气温 0℃等温线紧密相关。据此，Bannet 和 Prowse 划分出北半球河冰与湖冰分布的 3 条等温线界线，分别对应河湖冰大致存在 6 个月、3 个月和半个月的地理范围（图 2.10）。3 条等温线所包含的面积分别对应北半球陆地面积的 52%、45%和 25%。3 条等温线在北美洲分别位于 33°N、35°N 和 50°N，在欧亚大陆则均位于 27°N 线左右，这主要是由于受到青藏高原高海拔地形的影响，在南界上纬向效应转化成了高度效应。

南半球河湖冰主要局限于高海拔地区，且结冰期通常较短，所以对其研究不多。

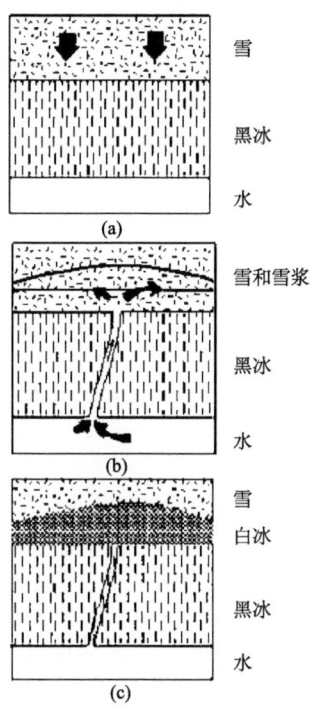

图 2.9 湖冰分类及形成过程（Adams and Lasenby，1985）

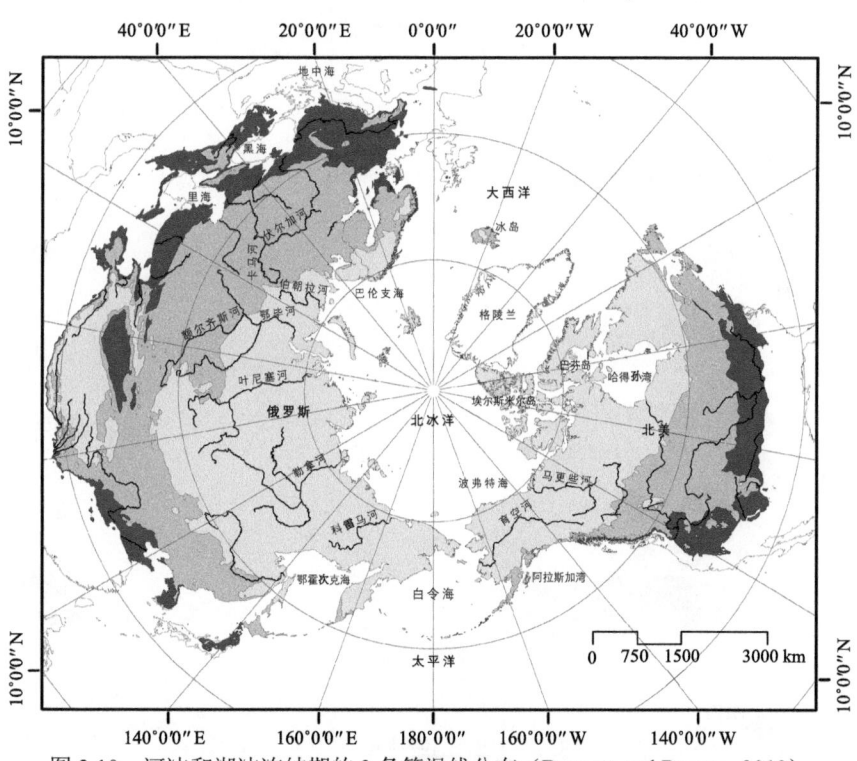

图 2.10 河冰和湖冰冻结期的 3 条等温线分布（Bennett and Prowse, 2010）

浅灰色范围代表年均气温均在 0℃以下的区域；中度灰色范围代表 10 月至翌年 3 月气温 0℃以下的区域；深色范围代表 1 月气温在 0℃以下的区域

2.3 海洋冰冻圈的分类与分布

海洋冰冻圈包括冰架、冰山、海冰及其上覆积雪及海底冻土。

2.3.1 冰架与冰山的分类与分布

冰盖自中心向四周外流，在其前端形成延伸漂浮在海洋部分的冰体，称为冰架，有的冰架长达数百千米。冰盖和冰架边缘或冰川末端大大小小的冰体崩解落入海中，在海面上四处漂浮，称为冰山。

1. 冰架的分类与分布

根据冰架的应力、速度分布及剖面形态，其主要分为3种：

无侧限冰架，冰架自由向外扩张，其内任意一条水平线伸长量相同。

有侧限冰架，冰架受两侧平行壁约束，其流动速度受水深、冰前端运动速度大小及冰架厚度共同控制。

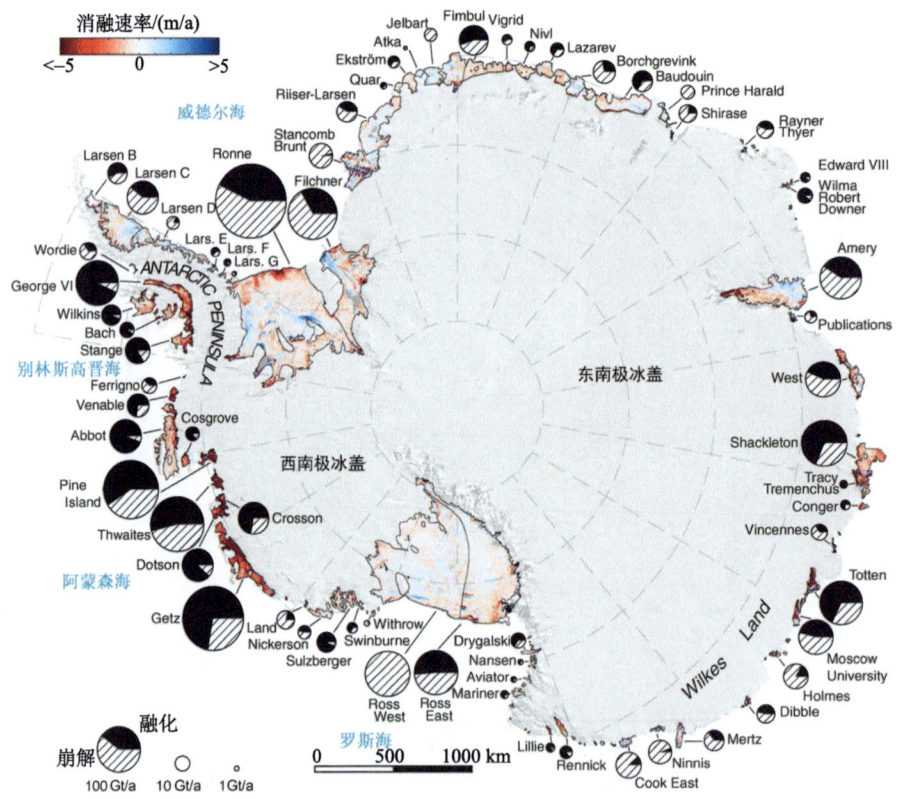

图2.11 环南极大陆的冰架分布及其底部融化量估算（Rignot et al., 2013）

数据区间2003~2008年。每个圆圈以百分比分为两部分：崩解（斜线）和底部融化（黑色）

峡湾冰架，分布在峡湾内的冰架，峡湾形态会阻碍其流动；根据在峡湾的分布形态，又分峡湾扩张型冰架和峡湾收缩型冰架。

全球冰架主要分布在南极洲、格陵兰及加拿大高北极海岸。图 2.11 显示了南极冰架的分布、冰山崩解和底部消融的状况。在全球变暖背景下，冰架不断崩解甚至消失，是一个快速变化中的冰冻圈要素。

加拿大高北极埃尔斯米尔（Ellesmere）岛上曾发育有较大规模的冰架，但随着 20 世纪后期气候的显著变暖，埃尔斯米尔岛诸多冰架逐渐崩解入海，截至目前，冰架的数量和面积已经大大萎缩。Vincent 等恢复了 20 世纪埃尔斯米尔冰架的演变过程（图 2.12）。

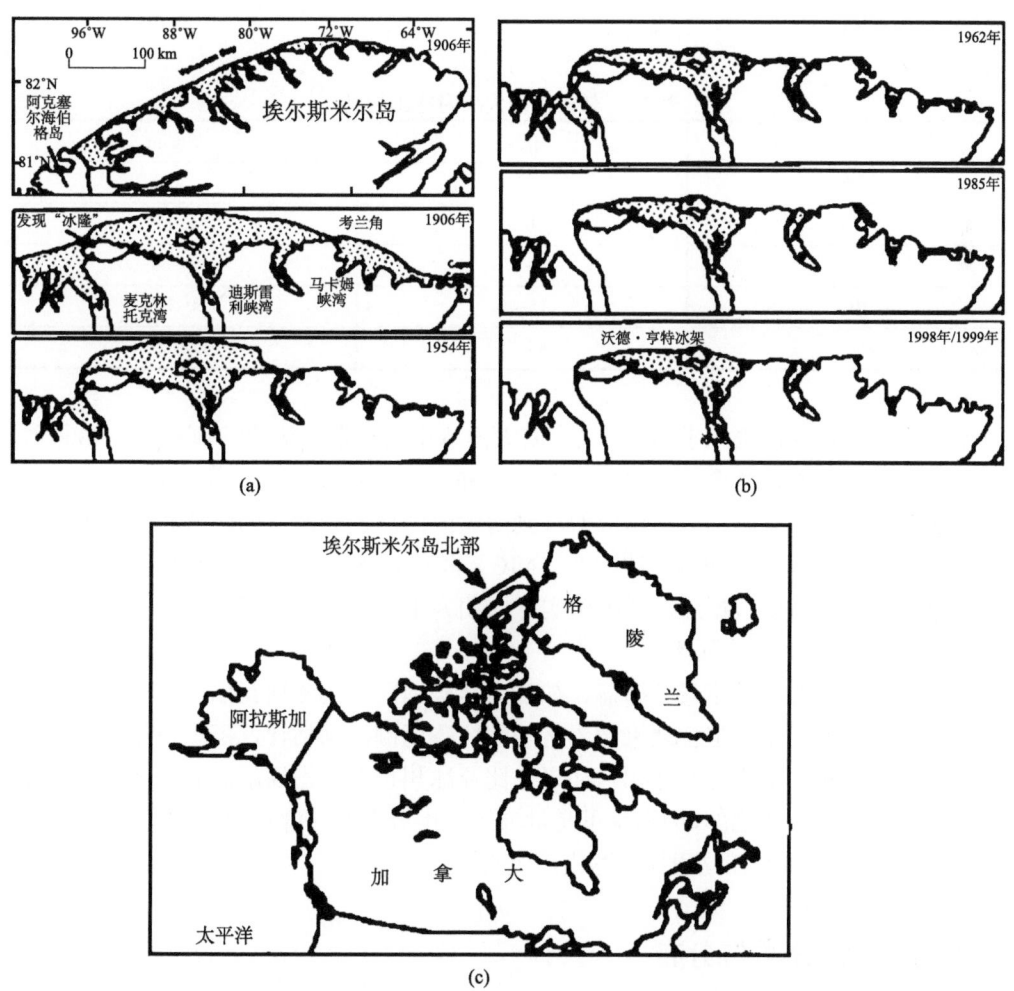

图 2.12　加拿大埃尔斯米尔岛北部冰架分布（Vincent et al., 2001）

自 1906 年 Marvin 绘制埃尔斯米尔冰架后，Vincent 等人利用历次调查和遥感资料绘制的冰架变化（其中 1998 年/1999 年系根据 RADARSAT-1 遥感影像获取），图（c）为冰架所在的地理位置

2. 冰山的分类与分布

南极冰盖和格陵兰冰盖是冰山的主要来源区。冰山是淡水冰,大量冰山进入海洋后可改变海洋的温度和盐度。冰山漂移对航海安全造成巨大威胁。

主要依据形状和大小对冰山进行分类。WMO 依据冰山的形状和大小,将冰山划分为冰山、小型冰山和碎冰山。其中,冰山的出水高度高于 5 m,再细分为平顶、圆丘形、尖顶冰山等;小型冰山的出水高度为 1~5 m,面积通常为 100~300 m^2;碎冰山的出水高度低于 1 m,面积一般在 20 m^2 左右。国际冰情巡逻队(International Ice Patrol,IIP)根据冰山大小建立了分类系统。目前,国际上对冰山规模大小分类的依据主要是国际冰情巡逻队所设计的分类表(表 2.7)。

表 2.7 依据规模大小对冰山分类

大小分类	高度/m	长度/m
极小	<1	<5
较小	1~5	5~15
小	5~15	15~60
中	15~45	60~120
大	45~75	120~200

地球上大多数冰山来源于南极冰盖,南大洋冰山的总量可达 20 万座左右,数量约占全球冰山总量的 93%,总重量达 10^{12} t。集中分布在环绕南极大陆的南大洋海面,随沿岸洋流自东向西移动。有时这些冰山会漂移到南大西洋靠近新西兰的区域和南太平洋靠近南美海岸附近的区域。美国国家冰中心(NIC)和杨百翰大学(BYU)已建立了过去几十年全南极的崩解冰山数据库,对冰山实行周期为 15~20 天连续跟踪,监测记录了大小为 176~2109 km^2 的大型平顶冰山。

北半球冰山来源包括格陵兰冰盖、加拿大北极地区、挪威斯瓦尔巴群岛和俄罗斯北极地区许多地方的冰架,但主要来源为格陵兰冰盖西侧,据估计,那里每年分离出大约 1 万座冰山。阿拉斯加的一些冰川,如哥伦比亚冰川也有冰山崩解。北冰洋冰山分布最著名的地点是大西洋西北部,因为这里是世界上冰山分布与跨洋运输线的唯一相交区域。1912 年泰坦尼克号就是在这里撞上冰山而沉没的。

2.3.2 海冰的分类与分布

海洋表面海水冻结产生的冰称为海冰,海冰表面降水再冻结也成为海冰的一部分。

1. 海冰分类

海冰开始冻结时,表层水中混有分散的冰晶、冰针、冰片,它们没有固定的形状。因海冰形成时的海况与天气状况(如海面平静、扰动、降雪等)不同,新冰有多种形式。

新冰又可分为水内冰（frazil）、脂状冰（grease）、湿雪（slush）、冰屑（shuga）和尼罗冰（Nilas）。水内冰是海冰形成的初始阶段，为悬浮于水中细小的针状或盘状冰，使海洋出现汤状表层。开阔水域，在波浪等动力作用下，新形成的冰晶可到达数米深的水层。水内冰的聚结形成脂状冰，脂状冰颜色较浅，它的出现使海面像披上了一层毯子。湿雪是由降雪形成的海冰。冰屑是在有扰动的水面形成的，为数厘米大小的白色海绵状海冰团，一般由脂状冰或湿雪形成，也可以由锚冰上浮到水面形成。在风和浪的作用下，冰屑容易在主风方向上呈线状排列，形成冰带。尼罗冰是由水内冰、脂状冰、冰屑凝固成的弹性薄层，在涌浪的作用下容易形成脂状冰，它又可分为暗尼罗冰（dark Nilas），厚度一般为 0~5 cm，以及明尼罗冰（light Nilas），厚度一般为 5~10 cm。

持续低温会在海冰底部和边缘引起进一步的冰凝结，使海冰加厚并改变颜色。当海冰厚度为 10~30 cm 时称为初冰。初冰可分为灰冰（grey ice）和灰白冰（grey-white ice）。灰冰的厚度为 10~15 cm，其弹性比尼罗冰差，在涌的作用下，灰冰容易发生断裂，也容易出现成筏现象。灰白冰的厚度一般为 15~30 cm，在压力的作用下更加容易出现冰脊，而非冰筏。

只经历了一个冬季生长期的海冰称为一年冰，一年冰由初冰发展而成，无变形的一年冰厚度为 30~200 cm，发生动力变形的一年冰可达 2 m 以上。在南极，由于冰底海洋热通量的作用，单纯由热力过程形成的海冰很少超过 2 m。

至少经历一个融冰季节的海冰称为陈冰。陈冰的盐分比一年冰低，表面经受了更多的风化作用。陈冰又分为隔年冰（second year ice），即经受了一个融冰季节的冰；多年冰（multi-year ice），是指至少经过两个夏季而未融化的冰。

以上所述的海冰类型均属于热力发展的某个阶段。在海冰发育过程，还有一类是由动力形成的，即莲叶冰（pancake），也称为饼冰，是指直径为 30 cm~3 m、厚度为 10 cm 以内的圆碟形海冰，由于彼此互相碰撞而具有隆起的边缘。其在较轻的风浪下，由脂状冰、碎冰屑，或由冰壳、尼罗冰破裂后，相互碰撞形成，也可在更大的风浪下，由灰冰形成。

海冰按动态可以分为固定冰（fast ice）和漂流冰（drift ice 或 pact ice）两类。前者不随洋流和大气风场移动，而后者则受洋流和海表风场强迫影响。固定冰是指沿着海岸、冰壁、冰川前、两浅滩之间或搁浅的冰山之间发育的海冰或附着于此的海冰。固定冰可以在原地由海水冻结而成，也可由不同冰龄的浮冰群冻结到岸边形成。固定冰可从岸边向海中延伸数米到数百千米。固定冰的冰龄若超过 1 年，为陈冰，即二年冰或多年冰。从形态上分，固定冰附着于岸边的是冰脚；附着于浅滩的是岸冰；浅海水域里一直冻结到海底的是锚冰。

浮冰（floe）是指海冰形成后，在风、海水、潮流及潮汐的作用下发生破碎，形成大小不一的碎块。根据浮冰的大小，浮冰可分为碎浮冰（brashice）、饼冰（pancakeice）、块冰（ice cake）、小浮冰（small floe）、中浮冰（medium floe）、大浮冰（big floe）和巨型浮冰（vast ice）（表 2.8）。

表 2.8 不同浮冰名称及其对应尺寸

名称	尺寸/m	参照物
碎浮冰	<2	
饼冰	0.3~3	台球桌
块冰	≤20	排球场
小浮冰	20~100	仓库
中浮冰	100~500	城市的一个街区
大浮冰	500~2000	高尔夫球场
巨型浮冰	≥2000	小城镇

海冰密集度（sea ice concentration）是指单位面积海域内海冰所占的比率，用"成"（数字 1~10）表示（图 2.13）。

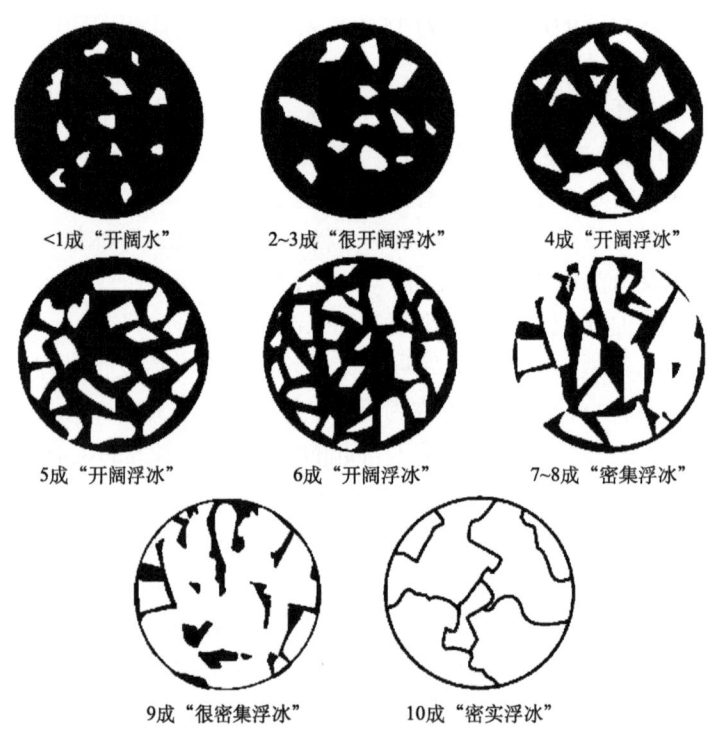

图 2.13 浮冰群密集度分类

（1）1~3 成：水面非常开阔；
（2）4~6 成：水面开阔，有较多的水道或冰间湖，浮冰之间基本没有接触；
（3）7~8 成：海冰密集，冰区主要由相互接触的浮冰组成；
（4）9 成到小于 10 成：海冰非常密集；
（5）10 成：没有水面可看见，如果浮冰相互冻结在一起则称为固结浮冰群。

按表面特征海冰可分为平坦冰（level ice）和变形冰（deformed ice）、裸冰（bare ice）

和积雪覆盖冰（snow-covered ice）、污化冰（dirty ice）等。平坦冰是指没有受变形影响的海冰。变形冰是伴随表面和水下海冰汇聚而发生挤压和断裂的海冰的统称，可细分为重叠冰（rafted ice）、脊化冰（ridged ice）和粗糙冰（rough ice）等。薄冰的汇聚一般会发生重叠，形成重叠冰；厚冰的汇聚一般会发生挤压，形成冰脊。成筏（重叠）现象一般在海冰生长初期出现，其作用使海冰厚度迅速增加到 0.4~0.6 m。当浮冰厚度大于 0.4 m 时，浮冰之间的相互聚合就容易发生成脊现象，成筏和成脊作用对海冰生长和厚度分布都有重要作用。重叠冰和冰脊的出现会显著增大海冰厚度，冰脊在水线以下的形变程度一般会大于水线以上部分，脊化程度较高的冰脊表面脊高可达 12 m，底部冰龙骨（ice draft）则可达 45 m。

裸冰是指没有积雪覆盖的海冰。污化冰是指表面或冰层内含有自然或人类源的矿物或有机物。由于冰内海藻高度集中使得海冰呈现褐黄色，称为褐色冰（brown ice），褐色冰在海冰的各层都会出现。

冰间水域包括开裂（fracture）、水道（lead）和冰间湖（polynya）和潮汐缝（tide crack）等。

开裂是压力作用下海冰产生永久性变形并发生破裂的现象。极密集或固结的浮冰群、固定冰和单个大浮冰都会发生开裂。开裂长度从几米到数千米不等。开裂发展形成水道，水道内容易出现新冰，水道和开裂都以线状形式出现，比水道更大的开阔水域称为冰间湖。密集冰与海岸之间的水道称为沿岸或岸冰水道（shore lead）。密集冰与固定冰之间的水道称为裂缝水道（flaw lead）。开裂要比水道窄许多，对于船舶的航行帮助不大，水道则有利于船舶的航行，开裂和水道的出现增强了海洋和大气之间的热交换，在其水域容易出现水蒸气、海雾或冻烟（frost smoke）现象。开裂和水道还为海豹和企鹅提供了进出海洋的通道，为鲸鱼提供了呼吸的气孔。

冰间湖是由海冰包围着的非线状的开阔水域，冰间湖可能覆盖有新冰、尼罗冰或初冰，潜艇人员把冰间湖当作天窗。冰间湖可分为以下几种。

（1）沿岸冰间湖（shore polynya）：密集冰与海岸之间的冰间湖。

（2）裂缝冰间湖（flaw polynya）：密集冰与固定冰之间的冰间湖。

（3）复现冰间湖（reccuring polynya）：在同一地方多年重复出现的冰间湖。

冰间湖的面积变化范围较大，观测到的最大冰间湖是 1975~1977 年在威德尔海域出现的冰间湖，面积达 $20\times10^4\,\mathrm{km}^2$。

冰间湖按其形成机制分为潜热冰间湖（latent heat Polynya）和感热冰间湖（sensible heat polynya）。潜热冰间湖是在下降风的频繁作用下形成的，新形成的海冰在风的作用下向北漂移，导致开阔水出现，开阔水又导致更多新冰的形成，感热冰间湖可谓海冰工厂。沿岸冰间湖大多为潜热冰间湖。感热冰间湖是在上涌的海洋暖流作用下形成的，这种冰间湖不会大量出现新冰。当然，也有感热和潜热过程共同作用下形成的冰间湖。

由于潮汐作用，海面频繁上升和下降，在固定冰区形成的裂缝称为潮汐缝。潮汐缝为企鹅和海豹进出提供了通道。

海冰的形成可以开始于海水的任何一层，甚至开始于海底。在水面以下形成的冰称为水内冰，也称为潜冰。由过冷却水冻结形成，黏附在海底的冰称为锚冰。海冰生成以后，由于密度比海水小，会逐渐上升，和海面生成的海冰结合，使海面的海冰逐渐变厚。

2. 海冰分布

1) 全球海冰分布

海冰覆盖了约 7%的地球表面，约占全球海洋面积的 12%。海冰全年出现在多年海冰区，包括北冰洋中央，以及南极洲的小部分，主要位于西威德尔海。只在冬季出现的海冰称为季节性海冰区，该区可延伸至平均纬度约 60°的位置。世界上大部分的海冰集中在两极地区。在南半球，海冰主要分布在南极大陆周围的南大洋。南大洋海冰覆盖实际呈环状，长度约 2×10^4 km，宽度夏季几近于零，冬季可达 1000 km，以南极洲为中心横跨 60°S~70°S。在北半球，海冰主要分布在北冰洋及相邻海域，以及其他冬季寒冷的海域和海湾，如鄂霍次克海、白令海、巴芬湾、哈得孙湾、格陵兰海、拉布拉多海、波罗的海和渤海等。纬度最低的海冰分布在中国的黄海、渤海，为 37°N~41°N。

从 20 世纪 70 年代初起，被动微波遥感数据为海冰范围提供了最为完整的记录。在此之前，岸边的海冰观测只能在特定的地点和时间进行。

海冰具有显著的季节和年际变化。北半球海冰范围在 3~4 月达到最大，在 8~9 月最小。北极海冰最大范围超过 15×10^6 km^2，夏季最小时只有约 6×10^6 km^2。2012 年北极夏季海冰范围最小时仅为 3.44×10^6 km^2，成为自 1979 年有卫星观测以来的最小记录（图 2.2），南极的海冰范围季节性变化更显著，海冰范围 9 月最大、2 月最小，冬季最大时，海冰范围超过 18×10^6 km^2，最小时只有约 3×10^6 km^2。

2) 中国海冰分布

黄海、渤海地处中纬度季风气候带，是全球纬度最低的结冰海域之一。渤海和北黄海的冰情随着每年冬季气候的差异而不同，暖冬结冰范围不足 15%的海域，在严寒的冬季，海冰可以覆盖 80 %以上的海域。20 世纪渤海海域几乎全部被海冰覆盖的重冰年有 3 次：1936 年 1~2 月、1947 年 1~2 月、1969 年 2~3 月。

根据观测和历史记载的冰厚和冰范围资料，把渤海和北黄海冰情划分为 5 个等级。图 2.14 为冰情等级示意图，表示与冰情等级相应的冰外缘线分布。

随着全球气候变暖，黄海、渤海海冰自 20 世纪 80 年代以来持续偏轻。由于初冰日推后，终冰日提前，冰期日数较 60 年代偏少 30 天左右。

2.3.3 海底多年冻土的分类与分布

海底多年冻土也称为滨外多年冻土 (subsea permafrost, submarine permafrost, offshore permafrost)，是指分布于极地大陆架海床的多年冻土。冰期或末次冰盛期，海平面比现

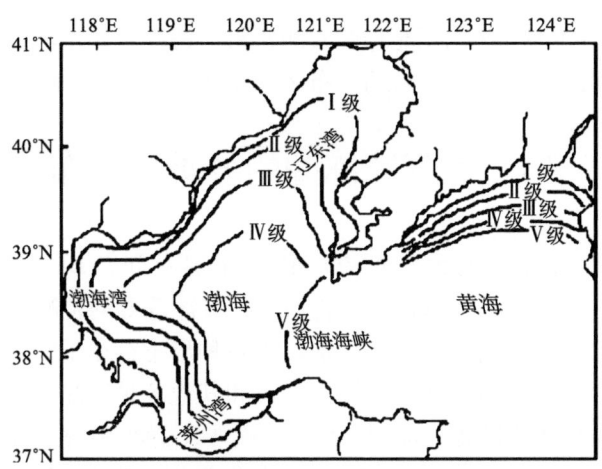

图 2.14 渤海和黄海北部冰情等级（根据海冰外缘线位置示意表示）（白珊等，2001）

在要低 100 多米，极地海洋沿岸地区的大陆架直接暴露于大气，发育了多年冻土。当古冰盖消失、海平面上升后，这部分原来分布在极地海洋沿岸地区的多年冻土被海水淹没，位于海床之下，下伏于温暖和含盐度高的海洋，成为海底多年冻土。海底多年冻土与陆地多年冻土有很大区别，主要是其残余性、相对温暖的环境及一直处于退化状态等。海底多年冻土带因蕴藏大量石油和天然气水合物而具有潜在经济价值。

海底多年冻土以距海岸远近，以及是否在海冰区被划分为 5 个区（图 2.15），包括陆地区域（岸区）、海滨区、上覆海洋常年受海冰影响且海冰冻结至底床的区域、海冰底部洋流受到限制且海水盐度较大的区域，以及开阔洋区。

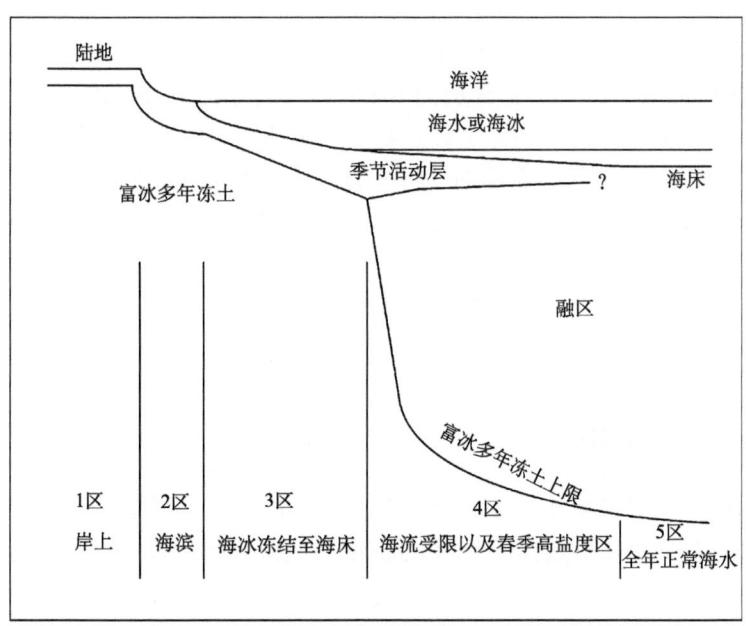

图 2.15 海底多年冻土分区示意（Osterkamp，2001）

海底多年冻土的详细分布尚无充分的实测资料，特别是还不清楚南极地区是否存在海底多年冻土。环北极沿岸是其主要的分布区，尤其欧亚大陆一侧是重点分布区。

2.4 大气冰冻圈的分类与分布

温度低于冰点（0℃）的大气对流层和平流层空间，均为大气冰冻圈（aerial cryosphere），如大气中的冰云等低温现象都属于大气冰冻圈的范畴。大气冰冻圈主要以固态降水的形态而存在，在降落至地面之前，以各种形态存在于大气中。为了与地面的新降雪截然分开，将落地之前的雪花、冰雹、霰和其他各种冰晶均归为大气冰冻圈的组分。固态降水落到地面则为陆地冰冻圈的部分（积雪），落到海冰表面则成为海洋冰冻圈的部分（海冰上覆积雪）。这样划分冰冻圈的大类也是为了便于与陆地冰冻圈、海洋冰冻圈形成较为统一的体系。

2.4.1 大气冰冻圈的分类

由于气象条件和生长环境的差异，大气冰冻圈中的固态降水名目繁多，极不统一。为方便起见，ICSI 科学家们于 1951 年制定了大气固态降水分类系统，即 7 种雪花，以及霰（graupel）、冰粒（ice pellet）和雹（hail）（图2.16）。其中，7 种雪花类型分别为：雪片（plate）、星形雪花（stellar crystal）、柱状雪晶（column）、针状雪晶（needle）、多枝状雪晶（spatial dendrite）、轴状雪晶（capped column）和不规则雪晶（irregular forms），是天空中的水汽经凝华而来的固态降水。而冰粒、霰和雹是由水汽先变成水，然后水再凝结成冰晶的，其中冰粒即通常说的冻雨或雨夹雪，霰也叫软雹，是冰雹和雪的混合物。

此后，Magono 和 Lee 对自然形成的雪晶进行了详细的分类，共有 80 种，并广泛用于雪冰晶型研究；直至 2013 年有学者经过观测从中纬度的日本到极地地区的雪晶，又新增了 41 种，其被认为是适用于全球的一种分类方法。从分类的不同标准看，这 121 种晶型被分为 3 个级别，即通用级（general）8 种、中间级（intermediate）39 种、基本级（elementary）121 种。

2.4.2 大气冰冻圈的分布

1. 全球大气冰冻圈分布

降雪是水或冰在空中凝结再落下的自然现象，是大气固态降水中最广泛、普遍和主要的形式。降雪是一个随机过程，全球大部地区均会出现降雪，区域气候和纬度均会影响降雪分布。

固态降水的全球分布可视为与全球积雪范围大致相当。但因为固态降水范围的南界会产生落地后快速融化而不积累的现象，理论上，发生固态降水的范围应大于积雪范围。

图 2.16 10 种固态降水示意图（源自中国科普博览 http://www.kepu.net.cn）
从上向下分别为雪片、星形雪花、柱状雪晶、针状雪晶、多枝状雪晶、轴状雪晶、不规则雪晶、霰、冰粒、雹

下面仅以研究较深入的美国和中国为例，说明固态降水的区域分布特点。

在美国，根据事件的平均年发生率，定义 1~2 天内降雪 15.2 cm 以上的为一次暴雪事件，其具有很大的空间变率。在美国东半部，大部地区暴雪频次呈纬向分布，在南方腹地平均约每 10 年发生一次，向北沿加拿大边界增加到 2 次/10 年，其在五大湖下风向和阿巴拉契亚山脉发生频次较高。在美国西部，低海拔地区平均每年发生暴雪事件 0.1~2 次，但西部和东北部高海拔地区暴雪的年最小发生频次在 1 次以上。时间上，暴雪最先于 9 月出现在落基山脉，10 月出现在高海拔平原地区，11 月遍布美国大部地区，12 月最后出现在南部腹地。全美大部地区暴雪结束在 4 月。

2. 中国大气冰冻圈分布

中国西部遍布高原和高山，固态降水是重要的降水形式。但因自然条件严酷，在地域上对固态降水的监测覆盖远远不够。

1）降雪（snowfall）

中国降雪表现为高纬度、高海拔地区降雪多，南方主要降雪地区集中的特点。降雪比较集中的区域有 4 个：东北北部、东部和长白山地区，新疆北部及帕米尔高原西部，祁连山及青藏高原东部、南部地区，长江中、下游地区。

新疆北部和东北北部、东部地区纬度高，受北方冷空气影响强度大，次数多，时间长，容易形成大的降雪，前者降雪时间从当年 9 月一直可以持续到翌年 6 月，后者可持续到翌年 5 月。长江中、下游地区也是中国的主要降雪区。这里处于亚热带季风气候区，降雪含水量大，在冬季一旦有冷空气南下，很容易形成雨雪交加的局面。由于受到秦岭的阻挡，冷空气很难进入，以四川盆地为中心的西南地区是中国的少雪区，只是在与青藏高原接壤的四川盆地西部边缘降雪量较大。华北平原、东北平原地区属于暖温带大陆性季风气候，是中国半干旱半湿润地区，冬季主要受北方冷空气和西风带系统影响，年降雪量为 30 mm 左右。中国内陆干旱的荒漠地区包括内蒙古的西部地区，年降雪都在 10 mm 以下，是少雪区。

降雪事件受气温和水汽条件控制，因此，中国降雪的地理分布与寒潮活动影响的区域密切相关。降雪的南北分布主要受气温影响，而东西分布主要受水汽条件的控制。高海拔地区降雪多，尤其是大雪多，其兼受气温和高海拔局地水汽两个因素的影响。

2）冰雹（hail）

冰雹是指坚硬的球状、锥状或形状不规则的固态降水，小如绿豆、黄豆，大似栗子、鸡蛋，也称为"雹"，俗称雹子，有的地区叫"冷子"，夏季或春夏之交最为常见。中国除广东、湖南、湖北、福建、江西等省冰雹较少外，各地每年都会受到不同程度的雹灾。尤其是北方的山区及丘陵地区，地形复杂，天气多变，冰雹多，受害重，对农业危害很大。

从中国降雹的区域分布看，降雹高值区呈现"一区两带"的特点："一区"是指青藏高原多雹区；"两带"是指南方多雹带和北方多雹带，前者主要分布在海拔 1000~2000 m 的云贵高原，向东延伸到湘西、川鄂边界，后者从青藏高原的北部出祁连山、六盘山，经黄土高原和内蒙古高原连接。

3）霰（graupel）和冰粒（ice pellet）

与雪和冰雹相比，霰和冰粒均不常见。

霰是指由白色不透明的近似球状（有时呈圆锥形）、有雪状结构的冰相粒子组成的固态降水，又称为雪丸或软雹。霰的直径通常为 2~5 mm，着硬地常反弹，松脆易碎。霰通常在地面气温不太冷时降落，常见于降雪前或与雪同时降下。

霰不属于雪的范畴。霰的结构较一般的雪及微粒更为密实,是由外覆的霜所造成的。霰雹结合体的重量及低黏性使得表层无法稳固在斜坡上,因此,含有20~30 cm的霰层会有大雪崩的风险。由于温度作用及霰的特性,霰于雪崩后1~2天变得较紧密稳固。

冰粒为透明的丸状或不规则的固态降水,较硬,着地一般会反弹,直径常小于5 mm。有时内部还有未冻结的水,若被碰碎,则只剩下破碎的冰壳。

冰粒和冰雹均为比较大的水滴围绕着凝结核一层层冻结形成的半透明的冰珠。气象学上把粒径不超过5 mm的称为冰粒,超过5 mm的称为冰雹。夏天,在北方平原地区常常会遇到冰粒和冰雹。冰粒与雪花的主要区别在于,雪花形成的温度要比冰粒低,一般大范围出现,冰粒则容易在对流天气里出现,所以经常发生在局部。

思 考 题

1. 简述全球冰冻圈分布的地带性规律。
2. 冰冻圈要素分类的主要依据是什么?
3. 大气冰冻圈的上、下边界处于怎样的季节变动中?

延 伸 阅 读

【经典著作】

1.《中国冰川概论》

作者:施雅风主编。

出版社:科学出版社,1988年。

内容简介:施雅风主编的《中国冰川概论》1988年由科学出版社出版。1958~1988年30年间,中国冰川工作者踏遍了祖国各大山脉,登上了许许多多有代表性的冰川,查清了中国冰川的基本情况。《中国冰川概论》就是这种艰辛劳动的结晶。本书基于30年间大量野外考察和室内编目统计工作编纂而成。全书共分12章,36万字,参考文献近40条,照片60多张,图文并茂。

本书对中国冰川的发育条件、热量平衡、成冰作用、物质平衡、冰川运动、冰川温度、冰川地球化学、冰川类型分布、冰川变化、冰川水文、冰川灾害各方面进行了系统的阐述。在冰川平衡线与气温和降水、冰川运动与冰川性质、冰川成冰作用等许多方面都有独到的研究或理论上的进展。特别是中国冰川进退变化的研究资料在认识气候变化规律、预测未来全球变化方面有重要价值。本书最后两章对中国冰川水文与冰川灾害作了较详细的介绍,这无疑对中国西部地区的开发建设具有十分重要的意义。

2.《中国冻土》

作者：周幼吾、郭东信、邱国庆、程国栋、李树德。

出版社：科学出版社，2000 年。

内容简介：《中国冻土》一书全面总结了从 20 世纪 50 年代后期以来中国在冻土学领域的主要研究成果，向中国和世界冻土界展示了中国在多年冻土和季节冻土研究中取得的显著成就。

全书由绪论、三篇共 13 章组成。绪论部分简述了冻土研究和冻土学中的基本定义及术语。本书采用的术语与国际冻土学界采用的术语一致。全书第一、第二、第三篇分别为"中国冻土形成条件及其主要特征""冻土区划与各冻土区的冻土特征""中国冻土历史演变与冻土区的开发"。

本书为研究冻土和冻结现象、冻土的形成和发展、季节冻结和融化提供了科学的原理，尤其是为季节冻土和多年冻土的区划和分类提供了原则和方法，对中国每个冻土大区和亚区的冻土特性作了详尽描述，并编制了最新的中国冻土分布图。在全球变化背景和各地区特殊性的基础上，本书阐明了冻土的历史变化及未来可能发生的变化。基于 40 余年的经验与教训，本书也简述了多年冻土区工程结构的设计和施工的工程地质与环境保护原则，是第一部全面系统地总结中国学者对冻土学研究的最新成果和独特观点的著作。

3. *The International Classification for Snow Cover on the Ground*

作者： C. Fierz, R.L. Armstrong, Y. Durand, et al。

出版社：IHP-VII Technical Documents in Hydrology N°83/IACS Contribution N°1 UNESCO Working Series SC-2009/WS/1。

内容简介：积雪研究是一个跨学科的领域，涉及的领域非常广泛，制定积雪规范性的描述及通用的测量方法非常重要。国际水文科学协会（IASH）的冰雪委员会（ICSI）认识到这个需求，在 1948 年任命了一个专门委员会，在 1954 年出版了名为《国际雪分类——陆地积雪专论》的报告。随着时间的推移，人们对积雪过程的认识不断增长，同时国家和国家之间的观测方法的差异越来越大。1985 年，国际冰雪委员会再次建立了一个新的关于积雪分类的委员会。5 年后，一个全面修订和更新的《季节性陆面积雪的国际分类》发行。这项工作已被广泛用作季节性陆面积雪最重要的特征描述的标准。

到了 2003 年，大家认为原有积雪分类标准（Colbeck et al., 1990）需要更新。在遵循前版本思想的原则上，本积雪分类工作组又编制了一份简明的文件，以方便积雪研究科学家、其他领域的科学家及感兴趣的非专业群体使用。改进的版本更加具备知识性，测量技术和观测方法更加先进。

本书对雪粒形态的分类增加了一个新的主类（机造雪，简写为 MM）。缩写代码不再是字母数字式，树状分类结构没有表示积雪变质的精细变化。新的代码有助于避免误解，并增加了分类方案的灵活性。

第 3 章 冰冻圈的形成和发育

冰冻圈的形成过程是地球表层固体水形成和变化的过程,不同类型冰冻圈要素具有不同的形成和发育过程,主要包括固态降水的积累、转化和融化过程,即积雪本身的形成和消失过程,以及冰川的形成和变化过程;地表水的冻结和积累过程,即海、湖和河冰的形成和消亡过程;空隙水,如孔隙水、裂隙水、洞穴水及气态水的冻结和融化过程,也即冻土的形成和发育过程。冰冻圈中冰、水和汽的相互转化及变化过程在满足质量平衡定律的同时,也伴随着能量的耦合和转化。因此,质量和能量耦合过程是冰冻圈形成和变化的物理基础。本章首先从冰冻圈形成和发育的条件开篇,然后简单介绍冰冻圈形成和发育的物理基础,即物质和能量的平衡过程,最后分节论述冰冻圈各要素的形成和发育过程,以期读者通过阅读本章,既了解了冰冻圈形成和发育的关键物理机制,又能对其各组分的具体形成过程有一个概念性的认识。

3.1 冰冻圈形成与发育的条件

固态水存在是冰冻圈的本质特征,固态水形成和发育的基本条件是温度低于水分的冻结温度,因此,寒冷的气候条件是冰冻圈形成和发育的主导因子,不同冰冻圈要素赖以存在的环境背景,如陆地冰冻圈的地质、地貌、地理背景,以及海洋冰冻圈的海洋表面特征、洋流等都是影响冰冻圈形成和发育的环境因子,但冰冻圈各要素的分布和特征不同,其形成条件也有极大差异。

3.1.1 冰川的形成与发育条件

冰川发育的物质条件是固态降水,而较低的气温则可保证固态降水在一年以上不被完全融化。区域地理背景影响着降雪及其积累过程和积雪区的地表能量过程和气温。

较低的气温是冰川形成与发育的基本条件。受气温随纬度升高而降低的地带性控制,南北极的气温极低。尽管极区降水并不充沛,尤其在南极大陆,中心地带的年降水量仅有 50~150 mm,但在极端低温条件下,冰雪几乎不融化,其长期积累形成了冰盖。南北极形成巨大冰盖的另外一个原因是冰盖表面的反照率较高,70%~90%的太阳辐射热量被反射回大气乃至宇宙,冰盖吸收的太阳辐射热量极低。

气温随海拔的升高而降低，即使在中低纬度地区，海拔达到一定高度，气温就会很低。在镶嵌于高大山地一定高度之上、气温较低的谷地或盆地中，一年的积雪不能完全被融化，从而发育了数量远较南北两极多，但规模较小的各种类型的山地冰川。

固态降水是冰川发育的物质条件。降水量主要受距离大气水汽补给源地远近的影响，而在山区，山谷风对其的影响也极大，如白天的上升气流上升到水汽凝结高度时，形成积云乃至降水，中高山冰雪带远比谷地或山麓有更多的降水，这就使得世界上较大的山地冰川分布中心几乎都位于水汽来源充足的高大山脉中。

降水的年内分配和最大降水的集中时间也影响着冰川的积累和消融特征。冬春季节的降水能有效地增加冰川积累；夏季的降水事件能够在一定程度上使气温降低，其中的固态降水部分也能使冰川表面反照率增大，减缓冰川消融；而降水中的液态水组分则可能增强冰川消融。在如今气候变暖、降水中液态水组分增加的背景下，"夏季积累型冰川"的消融更为剧烈。

在特定时期，高纬度和高山地区积雪分布的下部界线被称为瞬时雪线；而常年积雪带的下界则被称为雪线，其是指在气候变化不大的若干年内，最热月积雪区的下限，即年降雪与年消融量相等的界线；在冰川分布区，这条界线被称为粒雪线。而冰川上年积累量与年消融量相等的高度则被称为平衡线。平衡线一般略低于雪线，二者之间的区域被称为附加冰带，是由部分没有流失的冰川表面积雪融水再冻结而形成的区域。

地理条件是影响冰川发育的另外一个重要因素。雪线以上山体的相对高差决定着冰川的数量、形态和规模。山地海拔越高，气温就越低，拦截的水汽也越多，冰川积累区也就越大。没有停积冰雪的地形条件的陡峻山峰，即使山体的海拔高出雪线以上也不可能发育冰川。中纬度地区规模巨大的山谷冰川均以高大山峰为中心，呈放射状或星状向外辐射。在具有冰川发育的地形条件下，若山脊的海拔高出雪线较多，则可形成山谷冰川，反之则常发育冰斗冰川或悬冰川；雪线以上平缓的山顶可发育平顶冰川或小冰帽。

山脉和谷地走向与大气环流的流动方向是否一致，对冰川发育也有影响，若三者走向一致，则有利于水汽输送和冰川的发育。另外，山脉的坡向也会影响冰川的分布，阴坡有利于冰川的发育，阳坡因吸收太阳辐射较多，消融相对强烈，不利于冰川的发育。

3.1.2 多年冻土的形成与发育条件

多年冻土是特定气候条件下地表岩石圈与大气间能量、水分交换的产物，严寒的气候是多年冻土形成的必要条件；地质及地形地貌、地表覆被、土质等因素影响着地表能量平衡和岩土层中的能量传输过程，对多年冻土的形成及特征有着重要影响。

多年冻土与降水的关系比较复杂，降水形式、降水时间乃至降水频率和强度等均会影响地气之间的能量平衡。对于同一个地区，降水量的长期增加可能会导致地面蒸发增大、地表温度降低，不仅使得地表的感热、潜热发生变化，同时由于水分下渗，土壤水分状态也发生变化，进而导致土层中热流、水分运移状况及土层水热参数发生变化，改变地表的热通量，影响多年冻土的发育。

云量和日照决定了地面吸收的太阳辐射强度,通过地面辐射平衡影响地面和土层的温度。积雪有较高的反照率,可降低雪表面乃至地面温度。积雪较低的导热特性发挥着隔热层的作用,阻滞了地气间的能量交换;积雪融化时,将以融化潜热的形式吸收较大部分太阳辐射能量,抑制了地面和地层温度的升高。因此,积雪形成和融化日期、持续时间,以及积雪密度、结构和厚度等都影响着多年冻土的发育。

多年冻土的形成和发育还与区域地质背景有关。地壳表层的温度场是地球内部热量与地表能量平衡过程共同作用的结果。地表太阳辐射的年变化过程,即地表气温的年变化过程可影响到地表以下 10~20m 深度,10 年尺度的地表辐射变化可影响到数十米深度的地温,数百米乃至千米深度的地温则是地球内部热量与地表能量平衡过程共同作用数千年、数万年乃至更长时间的结果。受地震、火山及构造运动的影响,不同区域的地热流背景存在较大差异,地热流越高,越不利于多年冻土发育。

3.1.3 积雪的形成与发育条件

积雪的形成需要有降雪过程发生。雪降落到地表后,能够形成肉眼可以感观或者是仪器可以测量到的雪层时,才能被称为积雪。积雪的形成与发育不仅与地表温度有关,还与降雪量、地表形态、风场等因素有关。只有当一个地点(或地区)的降雪与风吹雪累积量之和大于地表融雪量和风吹雪损失量之和时,积雪才能够形成。因此,地表温度低、降雪量大、地表的风速小,积雪可能就厚、存在时间就长。受气候纬度和高度地带性的影响,降雪频次和持续时间随纬度和海拔的升高而增加。

地形条件是影响积雪形成与发育的重要条件。平地和缓坡有利于降雪的积累和保存。不同坡向坡面吸收到的太阳辐射量不同,所承受的风力作用也不同,积雪的发育条件也有较大差异。在我国大部分地区,冷季的主风向为西北风,西北坡的太阳辐射量较小,地表温度较低,到达地面降雪的融化量较小,但风吹雪的损失量却较大;阳坡反之。

地表风速对积雪形成与发育的影响也极大,大风不仅可能导致平缓地表的降雪被风的动力作用带到背风低洼地带,还可能极大地增加积雪的升华,不利于稳定积雪的形成。例如,在青藏高原腹地,降雪过程在一年四季都有发生,但在较强太阳辐射和大风的作用下,青藏高原面上积雪大多呈斑块不稳定状,且存在的时间也不长。

3.1.4 河冰和湖冰的形成与发育条件

河冰和湖冰具有显著的季节性特征,北半球河冰和湖冰一般在每年秋冬季冻结,翌年春夏季消融。河冰和湖冰的持续日数与年内月平均气温显著相关,但同时也受到降水、风和太阳辐射等气象条件的影响。

湖冰的生消过程主要受局地表面能量平衡的影响,冰的消光系数和冰面反照率可以影响冰-气之间热量交换、冰内和冰底的光通量及冰底热通量等,进而对冰层的生消过程产生影响。河冰除了受气象条件的影响外,河道几何形状和水的动力作用也会对河冰的生消产生影响。

3.1.5 海冰、冰架、冰山的形成与发育条件

海冰的形成与发育受寒冷气候条件和洋流的影响。当冷季来临，海表温度随气温降低到冻结温度以下时，如果海表放热速度大于热量由下层海水向海表传输的速度时，海冰开始形成。北欧的大部分海域和巴伦支海都处于北极圈之内，但因为有强大的暖流输入热量，海冰无法形成。在有些海域，冬季，海水因没有暖流而结冰；春季，当暖流流入时，海冰就快速融化。发生在楚科奇海的海冰在春季由于来自白令海的暖流而最先融化。

冰架是冰盖在海洋中的延伸部分。冰架崩塌、断裂，与冰架分离，成为漂浮于海面的自由冰体，即形成冰山。

3.2 冰冻圈形成与发育的物理基础

冰冻圈各组分冰—水—汽转化过程中的能量平衡和水量平衡过程是冰冻圈形成和发育的物理基础，其中包括冰冻圈表面的能量平衡过程、水分平衡过程，冰冻圈组分内部的能量传输过程和水分流动/迁移过程。不同冰冻圈组分的形成和发育的物理机制有着较大差异。例如，冰川形成和发育的物理基础还包括冰川的物质平衡过程和动力过程；河、湖、海冰的物质平衡过程还与河、湖和海洋的动力过程有关。

3.2.1 冰冻圈表面的能量平衡物理基础

冰冻圈表面的能量平衡就是冰冻圈表面净辐射通量与其转变为其他能量消耗或能量补偿之间的平衡，对于大陆，其平衡方程如下：

$$R = \lambda E + H + G \tag{3-1}$$

式中，R 为净辐射通量；H 为感热通量；λE 为蒸发潜热通量；G 为地表向下的热通量。

净辐射通量（R）为冰冻圈表面收入的总辐射能与支出的总辐射能的差额，为冰冻圈表面的辐射平衡，其平衡方程如下：

$$R = Q(1-\alpha) + R_L - U \tag{3-2}$$

式中，R 为冰冻圈表面的净辐射；Q 为到达冰冻圈表面的总辐射，包括直接太阳辐射和散射太阳辐射；α 为冰冻圈表面反照率，根据实际观测，冰冻圈表面反照率受到下垫面状况、颜色、干湿程度、表面粗糙度、植被状况和土壤性质等因子的影响；R_L 为大气向下的长波辐射（大气逆辐射）；U 为冰冻圈表面放出的长波辐射。

3.2.2 冰冻圈表面的水分平衡物理基础

冰冻圈组分表面的水分平衡，是指任意选择冰冻圈区域，在任意时段内，冰冻圈表面收入的水量与支出的水量之间的差额等于该时段区域内储水量的变化，由水分平衡方程来描述：

$$\Delta W_l = P_l - E_l - E_c - R_l - K + M_l \tag{3-3}$$

式中，ΔW_l 为研究时段内冰冻圈组分表面下各类介质（冻土：土/岩层；冰川、冰盖、海冰、河冰、湖冰等；雪和冰）水分储量的变化量；P_l 为降水量；E_l 和 E_c 分别为冰冻圈表面直接蒸发量和植被的蒸腾量；R_l 为冰冻圈表面径流量或冰的侧向流量；K 为冰冻圈表面渗透量，是垂直方向进入冰冻圈表面之下的水分交换量；M_l 为表面积雪或冰的融化量。

3.2.3 冰冻圈介质中的热量传输物理基础

不同的冰冻圈组分中能量传输的过程有较大差异。冰川是运动的固体介质，冰川运动过程中，伴随着能量的传递，其热量传输满足下列热传递方程：

$$\frac{\partial T}{\partial t} = k \frac{\partial^2 T}{\partial x_i^2} + v_i \frac{\partial T}{\partial x_i} + \frac{Q}{\rho C} + \frac{(\frac{\partial \lambda}{\partial x_i} \frac{\partial T}{\partial x_i})}{\rho C} \tag{3-4}$$

式中，i 为 x, y, z 三维方向的伍一维；v_i 为沿 x_i 的运动速度矢量；Q 为单位体积内能产生速率；T 为 x_i 处的温度；t 为时间；λ 为热扩散系数；k 为导热率；ρ 为密度；C 为比热容。

对于冻土、积雪与河、湖和海冰等冰冻圈介质，热量与水分的运动、相变过程是耦合发生的，其垂直方向上的热传输过程满足下列热传递方程：

$$\frac{\partial (CT)}{\partial t} - L_f \rho \frac{\partial \theta_i}{\partial t} = \frac{\partial}{\partial z}(k \frac{\partial T}{\partial z}) + C_w T \frac{\partial q_w}{\partial z} + L_v \frac{\partial q_v}{\partial z} - S_h \tag{3-5}$$

$$k = \frac{\lambda}{C} \tag{3-6}$$

$$\lambda \approx \lambda_\theta^{\theta_u} \cdot \lambda_i^{\theta - \theta_u} \cdot \lambda_m^{1-\theta} \tag{3-7}$$

$$C = C_f + L \cdot \rho \cdot \frac{\partial \theta_u}{\partial T} \tag{3-8}$$

$$C_f = C_{sf} + (\theta - \theta_u) C_i + \theta_u C_u \tag{3-9}$$

式中，θ、θ_u 和 θ_i 分别为体积总含水量、未冻水体积水量和体积含冰量；z 为深度；λ、λ_i、λ_m 分别为冻土、冰和土壤矿物质的热扩散系数；C_w、C、C_f、C_{sf}、C_i、C_u 分别为液态水热容量、冻土热容量、感热热容量，以及冰、矿物质和未冻水的热容量；L、L_f 和 L_v 分别为相变潜热、冻结潜热和蒸发潜热；q_w、q_v 分别为液态和汽态水分对流通量；S_h 为能量平衡源汇项。

3.2.4 冰冻圈物质平衡的物理基础

1. 积雪的物质平衡

积雪的物质平衡可用式（3-10）来表示：

$$\Delta M = P - S + F - E + C + B - R \tag{3-10}$$

式中，ΔM 为积雪总物质变化量，不仅包括了雪层中的冰晶，也包括了液态水含量；P 为降水；S 和 F 分别表示升华和再冻结；E 和 C 分别表示蒸发和凝结；B 为风吹雪的迁移量；R 为融雪量。此处需注意的是，R 为融雪水从雪层中流出的量，如果仅仅发生相变，但是水分依然保持在雪层中时，只是增加了雪层的液态水含量，雪层物质保持不变。

2. 冰川、冰盖的物质平衡

物质平衡是指单位时间内冰川上以固态降水形式为主的物质收入（积累）和以冰川消融为主的物质支出（消融）的代数和（图3.1）。积累是指冰川收入的固态水分，包括冰川表面的降雪、凝华、再冻结的雨，以及由风及重力作用再分配的吹雪堆、雪崩堆等。消融是指冰川固态水的所有支出部分，包括冰雪融化形成的径流、蒸发、升华、冰体崩解、流失于冰川之外的风吹雪及雪崩。

积累与消融随时间变化的变化率被称为积累速率（$\dot{c}$）及消融速率（$\dot{a}$）。物质平衡通常以年度为计算单位，从当年消融期末到下一年度消融期末的时段称为物质平衡年。$\dot{a}$ 与 $\dot{c}$ 在平衡年上的积分即为年积累（c_a）与年消融（a_a）。年积累与年消融的差值称为年平衡（b_a），即

$$b_a = c_a - a_a \tag{3-11}$$

若以任意时间为研究时段，则称为某一时段的积累（c_t）、消融（a_t）和物质平衡（b_t），因此可以区别冷季积累（c_w）、冷季消融（a_w）和冬平衡（b_w），以及暖季积累（c_s）、暖季消融（a_s）与夏平衡（b_s）。在一条冰川上，$b_t = 0$ 与 $b_s = 0$ 的连线分别被称为瞬时平衡线（ELA_t）和年平衡线（ELA）。平衡线高度以上的区域为积累区，以下的区域为消融区。

设冰川面积水平投影为 s，则 c_a、a_a 和 b_a 对面积 s 的积分称为总积累（C_a）、总消融（A_a）和年总平衡（B_n），即

$$C_a = \iint_S c_a \mathrm{d}x\mathrm{d}y, \quad A_a = \iint_S a_a \mathrm{d}x\mathrm{d}y, \quad B_n = \iint_S b_a \mathrm{d}x\mathrm{d}y \tag{3-12}$$

以此类推，对积累区和消融区水平投影面积积分可得纯积累（又称为积累区净平衡，B_c）及纯消融（又称为消融区净平衡，B_a）在实际应用中，往往采用上述量值的面积平均更有意义，如净平衡（b_n）定义为

$$b_n = B_n / S \tag{3-13}$$

式中，S 为区域面积。对平均纯积累（$\bar{c}$）、平均纯消融（$\bar{a}$）、平均总积累（$\bar{c}_a$）、平均总消融（$\bar{a}_a$）则定义如下：

$$\overline{c} = B_c / S, \overline{a} = B_a / S$$
$$\overline{c}_a = C_a / S, \overline{a}_a = A_a / S$$
(3-14)

上述各要素均以毫米水当量（mm w.e.）为单位。

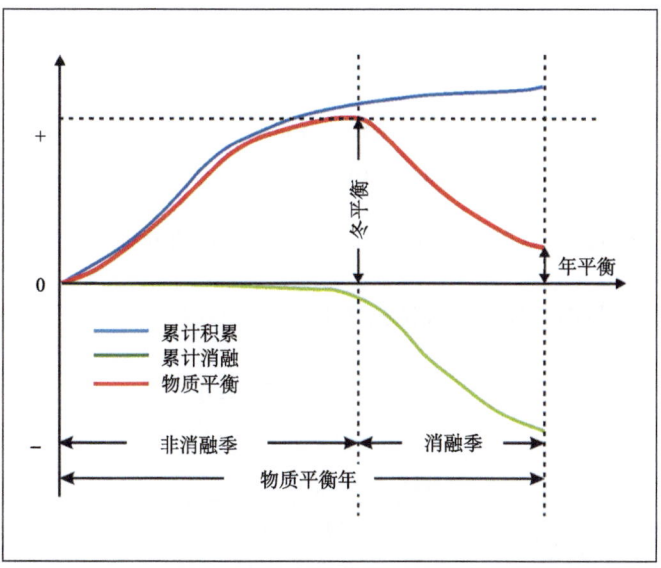

(a) 冰川物质平衡年内过程及相关定义(以冬季积累型冰川之正平衡年为例)

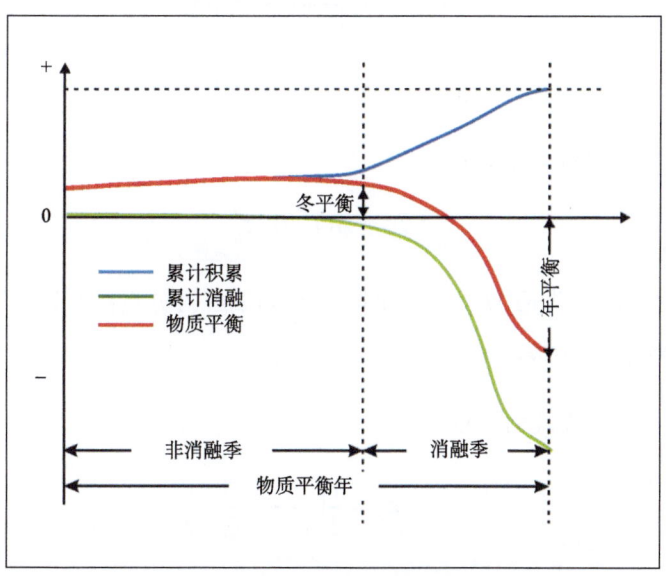

(b) 冰川物质平衡年内过程及相关定义(以夏季积累型冰川之负平衡年为例)

图 3.1 冰川物质平衡年内过程及相关定义

其中冬季积累型冰川图根据 Cuffry and Paterson,（2010）资料改绘；夏季积累型冰川图依据天山乌鲁木齐河源 1 号冰川实测资料绘制

3. 冰川、冰盖动力学

冰川（冰盖）中的冰体在重力作用下，一方面发生形变、断裂，另一方面还可能在下伏基岩上发生滑动，从而形成冰川的运动。冰川动力学的物理机制可采用塑性理论来描述。

（1）质量守恒方程（假定冰川冰不可压缩）：

$$\frac{\partial v_x}{\partial x} + \frac{\partial v_y}{\partial y} + \frac{\partial v_z}{\partial z} = 0 \qquad (3\text{-}15)$$

式中，(v_x, v_y, v_z) 分别是速度向量 v 在 x、y、z 三个方向的分量。

（2）动量守恒方程组（Navier-Stokes 方程）：

$$\frac{\partial \tau_{xx}}{\partial x} + \frac{\partial \tau_{xy}}{\partial y} + \frac{\partial \tau_{xz}}{\partial z} = 0 \qquad (3\text{-}16)$$

$$\frac{\partial \tau_{xy}}{\partial x} + \frac{\partial \tau_{yy}}{\partial y} + \frac{\partial \tau_{yz}}{\partial z} = 0 \qquad (3\text{-}17)$$

$$\frac{\partial \tau_{xz}}{\partial x} + \frac{\partial \tau_{yz}}{\partial y} + \frac{\partial \tau_{zz}}{\partial z} = \rho g \qquad (3\text{-}18)$$

式中，$\tau_{ij}(i,j=x,y,z)$ 为施加在冰上的应力分量；g 为重力加速度；ρ 为冰川冰密度。

（3）本构方程（Glen's Law）：

$$\dot{\varepsilon}_{ij} = A(T^*)\tau_*^2 \tau'_{ij} \qquad (3\text{-}19)$$

式中，$\dot{\varepsilon}_{ij}$ 为应变率；τ_* 为应力第二不变量；τ'_{ij} 为偏应力分量；T^* 为经过压熔点修正的冰川温度；$A(T^*)$ 为流动参数。

（4）物理方程（或称几何方程）：

$$\dot{\varepsilon}_{ij} = \frac{1}{2}\left(\frac{\partial v_i}{\partial x_j} + \frac{\partial v_j}{\partial x_i}\right) \qquad (3\text{-}20)$$

式中，$\dot{\varepsilon}_{ij}$ 为应变率，(v_i, v_j) 为速度分量。

4. 河冰、湖冰和海冰的物质平衡

河冰、湖冰和海冰的物质平衡过程是水（冰）面、冰层与下部水体的水热耦合过程，符合表面能量平衡、冰体内部热量传导、水体内部能量传输及水热耦合平衡等方程。

海冰的季节变化基本没有外来物质参与，即使有河流等外来物质参与到海冰的冻结过程，也需要以海水的身份参与。因此，海冰的物质平衡实际上是海冰质量的季节性增多或（和）减少。极区海冰通常用海冰质量平衡浮标来进行观测，主要是观测海冰上下表面的融化和冻结过程，而不是常规意义上的质量平衡。

在北极研究中，海冰的物质平衡更多的是指海冰输入输出，以及不同海域间产生的海冰通量。如果海冰输出较多，意味着海冰存留量减小，海水的盐度就要升高，冬季冻结形成的海冰将大幅减少。

从多年变化的意义上，海冰存在质量平衡问题，即最大海冰量或最小海冰量的多年变化。这种多年变化也可看作是海冰质量平衡的变化。海冰量的多年变化是对气候变化的直接响应，也受到河流、风场、经向热输送等过程的影响。

3.2.5 土壤中水分迁移/运动的物理机制

冻融条件下，土壤水分迁移理论主要有毛细管作用理论和吸附-薄膜水迁移理论。

1. 毛细管作用理论

土壤中毛细水迁移是指融土中土壤固体矿物颗粒与空气所形成的毛细空间和气液界面所能引起的毛细水上升现象；而在冻结过程中则是指冰与土颗粒之间形成的毛细空间和冰-水界面能引起的土壤孔隙水运动。该理论把包气带水分运移的驱动力完全归结为毛细管力。水在毛细管力的作用下沿土体中的裂隙和"冻土中的孔隙"所形成的毛细管向冻结锋面迁移。

2. 吸附-薄膜水迁移理论

吸附-薄膜水迁移理论认为土颗粒对水分子具有吸附力，这种吸附力即土水势，其的大小与土颗粒的矿物和粒度组成，以及距土颗粒表面的距离有关。受温度和土水势的影响，土颗粒外围的未冻水膜是不对称的，土壤中位于冰和土颗粒间的未冻水膜的厚度是温度的函数，冷面薄、暖面厚。在一定温度下，冻结锋面处土壤颗粒周围的水膜被冻结，此处的未冻水膜变薄，使原处于平衡状态的未冻水-冰-土颗粒系统失去平衡。为了维持新的平衡，未冻水膜由温度较高、未冻水膜较厚的土壤颗粒周围向温度较低的未冻水膜变薄处迁移，以达到新的平衡。因此，在负温范围内，当土壤中存在温度梯度时，将同时形成未冻水含量的梯度，在这个梯度作用下，未冻水将从未冻水量高的区域向未冻水量低的区域迁移。该理论是目前冻土学中被普遍认可的用来解释细粒土在冻结和融化过程中水分迁移、冰透镜体和厚层地下冰形成机制的理论。

在自然条件下，水分迁移取决于力学、物理和物理化学因素的总和。由于水分在土壤孔隙中的运动速度很慢，其动能一般很小。所以，土水势就是土壤水分所具有的位能，即势能。对于所研究的冻融土壤系统来说，任意两点的土水势之差，即为该两点间水分运动的驱动力。土水势理论的引入，不仅从根本上解决了土壤水分迁移机制的问题（土壤水分由高土水势向低土水势区运动，土水势梯度为土壤水分运动的驱动力），而且使采用数学物理方程定量研究土壤水分的时空分布和运动规律成为可能。

3.3 陆地冰冻圈的形成与发育

3.3.1 冰川（盖）的形成与发育

1. 成冰作用

雪花降落到地面（雪面或者冰面）后，随着外界条件和时间的变化，雪花会变成完全丧失晶体特征的圆球状雪，称为粒雪。积雪变成粒雪后，粒雪的硬度和相互之间的紧密度不断增加，大大小小的粒雪相互挤压，紧密地镶嵌在一起，孔隙不断缩小，甚至消失，雪层的亮度和透明度逐渐减弱，其中也会封闭一些空气，进而形成冰川冰。这种由雪到冰的变质演变过程称为成冰作用。

成冰过程中，孔隙率不断降低，密度不断增大。新雪的密度平均只有 $0.13 \sim 0.21 g/cm^2$，在无融水情况下，粒雪圆化-沉陷作用可使粒雪的密度增加至 $0.55 g/cm^2$ 左右，之后的烧结和重结晶作用可进一步提高粒雪的密度。当粒雪晶粒之间的孔隙完全封闭成气泡时，则认为粒雪变成了冰，密度在 $0.83 g/cm^2$ 左右。$0.55 g/cm^3$ 和 $0.83 g/cm^3$ 分别被称为干雪机械压密临界密度和气泡封闭或成冰临界密度。成冰之后，冰内气泡的压缩也可以使冰的密度逐步增大到 $0.923 g/cm^2$。这种无融水参与的成冰过程称为动力成冰过程，形成的冰称为动力变质冰。如果上覆冰层很厚（通常在 800m 以上），巨大的压力会使气泡中的气体以水合物的形式存在，气泡消失。

雪层的演化可能会伴随着新的降水、凝华、风吹雪等方面的物质输入，以及消融和升华等方面的物质输出。升华与凝华作用可以形成深霜层，而融化冻结可以形成冰片层与冰透镜体。春季气温在 0℃ 上下波动时，可导致冰片大量发育。10 月中旬雪层中的温度梯度达到 13.0℃/m 时，形成深霜。到了翌年 6 月，深霜层会受融水改造而变为粗粒雪层。

此外，沙尘沉降、融水聚集作用可形成污化层。雪层中污化层是由夏季融水期雪层中杂质的聚集而形成的。春季出现的沙尘污化层十分微弱，仅靠肉眼无法识别，并最终与夏末污化层合并为一。

一条冰川可能跨越数千米的高度差，不同高度的水热条件存在极大差异，冰川的成冰作用也不同，具有垂直地带性特征。目前，国际上有两种经典冰川带的划分理论，其一是由苏联冰川学家 Shumskii 于 1964 年提出的，即将一条完整的冰川自顶部到末端划分为重结晶带或雪带、再冻结-重结晶带、冷渗浸-重结晶带、暖渗浸-重结晶带、渗浸带、渗浸-冻结带和消融带共 7 个冰川带；其二是由加拿大冰川学家佩特森（Paterson）于 1969 年提出的，即将冰川带自上而下归纳为干雪带、渗浸带、湿雪带、附加冰带和消融带 5 个冰川带，其间的界线分别为干雪线、湿雪线、雪线和平衡线（图 3.2）。

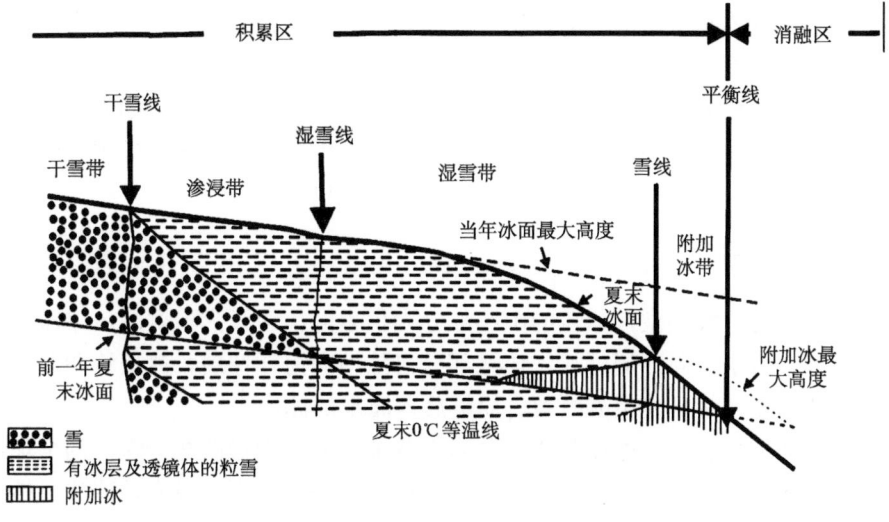

图 3.2 冰川带划分（据 Cuffry and Paterson, 2010 改绘）

不同类型冰川的成冰带谱不同，即使同一类型的冰川之间也会存在差异。一般山地冰川并不具有完整的成冰带谱，尤其是缺乏干雪带。20 世纪 80 年代以前，我国主要采用苏联冰川学家 Shumskii 的冰川带划分方案，后来引入欧美的概念，但某些术语仍采用前者，如成冰带（欧美则称为冰川带）。

冰川带对气候变化十分敏感。随着全球气温不断升高，山地冰川带谱也发生着显著变化。由于气候变暖，冷型成冰作用和与之相应的重结晶带（或干雪带）在山地冰川上已鲜有发现（图 3.3）。

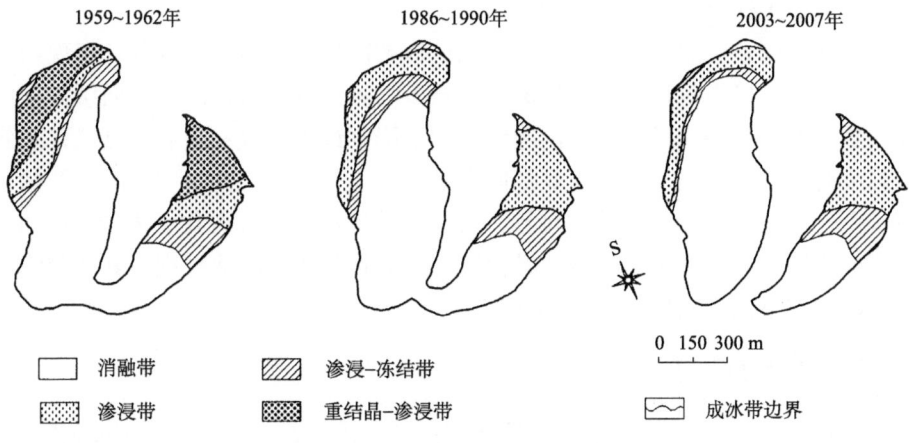

图 3.3 天山乌鲁木齐河源 1 号冰川不同时期的成冰带

雪变成冰的方式和所需的时间取决于水热条件。在温度较高而产生融水的情况下，雪层发生融化与再冻结过程，形成暖型成冰作用。由于融水量、雪层温度及融水渗浸粒雪层深度的不同，成冰的方式和过程长短也有差异。如果温度很低，如南极中部，冰川的形成则完全依赖重力作用，粒雪晶体的密实变质作用，即冷型成冰作用。即便是同一条冰川，由于各个部分所处的温度不同，其成冰过程也不同。

2. 冰盖的形成

冰盖是冰川的一种类型，冰盖的中心部分为积累区，边缘为消融区。冰盖几乎不受下伏地形影响，自中心向四周外流，边缘部分自陆地向海洋伸展。冰盖流动并延伸漂浮在海上的冰体称为冰架，冰架冰断裂、崩解后入海形成冰山。

目前，地球上只有南极冰盖和格陵兰冰盖两个冰盖。南极严寒干燥，为全球最冷的大陆，蒸发量极小且存在表面凝华现象，降雪经长期积累，而形成南极冰盖。格陵兰地区气候严寒，与温暖的大西洋之间的巨大温度差有利于气旋的形成，进而带来丰富的固态降水，其为格陵兰冰盖的发育奠定了物质基础。

3.3.2 冻土的形成与发育

1. 季节冻土的冻结与融化

季节性冻结和融化是指发生在地表以下一定深度的土层在冷季发生冻结，暖季又被融化的过程，这个土层称为季节冻土。而在多年冻土区，这个土层称为活动层，其能够达到的最大深度为多年冻土上限。而在季节冻土区，季节冻土就是指一年中冷季冻结深度所能够到达最大深度之上的土层。

在季节冻土区，土层的季节冻结和融化过程被简称为季节冻结过程，表现为冷季气温稳定降低到 0℃以下时，地表开始冻结；随着气温继续降低，冻结锋面缓慢下降，当气温降低到最低之后的一段时间内，冻结锋面下降到最大深度；随后当气温升高到高于冻结层温度时，这个冻结层开始由底部向上融化，当气温稳定高于 0℃时，开始了由地表向下和下部继续向上的双向融化过程，直至季节冻结层全部融化结束[图 3.4（a）]。而在多年冻土区，土层的季节冻结和融化过程则简称为季节融化过程。其冻融锋面的动态过程正好与季节冻土相反[图 3.4（b）]。

2. 多年冻土的形成

当气温低于一定温度之后，前一个冷季形成的冻土层在下一个暖季不能被完全融化，则形成隔年冻土，隔年冻土连续存在两个暖季乃至更长时间时，就形成了多年冻土。多年冻土的形成包括后生、共生和混合生 3 种成因。

后生多年冻土是气候持续变冷的产物，是由当气温持续下降到可以形成隔年冻土时，隔年冻土的下限继续向下延伸，多年冻土层的厚度逐渐增厚而形成。这种类型的多年冻土是土层的冻结过程发生于土层的沉积作用之后，也就是先有岩、土层，后被冻结。

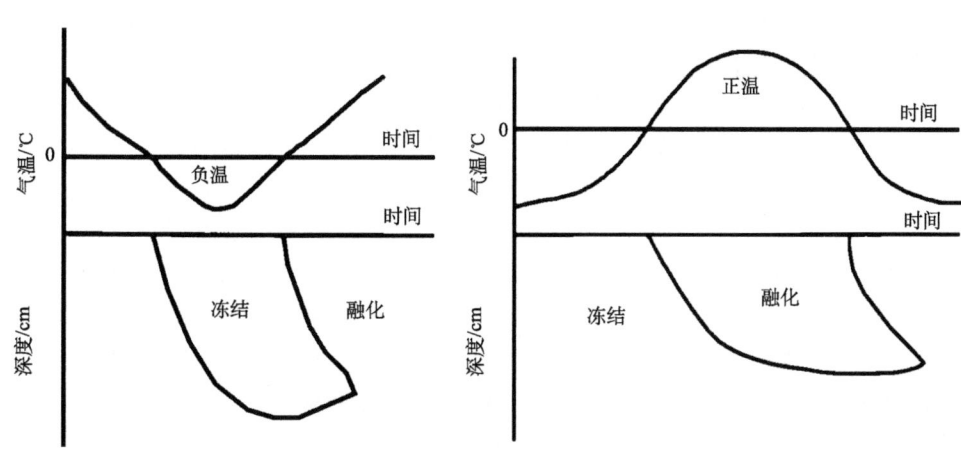

图 3.4 季节冻土的冻结过程（a）和多年冻土活动层的融化过程（b）示意图

共生多年冻土是在较为严寒的气候条件下，土层不断向上沉积，多年冻土上限也随之而上升，致使多年冻土厚度不断增加，也就是说，多年冻结作用与沉积作用大致同时进行。其与后生多年冻土的本质区别为，前者是多年冻土上限伴随着沉积物的加积逐渐上升而形成的，后者则是多年冻土下限逐渐下降的结果。地表大部分地区的多年冻土是混合形成的，也就是共生和后生两种冻结作用交互作用的结果。

3. 地下冰和冻土组构

地下冰是正在冻结的土体（正冻土）和已经被冻结的土体（冻土）中的所有类型冰的总称。地下冰可能是后生的或共生的，也可能是混合生的或残余的、进化的或退化的、多年性的或季节性的。地下冰发生在土体或岩石孔隙、洞穴，或其他开放的空间中，包括大块冰，其常以透镜状、冰楔、脉状、层状、不规则块状，或者作为单个晶体或帽状等存在。多年生地下冰只能够存在于多年冻土中。

多年冻土中发育最普遍的是分凝冰，大多数分凝冰都是重复冰分凝作用的产物。冰分凝是指孔隙水向冻结矿物或有机质土体特定部位迁移、冻结和聚集的过程，系由土水势引起的孔隙水和薄膜水向冻结缘迁移并冻结的过程。冻土中只要有温度梯度存在，就会产生自由能梯度，从而引起水分向温度降低的方向移动。当水分迁移至冻结锋面附近时，其吉布斯自由能增加，造成该处冰和未冻水之间原有平衡被破坏，从而形成新的冰，以使系统达到新的平衡。当冻土加积时，正冻土中的成冰作用使冰夹层之间的间距增大，引起土体冻胀。冰分凝可引起岩石破裂，是导致土体冻胀和岩石破裂的主要原因。

冰分凝作用所形成的冰称为分凝冰。在一定条件下，分凝冰的体积可大大超过冻结前土体中的孔隙，分凝冰体通常呈透镜状、层状、脉状，肉眼可见，其厚度为几厘米到几十米。特别需要指出的是，侵入冰并不总是与分凝冰有明显的区别，有时侵入冰成冰作用与分凝作用可交织在一起。

冻结过程中，当土层容易获得外来水分时，分凝冰的生长与冻结锋面平行并可快速生长，直到水-冰放出的热量加热冰透镜体边界，降低土体中的温度梯度，进而抑制了冰分凝的速率。而继续降温会进一步促进分凝冰的形成。当水分不易获得时，分凝冰缓慢生长，冻结放热对冰透镜体边界的加热作用不足，新的分凝冰会在最初形成的分凝冰层之下形成。由于分凝冰的形成，土冻结后体积的增长往往远大于土体原来含水量 9%的冻胀量。

在多年冻土上限附近经常可见到厚层地下冰，以堆积地形中地温较低的细粒土里最为常见，由于它埋藏浅、厚度大，对多年冻土区许多冷生现象的形成及各种工程建筑物的稳定性产生重大影响。这是一种特殊的冷生构造，称为斑杂状冷生构造或悬浮状冷生构造，其体积含冰量一般超过 50%。这种厚层地下冰是由冻结锋面附近冰的重复分凝而形成的，其被称为重复分凝成冰机制，又被称为"程氏假说"。

重复分凝成冰作用发生在现有多年冻土上限附近，由该作用形成的厚层地下冰也可随着地表的加积被埋藏在多年冻土上限之下。其形成的条件是多年冻土上限附近的土层是细颗粒土，或者由含较多细颗粒土组成的混杂沉积物组成。现代分凝冰体呈透镜状或层状，上表面大致与多年冻土上限吻合，厚度可达数十厘米至数米。其主要成冰过程包括：①冻融循环中活动层自下而上冻结时的水分迁移和成冰；②未冻水的不等量迁移；③冰的自净；④地表土层加积造成地下冰共生增长；⑤上述成冰作用年复一年的重复。

3.3.3 积雪的形成与发育

新雪降落到地表后，其初始结构随外界环境（如温度、压力、温度梯度等）而发生变化，雪颗粒间发生黏合、烧结等，使积雪的物理性质发生改变（雪的变质作用）。雪的变质作用有两种：一种是干雪的动力变质作用，即高孔隙率新雪在重力作用下密度不断增加，成为密实的雪；另一种是湿雪变质作用，即有融水渗浸参与的热力变质作用。新雪经不同变质作用形成细颗粒雪、中颗粒雪、粗颗粒雪、深霜、湿雪、风板、冰层等。

雪是热量的不良导体，即使是气温较低时，有积雪覆盖的地表温度也通常较高或接近冰点，因此积雪层中通常都含有液态水。与表层积雪相比，近地表的积雪（积雪层的下部）在整个冷季都会维持相对较暖的状态，由于暖地表和上部冷雪表面之间存在较大的温度梯度，地表和雪层底部水汽上升过程中在雪晶上冻结，使得雪层底部可以发育良好的深霜层。深霜层的发育通常需要较薄的积雪和晴朗的天气或低温，当雪温介于-15~-2℃时，深霜层发育得最好。

春季气温回暖，白天太阳辐射下积雪表面迅速融化，融水下渗使得雪颗粒间产生黏合等热力变质作用，直至夜间温度较低时，雪层内液态水再次冻结，如此反复形成冰层。若其间有新雪降落，该冰层便在积雪堆中得以保留，阻挡了上层积雪融水的继续下渗。所以，积雪发育过程中，其内部结构很大程度上取决于积雪所处的气候环境和地理环境。

3.3.4 河冰和湖冰的形成与发育

1. 河冰

河冰的演变过程可分为发生、发展及消融过程，这些过程取决于气象条件和水流过程、河道形态、地貌状况等。

随着秋末冬初气温的逐渐下降，水体失热大于吸热，水体冷却。当水温降至 0℃ 以下时，在过冷却水中形成细小的以柱状体为主的冰晶，冰晶是各种类型河冰的起源。在河岸附近水流较缓及紊动较弱的区域，冰晶上浮至水面，在水体表面形成并且聚集成水面上的一层连续薄冰，随着水体失热不断生长变大，形成"岸冰"。在远离河岸流动较快的水流及水流紊动强度较强的区域中，由于湍流作用，表面的冷却水通过水流混合，冰晶可以在水温为 0℃ 以下的整个水深范围内形成，随着水流的掺混作用冰晶相互碰撞、黏结，形成较大的冰花团或冰块并上浮至水面，它们之间的相互融合形成更大的冰单元。随着热量的不断耗散和冰的黏性作用，河道中的流冰密度逐渐增加，在合适的水力条件下会形成浮冰、冰塞或冰坝等冰情现象。随着气温进一步下降，水-冰交界面上的持续冻结使得河冰增厚，冰上积雪中的雪水冻结形成的雪冰也可以促使冰层增厚。

冬末春初气温回暖，在热力和机械作用的共同影响下，河冰解冻和解体，冰盖发生消融、破裂，河道中形成流冰。当流冰沿河流输移到还未解冻的河冰时，流冰会堆积，形成冰塞或冰坝。受水力和气象条件影响，解冻过程有文开河和武开河两种。文开河是指在天气温暖并缺乏降雨而流量较低时，河冰在适当的水流条件和热力作用下在原地破碎。武开河则是指上游水量增大、水位快速升高，河冰被水流冲破的开河方式，通常是快速融化和暴雨综合作用的结果。河道封冻期间，由于上下河段气温差异较大，春季气温上升，上段河道先行解冻，而下段河道因纬度偏北，冰凌仍然固封，冰水齐下，水鼓冰开，其为武开河的特征。在武开河时，有时大量冰块在弯曲形的窄河道内容易堵塞，形成冰坝，使水位上升，易形成严重凌汛。

2. 湖冰

湖冰生消过程极其复杂，涉及气象条件及湖泊地理位置和形态等。相对于河冰，湖冰生消过程受动力作用的影响比较小，冰的生消过程在很大程度上受气-冰界面、冰内，以及冰-水界面的光通量和热通量影响。

湖冰一般在每年秋冬季冻结，翌年春夏季消融。由于水体和陆地热容量的差异，湖冰的冻结和消融都首先出现在沿岸区域。秋冬季太阳辐射减弱、气温下降，湖水损失热量使得水温降低，当水温降到 0℃ 以下时，在湖水中产生冰晶并发生冻结现象。当湖表面的水结成湖冰时，由于冰的反照率（约为 70%）远大于水的反照率（约为 8%），进入湖泊的太阳辐射将进一步减少，水体的热通量和太阳短波辐射的减弱加剧了湖冰的进一步发展。反之，在春夏季由于气温的回升和太阳辐射的增强，湖冰发生消融。湖冰的变化体现出显著的季节特征。

从冰层生消过程的能量平衡考虑，冰的消光系数和冰面反照率对湖冰生消过程有重要的影响。冰面积雪是影响冰层能量平衡的一个重要因素，它可以通过降低冰-气之间热交换，以及冰内和冰底的光通量对冰层的生消过程产生影响。冰厚是反映冰生消过程最为综合的指标。冰厚的变化一方面源于冰底的生长和消融，这主要取决于冰层的光通量对湖冰冰底热通量的影响。秋冬季太阳辐射的减弱及积雪增加了冰层的光学厚度，导致冰底的光通量和来自水体的热通量都比较低，造成冰厚的增大。随着春夏季太阳辐射的加强和积雪的融化，冰底光通量迅速升高，从而导致冰下水温和冰底热通量随之升高。另外，积雪压载下冰面容易形成湿雪层，重新冻结形成雪冰。冰厚的变化还源于冰面雪冰的形成与消融，其通过雪冰的形成和融化对冰层的生消过程产生影响。由于融冰期气温的升高和雪冰的消融直接作用于湖冰表面，因此冰面的消融比冰底的消融更加强烈。

3.4 海洋冰冻圈的形成与发育

不同海洋冰冻圈组分的形成和发育过程、演变历史有着极大差异，从形成的物质来源看，其主要可划分成形成于海洋的组分，如海冰，以及形成于陆地、发育和消亡于海洋两个部分，现分述如下。

3.4.1 海冰的形成与发育

1. 海冰的形成过程

海冰按其发展阶段可分为：初生冰、冰皮、尼罗冰、初期冰等。

初生冰：当海水温度下降到海水的冰点，或有雪降到低温的海面上时，海水会开始结冰。这时的海冰是呈针状、薄片状的细小冰晶；大量的冰晶凝结，聚集形成黏糊状或者海绵状的海冰。海面多呈灰暗色且无光泽，遇微风不起皱纹（图3.5）。

图 3.5 初生冰，包括冰针、油脂状冰、黏冰和海绵状冰

冰皮：冰皮是从初生冰到尼罗冰中间的一个过渡阶段，可由初生冰继续冻结而成，也可由平静海面直接冻结而成。冰皮表面平滑而湿润，色灰暗，面积较饼冰大。冰皮厚度大约为 5cm，比较脆，很容易被海风或海流弄碎，变成长方形的薄冰块。冰皮也称为冰饼或莲叶冰。

尼罗冰：当初生冰成长到 10cm 左右时，海冰开始变得比较有弹性，表面无光泽，但在外力作用下依然容易弯曲，易被折断，并能产生"指状"重叠现象，这就是尼罗冰。尼罗冰一般包括暗尼罗冰、明尼罗冰和冰皮（图 3.6）。尼罗冰被折碎成的长方形冰块就是饼冰。尼罗冰是最早具有承载力和覆盖性的海冰，此前的冰还只是海洋形成海冰的准备阶段。

图 3.6　尼罗冰和冰皮

初期冰：由尼罗冰或冰饼直接冻结而形成厚度为 10~30cm 的冰层。初期冰多呈灰白色，包括灰冰和灰白冰。

一年冰：初期冰继续发展，形成厚度为 70cm~2m 的冰层。一般一年冰的时间都不超过一个冬季，其由白冰形成。一年冰一般包括薄一年冰、中一年冰和厚一年冰。

在海冰的形成过程中，海表面由于冷却作用达到过冷却状态，产生了结晶核，然后生成细小的冰晶体——冰晶。冰晶的生长实际上是液体的结晶过程，在晶体能生长前，液体中必须存在一定量的细小结晶核，即所谓的晶核。一般情况下，晶核由降雪或大气冰形成。有了外界晶核，冰结晶过程就大大缩短。

海冰向下生长的过程中，其冰芯结构先是粒状冰，然后是柱状冰，之间是过渡混合晶体。很强的冷空气出现时，会发生粒状冰和柱状冰交替出现的现象。当海冰生长到一定厚度之后，主要发生向下生长的柱状冰。

2. 海冰的结构与变化

冰内气泡和盐泡的形成：当海水结冰时，海水冻结结晶，而3%的杂质则从晶体结构中游离出来，形成高浓度的"卤汁"。卤汁的积聚空间称为"盐泡"。这些卤汁在重力的作用下向下积聚，并依靠其重力破坏了海冰晶体的化学键，进入海水，形成细长的盐泡。由于新冰生长时会将盐泡封冻起来，部分卤汁会被封冻在盐泡之中，构成海冰的剩余盐度。除了盐泡之外，海冰冻结时还会裹挟一些空气形成气泡，也使晶体结构无法产生。

不论这些盐泡和气泡在冬季是否封堵，它们在夏季都会由于海水升温而与海水连通，海水进入盐泡和气泡。海水比海冰有更强的吸热能力，进入海冰的太阳短波辐射会被盐泡中的海水吸收，使水温迅速升高。盐泡里温暖的海水与海冰交换热量而融化海冰，使盐泡变粗，导致海冰从内部发生融化。

海冰的成脊过程：在风力的作用下，冰块之间发生相对的运动和变化，如果冰块之间相互分离，就会产生冰间水道和冰间湖，而如果冰块之间相向运动，可能导致冰间水域的封闭，当相向运动很强时，冰块会发生相互撞击，海冰在撞击中破碎而堆积，成为冰脊（图3.7）。冰脊是由两块大面积的海冰撞击而成的，海洋中一排排冰脊的平行度很高。

图3.7　海冰冰脊

冰脊的生成与海冰之间的撞击速度密切相关。风暴过程可引起强烈的辐聚，海冰会形成高大的冰脊，而风力较弱的年份冰脊普遍低矮。冰脊只是堆积海冰的水面部分，而冰脊的水下部分要远比海面的冰脊高很多，已知冰脊水下部分最深的可达40m。

冰间水道与冰间湖：冰间水道是海冰之间海水暴露在空气中的水道，冰间湖则是比较大范围的开阔水域，二者并没有本质上的区别。夏季海冰大范围开裂，处处都是开阔水域，这时的开阔水域与海冰混杂的区域称为海冰边缘区（marginal ice zone）。冰间水道和冰间湖特指冰封季节（晚秋、冬季和春季）的开阔水域。

冰间水道的主要成因是冰块间运动不一致形成的狭长形开阔水域，其中，陆缘固定冰（land fast ice）和流冰（pack ice）之间运动不连续形成的开阔水域称为环极冰间水道（circumpolar flaw lead）。冰间湖的成因有两种：风驱动在近岸水域形成的冰间湖成为潜热型冰间湖，而由于冰间湖内部对流和热交换形成的冰间湖称为感热型冰间湖。

融池的形成：在崎岖不平的冰面，表面积雪在春季融化后会聚集在低洼处，形成融池（图 3.8）。融池的形状取决于冰面低洼处的几何特征，而融池的深度则取决于进入融池雪水的"流域"范围，因此，不同融池的形状和深度差异极大。一旦有的融水直接注入海洋，融池的深度就会明显减小。在很多情况下，冰脊平行排列，导致大范围的融池相互沟通，形成很多连通的水域。

图 3.8　海冰上的冰面融池

融池的形成与冰面粗糙度有关，当有比较高大的冰脊时，形成的融池会比较深。而如果冰面非常平整，没有冰脊，就不会形成融池。观测表明，平整冰表面没有融池，积雪融化的水沉降到冰面，在稀疏的积雪之下形成积水层。近年来，冰脊的存在使得冰间湖的覆盖率保持很高的水平，夏季融池覆盖率可达 56%以上。

3. 海冰的融化过程

海冰的融化有很强的季节性特征，对于一年冰，其在第二年的夏季将全部融化。第二年夏季没有融化的海冰，将成为二年冰，以致发展成多年冰。即使海冰在夏季没有全部融化，其厚度也会大幅减少。观测数据表明，有些多年冰冬季的厚度为 4m，夏季的厚度也会减小到 1.2m 左右。海冰的融化有上表面融化，也有下表面融化、侧向融化和内部融化。

海冰的上表面融化：海冰的上表面融化主要由上表面接收的太阳辐射能直接作用于海冰所致。到达冰面的太阳辐射能只有波长较短的光（400~550 nm）能够进入海冰内部，其用来升高海冰的温度，而波长较长的光在上表面很薄的冰层中全部被吸收，辐射能转化为热能，并通过海冰的热传导进入海冰内部。当太阳辐射强度超出海冰热传导通量后，剩余的热量使海冰表面升温，进而引发上表面的海冰开始融化。

融冰产生的水可能流入海洋，或者进入融池。上表面平整的海冰所融化的冰水有时无处可流，会形成一层积水层。水比冰有更小的反照率和更大的吸热率，会加剧太阳辐射能的吸收，加速海冰的融化。

海冰的下表面融化：温暖的海水会形成海洋热通量（oceanic heat flux），这些热量到达海冰底部时，只有很少的部分进入海冰，大部分海洋热量滞留在冰底，导致海冰融化。海洋热通量最大可达 $500W/m^2$，其融冰速度甚至比上表面要大。

海冰的下表面融化主要取决于海洋中可用的热量，而来自其他海域较暖的水平水流所挟带的热量往往非常巨大。大部分平流而至的暖水往往经历过无冰水域的太阳辐射加热，其热储量远大于冰下海水直接吸收的太阳辐射能。这部分海水进入冰下后会受到阻滞，流动的速度减缓，其热量直接向海冰释放，形成很大的海洋热通量，导致海冰的底部快速融化。

海冰的侧向融化：夏季，大范围的流冰分裂成大大小小的冰块。对于同样面积的海冰，冰块越多，其与海水接触的面积就越大。海冰侧面与海水接触的部分就会发生融化或剥蚀，称为侧向融化。

海冰的侧向融化速度包括海冰侧向直接融化、海冰剥蚀，以及海冰之间碰撞导致的侧向粉碎等，但在观测中几乎无法区分各自的贡献。此外，侧向融化的速度取决于海水中的热含量，热含量越高，侧向同化速度将越大。不同的季节、不同的海冰密集度、不同的区域，海冰的侧向融化速度都不一样。随着北极变暖和海冰减退，海冰的侧向融化对海冰密集度的贡献将越来越大。

海冰的内部融化：夏季，海水进入海冰内部的盐泡和气泡使海冰成为充水体。水比冰有更强吸收太阳辐射能的能力，致使温度升高、盐泡扩大，这就是海冰的内部融化。海冰的内部融化过程并不改变海冰的密集度和厚度，但改变了海冰的孔隙率，使海冰结构变得稀松，力学强度减小使得海冰更容易破碎，从而加速了海冰的融化。

最为显著的内部融化出现在融池底部。融池水保持了比较高的水头，可以穿过盐泡注入冰下，形成融池冰下的淡水池（fresh water pool），这个过程称为冲洗效应（flushing effect）。由于融池水吸收了较多的热量而温度较高，其沿着盐泡下泄时与海冰交换热量导致盐泡中的海冰融化而孔隙变粗。与海冰中的冰芯相比，从融池直接取的冰芯有更高的孔隙率，盐泡全部通透，孔隙有手指粗细，冰芯很像藕段。

3.4.2 冰架和冰山的形成与发育

与海冰不同，冰架和冰山的物质主要来源于陆地，冰架系由海洋周围陆地上的冰川（冰盖）在重力作用下向下运动，延伸进入并漂浮在海洋上而形成。南极大陆周围是地球上冰架最发育的地区，最大的冰架是罗斯冰架、菲尔希纳冰架、龙尼冰架和亚美利冰架，冰架能以每年数米至数千米的速度移向海洋，形成巨大的冰架。

冰架形成后，降雪堆积在冰架表面并经压缩变质，形成新的冰体，使得冰架的厚度增加。近年来，澳大利亚冰川学家发现，厄麦里冰架底部的海水也在不断冻结，从而增加了自身的厚度。这也就是说，部分冰架底部海水的冻结（二次凝结）也是冰架增厚的一个原因。

暖季时，海水的冲刷会融化冰架周边的部分冰体，而冰架表面也会发生上部积雪的融化，从而导致冰架也发生着一定幅度的季节变化。

随着冰架向海洋的深入，在重力和海洋潮汐及海浪的波动冲刷等的综合作用下，在冰架上逐渐形成裂隙，最终断裂并渐渐漂移到海洋中，形成冰山。冰山大多在暖季形成，较暖的天气使冰川或冰盖边缘发生分裂的速度加快。

冰的密度约为海水密度的十分之九，依照阿基米德定律，露出海面的冰山体积仅占整个冰山体积的十分之一，这正是"冰山一角"一词的来源。

冰山在海洋中会随着海风、洋流而漂流，最终在海水的不断冲刷下，缓慢融化而消失。

3.4.3 海底多年冻土的形成与发育

地球上现有的海底多年冻土主要存在于环北极高纬度的北冰洋近海岸带，主要分布于俄罗斯西伯利亚北部和美国阿拉斯加北部的近海岸带大陆架上，其是历史气候演变的产物。其主要形成和发育过程如下。

末次冰期时，由于严寒的气候和较低的海平面，这些地区还是位于海平面之上的陆地且大多没有被冰川覆盖，寒冷的气候导致多年冻土非常发育。随着气候波动变暖，海平面上升，这部分陆地就被埋藏到海底一直保存至今，从而形成了海底多年冻土。

几年来，随着气候变暖和海平面上升，环北极地区的海岸带逐渐被海水侵蚀，多年冻土中地下冰被海水冲刷，海岸带正在以每年数米至数百米的速率退缩，新的海岸带多年冻土也正在被埋藏在海底，形成新的海底多年冻土。

冷季时，当海洋中表层海水温度低于下部温度时，由于低温海水的密度要高于高温海水，表层海水下沉，而下部高温海水向上运动；而暖季时上部温度高，海水处于一种稳定状态，这使得海洋中底部的温度一直保持一种低温状态，再加上多年冻土中大量地下冰的存在，使得海底多年冻土的融化速度非常缓慢，这就是数万年前形成的多年冻土一直保存至今的主要原因。

无论如何，气候的持续变化一直在融化着海底多年冻土，海底多年冻土一直处于退化状态。

3.5 大气冰冻圈的形成与发育

3.5.1 雪花的形成与发育

雪花是在大气中形成并向地面降落的冰晶的聚合体。冰晶下落过程中，其形态和体积会不断发生变化。在大气中水汽饱和的情况下，水汽在冰晶表面凝结，冰晶逐渐增大；此外，冰晶之间也发生相互碰触、合并并聚合，形成千姿百态的雪花。雪花的形状极多，有星状、柱状、片状等，但它们最基本的形态为六角形。当云下气温低于0℃时，雪花可以一直落到地面而形成降雪。如果云下气温高于0℃时，则可能出现雨夹雪。

雪花下降过程中，如果周围的空气过饱和度比较低，冰晶增长便很慢，并且各边都在均匀地增长。当这样的冰晶降落到地面时，仍然保持着原来的柱状、针状和片状形状，分别被称为柱状、针状和片状雪晶。如果周围的空气呈高度过饱和状态时，水汽分子首先遇到冰晶的各个棱角和突起，并在这里凝华而使冰晶增长形成枝杈状、星状雪花。自然条件下，由于大气的运动等，冰晶下降过程中各个枝杈接触到的水汽多少有所不同，从而导致了冰晶枝杈的生长速度不同。雪花在云内下降的过程中，也会从适宜于形成这种形状的环境降到适宜于形成另一种形状的环境，于是便出现了各种复杂的雪花形状。雪花也很容易互相攀附结合在一起，成为更大的雪片。

3.5.2 霰、冰粒和冰雹的形成与发育

冰雹是指从强烈发展的积雨云中降落下来的固态降水，它结构坚实、大小不等。气象学中通常把直径在5 mm以上的固态降水称为冰雹，直径为2~5 mm的称为冰粒，也称为小冰雹，而把含有液态水较多、结构松软的降水称为软雹或霰。

冰雹形成于对流特别强烈的对流云（积雨云）中，这种云又称为雹云。雹云云层很厚，云底距离地面1km左右，温度在0℃以上，大多由水滴组成；云的中上部主要由冰晶、雪花或过冷水滴组成；云顶可延伸到10km以上的高空，温度为-40~-20℃。由于雹云中气流升降变化很剧烈，当冰雹"胚胎"下降过程中遇有较强上升气流就会随之上升，同时会吸附其周围小冰粒或水滴而长大，直到其重量无法为上升气流所承载时，即开始下降，当其降落至较高温度区时，其表面会融解成水，同时也会吸附周围的小水滴，此时若又遇强大的上升气流会再被抬升，其表面则又凝结成冰，如此反复，其体积越来越大，直到它的重量大于空气的浮力，即向下降落，若达地面时未融解成水仍呈固态冰粒则称为冰雹，若融解成水则是我们平常所见的雨。

雪晶与过冷云滴的接触导致过冷云滴在雪晶的表面凝结，晶体增长的过程即为凝积作用。如果雪晶的表面有许多过冷云滴，则成为霜，而当该过程持续使原本雪晶的晶形消失则称为霰，霰是冰雹的"胚胎"。

思 考 题

1. 冰冻圈不同组分的形成发育条件。
2. 雪线和冰川物质平衡线。
3. 冻融过程中活动层内部的水热运移特征和主要驱动因子。

延 伸 阅 读

【经典著作】

1. 《冰川》

作者：Glaciers. M. J. Hambrey 和 J. Alean。
出版社：牛津大学出版社，2004 年。
书号：ISBN 0-521-82808-2。
内容简介：本书为介绍冰川的形成和演化的专著。本书简明生动、通俗易懂地描述了冰川的基本特征，并配有漂亮的照片，是了解冰川形成和发育及演化过程的基础读物，其在线阅读功能极大地方便了读者，因而广受欢迎。

2. 《普通冻土学》

出版社：（原著）苏联科学院西伯利亚分院冻土研究所，1974 年，俄文版；
（中文版）科学出版社，1988 年，郭东信等译校。
内容简介：本书共 318 页，为多年冻土学的经典著作，系统地介绍了冻土学的基本概念和定义，岩土的季节冻结融化，冻土的热力学性质，地下冰及冷生现象，多年冻土的形成、发展历史和分布规律，多年冻土层的成分、性质、组构，以及冻土带的温度动态和厚度等。

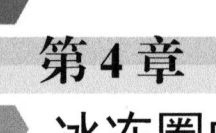

第 4 章 冰冻圈的物理特征

冰冻圈的物理性质和主要物理特征是冰冻圈各种过程、机理和模拟研究的基础。尽管冰冻圈的核心物质是冰,但冰冻圈各要素的物质组成和结构及形成发育条件存在差异,因此它们的物理特征并不相同。关于冰冻圈各要素的物理特征和过程有大量的研究结果,也有很多专著。因篇幅所限,本章重点对冰的物理性质和冰冻圈主要要素的力学、热学特征基本概念予以扼要阐述。鉴于冰冻圈探测技术,尤其是冰冻圈遥感发展极为迅猛,本章对冰冻圈电学和光学特性及其遥感应用也予以简要介绍。

4.1 冰的主要物理性质

4.1.1 冰的晶体结构

1. 冰的晶体结构基本特征

冰是水的固态形式,为无色透明的晶体,其物质成分与水的相同。在不同的压力、温度等条件下,可以形成不同结构的冰晶体。到目前为止,实验室人为制造的冰已经有近 10 种晶体结构,但其离开实验条件都不能稳定存在。自然形成的冰通常为六方晶体结构,在冰结晶学上被标记为 I_h。

冰 I_h 的晶体结构可简单概括为:单个水分子可粗略地看作一个氧原子核构成的球体,周围环绕着它自身的电子和通过化学键联系的两个氢原子所提供的电子。这些电子提供 4 个负电荷中心,其中两个以上带有氢核(质子),多于平衡负电荷所需量。其最终结果大体是,以氧原子核为中心的规则的四面体的顶角上分别被两个正电中心和两个负电中心所占据。一个水分子的正电荷与相邻一个分子的负电荷邻接。因此,每个分子有 4 个最邻近的相邻分子,其几何排列与硅的相似。冰 I_h 的晶格为一个四面体三棱柱结构,每个角上的氧原子分别为相邻晶胞所共有,3 个棱上氧原子各为 3 个相邻晶胞所共有,2 个轴顶氧原子各为 2 个晶胞所共有,只有中央一个氧原子为该晶胞所独有(图 4.1)。冰晶体的这个四面体是一个敞开式的松弛结构,因为 5 个水分子不能把全部四面体的体积占完,是氢键把这些四面体联系起来成为一个整体(图 4.2)。这种通过氢键形成的定向有序排列,空间利用率较小,因此冰的密度比液态水的密度小。液态水在约 4℃时密度最大,为 $1000 kg/m^3$。在 4℃以上遵从一般热胀冷缩规律,4℃以下,原来水中呈线形分布的缩合分子中，出现一种像冰晶结构一样的似冰缔合分子，叫做"假冰晶体"。因为冰的密度比水小，"假冰晶体"的存在降低了水的密度，越接近冻结温度，"假冰晶体"越多，因而密度越小。在 0℃时，水的密度为 999.87kg/m³，冰的密度为 917kg/m³。

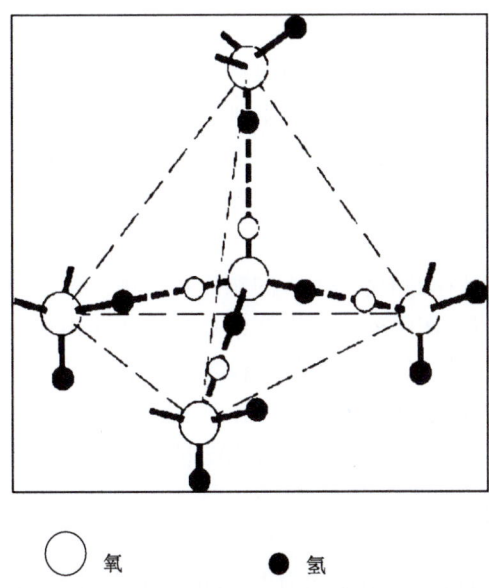

图 4.1　单个冰晶体的晶格结构（秦善，2011）

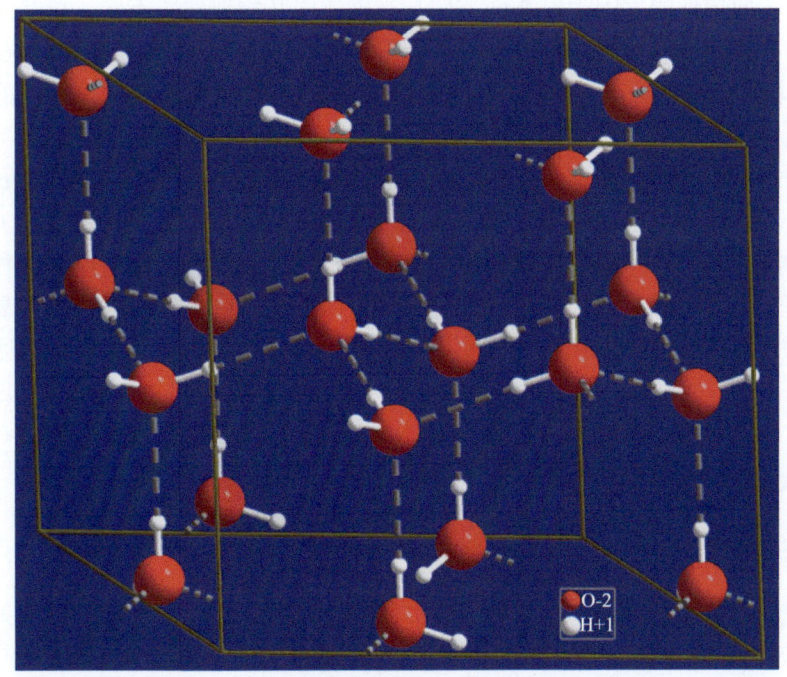

图 4.2　六方晶体冰的晶体结构（引自 Wikipedia）

灰色短划线表示氢键

2. 冰的晶粒形状特征

冰晶体的最小单元是晶格点阵为六方柱状的晶胞，而自然界中以单个体独立存在的冰晶体通常都是多个晶胞的聚合体，被称为晶粒（关于晶粒还有更严格的定义，这里只是取晶粒的泛指）。在饱和水汽和水中最初形成的晶粒因温度、压力等因素影响，其体积和形状会不断发生变化。例如，最初云层中过冷却水滴冻结形成的冰晶在下落过程中因水汽在表面凝结而使体积增长，晶粒相互碰触则会合并聚合。因温度、湿度、气压及风力等条件的时空差异，这些冰晶聚合体到达地面时的形态和体积各有不同，以至于不存在结构、形态和尺寸等各个方面完全相同的雪花，尽管六角形仍为它们的基本特色，但有的却已看不出六角形特征。

雪花降落地面以后在自动圆化作用下向颗粒状变化。在地面积雪和冰川及其他冰体上的雪层中，除了自动圆化作用外，还有烧结、晶粒之间相互挤压、融水浸润和再冻结作用等，雪颗粒变质成冰以后仍可分辨的晶粒多呈不规则形状。

海洋、湖泊和河流等在水体中形成的冰，其晶粒形态大多为颗粒状和柱状。静态水结冰易于形成柱状（针状）冰晶，非静态水冻结易于形成颗粒状冰晶。

3. 冰的晶体组构特征

单个冰晶体有 4 个晶轴，其中 3 个互呈 120°相交于同一个平面，该平面被称为基面，另一个垂直于这个平面，称为主轴，也叫光轴或 c 轴，沿主轴方向光线不发生折射。单晶体冰是各向异性的，因为沿基面方向与光轴方向其物理性质不同。单晶冰只有一个固定的 c 轴取向，多晶冰的 c 轴取向或者杂乱无章，或者有多个定向。由于在一定应力状态下，c 轴取向不同会使冰的变形有所不同，冰晶体的 c 轴取向组构对冰的力学特性有重要意义。

自然条件下形成的冰体主要为多晶冰。但如果处在应力作用状态下，其 c 轴取向会发生变化，晶粒尺寸也会发生变化。在应变过程中，冰体通常会出现晶粒长大，c 轴取向依据应力状态趋于一个大致固定的态势。因此，通过冰样的室内力学实验和自然冰体的应力状态分析，可以对各种冰组构进行解释。一般认为，单轴压缩情况下易于形成环状 c 轴组构，而剪切应力占优势时冰晶组构主要为单极大型，这两种组构在冰川和冰盖上最为常见。

4.1.2 冰的力学性质

1. 冰的弹性

冰的力学特性比较复杂，既有黏性流体的特点，又有弹性塑性特征，还具有刚体脆性，必须通过不同应力和温度条件下的实验观测才能揭示冰的变形规律及各种力学特性。

弹性变形和塑性变形是连续介质在应力作用下发生变形的两个主要过程。研究表明，冰在受力后的弹性变形非常短暂，绝大部分变形属于塑性变形。弹性研究中，一般都假定研究对象为各向同性材料,这对冰来说只能是近似假设。不同研究者得出的冰的弹性特征参数并不相同,其主要由测试技术和试验条件(如温度)及试样的差异所致。据一些实验研究结果的汇总,纯冰的杨氏模量、刚度模量(或剪切模量)、泊松比、体积模量分别为 8.3×10^7~9.9×10^7 hPa, 3.4×10^7~3.8×10^7 hPa, 0.31~0.37 和 8.7×10^7~11.3×10^7 hPa(参见本章延伸阅读之经典著作 2)。

2. 冰的塑性变形和蠕变规律

冰的塑性变形和蠕变是冰的最基本力学特性。大量实验研究表明,冰在应力作用下,应变与应力之间随时间在不同阶段具有不同的关系。

(1) 弹性应变:在应力作用最初瞬时出现,也称为瞬时弹性应变,其服从胡克定律,即应变与应力呈线性正比例关系,系数为弹性模量的倒数。

(2) 滞弹性应变:在应力卸载后其变形基本上可以逐渐慢慢得以恢复,但又表现出具有一定的蠕变率,因而又称为第一蠕变、瞬时蠕变、可恢复蠕变或伪弹性应变。

(3) 第二蠕变应变:应力作用适当长时间后,冰的蠕变变形随时间增加越来越小,即应变率不断减小,并趋于恒定的最小值,称为第二蠕变。

(4) 第三蠕变应变:经过了最小应变率后,又进入应变率不断增加的阶段,其被称为第三蠕变。如果实验持续时间足够长,第三蠕变后期应变率会达到一个恒定不变值。

由于冰的变形中绝大部分为蠕变变形,其应变率与应力之间的关系被称为蠕变规律。冰的应变率与应力之间的关系在蠕变的各个阶段是不一样的。综合各种实验结果,冰的蠕变变形中应变率与应力之间的关系可表示为幂函数多项式,但其中最主要的项为

$$\dot{\varepsilon} = A_0 \exp\left[-Q/(KT)\right]\tau^n \tag{4-1}$$

式中,$\dot{\varepsilon}$ 为有效应变率;A_0 为依赖于冰晶组构、晶粒尺寸或杂质含量等因素的一个因子;Q 为活化能;K 为玻耳兹曼常数;T 为绝对温度;τ 为有效应力;n 为常数,多数实验得出的 n 值接近于 3。或者更简单地可表述为

$$\dot{\varepsilon} = A\tau^n \tag{4-2}$$

其被称为 Glen 定律,源于 J.W.Glen 早期实验研究对冰蠕变规律的揭示。

冰的蠕变变形具有黏性变形特征,在冰川运动中,由此引起的冰体运动有点类似于流体运动,所以冰的蠕变规律又称为冰的流动定律。但是,冰的流动定律与黏性流体定律又明显不同,黏性流体的流动定律为线性关系。另一种与冰的变形规律具有一定程度近似性的为理想塑性体,即应力较小时不产生变形,当应力达到屈服应力后变形产生,而且应力不再增加变形也会持续下去。图 4.3 为冰、黏性流体和理想塑性体应力与应变率之间的关系对比。

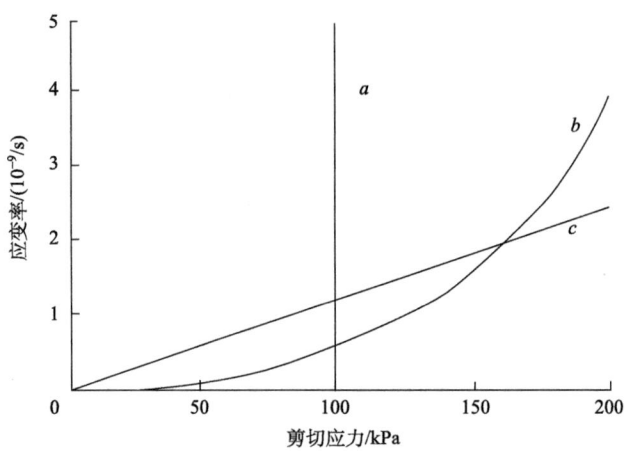

图 4.3 冰、黏性流体和理想塑性体应力与应变率之间的关系对比（Paterson，1994）

a 屈服应力为 100 kPa 的理想塑性体；b 冰的流动定律，$n=3$，$A=5\times10^{-15}$/s(kPa)^3；c 牛顿黏性流体，黏度为 8×10^{13} Pa·s

3. 冰的强度

强度是某种材料在外力作用下抵抗变形和断裂的能力，依据受力情况，可分为抗压强度、抗拉强度、抗弯强度和抗剪强度等，其在工程应用中非常重要。对冰来说，其强度最主要的是抵抗断裂的能力，即能承受多大的拉、压、剪切和冲击力而不断裂。

冰的断裂强度主要取决于两个方面：一是冰样本身的特征，包括冰的形成方式和特性，以及冰样尺寸和形状。二是施加应力的方式，如单独拉、压、剪或组合应力、静荷载、动荷载、逐渐加载、突然加载等。因此，关于冰的强度实验研究是一个非常广泛的领域，无论哪一种类型的冰，都需要开展针对具体应用目的和符合实际情况的大量实验。

对于纯净的单晶冰来说，某些实验结果表明，在温度为 $-90\sim-50$℃ 条件下，出现断裂的平均应力为 $1.2\sim3.2$ MPa（参见本章延伸阅读之经典著作 2）。

4. 含杂质冰的力学特性复杂性

自然界中的冰往往都不是纯净的。冰川上的冰一般或多或少都含有杂质，其中固体杂质含量和成分对冰的蠕变有较大影响。含岩屑冰的实验研究表明，固体杂质有延缓冰蠕变过程的效应，其影响程度与岩屑含量、岩屑颗粒大小和岩屑成分的性质有关。

冻土中冰的含量往往少于土质，因而其是含冰的特殊土体，其中还含有未冻水和气体，其力学特性不仅取决于土体物质的成分、颗粒结构和物理化学性质，还与冰的性质和分布（分散状、层状或网状分布等）、未冻水特征和温度条件等有很大关系。

海冰、河冰和湖冰，虽然都是水冻结冰，但海冰和咸水湖冰含有大量盐分，河冰、湖冰和近岸海冰中陆地尘土含量也很多。因此，它们的力学特性也随着杂质成分和含量的不同而有差异。

4.1.3 冰的热学性质

1. 纯净冰体的热学性质

一种材料的热学性质通常由几种参数来表征，如融（熔）点（融化时的温度）、比热（又称比热容或热容量）、相变潜热、导热率（或称热导率、导热系数）、热扩散率(或称热扩散系数、导温系数)等。冰的各种热学参数随温度和压力不同而有所差异。就融点来说，纯冰在常压环境（1个大气压）下开始融化的温度为0℃。冰的融点与压力存在着一种奇妙的关系：在2200个大气压以下，冰的融点随压力的增大而降低，大约每升高130个大气压降低1℃；超过2200个大气压后，冰的融点则随压力的增加而升高。

在正常压力条件下，冰的相变潜热为常量，热扩散率由比热容、导热率和密度所决定。许多实验已经基本明确了温度对冰的热学性质的影响：比热容随温度降低而减小，导热率则随着温度降低而增大。实验结果还表明，比热容与温度大致呈线性关系，导热率与温度之间则为非线性关系。图4.4为某些实验得出的冰的比热容和导热率随温度的变化情况。

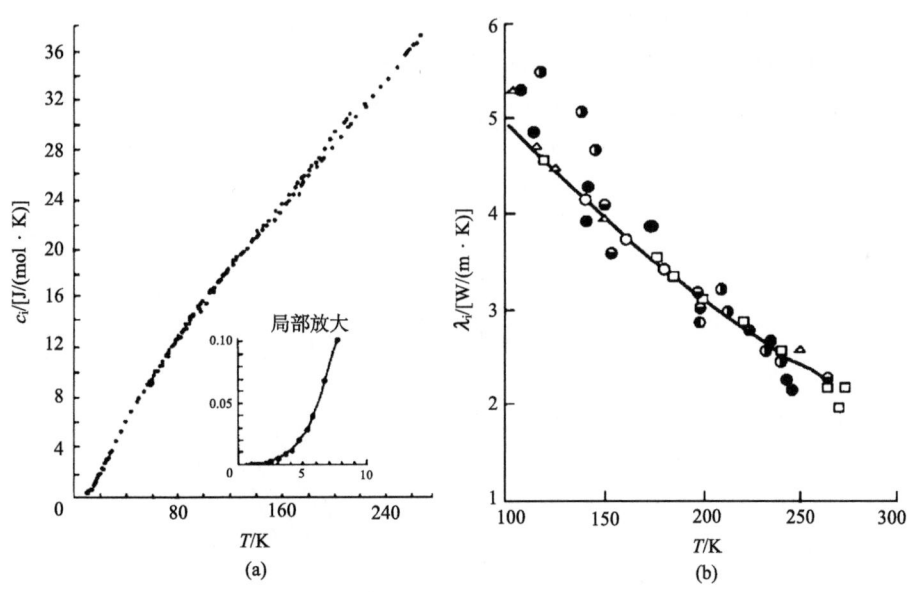

图4.4 冰的比热容（c_i）和导热率（λ_i）与温度（T）的关系（Yen et al., 1991, 1992）

关于冰的热学参数实验数据很多，其中的差异不可避免，但可根据某些结果大致对比一下冰与水，以及冰在高温（0℃）和低温（-50℃）下的热学参数：1个大气压下，纯水在0℃时的冻结潜热约为333 kJ/kg（约80 cal/g），蒸发潜热约为2500 kJ/kg（约596 cal/g），比热容约为4.187 kJ/(kg·K)，导热率约为0.598 W/(m·K)。纯冰在0℃时的融化潜热等同于水的冻结潜热，升华潜热约为2837 kJ/kg（约676 cal/g），比热容约为2.097 kJ/(kg·K)，导热率约为2.1 W/(m·K)。在-50℃，冰的比热容为1.741 kJ/

(kg·K),导热率为 2.76 W/(m·K)。如果将冰的密度看作是常量(917 kg/m³),热扩散率在 0℃时为 1.09×10^{-6} m²/s,在-50℃时为 1.73×10^{-6} m²/s(Paterson,1994)。

在冰的热学性质方面,还有一些关于冰的热膨胀特性等内容的研究。大多实验结果表明,冰的线性热膨胀系数大致在 10^{-5} 数量级上,在一般温度变化范围不大的情况下可不用考虑冰的热膨胀,但工程应用中则要考虑这一因素,因为即使很微小的膨胀,都会产生巨大的力。

2. 雪的热学性质

雪的基本物质为冰晶体,但一般我们所说的雪并不是指单个雪花或雪粒,而是有一定规模的雪粒堆积体,如积雪(或称为季节性积雪)和冰川、海冰等冰体表面的雪层。雪的密度范围很大,一般为 200~600 kg/m³,但新降雪可低于 100 kg/m³,冰川上的粒雪密度一直可增大到接近 830 kg/m³。因此,雪的热学性质与密度的关系是一个重要的研究课题。由于比热容和融化潜热采用的是质量比热容和质量融化潜热,它们与密度无关,对雪的热学性质的研究主要通过实验确定雪的导热率与密度和温度之间的关系。

雪粒间空气的存在,使雪层中的热传递除了传导之外,还有对流和辐射及源于升华和凝华的水汽扩散作用。所以,实验得出的导热率又被称作有效导热率。

实验结果普遍表明,雪的导热率随密度增大而增大,但不同实验研究得出的关系式不尽相同(图 4.5)。Yen 等(1991,1992)汇总多人的研究结果给出的关系式为

$$\lambda_{se} = 2.224\rho_s^{1.885} \tag{4-3}$$

式中,λ_{se} 为雪的有效导热率;ρ_s 为雪的密度,单位为 mg/m³。综合考虑密度和温度因素,则得出:

$$\lambda_{se} = 0.0688\exp(0.0088T + 4.6682\rho_s) \tag{4-4}$$

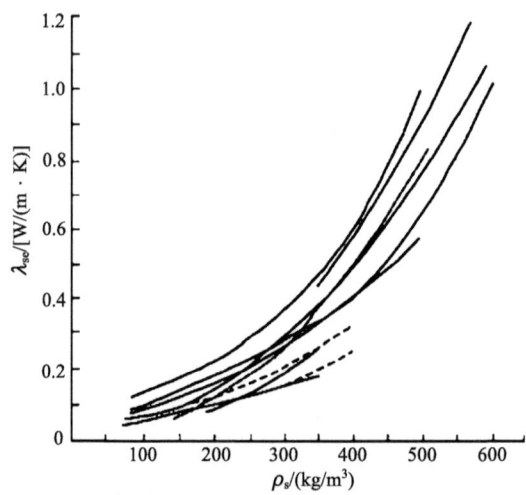

图 4.5 雪的有效导热率(λ_{se})随密度(ρ_s)变化的某些实验结果(Yen et al., 1991/1992)

式中，T为温度。按照这些近似公式和某些实验结果，大体上，密度为100 kg/m³的雪的导热率约为0.05 W/(m·K)，与玻璃丝绝缘体相似；密度为300 kg/m³时，导热率约为0.13 W/(m·K)；密度为500 kg/m³时，导热率约为0.44 W/(m·K)，与砖块相似。

4.1.4 冰的电学和光学性质

电学性质：冰的电学性质主要为介电和导电性能，分别以介电常数（又称电容率）和电导率来表征。由于冰与其他物质的介电常数有明显差异，冰的介电常数是冰川雷达探测的理论基础。冰的高频介电常数和静态介电常数都随温度降低而有所增大，但其变化率很难确定。尽管已有许多实验研究，但得出的增大速率有所不同，因为冰的晶体组构、密度和电场与冰晶体c轴之间的夹角及冰内杂质对其有影响。对实验室冻结的冰和取自冰川的冰样进行测试的结果表明，高频介电常数基本为3.1~3.2；静态介电常数多在90~110。冰的电导率对温度、电场、冰组构和冰内杂质等的差异非常敏感，特别是不同杂质成分的影响尤为突出，因而通过电导率测量判定杂质成分种类是冰川化学和冰芯研究的重要内容之一。已有的实验数据给出的直流电导率范围为10^{-9}~10^{-6}/(Ω·m)，较多地在10^{-7}/(Ω·m)（即10^5 S/cm）数量级上。

光学性质：对于一个冰晶粒来说，沿c轴方向不发生折射，其他方向上都会有折射发生。基于冰晶体的折射性质，可用偏振光来测定一个冰薄片中每一个晶粒的c轴取向。如果不含气泡和其他杂质，冰的透光性很好，但随着冰厚度的增加，冰体可能呈现蓝色或深绿色，是因为波长较短的蓝色光被部分吸收和散射，如同较深水体一样。绝大部分冰川冰都含有杂质和/或气泡，其透光性减弱。冰的反射率也取决于其洁净程度，纯冰的反射率与冰晶组构、温度和波长有关。

对于自然界中的冰体来说，最受关注的是反照率。比较洁净的冰面，反照率可达0.6，如果是干净的新雪面，则可达0.9或更高。

4.2 冰冻圈主要要素力学和动力学特征

4.2.1 冰川运动和动力学特征

1. 冰川运动速度分布特征

在自身重力作用下，朝冰川下游方向运动是冰川最主要的物理特征，因而朝冰川下游方向的运动速度是最主要的运动速度分量，称为纵向速度。横向速度通常很小，但在冰体纵向运动受到局地地形阻滞时会增大。竖向速度取决于表面积累或消融：在积累区，因每年有物质净积累，在新的上覆雪冰层压力下，运动速度有一个竖直向下的分量；在消融区，老冰不断消融，上游来的冰对此则给予补偿，运动速度有一个竖直向上的分量，因而积累区为下沉流区，消融区为上升流区。在平衡线附近，运动速度相对与表面平行，并且达到最大值,向上游和下游方向都逐渐减小。竖直方向上,运动速度在表面最大;横过冰川的水平方向上,运动速度在中间最大,但如果在冰川拐弯处,最大速度位置偏向拐弯外侧。

2. 冰川的冰体变形运动

冰川冰的蠕变变形是冰川运动的主要分量。源于冰川冰变形运动的规律,可基于冰体的应力平衡方程、变形几何方程(运动速度与应变率关系)和本构方程(冰的流动定律)来进行理论探讨。如果假定在分析讨论的空间范围内冰川厚度、宽度和坡度都保持不变,而且宽度和长度都比厚度大得多,冰的变形仅由剪应力所引起,则冰的运动速度矢量(流线)与表面平行,而且流动速度仅随深度而变化,因而叫做"层流"。在这种最简单情况下,冰体所受的剪应力在冰川底部达到最大,为

$$\tau_b = \rho g h \sin\alpha \tag{4-5}$$

式中,τ_b为底部剪应力;ρ为密度;g为重力加速度;h为冰厚度;α为底床坡度(与表面坡度相等)。

按照层流假设,冰体仅沿冰川下游方向运动,只有一个剪应力为非零应力分量,于是根据运动速度与应变率关系和冰的流动定律,可得出运动速度为

$$u = u_s - 2A(\rho g \sin\alpha)^n y^{n+1}/(n+1) \tag{4-6}$$

式中,u为运动速度;u_s为表面运动速度;A和n为冰流动定律中的常数,实际应用中通常取n值为3,A值根据温度确定。

依据这两个简单公式,可以得出几点重要结论:τ_b值可根据冰体厚度和冰面坡度计算;如果把冰看作理想塑性体,可得出$h = \tau_0/(\rho g \sin\alpha)$;由于$h\sin\alpha$为常数,冰面坡度与厚度成反比。

显然,冰面和底床坡度相等且保持不变、厚度也不变、冰体只受剪应力作用等假设可能只在很小范围内较为近似。如果坡度和厚度有变化,冰体会受到拉伸或压缩应力,这在运动速度上能够表现出来。相邻的两个断面之间,上游速度较大时冰体受到压缩,相反则受到拉伸。在压缩区域,冰体厚度趋于增大;在拉伸区域,易于出现断裂裂隙。

冰川宽度比厚度大得多的假设往往与实际有偏离,冰川谷地两侧的影响不可忽略。于是,在实际应用中,可通过对剪应力加一个冰川横断面影响因子给予一定程度的改进。该因子既取决于断面形状,又与宽度和厚度的比值有关,通常介于0.5~1。

3. 冰川底部滑动

冰川沿底床的滑动是冰川运动的一个重要分量。当有滑动发生时,滑动速度往往会超过冰体变形运动速度分量。通常认为,冰川滑动的先决条件是底部温度达到或接近融点。当温度处于融点时,冰与基岩之间往往会有液态水存在,冰体极易沿基岩面滑动;如果只是接近融点而没有液态水存在的话,局部应力增大导致复冰现象(应力作用下瞬时融化又重新冻结)发生和塑性变形增强,冰体仍然可滑动运动,尽管滑动速度比有液

态水存在情况下的要小一些。

按照冰川滑动的基本理论模型，滑动速度主要取决于底部剪应力和底床粗糙度，但都不是线性关系。比较经典的是，如果取冰的流动定律参数中的指数为 3，则滑动速度与底部剪应力的平方成正比，与粗糙度参数的四次方成反比。

4. 冰川底部岩屑层的运动

依据某些冰川钻孔和人工冰洞的观测，再加上冰川地质地貌证据，认为大部分冰川的底部有石块岩屑层存在。观测到的岩屑层厚度有的几十厘米，有的达 1m 以上。通常情况下，岩屑层具有减小冰川滑动的作用。若岩屑层由于融水作用而成为松散状态的话，其中的石块可沿基岩面滑动，也可滚动。另外，含杂质较少的冰和含岩屑较多的冰之间也可能是逐渐过渡的。据乌鲁木齐河源 1 号冰川底部人工冰洞观测研究（Echelmeyer and Wang，1987，），冰川底部有厚度小于 1m、含冰量约 30%的岩屑砾石层，冰面运动速度的 60%~80%源于岩屑层运动；岩屑层的运动由两部分构成：一是岩屑层的连续变形，二是岩屑层沿剪切面或剪切带的滑动，前者占冰面运动的 60%左右，后者在 20%以内；冰川底部温度在低于融点的情况下仍可有滑动存在，只不过量值较小。

5. 冰盖运动特征

冰盖的冰体从中心向周围边缘方向呈放射状运动。当冰下地形平坦时，冰盖和冰帽典型的理想化横截面为剖物线形状。若假设为理想塑性体，冰盖剖面可表示为 $(h/H)^2+(x/L)=1$，h 和 x 分别为冰体厚度和距中心水平距离，H 为中心处厚度，L 为中心至边缘的距离。表面全为积累区的冰盖在稳定状态下，由于距中心 x 处的冰通量等于这一区段上的积累量，水平运动速度应为 $(b/h)x$，其中 b 为表面平均积累速率。因此，在冰盖中心水平速度为 0，向边缘随距离增大而增大。

冰盖从中心到边缘大部分区域坡度和厚度变化不大，水平速度增加缓慢，竖向运动速度就显得非常重要。在稳定状态下，若不存在底部滑动，竖向速度在表面应与积累速率相等，在底部为 0。如果假定竖向速度随深度呈线性变化，则可得出表面的冰竖向运动一段距离所需的时间为 $(h/b)\ln(h/y)$，其中 y 为从底床向上到某一深度的距离。

在实际情况中，冰盖的冰下地形起伏对冰体运动有很大影响，在许多地方也存在底部滑动。底床坡度较大和底部为山谷的区域易于形成快速冰流，西南极冰盖很大区域底部基岩低于海平面，快速冰流较多，东南极冰盖的 Lambert 冰川谷地也属于快速冰流区。

6. 冰架运动特征

冰架运动的最大特点是冰体底部没有剪应力作用，整个冰体从表面到底部运动速度相同。无侧限冰架的运动速度在水平方向上几乎不发生变化，只在触地线附近会受陆地冰速度差异的影响。在表面有物质积累的情况下，冰体向外扩张而保持厚度不变；有消融情况下，冰体厚度则会减薄。有侧限冰架受侧面陆地拖拽，使得冰架中心运动速度快，向两侧减小。有侧限冰架运动速度往往要比无侧限冰架的快，因为上游来的冰必须在有限的断面内通过。冰架前段受海水压力变化断裂成冰山后,后段冰体向前运动的阻碍没有了,运动速度会有所增大。冰架如果大量崩解成冰山或者运动快速加快,陆地冰运动的阻力减小,冰盖运动速度也会加快。

7. 冰川跃动

跃动冰川是具有间歇性快速运动特征的冰川。这种冰川在短时间内以超出正常速度好多倍的速度运动,冰川末端会突然前进较长距离,然后又减缓到平静状态,冰川规模也逐渐恢复到快速运动前的大致范围,在经过一段时期以后又会再次快速运动和扩张。冰川跃动难以直接观测,推测其机理可能有构造因素、蠕变不稳定性和水热不稳定性等几个方面。构造因素包括冰川发育在断裂活动带上、地热异常活动等。蠕变不稳定性是指如果应力和应变增大,温度会升高,反过来又使变形进一步增大,这种正反馈导致原来底部冻结的冰体达到融点从而出现滑动,并不断带动更多区域冰体滑动;或者冰川深部或接近底部存在着暖冰层,暖冰层和上部冷冰层之间的界面上的剪应力达到临界值后会出现快速滑动并迅速扩展。水热不稳定性则主要是底部融水聚集到一定程度时,一方面浸润了底部凸起障碍而减少冰体运动阻力;另一方面水压增高更有利于冰体滑动。

4.2.2 冻土力学特征

1. 冻土强度

冻土强度是冻土重要的力学性质之一,主要是指冻土所具有的抵抗外界破坏的能力,其值为在一定受力状态和工作条件下,冻土所能承受的最大应力。按荷载作用时间有:瞬时强度、短期(时)强度、长期强度、按不同受力阶段有:基本强度、标准强度、设计强度、临界强度、极限强度、屈服强度、破坏强度;按冻土的反应有:静态强度、动态强度、疲劳强度;按受力状态有:抗剪强度、抗压强度、抗拉强度、冻结强度、抗切削强度。

1) 冻土强度与破坏

冻土作为特殊土体的最大特征在于含有冰,冰在不同温度、压力和作用时间情况下的应变有所不同,其使冻土力学性质具有不稳定性。冻土中的冰不但起胶结土颗粒的作用,且自身在冻结过程中因水分凝聚、迁移作用形成冰包裹体,构成冻土具有抵抗外力作用的特殊性。当含冰量较少时,冰不能将全部的矿物颗粒胶结成坚硬整体,所以强度比未冻土略高。多冰、富冰冻土由于含冰量较大,充分发挥冰的胶结作用,强度进一步增大。饱冰冻土及含土冰层除了含胶结冰之外,还含有大量的冰包裹体和纯冰,其强度又明显降低,随着含冰量增高,其力学性质逐渐向冰靠近。

冻土的应力-应变试验表明,冻土破坏形式一般可分为两种:塑性破坏和脆性破坏。

塑性破坏意味着应力-应变曲线无明显的转折点，而脆性破坏则具有明显的峰值。影响冻土破坏形式的主要影响因素如下。

土颗粒成分：一般来说，粗颗粒冻土多呈脆性破坏，黏性冻土多呈塑性破坏。相同条件下，脆性破坏的峰值强度较高。

土体温度：土体温度低多呈脆性破坏，土体温度高多呈塑性破坏。土体温度越低，冻土强度越高。

含水率：随着含水率增加，强度随之增大，通常将会由脆性破坏过渡到塑性破坏，但当含水率进一步增加时，将会由塑性破坏过渡到脆性破坏，因冰体多呈脆性破坏。

应变率：应变率大，多呈脆性破坏；反之，则呈塑性破坏。

2）冻土弹性模量与压缩模量

冻土变形通常可分为瞬时变形、长期变形和破坏变形。第一种变形中，弹性变形非常重要，其大小对动荷载下（冲击、爆炸、地震波、振动等）冻土的状态有着重要影响。

某些实验表明，在高于-5℃的土温下，冻土的弹性变形只占总变形量的10%~25%，在土温较低时，可达50%~60%。冻土含水率对弹性变形影响很大，细颗粒土中，含水率小于塑性含水率时，弹性变形所占比例随含水率增大而增加。试验表明，冻结砂的弹性模量最大，冻结黏土最小，冻结粉质黏土介于两者之间。弹性模量不仅与土质、土温和含水率有关，而且与应力的大小也密切相关（图4.6）。外压力越小，温度对冻土弹性模量的影响越大，即温度与外压力对冻土弹性模量的影响有着相反的作用。

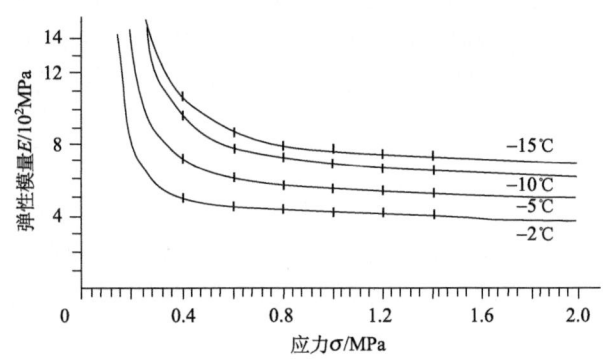

图4.6 不同土温下黏土弹性模量与应力关系（吴紫汪和马巍，1994）

温度是影响冻土压缩变形的重要因素，随着温度降低，未冻水含量减小，固体颗粒间的胶结力增强。在-5℃范围，黏性土的变形以压密为主，变形过程线与应力关系近似于线性；在-10℃以下，变形以蠕变变形为主。图4.7显示，温度为-2℃和-5℃时，黏土的压缩模量随应力增加而增大；低于-10℃时，压缩模量随应力的增加而减小。砂土仅在

–2℃时,压缩模量随应力增加而增大,低于–5℃时,则随应力增加而减小。

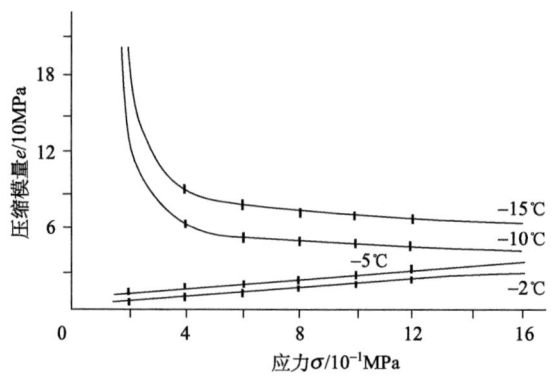

图 4.7　淮南黏土压缩模量与应力的关系（吴紫汪和马巍,1994）

3）瞬时强度和长期强度

瞬时强度通常采用极限强度或短时强度表示；长期强度是在该阻力下变形一直具有衰减特征,但尚未过渡到渐进破坏。冻土极限抗压强度即使不是在最大的加荷速度下也是极高的,可达几个到几十个兆帕。有资料表明,加荷速度为 50~90 MPa/min,温度为 –40℃,冻结砂的抗压强度达 15.4 MPa 以上,冻结黏土可达 75 MPa,可见冻土具有很强的抵抗短时荷载作用的能力。

温度是控制冻土极限抗压强度的主要因素,不论是粗颗粒还是细颗粒冻土的抗压强度均随温度降低而增大。在剧烈相变区（砂土为–1~0℃,黏土为–5~–0.5℃）,随着温度降低,冻土抗压强度增加最为剧烈,且孔隙水冻结最快,在更低的温度下,抗压强度仍增加,且增加的速度以更复杂的规律变化,不能再用冻土中含冰量的增加进行解释。

冻土的长期抗压强度比瞬时抗压强度小很多。含水率为 19.3%的冻结砂的瞬时抗压强度为 7.5 MPa,长期抗压强度仅为 0.65 MPa；含水率为 31.8%的冻结粉质黏土则分别为 3.5 MPa 和.36 MPa。

4）抗剪强度

冻土的抗剪强度反映冻土的联结力,特别是冰的胶结力。试验资料表明,冻土在平面剪切下的极限（破坏）强度与正压力有关,其不仅受黏聚力的制约,且受内摩擦力的制约。

影响冻土抗剪强度的因素主要有 3 个。

(1) 土体颗粒成分：粗颗粒土的抗剪强度要比细颗粒土高。在相同土温（–9.0~–8.0℃）条件下,冻结细砂的黏聚力为 1.57MPa,内摩擦角为 24°,而中液限冻结黏性土分别为 1.27MPa 和 22°。

(2) 温度：冻结细砂的抗剪强度随着土温降低而增大,即黏聚力和内摩擦角随土温降低而增强。当土温接近 0℃时,冻土的内摩擦角实际上是非冻土的内摩擦角,而黏聚力则比非冻土大得多。

（3）荷载作用时间：在荷载长期作用下，冻土的抗剪强度降低较大。温度为-2.0℃、含水率为33%的网状构造冻结黏性土的瞬时抗剪强度为1.3 7MPa，长期抗剪强度仅为0.11 MPa。抗剪强度降低主要是由黏聚力减小所致，黏聚力急剧衰减是在加荷4h以内，24h以后衰减则很缓慢。

图4.8(a)是在同一种冻土（含水率为33%）在温度为-1.0℃条件下的试验结果，直线1表示不同正压力（P）快速加载的抗剪强度，直线2表示荷载长期作用下的极限抗剪强度。图4.8(b)表示该黏土黏聚力随时间松弛。可以看出，冻结黏土的内摩擦角从14°（快剪）降到4°（长期剪切），而黏聚力则从0.52 MPa（快剪）降到0.09 MPa（长期剪切）。

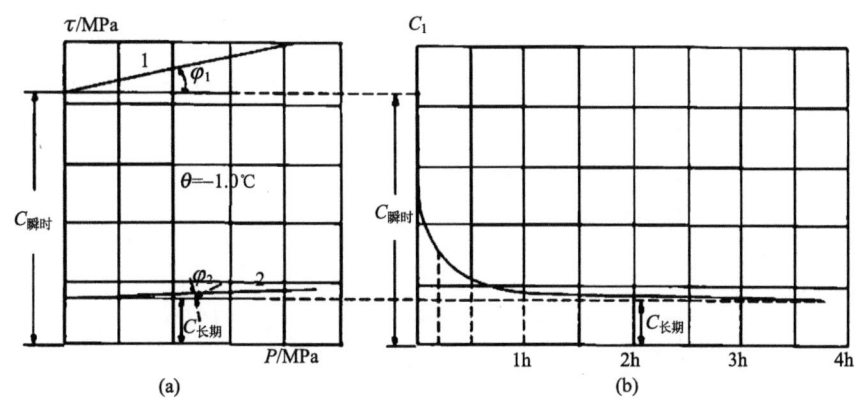

图4.8 冻土抗剪强度与荷载作用时间的关系图（崔托维奇，1985）

冻土的抗剪强度是指试验时的峰值强度，如果在峰值后继续测量应力应变，则得到剪应力随着应变的发展逐渐降低，最终趋于一个稳定值。此时的强度就是冻土的残余强度，表明了黏聚力的松弛过程，其值略小于长期黏聚力，可看成是冻土的长期黏聚力。

2. 冻土的变形和蠕变特征

1）冻土的变形

冻土不是不可压缩体，但温度很低的冻土可视为不可压缩体。在外荷载作用下，冻土压缩变形会随着外荷载大小及作用时间而发展，即使在很小荷载作用下，高温冻土仍存在压缩变形。荷载作用使未冻水迁移、颗粒间的冰融化、孔隙减小。这部分压密变形不超过总变形的1/3，其余变形则是冻土内部固体颗粒在压力作用下产生从高应力向低应力区的相互错动的不可逆的剪切位移所控制的衰减变形。初始阶段，冻土体变形很快，随着应力作用时间延长，变形逐渐变缓，最终达到相对稳定状态。

一般情况下，冻土在恒定负温下压缩曲线可分为3个基本段（图4.9）：aa_1段表征压缩时的弹性变形和结构可逆变形，变形速度很大，可认为是瞬时的。至a_1相应的压力接近于冻土的结构强度，超过此压力后冻土才会开始压密。该应力下（50~100 kPa），结构可逆变形占总变形的100‰。a_1a_2段表征压密时的结构不可逆变形，占总变形的70%~90%，这是由土颗粒集合体的不可逆剪切所引起的。a_2a_3段表征冻土的强化，主要是由颗粒间的距离缩短时粒间分子联结增强所致。

因此，在冻土的长期极限强度范围内，恒荷载下的变形由3部分组成，即瞬时变形、非稳定变形和衰减变形。瞬时变形量一般很小，与整体稳定变形量相比可忽略不计。非稳定变形和衰减变形是整个变形的主要组成部分，它们的比值随应力增大而减小。在长期强度极限范围内，蠕变变形量和蠕变稳定时间均受土温和水分制约。

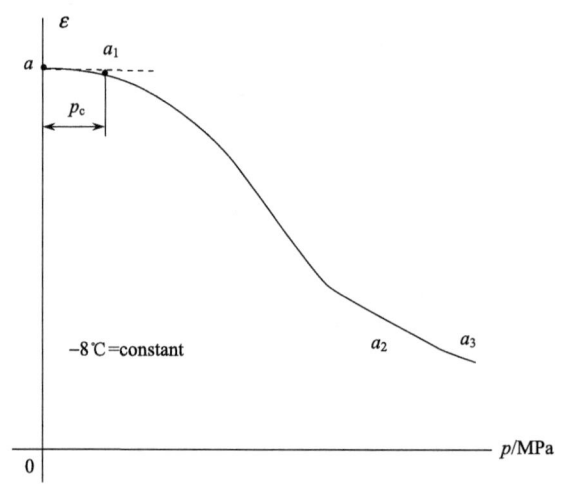

图4.9 冻土的压缩曲线

2) 冻土蠕变与蠕变强度

由于冻土中有冰包裹体，冰的胶结作用制约冻土的强度与变形性质。因此，任何数值的荷载都将导致冰的塑性流动和冰晶的重新定向，发生不可逆的结构再造作用，进而导致很小的荷载下出现应力松弛和蠕变变形。当应力小于长期强度极限值时，冻土变形随时间发展呈衰减蠕变。

在描述冻土变形的全过程时，其蠕变方程必须同时考虑应力大小、土温高低、应力作用时间长短及冻土的自身性质，尤其是含冰率。通常，冻土的蠕变可用式（4-7）表示：

$$\varepsilon = \varepsilon_0 t^\alpha \quad \text{或} \quad \frac{d\varepsilon}{dt} = \varepsilon_0 \alpha t^{\alpha-1} \tag{4-7}$$

式中，ε为蠕变变形量；ε_0为初始变形量；t为蠕变时间；α为试验系数，且$\alpha<1$；$d\varepsilon/dt$为任一时间的变形速率。

4.2.3 积雪的动力学特征

积雪的动力学特征主要受雪层结构和温度条件所控制。如果积雪雪层结构单一，即雪颗粒粒径和密度等指标均一，雪层温度低于融化温度，则雪层的黏聚性较差，若受到外力，如风的作用，易于被吹蚀。被风吹起的雪颗粒沿风作用方向运动，形成风雪流，即风吹雪。风吹雪的产生主要受控于风力和雪层的黏聚力，而雪层的黏聚力又与雪层密度、雪颗粒粒径和温度、湿度等相关。风吹雪基本属于固-气二相流，但如果湿度较大，会有液相水分参与。另外，雪颗粒在运动过程中因相互碰撞会产生黏聚或者破碎，比起风沙流更为复杂。

如果是山坡上的积雪，有时会发生崩塌，即所谓的雪崩，因为一旦雪层的重量作用在坡面上的力超过雪层的临界黏聚力时，雪颗粒就会沿坡面运动。山坡上的积雪雪层内若有密度和粒径等突变层，则这个层面会成为比地面更为光滑的滑塌界面，更容易发生雪崩。发生雪崩的条件可依据坡度、雪层密度、雪层厚度、雪颗粒粒径和温度等参数大致估算。

4.2.4 河冰和湖冰动力学特征

河冰力学研究主要分为静态冰力学和运动冰力学。前者主要研究静止冰的热膨胀对河堤和建筑物的破坏作用和河冰承载力，后者主要研究随河水运动冰体对河堤和建筑物的冲击破坏作用。

静态河冰的热膨胀主要由冰的膨胀系数来表征。纯冰在 0℃时的线膨胀系数约为 51×10^{-6}/K，但河冰有时含有尘土等杂质，某些情况下需要对具体地点的冰样进行测试。封冻的河面如果作为临时桥梁被利用，则需要对冰进行悬臂梁弯曲强度实验，以计算其承载力。

河冰的冲击力与冰块运动速度、温度和冰结构有关，因而也需要依据具体地点的冰、温度和水流等进行实验测试和模拟。

河冰的形成、发展和运动与河流水动力学和热力学密切相关。从水力学角度看，无论河面全部封冻，还是部分结冰及冰块在河流中运动，都会改变河流水力学状况。于是，进行实验室模拟实验以揭示各种河流条件和冰情下的水力学特征及河冰运动，是河冰动力学研究的主要内容之一。

湖冰力学和动力学特征的研究极少。不过，冬季结冰的大水库一般都有冰情监测和冰的物理特征观测。这些水库冰的观测研究结果可为理解小型淡水湖湖冰的特征提供一定的借鉴。

4.2.5 海冰动力学特征

海冰是由咸水冻结的，晶粒间含有盐分和卤水，而且大部分海冰还含有气泡，密度差异很大，多低于纯水冻结冰的密度。

缘于破冰、海冰对岸堤和建筑物的破坏作用等工程需要，海冰力学特性的研究主要集中在强度实验方面。由于不同海区气候和海洋环境的差异，海冰结构和所含杂质不同，实验得出的海冰强度也不一致。例如，北美海域海冰的抗压强度为 28～42 kg/cm^2，中国渤海海冰的抗压强度为 5~19kg/cm²。一般来说，影响海冰力学性质的主要因素是杂质（成分和含量）、结构（晶体组构、粒径、密度）、温度及荷载方式。

通常，海冰中所含杂质最多的是盐分，可用卤水体积或盐度来表征。实验表明，海冰强度具有随卤水体积增加而降低的特点，与晶粒粒径具有反相关关系，与密度则呈正相关。海冰强度与温度关系比较复杂，似乎随温度降低强度有所增大，但在高应变率情况下，强度随温度降低反而有减小趋向。加载方向和加载速率不同，强度也有所不同。

海冰对岸堤和建筑物的静态破坏作用中，最主要的是随着温度变化海冰体积会有所变化，即热膨胀力。由于盐分和水的热膨胀系数比冰的小，海冰的热膨胀系数低于纯冰的值，但具体数值需要对实际冰样进行测试，或者依据杂质成分和含量、温度范围等来估算。

海冰从最初开始形成，到进一步扩大，再到融化逐渐消亡，基本都处于运动和变化状态。温度和海浪是控制海冰运动的主要因素。对海冰动力学过程研究的关键是要准确描述 3 个要素：一是海浪和风力作用，二是海冰厚度及结构的空间分布，三是海水和冰体相互作用的热力学过程。

4.3 冰冻圈主要要素热学特征

4.3.1 冰川和积雪热学特征

1. 冰川和冰盖近表层温度分布

地表能量平衡方程（见第 3 章）在冰冻圈各要素表面能量平衡描述中是通用的，但由于不同冰冻圈要素，以及同一要素不同地点表面状况和气象条件的差异，能量平衡各个分量所占的比重不尽相同。通过对能量平衡方程中各项的观测或者估算，可确定表面热量状况。

从表面向内部的热量传递可由连续介质热传递方程来描述。与其他类型地表一样，冰川（或冰盖）从表面向内部随着深度的增加，温度变化的幅度越来越小，周期越短，减小越快。如果将冰川或冰盖看作均匀介质，那么只考虑竖向热传导的话，冰川温度分布可由最简单的一维热传导方程近似描述：

$$\frac{\partial T}{\partial t} = k\frac{\partial^2 T}{\partial y^2} \tag{4-8}$$

若边界条件为

$$T(0,t) = T_0(0) + A\sin(\omega t) \tag{4-9}$$

其解为

$$T(y,t) = T_0 + A\exp\left\{-y\left[\omega/(2k)\right]^{1/2}\right\}\sin\left\{\omega t - y\left[\omega/(2k)\right]^{1/2}\right\} \tag{4-10}$$

式中，T 为温度；t 为时间；y 为从表面竖直向下的深度；A 为表面处温度波动的振幅；

ω 为温度波动的角频率；T_0 为平衡温度；k 为热扩散率。

式（4-10）表明，温度波动振幅为 $\exp\left[-y(\omega/2k)^{1/2}\right]$，意味着频率越高（周期越短），温度波动振幅随深度减小越快。例如，如果取热学参数为纯冰的值，年周期的温度波动振幅在 10 m 深处仅为表面振幅的 5%，在 15 m 深处为 1.1%，20 m 深处为 0.24%。所以，通常可将十几至二十米深度看作是年变化层底部。

除了热传导以外，影响冰川近表层温度的因素还有融水作用、冰雪体运动等。表面融水渗透深度非常重要，如果表面融化强烈、介质为雪而不是冰时，融水向雪层内的渗透和再冻结作用甚至会超过热传导而占主导地位。消融区表面融水绝大部分以径流方式流失，融水对冰温的影响反而比积累区要弱一些，从而可能出现积累区年变化层底部温度高于消融区温度的情况。

竖向运动也有一定影响，主要取决于表面物质平衡，其作用在于积累具有消减温度波穿透的效应，消融则具有相反效应。

2. 冰川和冰盖深层温度分布

在年变化层向下的更大深度范围内，如果取坐标原点在冰川底床，y 为竖直向上（避免将坐标原点放在冰川表面，会因积累或消融引起坐标原点不固定），x 指向冰川流动方向，z 为横过冰川水平方向，则 z 方向温度梯度和运动速度都相对很小，若将热学参数取作常量，简化的热量迁移方程为

$$k\frac{\partial^2 T}{\partial y^2} + u\frac{\partial T}{\partial x} + v\frac{\partial T}{\partial y} + \frac{Q}{\rho c} = \frac{\partial T}{\partial t} \tag{4-11}$$

式中，u 和 v 分别为沿 x 和 y 方向的运动速度分量；Q 为内部热源产生速率。

在非常特殊的条件下，如假定为稳定状态，将水平运动效应和内部热源都取作常量，并将 v 看作是 y 的线性函数（均匀应变率），可得到最简单的竖向温度剖面解析解：

$$T - T_s = \frac{1}{2}\pi^{1/2} l(\partial T/\partial y)_b \left[\mathrm{erf}(y/l) - \mathrm{erf}(h/l)\right] \tag{4-12}$$

式中，$\mathrm{erf}(z) = 2\pi - \frac{1}{2}\int_0^z \exp(-y^2)\mathrm{d}y$，为误差函数；$l^2 = 2kh/B$，$h$ 为冰川厚度，B 为表面物质平衡；$(\partial T/\partial y)_b$ 为冰川底部温度梯度；T_s 为表面温度（即年变化层底部温度）。

获得式（4-12）所需要的条件非常苛刻，仅在冰盖和冰帽中心区域且底床平坦时才较为近似。对于山地冰川和冰盖非中心区域，水平运动速度和冰体受底床阻滞而产生的剪切应变热量的影响不可忽略。另外，稳定状态假定在很多情况下也与实际偏离较大，热学参数、运动速度、物质平衡、地形因素等的空间分布也很复杂，所以冰川温度场的模拟需要根据对其结果精确程度的要求与相关参数获得情况来确定模式和参数的简化。

3. 冰架温度剖面

与内陆冰体相比，关于冰架温度分布的研究相对较少。冰架底部的温度恒等于海水

的冰点。冰架底部是从海水中吸收热量还是向海水中释放热量，主要取决于海水的温度和运动情况。如果冰架保持稳定状态，即厚度不随时间变化，则表面积累、竖向运动和底部的相变必然保持平衡。由于冰架在不同地点受内陆冰的影响程度、冰体运动、冰体厚度、表面积累、底部相变和冰下海水的特征（温度、盐度、流动等）等诸多方面存在差异，冰内温度剖面必然有所不同。越靠近内陆冰体，受冰盖影响程度越大，温度剖面的弯曲特征越明显；深入海洋越远，温度剖面更接近直线，其斜率取决于表面与底部温度之差和厚度。

4. 积雪温度

由于不同积雪区的气候条件不同，积雪的存在时间、厚度等有很大差异，温度剖面特征也很不相同。而且同一积雪区从积雪初期到积雪融化，温度剖面也处在不断变化中。

积雪内部温度主要受表面温度和雪层下地面温度影响。如果表面温度低于 0℃ 且日变化遵从正弦（或余弦）函数规律，由热传导引起的表面温度波向内部的传播速度略小于 0.5m/d [依据前面关于雪的热学性质阐述，取雪密度为 300 kg/m^3 时导热率为 0.13 $W/(m·K)$]。但是，温度变幅随深度衰减很快，0.1m 深度的温度约为表面的 1/3，0.2m 深度约为 11%，0.4m 深度约为 1%。加上辐射和对流等传热因素，雪层内温度日变幅达到表面日变幅 1% 的深度也不会超过 0.5m。因此，积雪厚度超过 0.5m 时，温度剖面可分为两层，0.5m 深度内温度随表面温度处于不断变化中；0.5m 深度以下到地面，温度基本没有日变化，温度梯度取决于上层日平均温度和地面温度的差值。

当积雪表面融化时，融水渗透和再冻结释放潜热会显著提高雪层温度。特别是整个雪层或大部分深度上都有未冻结水时，整个雪层温度基本都处于 0℃。这在气候较为温湿的地区和积雪融化期是较为普遍的。

4.3.2 冻土中的水热迁移

1. 冻土中水分迁移

1）冻土中未冻水

大量实验证明，在低于 0℃ 条件下，大多数细颗粒土中并非所有的水都会冻结成冰，其中的结合水、毛细水均受到土粒表面分子引力作用，冰点降低。强结合水在−78℃时仍不冻结，弱结合水在−30~−20℃时才全部冻结，毛细水的冰点也稍低于 0℃。冻土中未冻水含量主要受温度、矿物颗粒的比表面、矿物类型、孔隙体积分布、孔隙水的溶质含量和可交换的离子等影响。

另外，冻融过程和外部荷载对未冻水含量也有一定的影响。研究表明，冻结过程中的未冻水含量始终大于融化过程中的未冻水含量，融化过程中测得的未冻水含量曲线较冻结过程有显著的滞后现象。相同温度条件下，未冻水含量随着压力增大而增大，其主要原因是压力对土中冻结温度产生影响，冻结温度随压力增大而呈线性降低(下降率近似于 0.075℃/MPa)。

2）正冻土中水分迁移

土冻结时，在土的相态平衡遭到破坏和外部作用改变(如温度、压力、含水量、矿物颗粒表面能、水膜中分子活性等的梯度的存在)时，水分会向冻结锋面迁移，这一物理化学过程称为正冻土中的水分迁移。

由于土中的水分会含有可溶盐，当水分运移时将挟带部分可溶盐一起运移，在水分相变成冰时产生脱盐作用，因此在冰透镜体两侧会形成可溶盐的高浓度带。在冰水相变的同时，体积发生变化，土颗粒也随之产生位移，从而产生土体冻胀、融沉、盐胀和地表次生盐渍化等一系列问题。

2. 冻土的热学性质

1）冻土导热率

冻土作为一种多物质混合体，其热学参数随温度、土的类别、含水率、饱和度及土的密度等而变化。冻土由土质（矿物成分）、冰、水和气体组成，这些成分的比例变化，必然引起冻土导热率的变化。因而，冻土导热率具有随干密度、含水率、未冻水量、含盐量和吸附阳离子成分的变化而变化的特点。融土和冻土的导热率均随干密度增大呈对数或指数形式增大，但在测定范围内，可近似地看成线性关系。土的导热率也随含水率的增大而增大。同类土在冻融两种不同状态下，导热率的比值随含水率变化可分为 3 个阶段：第一段其比值随含水率增大而减小，第二段为迅速增大，第三段则为缓慢增大。

干密度和含水率相同时，粗颗粒土的导热率比细颗粒土大，其原因在于粗颗粒土总孔隙度比细颗粒土要小。同类土因矿物成分和分散度的差异，导热率的均方差可达±5%~11%。

冻土导热率随温度降低略有增大，但增率很小。温度变化 1.0℃，导热率变化小于5%。

2）冻土的比热容

常用容积热容量来刻画冻土的比热容，其定义为单位体积的土体变化一个温度单位所需要的热量，实际上也就是比热容与密度的乘积。

冻土是由有机质、矿物骨架、水溶液和气体组成的多相细碎介质。实验表明，土的比热容具有按各物质成分的质量加权平均的性质。由于气体充填物的含量及比热容均很小，可忽略不计。

土的骨架比热容主要取决于矿物成分和有机质含量，并且其与温度有关。有机质比热容大于矿物质比热容，有机质含量高时，土的骨架比热容显著增大。

虽然水的比热容随温度升高而减小，冰的比热容随温度升高而增大，但变化率都很小，再加上一般实际情况中冻土温度变化也不大，可不考虑温度变化对比热容的影响。

3. 冻土温度

冻土温度场多半是根据钻孔观测资料确定的。钻孔中以一定深度间隔在一定时刻测量温度，可建立 3 种形式的温度曲线：①各不同时刻温度随深度的变化；②某个深度上，温度随时间变化曲线；③温度等值线图。由地球内部向地表的热流所形成的温度梯度，称作地热梯度，地热梯度的倒数称作地温率，即温度变化 1℃的垂直距离。地表以下温度随季节而变化，其变化幅度随深度增加而衰减。在某一深度下，地温变化在一年内不超过±0.1℃，这一深度称为地温年变化深度，年变化深度处的地温称为年平均地温。

冻土层内水分的相变对温度分布有重要影响，即使微小的相变也能产生很大潜热。另外，相变也引起热学参数的变化。可以说，冻土温度场的复杂性正是有相变的缘故。

土层的季节和多年冻结(融化)深度可由冻土活动层模式（见第 10 章）计算获得。由于土体参数随温度变化而变化，以及相变界面的移动，冻土温度场计算问题是非线性问题，不易获得解析解，一般采用数值计算方法来获得数值解。

4.3.3 海冰、河冰和湖冰的热力学特征

1. 海冰、河冰和湖冰的热学参数

河流和淡水湖冻结冰的热学参数与纯冰的接近。咸水湖冰与海冰有些类似，其热学参数可参照海冰。海冰含有盐分和气泡，而且盐分的一部分以固态形式存在，另一部分则溶于水，因而海冰是固态冰和盐、卤水、气体等物质的多相体混合物，其热学参数与纯冰有很大不同。

海水没有固定的冰点，含盐度为 3.25%的海水从–1.5℃开始结冰，但是一直冷至–53.8℃并没完全冻实。海冰的含盐度低于海水，大部分海冰的含盐度为 0.3%~0.5%，冰龄超过一年，含盐度通常只有 0.1%。然而，这种微小的变化也能引起海冰物理特性的明显变化。

海冰的融化潜热比纯冰的要小，而且随温度和盐度而变化。如果用 T（℃）和 S（‰）分别表示温度和盐度，则在–8~0℃范围内，海冰的融化潜热 L_{si} 为（Yen et al., 1991，1992）：

$$L_{si} = 4.187\left(79.68 - 0.505T - 0.0273S + 4.3115\frac{S}{T} + 0.0008ST - 0.009T^2\right) \quad (4\text{-}13)$$

海冰的比热容可以认为是由冰、卤水、凝结的盐分的潜热和温度变化而引起的相变潜热的总和。所以，海冰的比热容与温度和盐度的关系比较复杂，不同研究者在不同的温度区间依据实验结果拟合的公式也有所不同。最简单的经验公式（Unsteiner, 1961）为

$$c_{si} = c_i + 17.2 \times 10^{-3} S / T^2 \quad (4\text{-}14)$$

式中，c_i 为纯冰的比热容。总体来说，海冰的比热容随着盐度的增加而增大，随温度的降低而减小。

海冰中常有汽包夹杂其中，气体的导热率又明显低于冰和海水的值。因此，海冰的导热率不仅受温度和盐度的影响，也与气体含量（可由孔隙率或者密度来反映）有关，如图4.10所示。依据实验测试结果，可分别拟合导热率与温度和盐度之间的关系，如对温度的影响，有的实验（Yen et al., 1991, 1992）得出：

$$\lambda_{si} = 1.16(1.94 - 9.07\times10^{-2}T + 3.37\times10^{-5}T^2) \tag{4-15}$$

也有关于温度和盐度共同影响的拟合简单公式，如（Untersteiner, 1961）

$$\lambda_{si} = \lambda_i + 0.13S/T \tag{4-16}$$

式中，λ_i为纯冰的导热率。

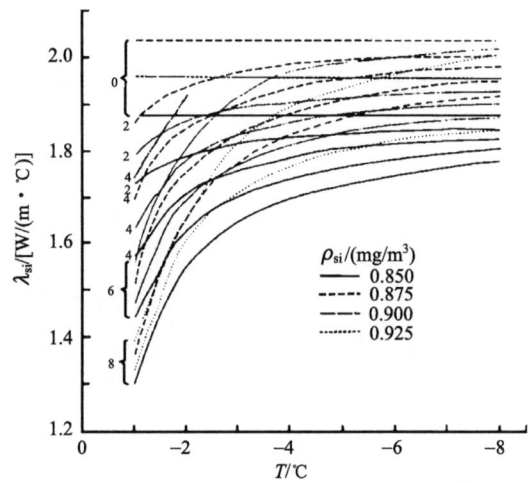

图4.10　不同密度（相当于不同孔隙率）和盐度的海冰导热系数与温度的关系（Yen et al., 1991, 1992）

2. 海冰、河冰和湖冰的热学特征

海冰、河冰和湖冰的共同特点是上表面与大气相互作用、底面与水体相互作用。表面能量交换可用地表能量平衡方程描述，冰内温度竖向剖面可用一维热传导方程近似描述，上边界条件为表面温度，下边界条件为水体与冰接触面上的温度，可定义为冰的融点。因此，冰内温度剖面主要取决于表面温度如何变化。

表面温度变化向冰内的传播速度和振幅衰减取决于冰的热学参数和温度波动周期。如果取纯冰的热学参数值，表面温度日变化向冰内的传播速度每天约为1.08 m，在1 m深度上的温度日变化振幅仅约为表面的0.3%，0.4 m处约为10%。海冰的导热率和热扩散率都略低于纯冰的值，因而温度波传播速度比纯冰的小，振幅衰减比纯冰的快。

尽管无论咸水冰还是淡水冰，其导热率和热扩散率都大于海水和淡水的值，但水面的冰阻碍了大气冷波向水中的传播，也阻碍了水面的蒸发，减少了水与大气之间的能量交换。

4.4 冰冻圈主要要素的其他物理特征

4.4.1 反照率特征

1. 积雪反照率

冰冻圈面积巨大，其反照率的确定对评估地表能量平衡至关重要。在冰冻圈诸要素中，积雪不仅面积最大，时空变化率也最大。影响积雪反照率的因素可归为积雪自身某些特征和外在条件的变化。

如果简单地将雪分为新雪、洁净密实干雪、粗颗粒老雪、湿雪和污化雪等，则其反照率分别为 70%~90%或更高、80%~90%、50%~70%、30%~50%和 20%~30%或更低。

积雪所含杂质，特别是积雪表面的杂质，对反照率影响极为重要，因为这些杂质大多具有显著的吸光性，如粉尘、黑碳、有机质等。

影响积雪反照率的外在因素主要有太阳高度角、地形（如遮蔽度）、天气气候条件（如云和气溶胶）等。

目前，利用卫星遥感监测反照率非常普通。不过，卫星传感器通常提供窄波段数据，获取宽波段数据还需要一定的计算方法。另外，卫星传感器测得的数据只是来自一定方向的辐射，包括了地面辐射和大气辐射，其必须经过大气校正和方向（各向异性）校正后才能进行波段转换。这样得到的反照率遥感数据还需要足够的地面观测验证才能应用。

2. 海冰反照率

与积雪类似，海冰不仅其面积巨大且时空变化剧烈，研究海冰反照率的重要意义不言而喻。海冰的反照率因表面状况差异而有很大的变化范围（图 4.11）。一般来说，雪覆盖的厚冰（多年积冰）的反照率是最高的，而融冰或薄冰则是最低的。表 4.1 列出晴天和完全阴天时，不同类型海冰的总体反照率差异。

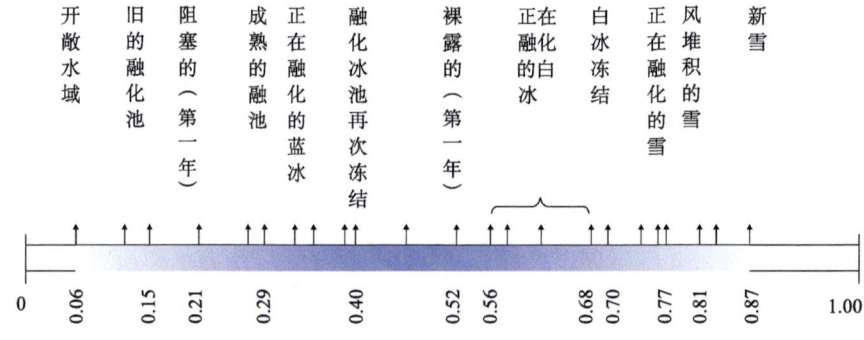

图 4.11 不同浮冰表面观测到的总反照率的变化范围（Grenfell and Maykut, 1977）

表 4.1　不同类型海冰在晴天和阴天的总反照率

冰类型	晴天	阴天
多年融化冰	0.63	0.77
融化白冰	0.56	0.70
融化蓝冰	0.25	0.32
成熟的融池	0.22	0.29

资料来源：Grenfell and Maykut, 1977。

3. 冰川反照率

与积雪和海冰相比，除南极和北极地区外，某一流域或区域内冰川面积覆盖度都比较小，单条冰川面积更小。然而，冰川融水的区域水文水资源效应却非常巨大。在一条冰川上，影响冰川消融的关键因子之一反照率的时空变化非常复杂。

如果从冰川末端向上一直到顶部都被雪覆盖，那么反照率空间变化相对较小。但是真实情况是冰川不同高度带或者同一高度上不同地点表面特征在大部分时间都是有差异的，不仅物质特征不同（雪或者冰、雪型、杂质含量等），表面地形及受周边地形的影响也不一样。

冰川反照率在气温与冰川消融反馈过程中起着非常关键的作用。当气温升高以后，冰川消融增强，消融区面积扩大，冰川平均反照率降低；单点上杂质较之前也相对富集，从而进一步降低反照率。反照率减小又使消融再度增强，物质亏损加剧。所以，在全球变暖背景下，冰川消融与反照率反馈机制是冰川加速退缩的主要原因之一。

4. 冻土反照率

冻土反照率在局地空间上的变化虽然没有冰川的大，但由于冻土区面积巨大，大范围内地表状况也有很大差异。冻土区地表状况大的方面主要取决于植被覆盖度和植被类型。在裸土或非常稀疏植被的情况下，影响地表反照率的因素主要为土质类型和表层土湿度。影响植被下垫面反照率的因素较多，机理也很复杂，除土壤湿度外，植被形态（可用粗糙度来表征）和生理作用（如叶面积大小）非常重要。

引起冻土区地表反照率具有很大变化特性的一个最重要的因素是积雪。积雪反照率极高，时空变化又大，使冻土区反照率的变化非常复杂。因此，冻土反照率是和积雪及其反照率变化紧密联系在一起的。

4.4.2　电磁学特征

1. 冰川和积雪电磁学特征

根据冰与其他物质介电性能的巨大差异和不同结构类型的冰体之间介电特性的差异，利用无线电回波探测（echo-sounding）原理研发的冰川探测雷达（DPR）技术已经在冰川和冰盖上广泛应用，通过调节频率，可以有目的地探测冰体厚度、冰下地形、底部含岩屑层、冰内和冰下水流、暖冰层、冰结构突变层位和冰内杂质富集层（带）等。

利用冰与其他物质导电性能差异和冰结构对电导率的影响，在野外现场对钻取的冰芯进行固体电导率测量，既可以判别竖直方向上冰体的物质组成，也能对冰体物理特征有很好的了解。在实验室测定冰雪样品的液体电导率，可揭示引起电导率变化的环境因素。

雪的电磁学特性受密度、粒径、含水率、杂质含量、温度等因素影响。据此，可通过实验研究确定各参数对雪的电磁特性的影响程度，然后通过测量雪对电磁波的吸收、反射和穿透及辐射电磁波的能力来反推雪的各种参数。

一般来说，超高频无线电波，即微波波段的电磁波（频率 0.3~300GHz，波长 0.1mm~1m）对积雪类型等因素较为敏感，因而应用微波探测可揭示积雪的某些特征。

2. 冻土电学特征

冻土电学性质的主要指标是电阻率。冻土的电阻率比融土要大得多。融土电阻率的大小取决于土的矿物成分、比表面积和形状、孔隙率、含水率和孔隙水的矿化度等。但对于冻土来说，除上述因素以外，冻土电阻率还取决于冻土中冰的含量和冻土构造。土体中水冻结过程中，水结晶膨胀，改变了土中孔隙的空间结构和土颗粒的空间分布特性。冰晶的析出，使孔隙中水的数量减少，矿化度增大，冰的含量增大，因而改变了冻土的电阻率。影响冻土电阻率的主要因素有温度、冻土构造、含水量和孔隙水的矿化度等。

就温度影响而言，一般情况下，冻土电阻率随温度降低而增大。

由于冰的导电性较低，冻土中的冰体分布状态对电阻率值有重要影响。

孔隙水的矿化度也影响电阻率，矿化度增加，导电阳离子的数量增加，冻土的电阻率减小。

依据冻土和融土，以及冰与其他物质的电学性质差异，可应用雷达探测等技术获取冻土厚度、地下冰及冻土构造等重要信息。

3. 海冰、河冰和湖冰的电磁学特征

海冰是纯冰和其他杂质的混合体，冰和这些杂质具有不同的介电性质，要准确地确定某种类型海冰的介电常数，必须对海冰的含盐物质和其他杂质及气泡分别进行介电性质实验的研究。相对来说，海冰中卤水和气泡的影响是最为重要的。对于一年或更年轻的海冰来说，卤水的影响较为突出；多年海冰由于盐度降低，气泡的作用更为重要。因此，可用纯冰-空气模型和纯冰-盐水模型分别描述二者对海冰介电性质的影响，海冰介电混合模型则为这两种模型的叠加。

通常情况下，海冰结构（c 轴取向、晶粒尺寸、气泡和盐分的分布、表面特征等）和厚度随地点可能会有很大变化。所以，在应用遥感雷达技术探测大范围海冰特性时，还必须考虑海冰结构和厚度的不均一性。

河冰和湖冰的电磁学特征相对于海冰较为简单，可直接参照纯冰或者较为均一的咸水冰的相关研究结果。

思 考 题

1. 冰是怎样的物质？其微观结构和主要物理性质如何？
2. 冰冻圈各要素核心物质都是冰，但物理特征既有共性，又有差异，其主要控制因素是什么？
3. 冰冻圈物理研究的意义和前景如何？

延 伸 阅 读

【代表人物】

J.F.Nye 和 J.W.Glen

英国著名物理学家和冰川学家。20世纪中期以前很长时间，由于缺乏精密的观测和实验设备，人们对冰的微观结构和物理性质处于各种假想之中，尽管20世纪20年代应用 X 射线测量就认识到冰是一种晶体。40年代后期，J.F.Nye 首次用理想塑性体理论解释冰的变形和冰川流动规律，得到广泛认同。紧接着，J.W. Glen 通过实验室冰样的剪切实验得出，冰的蠕变规律既不同于理想塑性体也不同于黏性流体，从而引发了冰的力学实验研究热潮，冰的变形规律也被称为 Glen 定律。J.F.Nye 进一步较为系统地总结归纳了各种实验研究结果，并将其应用在冰川、冰盖的运动理论上。此后，虽然冰物理的实验研究和冰川（包括冰盖）动力学理论不断发展，但 Glen 定律和 Nye 理论仍然是最基本的原理。

【经典著作】

1. *The Physics of Glaciers* 4 th edition

作者：K. M. Cuffey, W. S. B. Paterson。

出版社：Elsevier, Amsterdam, et al., 2010 年。

内容简介：由加拿大学者 W. S. B. Paterson（1924~2013年）所著的 *The Physics of Glaciers* 是冰川学界的经典著作，除对冰的基本物理性质和冰川主要物理特征给予全面论述外，对冰川学研究的其他主要内容也有介绍，如冰川物质平衡、冰川水文、冰川能量平衡与气候、冰芯记录研究等。本书不仅内容丰富，而且以基本概念和理论基础介绍为主，虽有很多公式，但都基于物理概念解释，相对易于理解。本书作为冰川学研究的重要参考书和大学高年级及研究生教材，广受欢迎。本书自1969年出版第一版后，每十多年补充修订一次，1981年出版第二版，1994年出版第三版，2010年出版第四版。其中，第二版还被译成中文出版。每个新版本都依据当时热点和最新研究进展给予较大的改动，尽可能增添新的内容。2010年第四版由 K. M. Cuffey 和 W. S. B. Paterson 合作完成，其在第三版的基础上，又增加了"冰盖和地球系统""冰、海平面和现代气候变化"等章节，对冰芯记录研究也有很大扩充。

2. *Ice physics*

作者：Hobbs V. Peter（1936~2005 年）。

出版社： Clarendon Press, Oxford, 1974 年。

内容简介：由美国学者 Peter V. Hobbs 编著的 *Ice physics* 于 1974 年出版。本书对冰的物质组成、微结构、电学、光学、力学、热学，以及冰的成核理论、水汽和水中冰的形成、大气圈中的冰等基本概念和研究结果给予汇总，是了解冰的基本物理性质的重要参考书。本书 2010 年由牛津大学出版社再版重印，显示了其重要性和广泛需求。

第 5 章 冰冻圈的化学特征

冰冻圈是气候系统中最为活跃的圈层之一,冰冻圈化学不但是全球生物地球化学循环的重要组成部分,而且对气候和环境具有重要影响。冰冻圈化学特征的主要研究内容包括陆地冰冻圈(冰川、冻土、积雪、河冰、湖冰)、海洋冰冻圈(海冰、海底冻土)和大气冰冻圈的化学成分时空分布、来源、过程及其气候和环境效应。人类活动和自然过程排放到大气中的化学物质,随着大气环流扩散到区域乃至全球,并通过干、湿沉降到达冰冻圈表面。化学成分在冰冻圈内经历一系列物理、化学和生物作用,可作为古环境记录的重要指标,有些成分被再次释放到自然界中。化学成分在冰冻圈的迁移转化对气候和环境带来重要的影响。本章将分别从冰川(积雪)化学、冻土化学、河冰和湖冰化学、海冰化学等方面进行阐述。由于冰冻圈各种要素的特性不同,对其化学特征的认识程度也有差异,其中冰川化学(glacio chemistry)的研究最为深入和广泛,其成为认识过去全球变化的主要手段之一。冻土化学、海冰化学和河冰湖冰化学则由于具有较强的季节性和流动性,其认知水平相对较弱。

5.1 冰冻圈化学成分的来源

地球上的水处在不停运动的状态。地表水蒸发到大气中,遇冷后凝结成雨、雪、冰雹等降落到海洋和陆地。陆地上的降水~部分在地面汇成江河、湖泊(又称为地面径流),另一部分渗入地下形成水层或水流(又称为地下渗流)。这两部分水体有时相互转化,最后汇入海洋或内陆湖泊。同时,一部分地表水又经蒸发、凝结、降落……上述过程循环往复,形成了地表水循环。伴随着水循环,各种化学成分的生物地球化学循环也随之发生,水既是重要的参与者,又是一种重要的介质(图 5.1)。

冰川、积雪是大气降水的产物。大气降水的化学成分主要来自于降水在降落过程中对大气气溶胶的溶解和冲刷。不同地区、不同气候条件对大气降水的化学成分有着显著的影响,具有明显的区域差异和季节变化。大气降水中主要有化学离子(如 HCO_3^-、SO_4^{2-}、Cl^-、NO_3^-、Na^+、Ca^{2+}、Mg^{2+}、K^+、NH_4^+ 等)、无机元素、有机成分等。这些化学成分主要来自于:①自然的各种物理、化学和生物过程等的排放,如火山活动、沙尘暴、海浪、雷电、陆地及海洋上的动植物排放、外太空尘埃等;②人类的工农业生产等活动的各种排放。

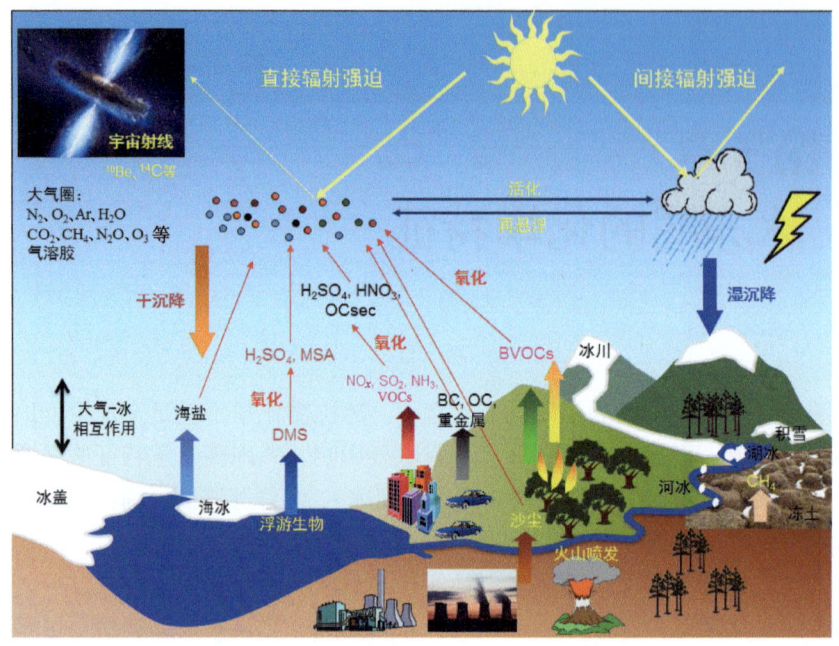

图 5.1 冰冻圈化学成分的来源和相关过程

DMS (dimethyl sulfide) 代表二甲基硫；MSA (methanesulfonic acid) 代表甲基磺酸；OCsec (secondary organic carbon) 代表二次有机碳；OC (organic carbon) 代表有机碳；BC (black carbon) 代表黑碳；BVOCs (biogenic volatile organic compounds) 代表生物挥发性有机物；VOCs (volatile organic compounds) 代表挥发性有机物

河水的水源主要是含盐量较低的降水，其化学成分与流域的地质、气候条件有关，其化学成分具有明显的多样性和易变性。同时，河水不但为人类社会生活、生产供给水源，同时也是人类排污的主要水体，所以河水化学受到人类社会活动的影响最大。

湖水的化学成分主要受入湖径流的水量和水质，以及日照和蒸发强度等因素的影响，同时与湖泊的规模、面积、深度等相关。如果流入和排出的河流水量都较大，而湖水蒸发量相对较小，则湖水中含盐量相对较低，成为淡水湖泊；如果湖泊是封闭的，且受到蒸发的强烈影响，溶解盐类的积累则使其成为咸水湖或盐湖。

海洋是地球上最庞大且具有优越生态条件，以及包含物理、化学、生物、地质等复杂过程的综合体系，这使得海水的化学成分与陆地水化学成分有着显著的不同。含盐量高是海水的一大特点，大洋海水盐度平均为 35‰左右，不同地区海水含盐量的差异较小。海水的主要可溶性化学成分（Cl^-、Na^+、SO_4^{2-}、Mg^{2+}、Ca^{2+}、K^+、HCO_3^-、Br^-、Sr^{2+}、H_3BO_3、F^-等）占海水中溶解盐类的 99.8%~99.9%，其中 Cl^-、Na^+ 两种成分占总溶解盐类的 80%以上。除 HCO_3^- 和 Ca^{2+} 含量有较大变化外，其他含量都较为稳定。

冻土的化学成分主要受到土壤特性，以及与冻融和生物过程相伴的化学物理过程的影响。土壤的化学组成可分为有机物和无机物，有机物包括可溶性氨基酸、腐殖酸、糖类和有机-金属离子的配合物，无机物包括 Ca^{2+}、Mg^{2+}、Na^+、K^+、Cl^-、SO_4^{2-}、HCO_3^- 和 CO_3^{2-}、NO_3^-、NH_4^+、$H_2PO_4^-$ 及少量的铁、锰、铜、锌等的盐类化合物，以及土壤孔隙中含有的各种气体等。

5.1.1 大气化学成分进入冰冻圈的主要过程

大气化学成分进入冰冻圈介质主要有两个过程,即干沉降和湿沉降。干沉降是指在无降水时大气化学成分向冰冻圈介质表面输送的过程,湿沉降则是指降水发生时化学成分随降水一起沉降的过程。

干沉降分为 3 个阶段:①化学成分从自由大气向下输送到准表层;②化学成分穿过准表层;③化学成分与冰冻圈介质表面发生作用而进入冰冻圈。在各个阶段中,化学成分传输的速率各不相同;而在同一阶段,不同的化学成分其传输速率也不相同。例如,在格陵兰冰盖,干沉降速率基本上由湍流扩散(第一阶段)所控制。

湿沉降主要是通过降水过程挟带大气化学成分沉降到地表,主要包括核化清除、云内清除和云下清除。在极地和中低纬度高山地区,降水以固态形式为主。雨滴和雪花在形成过程中对化学成分的清除作用差别并不大,但在降落过程中却有较大的差异。雨滴在降落过程中继续捕获大气气溶胶,并伴随着蒸发、微量气体的吸收与逸出等。雪花在降落过程中因气温较低而清除作用较弱。因此,在极区,云下清除作用并不重要。要充分认识湿沉降过程并使之定量化,就必须对云内和云下气体与气溶胶物质的浓度、云凝结核特征、云内冰晶的尺寸分布、结霜情况等有足够的认识。

对于不同的化学成分和不同的区域,干、湿沉降的相对重要性有较大差别。一般来说,降水量越大,湿沉降所占比例就越大。降水量在时间上的分配也是一个影响因素,对于同样的年降水量来说,如果降水集中在短时间内,则湿沉降所占比例会有所下降。

5.1.2 冰冻圈化学对气候环境的影响

冰冻圈化学在气候系统的不同时间尺度上(日、季、年际、十年际、百年际)均可产生重要的作用。这些作用主要通过影响地球表面能水循环过程,如影响辐射平衡过程(如雪冰反照率反馈机制)、冰冻圈与其他圈层化学成分的交换来实现。冰川(冰盖)、积雪、河冰、湖冰和海冰具有较高的反照率,其时空变化显著地影响着全球能量平衡及水循环过程,从而改变区域或全球尺度的气候动力过程,进而影响气候变化。冰冻圈各要素自身的反照率受到其化学成分的影响,特别是当表面的吸光性杂质(如黑碳、粉尘等)浓度增加时,冰面和积雪的反照率会显著降低,加剧雪冰消融,进而引起能水循环的改变。此外,冰川和积雪的融化,特别是在融化初期,受到化学成分的淋溶作用,出现离子脉冲现象,从而对河流水体化学带来影响。海冰在冻结过程中,有些盐以卤汁的形式存在于冰中,显著提高了海冰的反照率。如果海冰的盐分偏低,下伏海水中的盐度增大时,对海洋的热盐环流(THC)带来驱动作用。多年冻土的变化不仅通过改变地气水热交换过程而影响气候系统,同时会通过改变天然气水合物的形式,改变碳库的源汇效应而影响全球碳循环和气候变化。受到冻土季节性冻融过程的影响,冻土中易溶盐在表层土壤积累,形成冻土盐渍化等。总之,冰冻圈化学对气候环境有着重要的影响,认识冰冻圈化学特征是全球变化研究的重要内容之一。

5.2 冰川化学

冰川化学主要描述冰川与冰盖表面雪和冰的化学成分、变化过程及其环境意义。雪冰作为一种特殊的环境介质，其化学成分来自大气的干湿沉降，是大气成分的天然档案库。冰盖和山地冰川的雪冰化学研究，是全球变化研究中利用雪冰监测当代全球环境过程和利用冰芯记录重建古气候环境的有力手段。雪冰化学记录为全球变化各研究领域，如气候变化、生物地球化学循环、人类活动、地质和宇宙事件等提供了直接或间接依据。冰川化学是冰冻圈科学研究领域的重要内容之一，具有多学科交叉的特点。在南极冰盖、格陵兰冰盖和中低纬度冰川获取的雪冰样品具有信息量大和保真度高等特点，能够准确反映现代条件下的气候和环境特征。因此，对冰川化学成分的季节变化规律及地理分布格局等现代过程的认知，对于揭示冰冻圈在全球生物地球化学循环的作用，以及未来冰冻圈变化的环境效应具有重要的意义。

冰川中的化学成分种类繁多，不同的物质具有其特殊的环境意义。自 20 世纪 60 年代以来，极地和中低纬度高山区的冰川化学研究发展迅猛。首先建立了雪冰中氢氧稳定同位素比率与温度的关系，并利用其时间序列重建了古气候变化。随后，通过雪冰中微粒浓度揭示大气粉尘和火山喷发等环境变迁历史，利用雪冰中放射性元素监测核弹试验等人为污染等；目前已在雪冰中主要阴阳离子、生物有机酸、痕量重金属等方面取得了重大进展；近年来，在雪冰有机碳、黑碳、持久性有机污染物（POPs）、等方面开展了大量的工作。毋庸置疑，随着分析测试技术的发展，冰川化学的认知水平还将会不断拓展。

5.2.1 无机成分

1. 电导率与 pH

电导率是雪冰中所含总离子的一个综合性指标，总体上反映了大气环境的状况，是全球冰冻圈地区大气环境变化的敏感"指示器"。电导率的变化主要反映了雪冰化学特征和化学组分的浓度变化，利用雪冰中不同离子与电导率的关系可以深入认识影响电导率的主导因子。例如，南极冰盖化学物质最主要的来源是海洋，雪冰中电导率与 SO_4^{2-}、NO_3^- 和 Cl^- 浓度之间均存在较好的正相关，而与以地壳来源为主的离子之间呈负相关，由此，海盐离子主导着雪冰的化学性质。对南极冰盖和格陵兰冰盖雪冰电导率的诸多分析，揭示了电导率与酸度 pH 之间良好的相关性，并据此可以恢复历史时期火山喷发事件。总之，极地雪冰电导率与 pH 的相关关系反映了酸性离子（如 Cl^- 和 SO_4^{2-}）对雪冰化学的主导作用。

陆源碱性气溶胶作为青藏高原冰川化学成分的主要来源，雪冰电导率与 pH 的相关性同极地冰盖截然不同，碱性离子对电导率起着主导作用。青藏高原雪冰电导率与大多数阳离子（如 Ca^{2+} 和 Mg^{2+}）关系密切，碱性阳离子是电导率的主要控制因子，这也反映了地壳来源的碱性矿物盐类（如 Ca^{2+} 和 Mg^{2+}）主导雪冰化学特性。

2. 主要化学离子

主要阴离子（Cl^-、SO_4^{2-}、NO_3^-）和阳离子（Ca^{2+}、Mg^{2+}、K^+、Na^+、NH_4^+）是雪冰中可溶性化学成分的主体。在空间分布上，主要化学离子在南极冰盖中心地带含量最低，这是由于该地区是西南极海汽通道上气团传输的终点，也是陆源物质和全球污染物传输的最远点，其雪冰化学特征基本上代表了对流层顶和平流层底部大气环境状况的全球本底值。北极地区由于海陆分布复杂，大气气溶胶源区及传输过程和途径比南极更为多样和多变。因此，与南极冰盖相比，雪冰中主要化学离子在北极的地域分异规律更为显著。例如，格陵兰和加拿大北部地区是北极受污染较轻的地区，而中心海域则是污染气团（"北极霾"）的交汇地带，雪冰中化学离子浓度远高于周边地区。北极中心区化学离子反映了北极对流层下部现代大气环境的本底状况，而格陵兰冰盖化学离子则反映了北极对流层中部的本底状况。

青藏高原冰川中主要离子浓度空间基本特征表现为北部远高于南部地区（如喜马拉雅山脉），这种空间特征主要反映了冬、春季青藏高原中部到北部，以及中国西北地区频发的沙尘天气，为冰川区输送陆源物质的差异。同时，青藏高原北部冰川中主要离子浓度在全球偏远冰川区中最高，化学离子以陆源为主（如 Ca^{2+}、Mg^{2+} 和 SO_4^{2-}），反映出亚洲粉尘对青藏高原大气环境影响极大。青藏高原南部冰川中离子浓度与北极地区接近。这种空间分布特征反映了大气环境本底水平区域差异，其受到自然（陆源和海源）和人为来源的双重影响。

两极冰盖主要离子具有一定的季节性变化特征，其中 Na^+、Cl^- 和 Ca^{2+} 的季节性变化较为显著。作为海盐气溶胶示踪物的 Na^+ 和 Cl^-，其季节变幅在南极点和格陵兰 Summit 均非常明显，其中冬季雪冰中 Na^+ 含量比夏季高 5~10 倍，这与极地冬季海洋气团的频繁入侵紧密相关。与 Na^+ 和 Cl^- 不同，Ca^{2+} 在南极点没有显著季节变化特征，但在格陵兰春季雪冰中 Ca^{2+} 浓度出现峰值。两极雪冰中 Ca^{2+} 的季节信号在时间和幅度上的差异主要是由于：格陵兰冰盖雪冰中 Ca^{2+} 以地壳（陆源）物质来源占主导，在北半球高粉尘的春季出现峰值；南极冰盖远离陆源物质集中分布的北半球，陆源的 Ca^{2+} 经历长距离传输后到达南极内陆时含量极低，因此无明显的季节变化。除了上述以海洋和地壳来源为主的化学离子之外，其他离子（如 NO_3^- 和 SO_4^{2-}）在南极冰盖和格陵兰冰盖均表现为在夏季或春季出现峰值，但并不十分突出。南极冰盖和格陵兰冰盖中的海盐离子主要来源于周边海洋的释放，Cl^-/Na^+ 值非常接近标准海水的比值（1.17），因此，雪冰中 Na^+ 和 Cl^- 被认为是海盐离子的代表。为确定极区冰川中化学离子的不同来源贡献量，通常假定雪冰中的 Na^+ 全部来源于海洋，根据雪冰离子与 Na^+ 在标准海水中的比值即可区分海盐（sea-salt, ss）与非海盐（non-sea-salt, nss）的贡献量：

$$nssA = A - Na(ssA/ssNa) \quad (5\text{-}1)$$

式中，A、ssA 分别为雪冰中某种离子的实测浓度和标准海水中的浓度；Na、$ssNa$ 分别为雪冰中和海水中 Na^+ 的浓度值。

在极区非海盐 Ca^{2+}（$nss\,Ca^{2+}$）是经常被用作反映大气粉尘的指标；非海盐 SO_4^{2-}（nss

SO_4^{2-}）被认为是火山喷发的主要指标之一。例如，通过冰芯中 nss SO_4^{2-} 记录的峰值可以成功地恢复过去数百年以来著名的全球火山喷发事件。

青藏高原冰川中主要化学离子峰值出现在非季风期（冬春季），而低值则出现在降水集中的季风期，其中 Ca^{2+} 和 SO_4^{2-} 的季节性变化最为显著，喜马拉雅山脉珠穆朗玛峰地区非季风期积雪 Ca^{2+} 浓度较季风期高出一个数量级。这种显著的季节变化反映了冬春季青藏高原和中亚频发的沙尘天气，以及夏季大量的降水对气溶胶的清除作用。总之，在南极冰盖，海盐气溶胶在冬季形成雪层中的化学峰值；在北极，冬春季污染物（"北极霾"）和粉尘形成季节峰值；在青藏高原，主要是冬、春季沙尘沉降形成明显的污化层峰值。南、北极和青藏高原雪冰化学季节变化具有明显的区域差异，反映了全球海陆分布格局、大气环流态势和人类活动影响等条件下现代大气环境的地域分异，因而其具有重要的环境指示意义。不同区域主要离子的显著季节变化特性为冰芯定年提供了基础。

化学离子在雪冰中并非一成不变，而是存在复杂的界面交换过程，雪冰化学组分在雪/气界面之间存在迁移转化等复杂的物理和化学过程。以 NO_3^- 为例，大气沉降到南极冰盖上的 NO_3^- 会在短时间内再次释放到大气中，造成其浓度的快速减少，称为沉积后遗失现象。这种现象与大气中含氮化合物的多源性和较为复杂的沉降后变化过程密切相关，也与新降积雪中 NO_3^- 以光化学分解或再蒸发的形式重新释放和逸散到大气中相关。化学离子在冰川上沉降后，会发生一系列的沉积后过程。例如，雪冰融水的下渗和再冻结过程会导致雪层中化学成分发生迁移转化，该现象被称为化学离子的"淋溶作用"（wash out 或 elution of ions）。对于淋溶作用强烈的山地冰川，雪冰融化时大量的化学离子会随最初雪冰融水流失，因此冰川雪层中融水对化学离子成分的再迁移作用（淋溶作用）可能会改变雪层内化学离子组成的原始记录。认识淋溶作用对化学离子记录的影响，是准确解释冰芯古环境和古气候记录的重要依据。研究现代环境状况下，各种化学离子从大气沉降到冰川表面及其在雪冰内所发生的一系列物理的、化学的和生物的迁移转化过程，并寻求导致变化的主要影响因素，将为冰芯记录研究奠定更加坚实的基础。冰川化学现代过程的研究进一步提高了冰芯研究的精度和可信度，即建立转换模式，并由此更准确地根据冰芯记录反推出沉积时的气候和环境状况。

"离子脉冲"（ionic pulse）是指积雪开始消融的较短时间内，少量（一般少于全部积雪雪水当量的 10%）的融水在短至几小时长至数日内集中将积雪中 80% 以上的可溶性化学物质释放出来，使得径流的化学成分产生瞬时高峰。因此，融雪径流"离子脉冲"过程直接反映了积雪消融的"离子脉冲"过程。例如，天山乌鲁木齐河源空冰斗流域融雪径流具有显著的"离子脉冲"特征，即初始融雪径流化学离子浓度为最高，它们不仅高于春季融雪径流和夏季降水径流离子浓度，而且高于初冬季节近地表径流的离子浓度。

3. 重金属元素

重金属一般以很低的天然含量广泛存在于自然界中，但人为排放的重金属增多已经造成了全球范围的重金属污染。重金属在极地和山地冰川中的含量变化可以作为评价人类活动对大气环境影响的良好指标。

格陵兰冰盖雪冰中重金属（如 Pb、Cd、Zn 和 Cu）含量的季节变化显著，表现为秋、冬季较低而高值出现在晚冬和早春。南极 Dollema 岛雪冰中重金属元素（如 Pb、Cu、Zn 和 Cd）浓度季节变化较为显著，其中秋、冬季 Pb 浓度出现峰值，而夏季浓度最低。从地理分布来看，由于不同源区对雪冰中重金属的贡献存在显著差异，格陵兰冰盖重金属空间分布特征主要表现为北部地区 Pb 含量较高，同时中部地区 Cd、Zn 和 Cu 含量高于南部地区。南极冰雪中重金属（如 Pb）含量沿横穿南极冰盖的断面（seal nuntaks 至 mirny 站）自西向东呈递增的趋势，其中横穿路线西段 Pb 的浓度反映出该区域大气 Pb 含量的现代本底状况；横穿路线东段 Pb 的较高浓度则与局部人类活动密切相关。在南极冰盖 Queen Maud Land 两条路线（Asuka-S16 和 S16-Dome Fujii）上，雪冰中重金属（如 Cu）的沉降通量随着距海岸距离的增加而显著降低。

青藏高原的雪冰中重金属主要受陆源物质的输入和人类活动排放的影响，但存在空间差异。以 Pb 为例（图 5.2），随着海拔的升高和距人类工农业活动区距离的增大，Pb 的人为源贡献由 59.3%下降到 10%，且大部分区域 Pb 的人为源贡献低于 30%（Yu et al., 2013）。总体来看，青藏高原雪冰中重金属含量普遍高于南北极地区；季节变化主要表现为非季风期高、季风期低（图 5.3）；空间变化主要与距离粉尘源区和人类活动区的远近密切相关。以最近数年来在中国西部冰川开展的重金属 Hg 研究为例，雪冰中总 Hg 浓度均在 15 pg/g 以下，显著高于南极雪冰中总 Hg 浓度，青藏高原代表了全球山地冰川雪冰中总 Hg 浓度状况。冰川 Hg 浓度表现出显著的季节变化特征，即季风期较低而非季风期较高；在空间变化上呈现"北高南低"的分布态势。总 Hg 和不溶微粒浓度具有较好的对应关系，青藏高原大气 Hg 传输和沉降极有可能主要以颗粒态 Hg 的形式进行。青藏高原大气 Hg 沉降通量在 0.88~8.03 μg/（m²·a）变化，也大体呈现"北高南低"的分布态

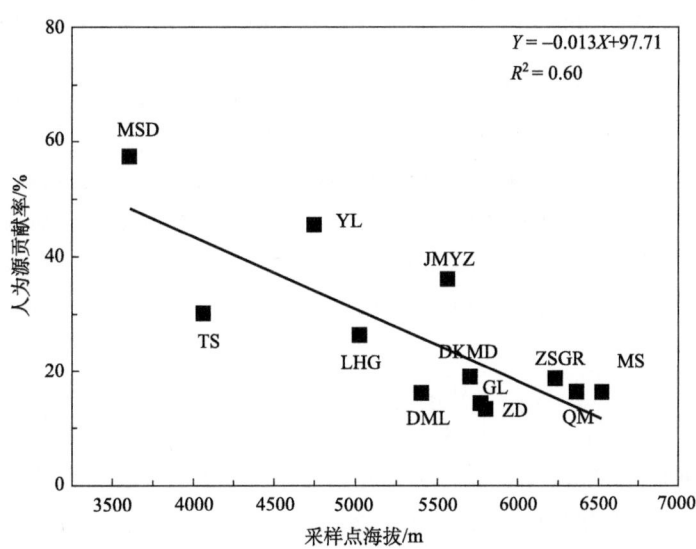

图 5.2 青藏高原雪冰记录人为源 Pb 的贡献率与雪坑采样海拔的关系（Yu et al., 2013）
MSD：木斯岛冰川；TS：天山 1 号冰川；YL：玉龙雪山；LHG：老虎沟 12 号冰川；DKMD：冬克玛底冰川；DML：德木拉冰川；JMYZ：杰玛央宗冰川；GL：果曲冰川；ZD：扎当冰川；MS：慕士塔格冰川；ZSGR：藏色岗日冰川；QM：东绒布冰川。
粗实线为线性相关线

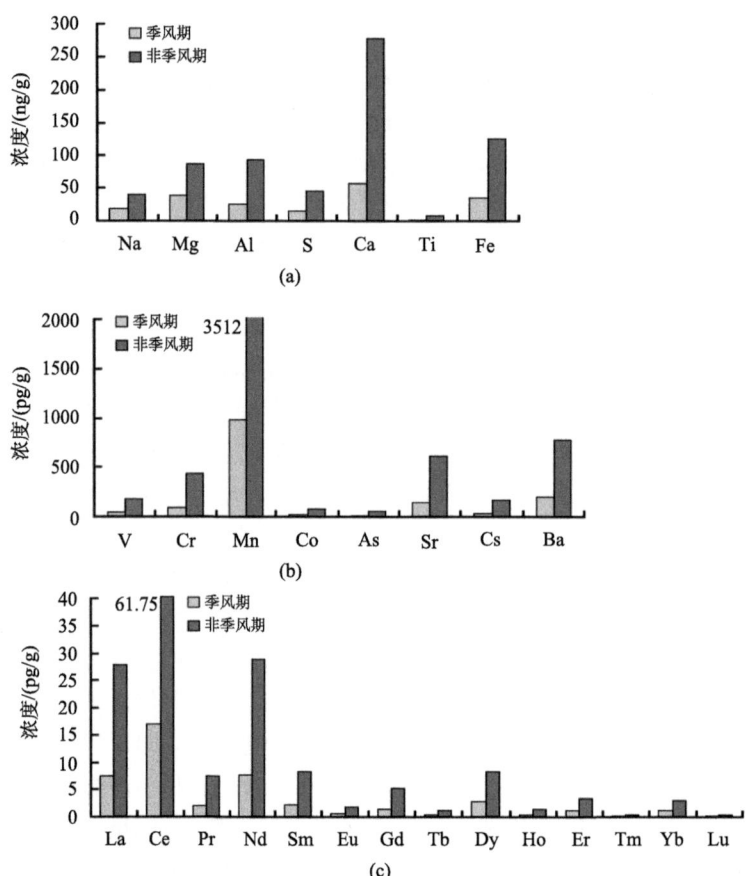

图 5.3 珠穆朗玛峰东绒布冰川粒雪中季风期与非季风期重金属及其他元素浓度对比（Kang et al., 2007）

势，与世界范围内大气 Hg 自然沉降速率相当。总之，无论是以地壳源或是以人为源为主的重金属元素，山地冰川元素浓度水平均远高于两极地区，其空间分布特征主要与距离粉尘源区和人类活动区的空间距离远近密切相关。现代雪冰中重金属浓度的时空变化将为我们评估人类活动对不同区域大气重金属污染物的影响程度提供基础。

利用元素富集系数（crustal enrichment factor, EF_X）可对雪冰中重金属的自然源与人为源贡献进行估计，从而定性判断人类活动对雪冰中重金属的影响程度。重金属的富集因子如下：

$$EF_X = \frac{(C_X / C_R)_{\text{snow/ice}}}{(C_X / C_R)_{\text{crust}}} \tag{5-2}$$

式中，X 表示所研究的元素；C_X 为研究元素的浓度；C_R 为选定的参考元素的浓度；snow/ice 为雪冰中元素的浓度；crust 为地壳中元素的平均浓度。参考元素一般是地壳元素 Al、Si 和 Fe 等。地壳元素组成采用上陆壳（upper continental crust, UCC）数据。由于地壳的平均元素组成与研究区域之间可能存在差异，因而通常选择 EF 为 10 作为区分自然和人为影响的参考标准，即如果 EF<10，则可以认为该元素相对于地壳而言没有富集；如果 EF>10，则认为雪冰中的该元素相对于地壳而言是富集的，即不仅有地壳自然源物质的贡献，而且还受到人类活动排放污染物的影响。大量雪冰中重金属富集因子研究表明，南北极和山地冰川雪冰中重金属元素（如 Pb、Zn 和 Cu）均已受到人类活动释放污染物所带来的显著影响。

雪冰/大气界面重金属元素存在交换、逸散和富集等过程。以重金属 Hg 为例，20 世纪 90 年代在南北极地区发现大气 Hg 亏损事件（atmospheric mercury depletion events, AMDEs），大气 Hg 通过干湿沉降量进入雪冰中，表明地球两极地区可能是重要的大气 Hg 汇。由此，认识 Hg 元素在雪冰/大气界面交换、富集和化学反应机制等尤为重要。在北极地区尽管表层雪中 Hg 的浓度在 AMDEs 发生后显著增大，但 Hg 沉积后过程受光致还原作用非常明显，沉降到雪冰中的 Hg 在短时间内大量重新逸散和释放返回大气。然而在青藏高原地区，由于大气 Hg 沉降方式主要与颗粒物密切相关，且颗粒态 Hg 的环境惰性较强，大气 Hg 沉降到高原雪冰之后受到光还原的影响较弱，大量 Hg 能够在雪冰中很好保存，表明相较于南北极地区，中国西部冰冻圈地区可能是全球更为重要的 Hg 汇。

5.2.2 有机成分

冰川中痕量有机物的记录不仅提供了气候变化和生物活动的信息，而且可以用来指示环境变化过程。冰川中痕量有机物的研究主要包括两个方面：一是以自然来源为主的生物有机物（主要是脂肪酸、二元羧酸、脂肪烃类等），通过分析该类有机物的组成、碳数分布及脂肪酸的奇偶优势，认识该类有机物的来源和演化；二是以人类活动产生的有机污染物为主，如目前备受全球关注的 POPs 等。

20 世纪 70 年代，在北极冰川中已检测出 POPs。在格陵兰雪冰中多环芳烃（polycyclic aromatic hydrocarbon, PAHs）的记录呈显著的季节变化，绝大多数 PAHs 均在冬春季出现峰值。理化性质相对稳定的 PAHs 是示踪人类活动变化的良好环境代用指标，如格陵兰 Site-J 雪冰中 PAHs 自 20 世纪早期开始升高，至 20 世纪后期 PAHs 的浓度为 18 世纪的 50 倍。南极地区雪冰中 POPs 的资料较少，而且所报道的有机污染物种类也少于北极地区。南极冰盖雪冰中关于有机物污染物如二氯二苯三氯乙烷（dichlorodiphenyltrichloroethane，DDT）的报道始见于 20 世纪 60 年代。DDT 是 20 世纪中期全球广泛使用的一种有机农药，它通过全球尺度的大气环流传输已经沉降到南极雪冰之中。例如，南极地区 20 世纪中叶粒雪中所积累的 POPs[如 DDT、多氯联苯（polychlorinated biphenyls, PCBs）和六氯环己烷（hexachlorocyclohexane, HCH）]高于现代表层雪中的，表明上述污染物从 1960 年可能已经通过大气传输沉降到南极地区。此外，在东南极冰盖中已检测到痕量的菲、蒽等低分子质量的多环芳烃，它们主要以气态的形式存在于大气之中，而且相对易于挥发，因此更容易通过大气环流传输到南极。

山地冰川由于更接近工农业生产活动密集区，人类活动的信息可以更为直接地被雪冰保存，所以更能反映人类活动对环境的影响。中纬度冰川距离有机污染物源区更近，其有机污染物的浓度普遍高于极地地区。在青藏高原南部冰川中已检测到通过印度季风挟带而来的南亚有机污染物。从青藏高原希夏邦马峰达索普冰川（海拔 6400~7000 m）中检测出正构烷烃有机物（如源于石油残余物的姥鲛烷、植烷、C_{19}~C_{29} 的长链三环萜、C_{24} 四环萜、C_{27}~C_{35} 的 $\alpha\beta$ 型藿烷、C_{27}~C_{29} 甾烷等），表明该地区受到人为源有机污染物和海湾战争的影响。从空间分布格局来看，青藏高原冰川（七一冰川、玉珠峰冰川、小冬克玛底冰川、古仁河口冰川）雪冰中正构烷烃浓度从东北部到南部依次减小，与中亚阿尔泰地区 Belukha 冰川和 Sofiyskiy 冰川没有数量级上的差别，但人为源和自然源的正构烷烃浓度均显著高于南北极地区，且人为源的正构烷烃的贡献率远高于自然生物来源，表明快速的工业化发展已经影响到高原冰川有机污染物的组成变化。

5.2.3 不溶性微粒

1. 粉尘

来自干旱区的粉尘可以通过长距离传输沉降到全球冰川表面，通过降低冰川表面反照率来改变冰川的能量和物质平衡，其对冰川加速消融产生巨大作用。雪冰中的粉尘特征主要包括其浓度和通量的时空格局、理化性质（粒径大小、形貌、化学成分）及来源和气候环境意义等。南北极地区（如北极 Penny 冰帽、Devon 冰帽、Summit 等，南极 Dome A、Dome C 等）雪冰中粉尘的平均浓度低于中国西部冰川区。全球冰川中微粒的粒径大小和分布模态则呈现显著的空间差异。总体来说，中国西部冰川区粉尘具有很大的粒径众数值且分布模态单一，与南北极雪冰微粒粒径特征明显不同。例如，中国天山冰川区微粒的粒径分布范围为 3~25 μm，呈单峰结构分布模式；而在北极格陵兰岛，Penny 冰帽粉尘粒径众数值为 1~2 μm 且呈双峰结构分布模式。

南极冰盖和格陵兰冰盖中粉尘浓度季节变化表现为冬季高夏季低；而在中国西部冰川区，雪冰中粉尘浓度在沙尘活动频繁的 4~6 月出现峰值，其主要与亚洲春季频繁发生的沙尘暴事件有关。粉尘理化性质（粒径大小、化学成分等）的季节变化及来源示踪研究可以揭示出全球雪冰中粉尘分布的时空格局。例如，天山乌鲁木齐河源 1 号冰川雪冰粉尘粒径分布和化学离子组成（如代表粉尘矿物来源的 Ca^{2+}）在沙尘发生时期均出现最高值。总之，南、北极和中国西部冰川区雪冰中粉尘均表现出显著的空间差异和强烈的季节变化，其主要受周边及全球干旱区粉尘传输距离远近的影响。

2. 黑碳

黑碳是大气气溶胶的重要组分，其沉降到冰川后可显著降低冰川表面的反照率，进而加速冰川的消融。欧美国家在 20 世纪 80 年代初开始了冰川中黑碳的研究，主要集中在北极和南极地区。南极冰盖雪冰中黑碳浓度仅为 0.1~0.34 ng/g（平均浓度为 0.2 ng/g）；格陵兰冰盖雪冰中黑碳浓度为 2~3 ng/g；北冰洋海冰新降雪中黑碳的平均浓度为 4 ng/g，其中在多年冰层的颗粒状表层和内部，黑碳在融化过程中易于向雪冰表层富集，平均浓度较高（分别为 8 ng/g 和 18 ng/g）。此外，欧洲北极区表层雪冰中黑碳浓度远高于加拿大北极区和北冰洋海区，其主要与黑碳排放源的距离远近密切相关。

近十多年来，中低纬度地区山地冰川（如青藏高原）雪冰中黑碳的研究也逐渐展开。中国西部冰冻圈地区雪冰中黑碳浓度从几十 pg/g（新雪或雪坑）到上千 pg/g（老雪或附加冰），浓度差异达到一个数量级，主要是在冰川消融区黑碳极容易富集。大空间尺度上，黑碳浓度自东向西、自北向南呈现出明显的减小趋势。总之，全球雪冰中黑碳空间分布特征表现为，南极等偏远区域雪冰黑碳浓度水平非常低，代表全球黑碳背景浓度水平；而受人类活动影响较大的青藏高原冰川表层雪冰中黑碳浓度水平整体上高于南北极及北半球其他中纬度地区。雪冰中黑碳的时空分布特征与冰川的消融状态、局地环境、人类活动排放源区及大气环流等因子密切关系。全球雪冰中黑碳的季节变化特征也存在显著差异，南北极地区黑碳浓度最高值主要在冬季出现；青藏高原南部雪冰黑碳浓度为非季风期高、季风期低，而高原中部与北部则呈相反的季节特征。

5.2.4 稳定同位素比率

水从海洋表面蒸发时，较轻的 ^{16}O 和氕（H）构成的水分子易于离开水面进入大气。而当大气中的水汽凝结时，重的 ^{18}O 和氘（D）构成的水分子又优先降落，其结果使得自然界水体（包括雪冰）中稳定同位素比率在时空分布上产生差异。为了研究这一变化中的规律，精确测量不同过程、状态下水中的同位素构成是极为重要的。一般来说，相对浓度的测量要比绝对浓度的测量更准确，因此各种水样中的重同位素浓度与轻同位素浓度的比值 ^{18}O/^{16}O 或 D/H（用 R 表示），则是用相对于"标准平均大洋水"中重同位素浓度与轻同位素浓度的比值（R_0）的差值（δ）（‰）来表示：

$$\delta = \frac{R - R_0}{R_0} \times 1000 \tag{5-3}$$

雪冰中稳定同位素比率 δ^{18}O 和 δD 是冰芯气候记录研究中最为深入且应用最为广泛的代用指标之一，其为深刻认识全球变化作出了巨大贡献。冰川表层雪冰中 δ^{18}O 和 δD 的时空变化规律是解译冰芯古气候记录的基础。Dansgaard 根据瑞利分馏模型总结了影响雪冰中稳定同位素比率的主要因素，包括温度效应、水汽来源、纬度效应、海拔效应和大陆度效应等。在中高纬度冰川区，气温和降水量是影响稳定同位素比率的主要控制因素，这在南北极和高亚洲冰川区尤为突出。两极地区雪冰中 δ^{18}O 和 δD 的季节变化主要受控于气温，表现为夏季高值、冬季低值。青藏高原雪冰中 δ^{18}O 季节变化的主导因素因地域的不同可分为两类：在青藏高原北部，雪冰中 δ^{18}O 和 δD 的变化与气温呈显著正相关；而在受印度夏季风强烈影响的高原南部地区，夏季降水中 δ^{18}O 的变化与降水量呈负相关。从地理分布格局来看，南极冰盖 δ^{18}O 和 δD 具有显著的地域分异，呈现"西高东低"分布特征。在南极冰盖腹地高原，相同温度条件下 Vostok 站西部的 δD 比率比东部高出 40‰；南极冰盖 δ^{18}O 空间变化主要与降水时的凝结温度有关，而导致温度降低水汽凝结的主要地理因素是纬度、海拔和距离海岸线的远近。总体上，南北极水汽来源较为复杂，各水汽源区条件的差异及水汽传输过程中下垫面性质的不同导致水汽中稳定同位素比率存在差异。因此，水汽来源及输送过程、降雪形成过程及季节变化、沉积后过程等均不同程度地影响南北极表层雪冰中 $\delta^{18}O$ 和 δD 的变化，进而影响到根据冰芯记录重建的古气温变化的精度。

重金属稳定同位素一般不因物理或生物过程发生分馏作用，在研究雪冰中重金属的来源、迁移和转化过程时，重金属同位素是行之有效的示踪手段。雪冰中某些重金属（如Pb、Sr、Nd、Cu 和 Zn）的同位素比率已广泛用于指示大气环境的变化过程和不同源区的影响。例如，Pb 稳定同位素在迁移过程中受后期地球化学作用影响较小，Pb 同位素丰度较高且比值稳定，不同来源的 Pb 同位素的组成存在差异。通过测定 Pb 的 4 种稳定同位素比率，利用 Pb 同位素的"指纹"特征，可用于推断雪冰中 Pb 的可能污染源区及贡献比例。例如，青藏高原南部冰川雪冰中放射成因 Pb 同位素含量高于北部地区，在低海拔和接近人类活动密集区，雪冰中人为源贡献的 Pb 占据主导地位。Sr-Nd 同位素组成分布具有地带性，并且在大气迁移或沉积过程中很难被改变，两者结合可以作为示踪雪冰中粉尘源区的代用指标。珠穆朗玛峰东绒布冰川污化层微粒 Sr-Nd 同位素的组成和局地粉尘同位素组成一致，主要来源于局地的陆源物质贡献；冰川非污化层的同位素组成与印度西北干旱区的粉尘同位素特征接近。祁连山西段老虎沟 12 号冰川微粒 Sr-Nd 同位素值与巴丹吉林沙漠矿物粉尘中 Sr-Nd 同位素值十分接近，推测巴丹吉林沙漠是祁连山老虎沟 12 号冰川粉尘最为可能的源区。

5.3 冻土化学

5.3.1 已冻结土及正冻土的化学过程

1. 土壤冻融过程中的化学反应过程

发生在土壤冻融循环过程及冻结状态的化学反应同未冻状态的反应基本相同。这些化学反应包括溶解反应、水化反应、替代反应、氧化还原反应和离子交换等，但是在冻土区发生的化学反应具有一定的特性。例如，在低温条件下一些盐的溶解速率较慢。一个很明显的特征是多年冻土低温环境使溶解性物质和水分子之间反应产生大量的化学产物，如水合物和结晶水合物。阳离子交换反应可能对冻土具有重要影响，因为未冻水相当于浓缩液，其离子能够快速与矿物质表面的离子相互作用。

土壤开始冻结过程中，水变成冰，形成新的矿物。重力作用、毛细管力和松散结合水会在温度等于或低于 0℃时发生结晶。通常水膜在较大范围的负温条件下发生冻结，其主要受未冻水含量的影响。矿化度大于 30 g/L 的盐水会在 $-2\sim-1.5$℃温度下结晶，而导致剩余的溶液处于 -20℃或者更低的温度环境中。水的冻结通常会导致盐在固相和液相之间明显分化。溶解于水的一部分盐会封闭在冰中，溶解度较低的一部分盐会沉淀，而溶解度较高的一部分盐会被挤压到较低的水层而增加了其矿化度。在冻结过程中，依据负温条件下可溶性程度，最不溶性的碳酸钙（$CaCO_3$）首先发生沉淀（在温度 $-3.5\sim-1.5$℃），然后是硫酸钠（Na_2SO_4）和硫酸钙（$CaSO_4$）（在温度 $-15\sim-7$℃）等，这些盐形成了所谓的结晶水合物。因此，低温层富含石膏（$CaSO_4\cdot2H_2O$）、芒硝（$Na_2SO_4\cdot10H_2O$）和方解石（$CaCO_3$）。在冻结界面以下，从冻结层迁移的易溶性盐（钙、镁、钠的氯化物和钠的碳酸氢盐）会导致水的矿化度增高。低温环境容易形成高矿化度的多年冻土层下水（大于 200 g/L）。

多年冻土地下水通常具有较高的 CO_2 含量，主要是由于温度降低，气体溶解度（包括 CO_2）及有机质含量增加。在多年冻土区的地下水中 H^+ 浓度增加了几百倍，其可能会引起介质中的酸反应。许多化学反应和土壤化合物在很大程度上取决于介质的 pH。酸性环境具有较高的化学活性，并会分解硅酸盐，而且酸性条件下的水解反应比中性和碱性环境的要强。多年冻土区中冻结的物质主要处于还原环境中，因此具有较高的二价铁（Fe^{2+}）含量。土壤中的氧化亚铁会使土壤呈蓝灰色，因而土壤通常被称为灰土。它们通常是细粒度、还原性和酸性土。

多年冻土中的有机质分解过程也具有差异性。生物和生物化学反应效率较低，导致动植物残体转化为有机质的速率较慢，以及残余物分解（腐殖质形成）状态不成熟。这个过程会导致浅色黄腐酸而不是腐殖酸（分解的最终阶段）的形成。苔原带土壤的黄腐酸含量可达到 70%，而腐殖土壤只含有 10%~15% 的腐殖质。黄腐酸由于其强酸性可破坏矿物质；它们在土壤中均匀饱和形成一个巨大的致密层。土壤中比较黏稠、活动较差的腐殖酸会形成块状、坚果般的结构，如黑钙土。

2. 冻结土壤的化学反应特征

在冻结状态（多年冻土或季节冻土）下，尽管土壤中液态水极少，但仍有少量的未冻水。未冻水的存在很容易联系到范特霍夫定律的应用，其阐述了温度减低 10℃，化学反应速率会减低一半。虽然冻土中缺乏自由水，但这样可能会阻碍化学成分从未冻水中逸出，物质传输过程由于未冻水中的离子扩散显得较为强烈，进而调节了溶解性物质的浓度。在冻土中，未冻水膜的传输过程也很活跃，会导致离子和溶解性物质随水分迁移而传输。在这个过程中，孔隙冰和未冻水膜的相变伴随着离子浓度的增加或降低。

3. 反复冻融循环中的化学过程

季节融化土壤中的化学反应比多年冻土更为强烈，且具有显著的周期性。土壤矿物质和水（自由水和结合水）之间的相互作用是一个脉动过程，水变成冰的相变及其逆过程会导致季节冻土中显著的化学风化作用。季节冻土中强烈的化学转换开始于风化作用的最初阶段，其主要受水解、浸出、氧化、水合，以及胶体和新生黏土等矿物迁移的影响。例如，在南极的土壤表层 10~15 cm，如果氧气供应充足，则会发生氧化作用，导致氧化锰（MnO）和氧化亚铁（Fe_2O_3）积累，而铁和锰的提取物着色在岩石碎片上使其成为赭石生锈或橘红色。在这层土壤下面有碳酸盐化，以及风化积累更不稳定的产物。

在苔原带和泰加林地区，非潜育低温土是主要成分，其次是排水条件不好的潜育土壤。非潜育土的化学元素的迁移能力为硅（Si）>铁（Fe）>钛（Ti）>铝（Al）。由于水解作用形成了硅酸盐，其在酸性介质中活性较强，且在土壤剖面中分布较少。酸性介质中铁、钛和铝的溶解度较低，在土壤中通常以氧化物和氢氧化物的形式存在。在多年冻土区土壤腐殖化过程中，腐殖酸是腐殖质较为活跃的形式之一。这种酸会随着土壤溶液向下运输，其通过形成不同种类的有机-矿物化合物（乙二酸盐、螯合物、棕黄酸盐和吸附的有机-矿物化合物）而破坏氢氧化物和硅酸盐矿物。

作为较为活跃的两种化合物，棕黄酸盐和乙二酸盐从土壤剖面上去除，螯合物和吸附的有机-矿物化合物很快会失去其可动性而保留在土壤中。在这个过程中，棕色铝-铁-腐殖质粗粉质黏土层出现。同时，真正的腐殖质层，以及铝-铁-腐殖质和钛化合物层形成。钛、铝、铁和腐殖质的化合物在冲积层中积累，属于典型的冷生土形成过程。淋溶层耗尽了铝和铁的氢氧化物和氧化物，因此其氧化硅（SiO_2）含量相对较高，深色化合物和矿物质的分解和去除而导致其颜色较亮。

在西伯利亚沿海低地和欧洲北部典型的潜育土中，其化学和物化过程有所不同。在这些具有还原性和酸性的土壤中细粒土占主要成分。潜育土剖面通常没有显著的淋溶层，但在重砂质粉质黏土中潜育和潜育-灰壤土却不同。例如，氧化铁和氧化铝含量伴随着二氧化硅的富集而降低。铁较强的迁移性是由于在还原条件下被转化成氧化亚铁，其只有在 pH 达到 5~6 时才会从溶液中沉淀。蓝灰色的亚铁化合物会使潜育土剖面呈典型的灰色和蓝灰色。黄腐酸的存在会促进这种现象的发生，这是腐殖质不成熟的形式，其不是棕色的而是浅灰色，因此使得潜育土的颜色比非潜育土不明显。

风化作用产物的化学差异性与化学元素的流动性紧密联系，其在多年冻土区的地球化学过程尤其是冻融循环中尤为重要。流动性较强的元素会被地下和地表径流除去；相反地，其他非流动性元素会积累在流域地区和斜坡上，增加了其相对浓度。例如，多年冻土区的钾、钙、镁、硫酸根和氯离子是流动性的，可以溶解在所有水体中迁移。硅的硅酸盐形式主要以单质和聚硅酸迁移，其溶液可被地下水除去。一定量的硅酸（40%）可与有机物结合以凝胶和胶体形式输送。在多年冻土区，非硅酸盐实际上是非移动的，其由灰化土的形成过程所决定。二氧化硅的流动性低主要是由于其在典型的苔原带和泰加林土壤中酸性较高的介质中溶解度较低。在多年冻土区 70%~90%的铝是以胶体和与腐殖酸结合的化合物形式进行迁移的。在多年冻土区以外，二价铁和三价铁的流动性较低。在寒冷湿润条件下，90%~98%的铁含量以流动性很强的胶体形式移动。在北方环境中，一些其他微量元素（钛、锌、铜、镍等）流动性较强，通常不是简单离子的形式而是胶体或者复杂离子的形式，且通常有高分子质量有机物参与。

5.3.2 天然气水合物

天然气水合物（natural gas hydrate），是在高压、低温的环境条件下由气体分子和水分子组成的类冰固态物质，其主要有甲烷（CH_4）、乙烷（C_2H_6）、丙烷（C_3H_8）等烃类同系物及 CO_2、氮（N_2）、硫化氢（H_2S）等。其外形类似于冰[图 5.4（a）]，通常呈白色或者浅黄色，可以直接燃烧[图 5.4（b）]。水分子组成笼形类冰晶格架，气体分子充填在格架空腔中，组成单一或复合成分的天然气水合物。自然界常见的天然气水合物主要的气体组分为甲烷，甲烷气体超过 99%的天然气水合物被称为甲烷水合物。天然气水合物在自然界广泛分布于多年冻土区、大陆架边缘的海洋沉积物和深湖泊沉积物中。

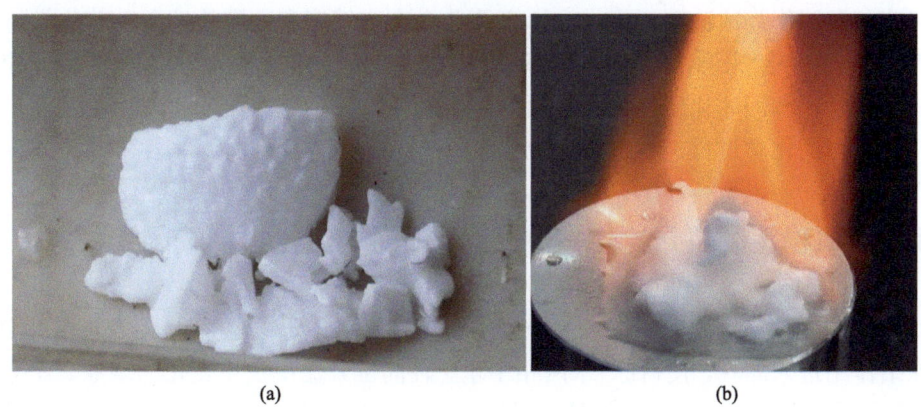

图 5.4　实验室中合成的水合物

　　天然气水合物极不稳定，全球气温升高、多年冻土退化破坏了天然气水合物赋存的温度和压力条件，极有可能导致天然气水合物分解而释放甲烷。因此，甲烷水合物被当作气候变化潜在温室气体来源。在美国阿拉斯加北坡和加拿大马更些三角洲多年冻土区先后发现了天然气水合物的实物样品，俄罗斯多年冻土区油气资源研究显示广大的多年冻土区也赋存有丰富的天然气水合物。然而，陆地上天然气水合物的资源储量比海洋中要少，但陆地上多年冻土区天然气水合物多以层状和块状构造为主，且多为甲烷水合物，其含量比海洋要高得多，具有较高的经济开采价值。多年冻土发育与天然气水合物赋存有着密切的关系，多年冻土不仅控制了天然气水合物形成的温度和压力条件，而且由于多年冻土层是渗透性极低的地质体，可有效地阻止其下部的气体向上迁移，有利于天然气聚集，构成了天然气水合物形成时必要的圈闭条件。

　　中国青藏高原多年冻土区面积广大，基本具备天然气水合物形成的低温高压条件。2007 年开展了多年冻土区天然气水合物调查，并于 2008 年在祁连山区木里煤矿多年冻土区开展了钻探研究，并在约 130 m 深度上成功地钻取了天然气水合物实物样品。2009 年在该地点开展了第二次钻探工作，成功地在 130~260 m 深度范围内钻取了天然气水合物实物样品，50%左右的气体为甲烷，余下为一些重烃类气体，天然气水合物实物样品成功钻取标志着中国在陆地发现了天然气水合物。2013 年在青藏高原昆仑山垭口盆地实施了天然气水合物钻探和测井研究，通过钻孔岩芯气体释放异常、地球物理测井和气体地球化学分析特征，发现了昆仑山冻土区天然气水合物的赋存证据。它的发现标志着青藏高原腹地多年冻土区也可赋存有天然气水合物，这为青藏高原多年冻土区天然气水合物的形成和赋存的进一步研究提供了证据。因此，中国成为继美国、加拿大和俄罗斯之后在多年冻土区发现天然气水合物实物样品的区域，这将对中国的能源、环境和气候产生重大影响。

5.4 河冰和湖冰化学特征

河冰和湖冰作为冰冻圈要素之一，主要分布在高纬度和高海拔地区，其化学特征主要受地质地貌，补给来源，大气干湿沉降，冰-水间物理、化学及生物特征等因素的影响。然而，湖冰化学和河冰化学在实际应用中较少涉及，因此这方面的研究相对贫乏，以下列举几个方面的化学过程。

5.4.1 氢氧稳定同位素比率在冰-水两相间的变化与影响因素

河冰和湖冰中氢氧稳定同位素的分馏作用是指水相中重同位素（$^1H_2^{18}O$ 和 $^1HD^{16}O$）由于冻结作用进入冰相，使得冰-水两相中重、轻同位素比率发生变化的现象。在冻结过程中，重同位素优先进入冰中，但是由于氢氧稳定同位素在冰相中的迁移速率非常缓慢，融化过程并无分馏。根据热平衡方程，冰-水两相间氢氧稳定同位素分馏可用反应速率常数，即平衡同位素分馏因子来描述：

$$\alpha^* = \frac{R_{冰}}{R_{水}} \tag{5-4}$$

式中，$\alpha^*=1$ 时，为零分馏；$\alpha^*>1$ 时，为自然冻结作用；R 为 $^{18}O/^{16}O$ 或 $D/^1H$ 的值。由于冰-水两相间的转变可视为平衡分馏，因此，可用平衡分离系数（ε^*）表示分馏程度：

$$\varepsilon^* = 1000(\alpha^* - 1) = \delta_{冰} - \delta_{水} \tag{5-5}$$

式中，$\delta_{冰} = 1000\left(\frac{R_{冰}}{R_{标准}} - 1\right)$；$\delta_{水} = 1000\left(\frac{R_{水}}{R_{标准}} - 1\right)$。

在淡水系统中，当温度接近 0℃ 时，淡水以自然冻结速率（<2 mm/h）结冰，$\delta^{18}O$ 和 δD 的变化范围分别为 2.8 ‰~3.1‰ 和 17.0 ‰~20.6‰。

河冰和湖冰的形成依赖外界环境的改变，而其一旦形成，又会形成独立的系统，因此，外界环境与系统组成对冰-水两相间氢氧稳定同位素的影响非常显著，其中半封闭系统中，慢速冻结是河、湖冰中最为常见的一种现象。$\delta^{18}O$ 在冰-水两相间存在 4 种状态：①封闭系统，慢速冻结：该环境中，随着冻结深度的加厚，$\delta^{18}O$ 在冰-水两相间呈非线性快速减小，两者有逼近的趋势；②半封闭系统，慢速冻结：该环境中，随着冻结深度的加厚，$\delta^{18}O$ 在冰-水两相间呈非线性以某一稳定值慢速减小；③开放系统，慢速冻结：该环境中，随着冻结深度的加厚，$\delta^{18}O$ 在冰-水两相中均为恒定值；④开放系统，快速冻结：该环境中，随着冻结深度的加厚，$\delta^{18}O$ 在冰相中开始以非线性增加，然后逐渐趋于恒定值，而 $\delta^{18}O$ 在水相中始终为一恒定值。

5.4.2 痕量气体在河冰和湖冰中的分布

痕量气体在冰-水两相中的分布受冰类型、气体间的化学反应、生物的呼吸与光合作用共同调控。冰的存在会阻止水体-大气间的气体交换。以湖冰为例，CH_4、CO_2、O_2 和 N_2 的混合比在湖冰中的分布随着湖冰深度的增加，其浓度变化并不一致。CH_4 混合比的变化较为复杂，不同湖冰差异显著；CO_2 混合比随湖冰深度的增加有增大的趋势，而 O_2 混合比有减小的趋势。造成这种现象的原因是：当湖冰存在时，净光合作用受阻，冰湖中动植物因呼吸作用消耗 O_2，产生 CO_2。N_2 的混合比大约为 78%，与湖水表层大小相似。通常来说，痕量气体在湖冰中的总含量是很低的，水中气体的溶解度是冰中的 100 倍左右。

5.4.3 河冰和湖冰中有色可溶性有机物的排斥效应与光学特性

有色可溶性有机物（CDOM）通常出现在水环境中，这主要由腐烂物质所致，其是一种光学上可测量的有机物。溶解性有机碳（DOC）则是以碳含量来表征溶解性有机物的浓度。通常情况下，河冰和湖冰中 CDOM 与 DOC 含量低于其下伏水中的浓度。为了定量地评估河冰和湖冰冻结作用对有机物与无机物含量的影响，通常用它们的排斥系数表征其大小。CDOM 的排斥系数是在紫外波长下，CDOM 在水-冰两相的吸光系数之比，而无机物的离子排斥系数是基于水-冰两相的电导率之比。CDOM 和离子排斥系数在冰体剖面上具有很大不同（图 5.5）。在白冰存在的情况下，CDOM 和离子排斥系数在黑冰中比较高。一般来说，CDOM 的排斥系数大于离子排斥系数，不过也有相反的情况出现；同一湖中重复样品的排斥系数尽管有一定的变率，但仍显示出较为一致的变化。无积雪存在的情况，离子排斥系数在冰的底部较高，与慢速冻结情况下离子排斥效率较高一致，而 CDOM 的排斥系数在冰面较高。对于 Romulus 盐湖[图 5.5（d）]，在无积雪存在情况下，CDOM 排斥系数与离子排斥系数在冰的上部出现最大值，并且 CDOM 的排斥系数比离子排斥系数更高，而冰的其他部分则小于离子排斥系数。因此，对于湖冰来说，表层雪的存在对 CDOM 浓度及无机离子都会产生影响。此外，对于高山地区的湖冰来说，无机盐在湖冰中的排斥效应非常明显，其调控着湖水盐度的大小，具有显著的季节性。

5.5 海 冰 化 学

海冰在地球上大致分布在 3 个海域：①南大洋，以南极洲陆地为中心，周围的陆架和其临近海域；②北冰洋，以北极中心水域为主，与其临近的陆架及海湾区域；③亚极区、波罗的海、鄂霍次克海、白令海、哈得孙湾、库克湾、芬兰湾和渤海等区域。海冰约占地球表面的 7%，其化学特征在很大程度上是海水化学的反映，并受水-冰间的物理、化学和生物过程及河流输入等影响。海冰盐度、主要离子、营养盐、痕量金属、溶解气体和有机质都是海冰化学的研究内容，其中海冰盐度的研究最为广泛。

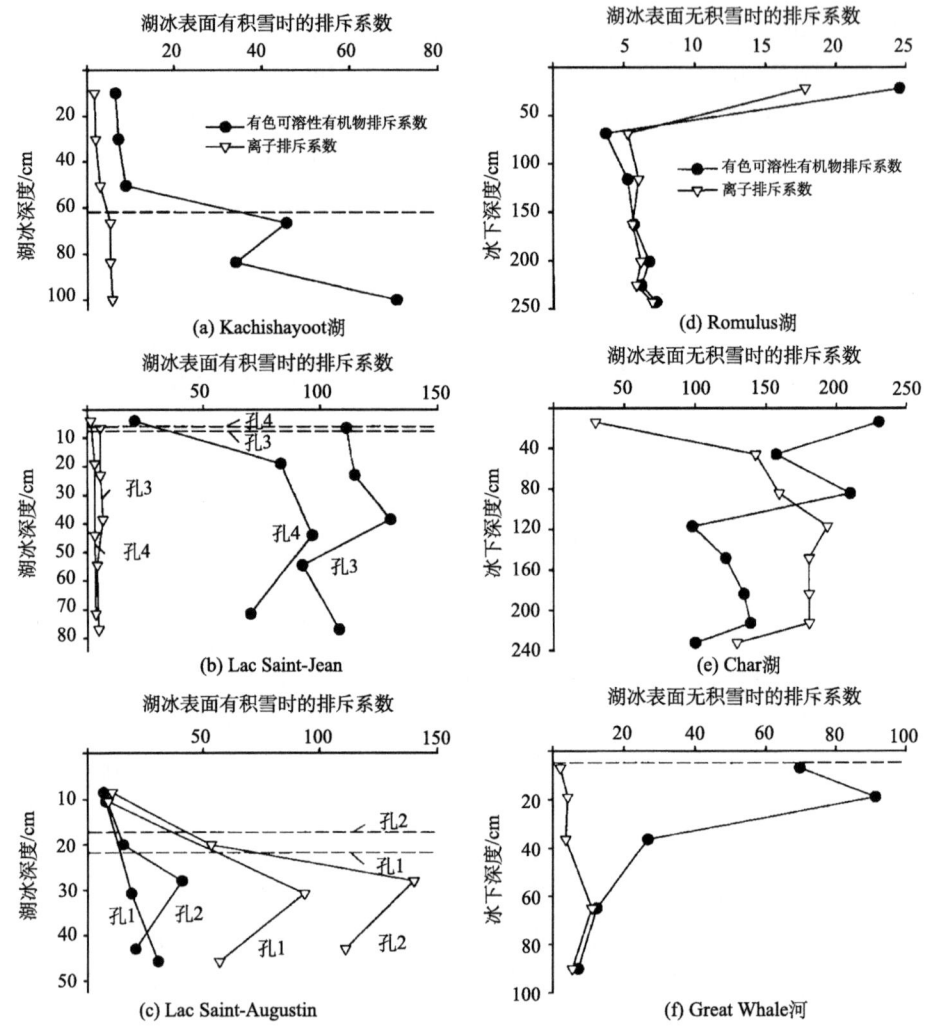

图 5.5 积雪对湖冰 CDOM 与离子排斥系数的影响（Belzie et al., 2002）

图(e)的 CDOM 排斥系数乘以 100；虚线表示白冰和清洁冰的分界线

5.5.1 海冰盐度及其演化

海冰的盐度是海冰含盐量的一个量度，也是一项重要的化学指标。海冰的盐度是指海冰融化后所得水的盐度。海冰在形成过程中，有部分的盐汁从冰晶间析出排入海水中。如果冰形成较快，冰晶间的空隙很快就会被新冰填塞，使盐汁来不及流出去，部分盐汁就被封闭在冰晶间的"卤水泡"内。因此，海冰是固体冰晶和卤汁的混合物。海冰的盐度主要取决于 3 个因素：结冰前海水的盐度、结冰速度和冰龄。

1. 结冰前海水的盐度

海水结冰不论多么快，总有部分盐分从冰里析出，因此，海冰的盐度总是低于形成它的海水的盐度。一般地说，海冰的盐度多数在 3‰~8‰。但结冰前海水的盐度越高，形成海冰的盐度也越高。例如，黄河口附近由于受黄河淡水的影响，海冰的盐度仅为 0.8‰；辽东湾海冰盐度一般在 2‰~7‰；西伯利亚沿岸海冰的最大盐度为 14‰，南极大陆附近大洋中的海冰盐度高达 22‰~23‰。

2. 结冰速度

当海水的温度降至冰点或稍低于冰点时，水分子首先结冰，析出盐分，也有部分盐分留在冰晶中，逐渐形成盐泡（也称为卤水泡）。海冰形成时空气温度越低，结冰速度就越快，冰层厚度的增长也越快，盐分来不及析出，盐泡较多，海冰的盐度就大。在海冰的表层，海水直接与冷空气接触，冻结速度较快，盐分不易析出，而下层冰的增长是缓慢进行的，并且冰针具有比较规则的垂直向排列，盐汁很容易流出，因此，盐度在冰层中的分布是由上层向下层递减的。

3. 冰龄

海冰的盐度与冰龄的关系也是很显著的。刚形成的新冰盐度最大，随着它存在的时间增长，其盐分不断流失，海冰的盐度越来越低。水温升高，海冰融化首先从针状晶体间或盐泡开始，融化到一定程度，相邻盐泡之间的卤汁慢慢地沿着"小沟"流失。

海冰中卤水所占据的体积称为卤水体积，它由冰的盐度和温度来决定。随着海冰盐度和海冰温度的增加，卤水体积也增加，以保持海冰与卤水之间的相平衡（图 5.6）。通常可以应用如下经验公式计算卤水体积分数（v_b），该参数是海冰物理、生物、化学研究中的重要参量，这些经验公式为我们提供了简单的方法。

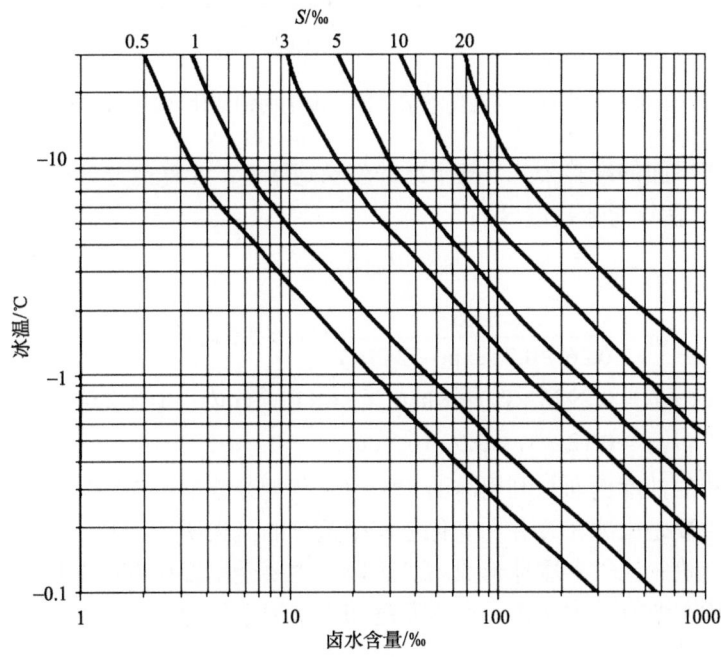

图 5.6 一定盐度范围内的冰内卤水体积与冰温的关系（Kamarainen, 1993）

$$\upsilon_b = S_i(45.917/T + 0.930) \quad -8.2 < T \leqslant 2.0\text{℃} \tag{5-6}$$

$$\upsilon_b = S_i(43.795/T + 1.189) \quad -22.9 < T \leqslant -8.2\text{℃} \tag{5-7}$$

式中，T 为海冰温度；S_i 为海冰盐度。

4. 海冰盐度的演化

一年冰中盐度随深度的变化基本呈"C"形变化，而在融化季节海冰表面盐度明显降低。目前，大部分大尺度海冰模式中假定海冰盐度恒定，所以其不能反映海冰对大气或海洋边界条件的响应。温度和盐度对冰孔隙率和孔隙微结构有重要影响，这也决定了研究海冰盐度剖面演化的重要性。冰在生长期间（图 5.7），海冰盐度垂直分布呈现冰的表层和底层盐度较高，中间盐度较低，呈"C"形，主要的影响过程有冰增长过程中的盐分分离和海冰脱盐过程。总体来讲，至少对于冬季新形成的海冰来讲，控制海冰盐度的最重要的因素是冰-水界面的盐分分离。冰和下伏水中盐分的初始分布进一步受到盐水驱逐过程的影响。冰生长越慢，扩散和对流传输使冰-水界面盐的累积越少。

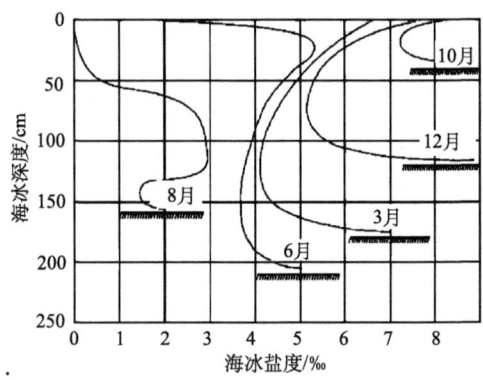

图 5.7 北极一年冰在冬季及进入融化季节海冰盐度剖面的演化（Thomas and Dieckmann, 2003）

通常利用下面的经验公式，基于冰的生长速率 v_i，计算盐分分离系数 k_{eff}，进而结合海水盐度 S_w，估算海冰盐度 $S_{i,0}$：

$$S_{i,0} = k_{\text{eff}} S_w \tag{5-8}$$

其中，
$$k_{\text{eff}} = \frac{0.26}{0.26 + 0.74\exp(-7243 v_i)} \quad v_i > 3.6\times 10^{-5}\text{ cm/s}$$

$$k_{\text{eff}} = 0.8925 + 0.0568\ln v_i \quad 3.6\times 10^{-5}\text{ cm/s} > v_i > 2.0\times 10^{-6}\text{ cm/s}$$

$$k_{\text{eff}} = 0.12 \quad v_i < 2.0\times 10^{-6}\text{ cm/s}$$

实际观测的盐度剖面与利用冰的生长速率和盐分分离关系[式（5-8）]预测的结果存在差异，其主要是由冰在合并和老化过程中盐分的流失所致。从本质上来讲，有两种不同类型的脱盐机制：①冬季冰形成增长阶段，主要受温度梯度的驱动，表面冰层冷却，在这个过程中主要有重力排泄、卤水驱逐和卤水泡迁移等过程；②冰表面或者底部低盐度融水存在时的暖冰脱盐。

海冰温度梯度控制卤水泡迁移，即卤水泡由温度低的一端向温度高的方向迁移。在微观水平上，单个卤水泡在温度梯度下的移动是显著的，但是在整体水平上，对于盐度剖面的影响不大。

冰形成增长条件下的有效脱盐机制是所谓的重力排泄。当正在生长的海冰从上方冷却时，海冰温度越低，卤水盐度和密度越大。生长冰层处于正温度梯度和不稳定卤水密度剖面，就导致冰内卤水的反向对流，即冰内密度大的卤水与下部低盐海水进行交换。重力排泄量不仅取决于冰的温度梯度，而且也取决于冰的渗透性。重力排泄的脱盐速率是局部温度梯度、卤水体积分数的函数。因为与重力排泄相关的压力梯度很小，这一过程主要与孔隙的大小有关。当卤水体积分数低于某一临界值如50‰~70‰时，重力排泄将停止。

冷冰另外一个重要的脱盐过程是卤水驱逐。卤水驱逐是在冰形成或生长期间产生的，是海冰温度降低的结果。当海冰冷却时，卤水泡内的水分冻结，使卤水浓度升高。冻结冰比其处于液态时的体积约增加10%，所以一部分卤水被挤出卤水泡。卤水驱逐主要是受冰形成时体积变化的影响，其与盐水和冰密度差异有关，可能是冰形成和生长初始阶段时重要的脱盐机制，尽管不如重力排泄那么有效。

冰-水盐分分离、重力排泄、卤水驱逐等过程可以共同解释新生冰的"C"形盐度剖面。海冰增厚生长速率变小，使得分离系数整体降低，因此，新生成冰的盐度降低。

在夏季融化季节，脱盐过程是最有效的，此时，冰的孔隙率和渗透性一般较高，冰表面和底部的融水盐度低，能够取代冰内部高盐度的卤水。融化阶段脱盐过程受冰层表面的融雪或融冰产生的净水势驱动，冰表面融水盐度低，向下渗透进入冰体，取代高盐度的卤水。使用不同的示踪物质可以看出，融水的纵向和侧向传输随季节变化而变化，其与冰的渗透性有关。北极海冰表面每年产生的融水多达25%保存在冰的孔隙中。同时，海冰底部淡水的扩散和对流交换使得较薄海冰的盐度接近于0。

在冰生长阶段，冰层的平均盐度与冰厚具有一定的关系（图5.8）。在冰厚小于40 cm时，平均盐度呈线性降低，且降低较快。当冰厚大于40 cm时，平均盐度与冰厚仍然呈线性关系，但随厚度减少较慢。

5.5.2 海冰相图

海冰是固体冰晶与卤水泡的混合物，为了了解在海水冻结过程中离子成分的变化，就需要了解其物理化学的相变关系。为了使问题简化，图5.9给出了标准海水（$Na^+ + Cl^-$ 85%、SO_4^{2-} 8%、$Mg^{2+} + Ca^{2+} + K^+$ 6%）相变的主要特征。在封闭体系中，盐度为34‰的海水冷却到冰点−1.86℃以下，温度降低可以观察到冰持续增多。由于海水中的主要溶解盐分并不能进入晶格，海水中的盐度增加，同时，冰点降低。在−5℃下，冰的质量分数可达65%，而与之平衡的海水的盐度上升为87‰。在−8.2℃下，海水中的硫酸钠达到过饱和，芒硝开始析出。如果温度持续降低，芒硝将持续析出。海水冻结过程中其他盐的析出，如$CaCO_3 \cdot 6H_2O$、$NaCl \cdot 2H_2O$，及其在海冰中的分布和矿物学知之甚少。当海水的质量分数降到8%，在−30℃，甚至−40℃时，仍然存在一小部分液体。在低温条件下，未冻水的存在对冬季海冰中微生物的存活有重要影响。

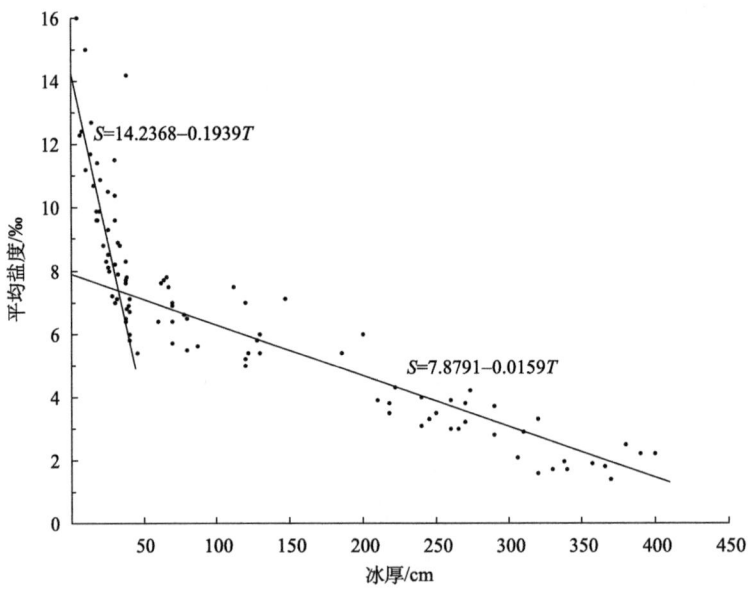

图 5.8　生长期平均海冰盐度与冰厚度的关系（Kamarainen，1993）

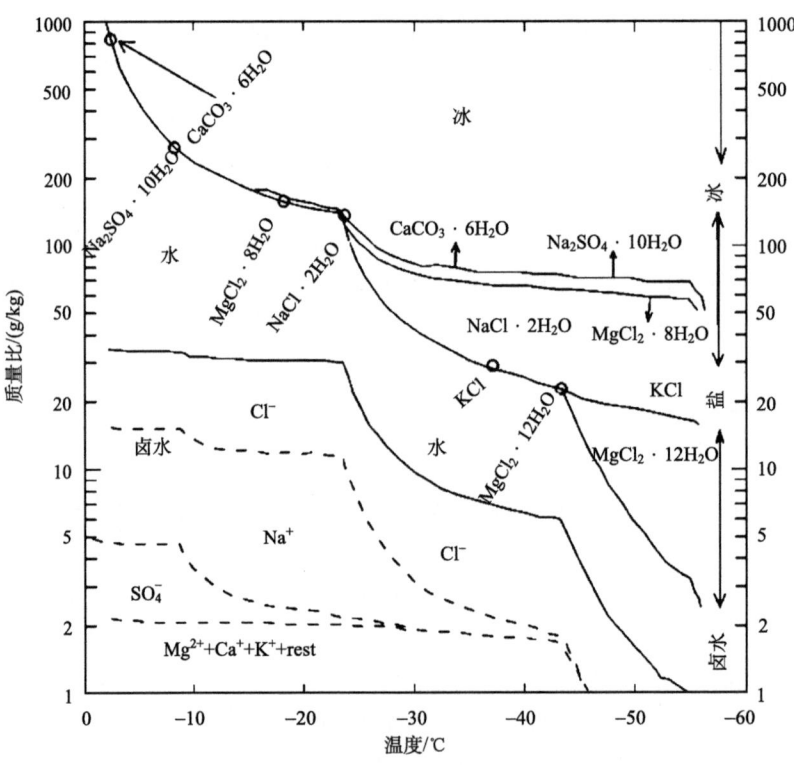

图 5.9　"标准"海冰的相图（Kamarainen，1993）

表 5.1 给出海冰中各种固体盐的性质，包括析出盐的初始结晶温度、在纯盐水溶液中的结晶温度，以及盐的密度和晶体体系等。

表 5.1 海冰中一些固体盐的性质

盐化学分子式	矿物名称	晶体体系	密度/（kg/m³）	纯盐水中的结晶温度/℃	卤水中盐析出的初始温度/℃
$CaCO_3 \cdot 6H_2O$		单斜晶系	1771	/	−2.2
$Na_2SO_4 \cdot 10H_2O$	芒硝	单斜晶系	1464	−3.6	−8.2
$MgCl_2 \cdot 8H_2O$				−33.6	−18.0
$NaCl \cdot 2H_2O$	冰盐	单斜晶系	1630（0℃）	−21.1	−22.9
KCl	钾石盐	立方晶系	1984	−11.1	−36.8
$MgCl_2 \cdot 12H_2O$		单斜晶系	1240	−33.6	−43.2（不稳定的）
$CaCl_2 \cdot 6H_2O$	大理石	六方晶系	1718（4℃）	−55.0	<−55.0

资料来源：Kamarainen, 1993。

5.5.3 海冰中的气体

海冰中的空气可以在冻结过程中以封闭气泡的形式存在于海冰中。其产生的几种可能方式是：当水体表面有动力作用或者海水中有非溶解气体或者动植物产生的气体时，这些气体将被封闭在正生长的冰层内。典型的气体体积浓度为 0.5%~5%，气体的成分一般接近纯空气成分，一般 N_2、O_2 和 CO_2 的比例分别为 82%、17%和 0.4%，其 O_2 比纯空气低，而 CO_2 则比纯空气高。在冰盖非完全冻结层中，典型情况的气体孔隙仅仅是 0.5%，而接近表面的干舷部分，其内空气孔隙一般较高，为 1%~5%。

因为海冰内封闭有卤水和空气，它的密度不同于无气泡的纯冰密度（0.917 g/cm³）。然而，在实践中，常忽略卤水和气泡的密度效应。海冰的典型密度是 0.915~0.920 g/cm³，非常接近纯冰。干舷部分的密度可能较低，为 0.89~0.92 kg/cm³。表 5.2 给出了海冰密度与盐度、温度的关系。

表 5.2 不同盐度和温度下的海冰密度

盐度/‰	温度/℃							
	−2	−4	−6	−8	−10	−15	−20	−23
2	0.924	0.922	0.920	0.921	0.921	0.922	0.923	0.923
4	0.927	0.925	0.924	0.923	0.923	0.923	0.925	0.925
6	0.932	0.928	0.926	0.926	0.926	0.925	0.926	0.926
8	0.936	0.932	0.929	0.928	0.928	0.928	0.929	0.929
10	0.939	0.935	0.931	0.929	0.929	0.929	0.930	0.930
15	0.953	0.944	0.939	0.937	0.935	0.934	0.935	0.935

5.5.4 生物过程对海冰化学的影响

由于海冰融化,在冰与水界面处海水盐度降低,海水的垂直稳定性增强。冰内和冰上栖息的藻类大量繁殖。海冰中大量的海藻、细菌等存在,其通过光合作用和异氧呼吸等对海冰化学产生重要影响。

在有大量海藻、初级生产力比较高的条件下,海冰卤水中溶解的无机碳和 CO_2 气体显著下降,pH 升高(可达 10),O_2 过饱和。溶解的无机碳和 CO_2 气体显著下降而 O_2 过饱和说明藻类的光合作用超过了净呼吸作用。实际上,这种关系只有在海藻大量繁殖时出现。如果大量海藻死亡,细菌繁殖,这种趋势将是相反的。

海水中的 CO_2 气体和碳酸盐构成了一个缓冲体系,可显著改变海冰卤水、包裹在冰中的间隙水或蜂窝状冰的 pH。未受扰动的海冰卤水样品,以及高盐度下 pH 测量的复杂性限制了这方面工作的开展。总体而言,随着离子强度的增加,pH 下降,这反过来又增加了碳酸钙的溶解性。但是,这一趋势被冰中的光合作用活动的影响所掩盖。在封闭的海冰系统或者有大量海冰有机物的情况下,pH 的增加主要由光合作用使得溶解的无机碳下降所致。

光合作用碳吸收导致稳定同位素的生物同位素效应,使得生物体富集 ^{12}C。光合作用藻类的同位素比率效应大约为 −27‰,即与可用的 CO_2 相比,光合作用产生的有机碳富集 ^{12}C,但是总的生物同位素分馏受很多因子的影响,如溶解的 CO_2 浓度,羧酸酯酶的类型、增长速率、细胞的大小和细胞的结构等。生物呼吸过程中的同位素效应很小,呼吸过程产生的 CO_2 与有机碳具有相同的稳定同位素比率。

海冰中由于扩散受到限制,导致海冰生物产生的一些气体聚集,其中 DMS 研究较多,DMS 主要来源于 DMSP(dimethylsuop-honiopropionate)的分解。海冰有机体中 DMSP 的浓度比冰下海水和开放海水中的浓度高出一个数量级。DMSP 的产量受光、温度及营养盐的供给、紫外辐射等影响。但是,在海冰中,盐分是影响藻类产生 DMSP 的重要因子。DMSP 在高盐条件下,在细胞中合成和累积。当环境盐度降低时,DMSP 分解并释放 DMS。在高碱度条件下,DMSP 也分解释放 DMS。因此,海冰卤水泡 pH 高达 10 也会促进这一反应。海冰 DMSP 的分布具有很大的变化,其在很大程度上反映了有机体群落物种的变化。海冰区域释放大量的 DMS 通常与海冰融化相联系,这时海水盐度降低,有利于 DMSP 的分解。通常冰融化的季节,冰边缘食草动物大量增加,使得海水中 DMS 浓度增加,进而向大气中的释放增强。DMS 并不是海冰藻类释放的唯一挥发性气体,反应性溴的对流层富集与海冰密切相关。对流层中短期 BrO 的高浓度是由于海冰海盐释放的 Br_2 的自催化。南北极海冰藻类也可以产生大量的含溴卤代物,如溴仿、二溴甲烷、溴氯甲烷、甲基溴等,这些物质都可以通过光化学转化为活性溴,这都对极区的化学循环具有重要意义。

海冰化学中最关注的是无机营养盐,如硝酸盐、亚硝酸盐、铵盐、磷酸盐和硅酸盐等。在非生物系统中,当冰形成时,这些无机盐的浓度以保守的方式变化,即与盐度的变化成正比。不同类型和冰龄的海冰中主要离子(如 Na^+、K^+、Mg^{2+}、Ca^{2+}、Cl^-、SO_4^{2-}

等）基本遵循冰的盐度变化的理论稀释线，而硝酸盐、亚硝酸盐、铵盐、磷酸盐和硅酸盐则显著偏离这一预测线。正如前面讨论的溶解气体一样，这些偏离与冰中的生物活动密切相关，从而导致了这些成分较高的空间差异性。

在海冰的形成过程中，水体的可溶性有机物进入冰体是保守的，遵循无机盐和可溶解气体的变化。只有低分子质量的分子可以保留在冰中。在海冰微生物网络中，藻类是可溶性无机营养盐的汇，而异氧的原生动物和多细胞动物排泄可溶性的有机物，异氧细菌利用有机物和无机营养盐维持生长。海冰也是可溶性有机物重要的存在区域。海冰中的可溶性有机物通过冰的融化或冰-水交换，都被认为是增强冰下微生物活动的重要的有机物质来源。由于海冰融化时存在巨大的稀释作用，这种影响只在冰附近的水中存在。

思 考 题

1. 黑碳如何影响冰冻圈变化？
2. 冰川中的化学成分主要有哪些来源？
3. 多年冻土区碳循环对气候有何反馈作用？

延 伸 阅 读

【经典著作】

Atmospheric Chemistry and Physics: From Air Pollution To Climate Change, Second Edition.

作者：J. H. Seinfeld, S. N. Pandis。

出版社：New York: JOHN WILEY & SONS, INC，2006 年。

内容简介：大气化学和物理（第二版）是一本经典的大气化学和大气物理学方面的专著，也是大气科学公认的教科书。本书提供了一个严谨而综合的关于大气化学的处理，包括气溶胶和大气污染物及其相互作用、气体和大气颗粒物的影响、大气化学成分和传输模式的数学计算等。全书的主要内容包括：大气圈和大气圈的痕量组分、化学动力学、大气辐射和光化学、平流层和对流层大气化学、大气水相化学、大气气溶胶的理化特性和动力学热力学、气溶胶与辐射相互作用、局地尺度气象学、云物理、大气扩散、大气环流、硫和碳的全球循环、大气化学传输模型、统计模型等。与第一版相比，第二版详细介绍了平流层和对流层大气化学，气溶胶的生成、增长、动力学以及特性，空气污染气象，云的形成和云化学，大气化学和气候相互作用，其他和气溶胶的辐射和气候效应，化学传输模式等。

第6章 冰冻圈内的气候环境记录

了解过去气候环境变化是理解过去冰冻圈演化的重要基础,对认识现在和预测未来的气候环境变化也具有重要意义。本章在介绍冰冻圈不同介质(冰芯、冻土、树轮、湖泊)中各种指标气候环境意义的基础上,着重阐述了冰芯、树轮、湖芯等记录的轨道时间尺度和千年时间尺度的气候环境变化信息。

6.1 冰冻圈中的气候环境指标

6.1.1 冰芯

冰芯是从冰川(包括冰盖、冰帽及其他类型的冰川)上钻取的圆柱状雪冰样品。取自冰川积累区的冰芯,保存着过去连续积累的降雪物质。通过对冰芯样品中诸多气候环境指标的分析(表6.1),即可重建过去气候环境的变化。

表 6.1　冰芯中各种气候环境参数的代用指标

气候环境参数	主要代用指标
气温	$\delta^{18}O$,δD,融化层
降水量	净积累量
大气化学成分(自然变化和人为影响)	CO_2, CH_4, N_2O 等气体含量,冰川化学
火山活动	火山灰,ECM,SO_4^{2-}等
太阳活动	^{10}Be 等宇宙成因同位素
海冰范围	甲基磺酸、海盐离子浓度
大气环流	冰川化学成分(主要离子)、微粒粒径与浓度
干旱区范围变化	微粒含量、陆源化学成分含量
生物质燃烧	左旋葡聚糖、烟灰、黑碳、K^+等
冰盖高程	气体含量
人类活动	Pb,Cu,Hg 等重金属,DDT 等持久性有机污染物(POPs),NH_4^+,SO_4^{2-}等相关的工业化无机产物,人为温室气体排放等

冰芯中的$\delta^{18}O$或δD是气温的代用指标。由于水在蒸发和凝结过程中存在同位素分馏，而且这些过程与大气温度状况有关，因此，降水中$\delta^{18}O$或δD的变化可以指示气温的变化。冰芯净积累量可作为降水量的一种代用指标。一般情况下，在海拔较高的冰川积累区，降水以固态形式为主。如果不存在物质损失（如升华、风吹雪等），那么记录在冰芯中的年净积累量（通过动力减薄修正后的年净积累量）就能够反映年降水量状况。在冰川干雪带钻取的冰芯，其年净积累量记录能够较好地指示冰芯钻取点的年降水量变化状况。冰芯中包裹的气泡是古大气的"化石"。冰川是由固态降水（雪）长期积累、演变而成的。在粒雪密实化转变为冰川冰的过程中，粒雪中原先与大气相连通的空隙被封闭，成为冰川冰中包裹的气泡，封存了当时的空气。在目前古气候环境研究的所有介质中，只有冰芯能够高分辨率地揭示过去大气温室气体的组成及其含量变化。

6.1.2 冻土

冻土作为寒冷气候的产物，除其温度、活动层厚度指标外，指示其存在的各种环境、地貌与动植物等指标均可反映过去气候环境的变化。早在20世纪初，波兰学者Lozinski就确认了古冰缘地貌的古气候意义。随后，德国学者以土楔、沙楔及其伴生的冻融褶皱分布，确定了晚更新世玉木冰期最盛期欧洲平原古冻土的南界；我国学者在不同地区也相继发现了多边形楔状构造、古冻胀丘、热融洼地及冻融褶皱等古冻土遗迹。土楔、沙楔、冰楔、冰楔假型（也称为化石冰楔）这4种楔状构造是确定冻土存在的可靠的地貌标志。冻胀丘是多年冻土地区常见的一种地貌形态，它是因土壤的冻结作用、地下水或土壤水分迁移并冻结导致地下冰积聚，使地表隆起形成的丘状地形。多年生冻胀丘（冰皋）也是判定多年冻土存在的重要标志。

6.1.3 树木年轮

在树木生长过程中，年轮的宽窄变化主要取决于气候和周围环境因子的变化，通过量测年轮宽度序列的变化可以推测气候环境变化历史。年轮密度在研究年内气候要素的变化（如季节变化、极端气候事件、持续事件等）方面存在优势。树轮稳定性同位素（碳、氢、氧和氮）比值作为一种灵敏的指示器，记录了树木生长过程中同位素分馏过程对气候环境变化的生理响应。气候因子和大气成分通过影响植物叶片的气孔导度，进而影响植物的光合作用同化效率和植物纤维素碳同位素分馏程度及最终比率。树轮碳稳定性同位素比率（$\delta^{13}C$）主要反映树木叶片气孔导度和光合速率之间的平衡，氧和氢稳定性同位素比率（$\delta^{18}O$和δD）主要记录水源的变化，包括降水所挟带的温度信号及与叶片蒸腾效应相关的环境湿度信号。

6.1.4 湖泊沉积

目前，湖泊沉积研究中常用的代用指标主要分为 3 种：物理指标（粒度、磁学参数等）、化学指标（总有机碳、总氮、碳氮比、有机碳同位素 $\delta^{13}Corg$、矿物、元素含量及比值和生物标志化合物等）和生物指标（孢粉、介形虫、硅藻和摇蚊等）。

湖泊沉积物粒度是常用的环境代用指标，可以反映湖泊的水动力条件，进而反映区域气候和环境变化的过程。对于青藏高原和北极湖泊来说，水动力条件除了受降水影响外，还可能在很大程度上受到温度变化引起的冰川融水多寡的影响。

总有机碳含量是沉积物中没有再矿化的一部分有机物质的百分含量，它取决于初始的生产力和后期的降解程度。总氮基本上反映了湖泊的营养条件。碳氮比（C/N）能够较好地指示沉积物中有机碳来源的情况，一般认为，水生浮游植物等的 C/N 为 4~10，而陆生维管束植物的 C/N 大于 20。沉积物中 Ti 和 Al 等元素是典型的外源输入物质，据此可以恢复过去外源的输入情况，其在一定程度上可以反映降水量的多少。

孢粉（孢子和花粉）是古气候环境研究中常用的环境代用指标。自然界中孢子花粉具有数量大、体积小、易于搬运和保存时间久等特点。利用显微镜对沉积物（岩）中种子植物的花粉粒、高等孢子植物的孢子及微型植物（藻类）进行分析，就能够恢复其沉积时的植被和气候状况。

介形虫、硅藻和摇蚊等水生动植物，他们都有其适宜的生长环境。它们壳体或头囊会沉降在沉积物中并得以保存，通过对其化石样品分析，获取地质时期种属组合，从而重建古环境。

6.2 冰芯记录

冰芯研究从格陵兰冰盖和南极冰盖开始，后来发展到中低纬度山地冰川。极地冰芯已揭示了过去 80 万年以来的高分辨率气候环境变化信息，而且革新了我们对地球气候系统演变及其机制的一些认识。

6.2.1 冰芯定年方法

定年是古气候记录研究的关键步骤之一。根据冰芯钻取点积累率大小和冰芯深度状况，冰芯定年采用不同的方法，最终给出尽可能准确的年代标尺。其常用的方法包括以下几种。

（1）层位法。以冰芯中相关物理、化学参数呈现的季节变化特征作为定年的依据。例如，在山地冰川上，夏末污化层是中低纬冰芯中赖以定年的物理标志层之一；高分辨率的化学成分和稳定同位素比率（$\delta^{18}O$、δD）峰谷值的变化是常用的定年依据。

（2）参考层法。20 世纪 50 年代和 60 年代核试验释放的放射性物质，可以通过对冰芯样品中氚含量或β活化度的测量来确定，是迄今极地冰芯最好的参考层，在中低纬山地冰芯中也有大量应用;大规模火山喷发事件释放大量 SO_2,在南极冰芯内形成一系列标志层,数百年历史的重大火山事件都有确切的年代史料,因而成为冰芯定年的重要参考层。在冰芯中,以非海盐 SO_4^{2-} 的奇异峰值(通常高出平均值 2 倍标准偏差)作为火山事件。

(3) 放射性同位素法。放射性同位素定年是利用其半衰期,以及其原始浓度(含量)和在样品中的存留浓度(含量)来进行计算的。大气中的放射性同位素通过两种方式记录在冰芯中,即附着在气溶胶上通过干湿沉降过程降落在冰面上而保存,或在粒雪成冰过程中被封闭在气泡中而保存。这些放射性同位素来源有三方面,即宇宙射线产生的(如 ^{12}S、^{37}Al、^{14}C、^{36}Cl、^{10}Be、^{81}Kr 等)、核实验产生的(如 ^{3}H、^{137}Cs、^{90}Sr 等)及其他核工业产生的(如 ^{210}Pb 等)。在冰芯定年中,最常见的是利用 ^{210}Pb、^{10}Be 和 ^{36}Cl 等。

(4) 理论模型法。以冰川流动模型建立深度-年代函数关系,从而推断某个深度上的年代。

(5) 轨道调谐法。该方法的理论基础是第四纪古气候变化的周期性及其驱动因子(太阳辐射)变化的周期性,其适合于具有几十万年甚至更长气候记录的时间标尺的确定。该方法是先确定驱动力靶曲线(一般用地轴倾斜度和岁差曲线),再根据气候替代性指标曲线中的初始时间控制点,将该曲线插值成等时间间隔曲线并滤出与驱动因子变化周期相对应的曲线,然后与靶曲线对比。

(6) 相似性比较法。该方法是基于大的气候阶段和气候事件具有全球性和较大区域性的特点,将新的气候环境指标变化曲线与已知年代的气候环境变化曲线相对照,以确定冰芯深度-年代关系的方法。

6.2.2 格陵兰冰盖和南极冰盖冰芯记录

冰芯研究可追溯到 1930 年 Ernst Sorge 在格陵兰冰盖内陆 Eismitte 站越冬时,通过对一个 15 m 雪坑的密度、冰层和深霜层等物理特征的系统化定量观测,发现了降雪的季节变化特征能够保存在雪层内部。现代意义上的冰芯研究是由时任美国陆军雪冰与多年冻土研究基地(现更名为美国陆军寒区研究和工程实验室)主任 Henri Bader 于 1954 年提出的 "snowflakes fall to Earth and leave a message",并于 1956 年和 1957 年夏季先后主持了在格陵兰 Site 2 的两支冰芯钻取(长度分别为 305 m 和 411 m)。1957~1958 年在南极伯德站(Byrd Station)钻取一支 309 m 的冰芯,1958~1959 年在罗斯冰架的小美洲-5(Little America V)钻取一支 264 m 的冰芯。在同一时期,丹麦科学家 Willi Dansgaard 通过对降水和极地冰盖表层雪样品中稳定同位素研究,建立了降水稳定同位素比率与气温之间的定量关系,为通过冰芯稳定同位素记录进行气温重建奠定了物理基础。

1966 年在格陵兰世纪营地(Camp Century)钻取了第一支穿透整个冰层的冰芯(1388 m)。早期钻取的冰芯还包括 1968 年实施的南极 Byrd station 冰芯(2164 m)、1979 年实施的南极 Dome C 冰芯、20 世纪 80 年代初实施的南极 Vostok 冰芯,以及在格陵兰实施的 Dye 3 冰芯计划等。20 世纪 90 年代初,欧洲共同体八国在格陵兰冰盖最高点 summit

完成的 GRIP 计划和美国在西距 summit 约 30 km 完成的 GISP 2 计划，标志着冰芯研究进入新阶段。近 20 年来，在南极成功钻取了 EPICA Dome C、Dome Fuji、EDML、Law Dome、Talos Dome、WAIS 等冰芯，以及格陵兰冰盖的 NGRIP 和 NEEM 冰芯等。目前，在极地地区已钻取的主要冰芯位置及相关信息如表 6.2 和图 6.1 所示。

表 6.2 南极和格陵兰冰盖主要深冰芯钻取点资料

	地点	纬度	经度	海拔/m	积累率/(mm/a)	气温/℃	冰芯长度/m
南极	Komsomolskaya	74°5′S	97°29′E				885
	Vostok	78°28′S	106°48′E	3490	23	−55.5	3766
	Taylor Dome	77°48′S	158°43′E	2365	50~70	−43.0	554
	Byrd	80°1′S	119°31′W	1530	100~120	−28.0	2164
	Law Dome	66°46′S	112°48′E	1370	700	−22.0	1195.6
	Dome F	77°19′S	39°40′E	3810	23	−57.0	3035.2
	Talos Dome	72°47′S	159°04′E	2315	80	−40.1	1620
	EPICA Dome C	75°6′S	123°21′E	3233	25	−54.5	3259.7
	Siple Dome	81°40′S	148°49′W	621	124	−24.5	1003
	EDML	75°00′S	00°04′E	2822	64	−44.6	2774
	WAIS	79°28′S	112°05′W	1766	22	−31	3405
	Dome B	77°5′S	94°55′E				780
	Berkner Island	78°18′S	46°17′W	886			181
	D47	67°23′S	154°3′E	1550			145
	Dronning Maud Land	75°00′S	00°04′E	2892	80		120
	DT263	76°23′S	77°01′E	2800	106		82.5
	Plateau Remote	84°S	43°E	3330	49		200
格陵兰	Milcent	70°18′N	45°35′W	2410	530	−22.3	398
	Dye 2	66°29′N	46°33′W	2100	374	−17.2	100.2
	Dye 3	65°11′N	43°49′W	2038			2490
	Camp Century	77°10′N	61°8′W	1885	380		1387
	Crete	71°7′N	37°19′W	3172	298	−30.4	404
	GISP	65°11′N	43°49′W				2037
	GRIP	72°35′N	37°38′W	3238	230	−31.7	3029
	GISP 2	72°35′N	38°29′W	3214	248	−31.4	3053
	NGRIP	75°6′N	42°19′W	2917	190	−31.5	3085
	NEEM	77°27′N	51°4′W	2450	220	−29	2540
	Humboldt-M	78°32′N	56°50′W	1995	197		146.5
	Renland	71°18′N	26°43′W	2340			324.35

第6章 冰冻圈内的气候环境记录

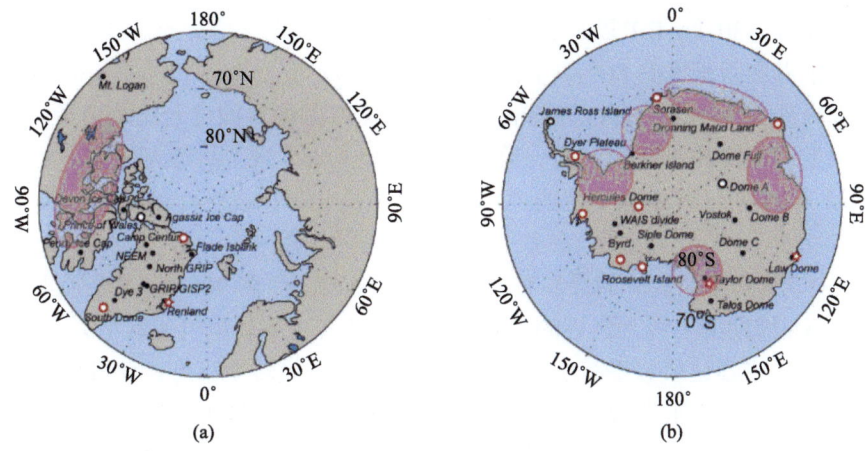

图 6.1 极地主要深冰芯钻取点分布图

黑点：已钻取冰芯；白圈：正在钻取的冰芯；红圈：拟钻取的冰芯

1. 轨道时间尺度的极地冰芯记录

南极冰芯记录可追溯到过去 800 ka（图 6.2），其包含了 8 个冰期-间冰期旋回的气候变化。重建结果表明，受地球轨道参数的影响，南极冰芯记录的气候变化具有 100 ka、40 ka 及 19~23 ka 的变化周期，其中 100 ka 为主导周期，而且 800~430 ka B.P. 的气温波

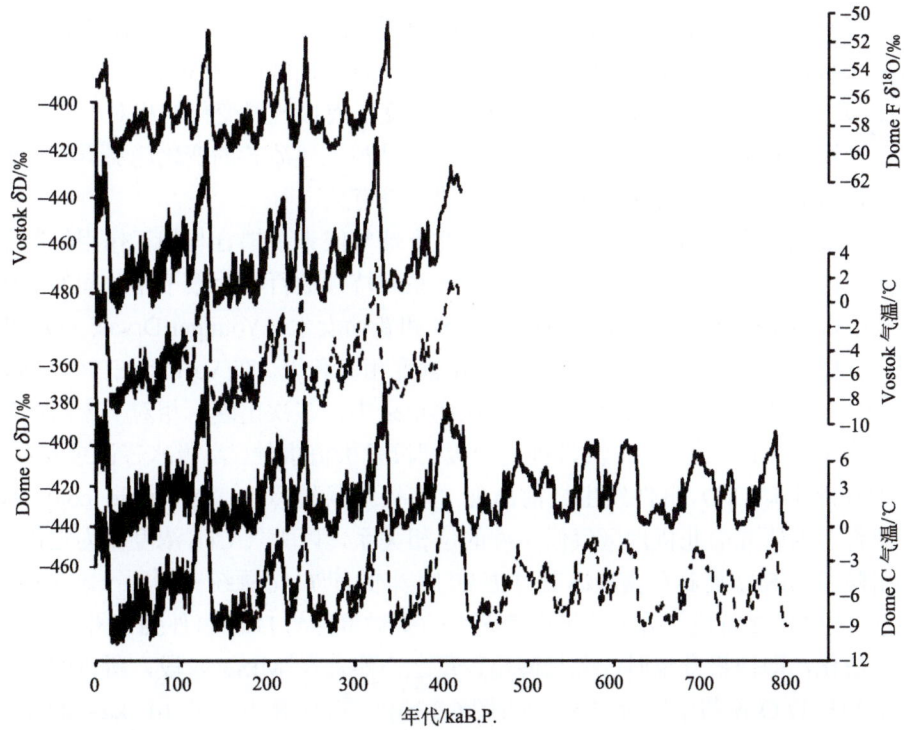

图 6.2 南极冰盖 Dome F, EPICA Dome C 和 Vostok 冰芯稳定同位素比率及重建温度时间序列（EPICA community members, 2004）

动幅度和周期较 430 ka B.P.以来的气温波动有所减小。在一个完整的冰期–间冰期旋回中，冰期通常占旋回长度的 80%以上，而间冰期只占不到 20%，持续 10~30 ka。对比分析东南极洲内陆 EPICA Dome C、Dome F 及 Vostok 冰芯稳定同位素比率记录，表明过去 400 ka 以来的气候变化具有很好的一致性（图 6.2）。依据米兰科维奇理论，南极冰芯中记录的冰期–间冰期气候旋回变化的主要驱动因子是北半球高纬度地区夏季吸收的太阳辐射变化。

第四纪冰期-间冰期旋回的最显著特征是主导周期大约在 900 ka 发生了重大转型，从之前的 40 ka 周期为主转为之后的 100 ka 周期为主（中更新世气候转型）。这一转变在 EPICA Dome C 冰芯记录似乎有所体现。要认识这一气候转型事件，获取更长的冰芯记录是最为关键的。位于东南极洲冰盖最高点的 Dome A 具有年平均气温极低（–58℃）、净积累率很小（<25 mm w.e./a）、冰流速极缓、冰厚度大（超过 3000 m）等特征，其满足了获取超过百万年冰芯记录的必要条件，是通过冰芯记录辨识中更新世气候转型的理想之地。

2. 千年尺度的极地冰芯气候记录

在冰期-间冰期旋回的大背景下，千年尺度的气候变化及快速的气候突变事件对气候环境的预测显得尤为重要。南极深冰芯中的 $\delta^{18}O$ 记录表明，东南极洲千年尺度上气温变化一致，但变化幅度具有明显的区域差异，这可能是由水汽来源差异、当地冰盖高度演化历史、降水季节性变化等导致的。在末次冰消期，南极冰盖边缘的 Law Dome、Talos Dome、Simple Dome、EDML 和 Byrd 冰芯 $\delta^{18}O$ 记录合成曲线[图 6.3(a)]与 EPICA Dome C 冰芯 $\delta^{18}O$ 记录变化比较一致，进一步说明千年尺度上南极气温变化的相对一致性。然而，南极冰盖边缘 Talos Dome 冰芯的末次冰消期记录与上述冰芯的变化趋势具有一定的差异性，这很可能与该冰芯定年结果存在一定的误差有关。

南、北极气候事件的位相关系对理解南北半球气候系统耦合与相互作用机制至关重要。格陵兰冰芯记录表明，末次冰期时存在一系列持续数百年至数千年时间的气候振荡事件，其中以 Dansgaard-Oeschger（D-O）事件和新仙女木（Younger Dryas, YD）事件最为典型。与北极地区相比，南极地区气候变化幅度相对和缓。在 Vostok、EPICA Dome C、EDML、Byrd 等南极内陆冰芯稳定同位素比率记录中，多次出现（相对于末次冰期时）增温幅度为 1~3℃的变暖事件，其被称为南极同位素极值事件。南极冰芯记录未发现 YD 事件，但在北半球 YD 事件发生之前出现"南极气候转冷"（Antarctic cold reversal, ACR）事件。为研究南北极地区气候事件的位相关系，以大气 CH_4 浓度作为定年对比标准，将格陵兰 GISP2 冰芯和南极冰芯过去 90 ka 来的 $\delta^{18}O$ 记录统一到同一定年标尺下，结果显示，在 MIS2 阶段，南极千年尺度上大的变暖事件与 D-O 事件强信号呈"跷跷板"式的振荡变化，即南极升温时，北极降温，反之亦然。在 MIS3 阶段，所有的南极同位素极值事件与 D-O 振荡中冰阶一一对应[图 6.3(b)]。在 ACR 发生的 14.4ka~12.9 ka 时段，ACR 事件的最冷期正好对应于格陵兰 Bølling 暖事件，而且南极开始变暖对应于格陵兰 Allerød 冷事件开始[图 6.3（c）]。由此可见，在末次冰期时，南北极地区气候变化在数百年至数千年时间尺度上存在"跷跷板"效应。这种效应是通过海洋经向翻转流实现的。

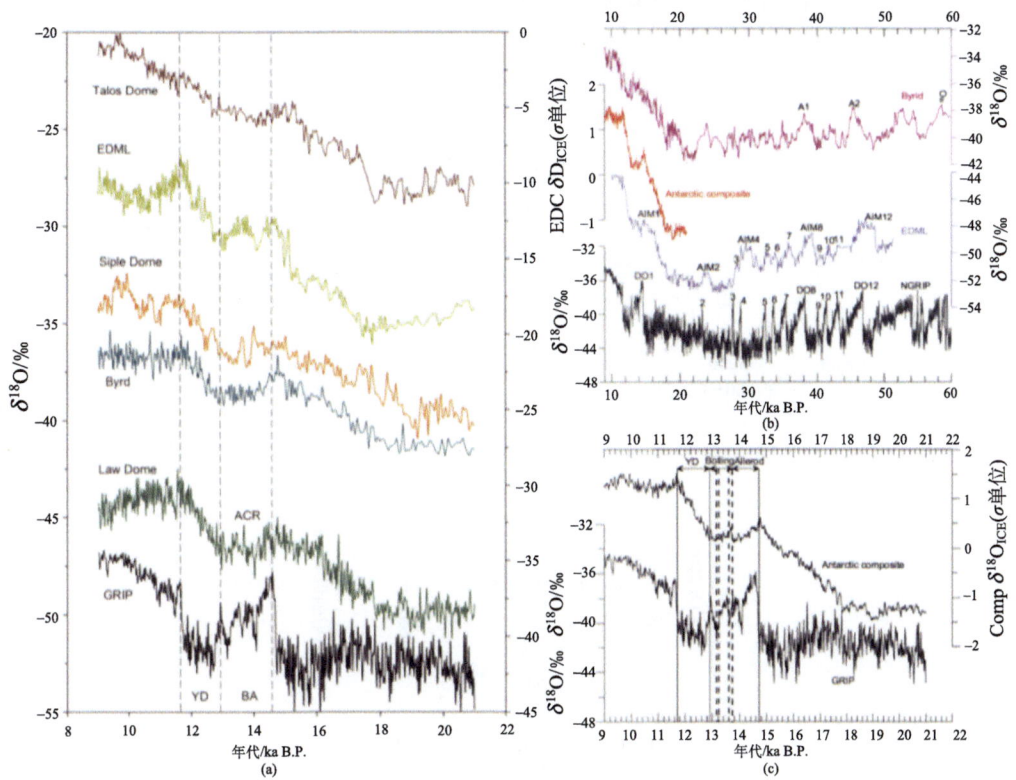

图 6.3 （a）末次冰期 GRIP、Law Dome、Siple Dome、EDML 及 Talos Dome 冰芯 $\delta^{18}O$ 记录对比；（b）南极冰芯记录的同位素极值事件与格陵兰冰芯 D-O 振荡对比；（c）末次冰期南极冰盖边缘冰芯 $\delta^{18}O$ 的合成记录与格陵兰冰芯的对比（EPICA community member, 2006）

极地冰芯记录揭示了千年尺度上气温变化的整体相似性和气温变化幅度的区域差异性。要分析这些区域差异性及驱动机制，需要更多的高分辨率冰芯记录和高分辨率气候模式模拟结果。针对南北极气候变化"跷跷板"效应的研究，需要进一步提高冰芯的定年精度与时间分辨率，以便揭示更短时间尺度上南北极气候变化的位相关系。

3. 极地冰芯中温室气体记录

冰芯气泡内气体的提取和分析是恢复过去大气成分连续变化最直接的方法。基于南极 Byrd 和 Dome C 冰芯的分析结果，末次冰盛期（LGM）时大气 CO_2 浓度比工业革命前的相应值低 30%。自工业革命以来，由于人类活动的影响，冰芯记录的温室气体（CO_2、CH_4 和 N_2O 等）浓度急剧增加（图6.4）。在冰期-间冰期时间尺度上，南极 Vostok 和 EPICA Dome C 冰芯记录均表明，大气温室气体浓度与气温变化之间存在稳定的正相关关系。基于该相关性估算了气温对温室气体变化的敏感性，即在 CO_2 倍增的情况下，气温升高 3~4℃ 与目前所普遍认为的 2~4.5℃ 一致。关于大气温室气体浓度与气温变化之间的位相关系，目前还没有一致的结论。例如，南极 Dome C 冰芯气体记录表明，末次冰消期时

CO_2 滞后气候变暖（800±600）年，但另外一项对 Dome C 冰芯的研究结果却表明，大气温室气体浓度的变化与气温变化基本同位相甚至可能超前于后者。

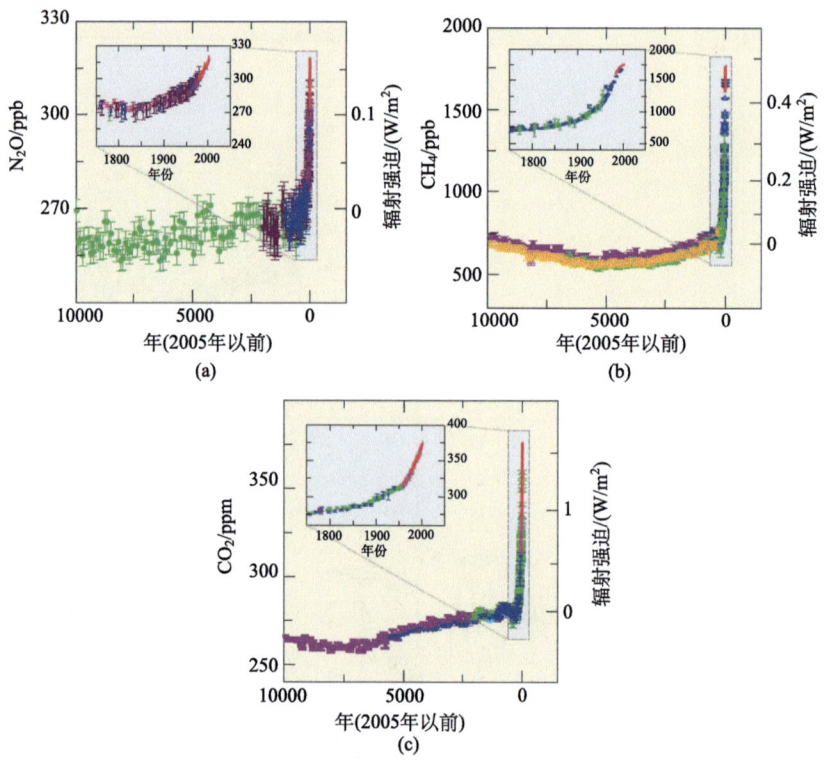

图 6.4　最近 1 万年和公元 1750 年（嵌入图）以来大气 CO_2、CH_4、N_2O 浓度的变化（Solomon et al.，2007）

图中所示测量值分别源于冰芯（不同颜色的符号表示不同的研究结果）和大气样本（红线），所对应的辐射强迫值见图右侧纵坐标

1 ppb=10^{-9}，1 ppm=10^{-6}

6.2.3　山地冰芯记录

中低纬度冰芯由于更加接近人类活动区，研究其所揭示的过去气候环境变化和人类活动的影响也更具有现实意义。目前，已在中低纬度山地钻取了大量冰芯（图 6.5）。青藏高原发育了大量冰川，是中低纬度冰芯研究的重要区域。1987 年在祁连山钻取的敦德冰芯是青藏高原地区第一支透底冰芯；1992 年在西昆仑山古里雅冰帽钻取了 309 m 的透底冰芯，是中低纬地区钻取的深度最深、年龄最老的冰芯；2007 年在喜马拉雅山中部的希夏邦马达索普冰川海拔 7000 m 的平台上钻取了海拔最高的冰芯。此后，在珠穆朗玛峰的东绒布冰川、青藏高原中部的马兰冰帽与普若岗日冰原及藏东南的海洋性冰川上也开展了冰芯研究。全球不同地区透底冰芯记录的对比研究（图 6.6），对揭示不同地区冰川的发育与演化研究具有重要意义。下文以青藏高原南部喜马拉雅山中段的希夏邦马达索

普冰芯为例，介绍中低纬地区冰芯记录的过去气候环境变化。

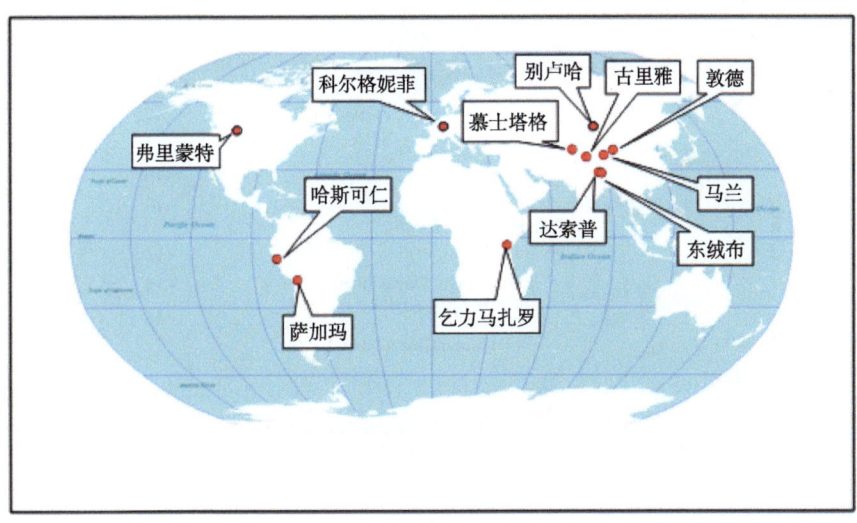

图 6.5 目前已经钻取的山地冰芯位置分布示意图

达索普冰川（28°23′N, 85°43′E）位于喜马拉雅山中段希夏邦马峰区，是一条山谷冰川，长 10.5 km，面积为 21.67 km^2，粒雪线高度为 6200 m 左右。冰芯钻取点位于其积累区海拔 7000 m 处的冰雪大平台，这里年净积累量超过 700 mm，10 m 处冰温接近 −14℃，冰川底部的冰温为 −13℃。1997 年中美科学家在该处钻取了 3 根深孔冰芯，其中两根为透底冰芯，长度分别为 160 m 和 150 m。达索普冰芯中的 $\delta^{18}O$ 和阴阳离子浓度存在着明显的季节变化特点，使得该冰芯上部的定年结果十分可靠，并得到了 1963 年核试验层位的验证，其底部可以通过冰川的流动模型进行定年。

达索普冰芯中恢复的冰川净积累量是反映印度季风降水量变化的良好指标（图 6.7）。该冰芯过去 400 年的冰川净积累量记录，显示了印度季风降水量在百年尺度上的变化规律。该记录显示（图 6.8），在 17 世纪初降水量开始呈波动性增加，1650~1670 年达到最高，这个时期正好对应小冰期（little ice age, LIA）的冷期，随后降水量逐渐降低，在整个 18 世纪，降水量都很低。1820~1920 年是一个相对高降水时期，此后降水量呈减少趋势。

达索普冰芯过去 1000 年的硫酸根离子（SO_4^{2-}）浓度的变化，反映了历史时期南亚地区大气中 SO_4^{2-} 浓度的变化。该记录表明，1870 年以前大气中 SO_4^{2-} 浓度低而且变化很小，但之后浓度升高，到 1930 年上升速度加快。研究还发现，冰芯中 SO_4^{2-} 浓度的上升与南亚的工业排放呈现相同的变化趋势。达索普冰芯中过去 2000 年大气 CH_4 浓度记录显示，工业革命以前，达索普冰芯记录的 CH_4 浓度平均为 825 ppbv，与南极及格陵兰同时代的样品相比，比二者分别高出约 160 ppbv 和 120 ppbv，有力地证实了热带湿地为大气 CH_4 重要的源区。达索普冰芯记录显示 CH_4 浓度从 1850 年开始急剧上升，在过去 150 年内增加了 1.4 倍，反映了人类活动对大气 CH_4 的影响。20 世纪两次世界大战期间，人类活动 CH_4 排放呈负增长；而在 LIA 期间，达索普冰芯记录了极低的 CH_4 浓度。

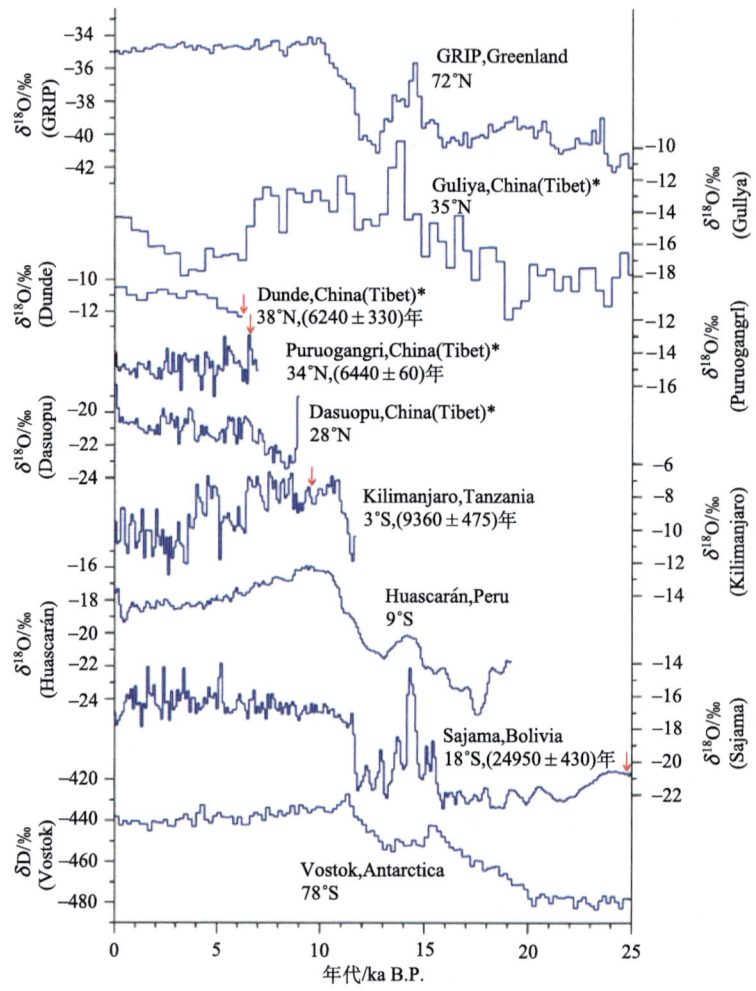

图 6.6 从南极到北极不同地区冰芯中 $\delta^{18}O$ 记录对比（Thompson et al., 2005）

红色箭头与数字代表 AMS ^{14}C 测年结果

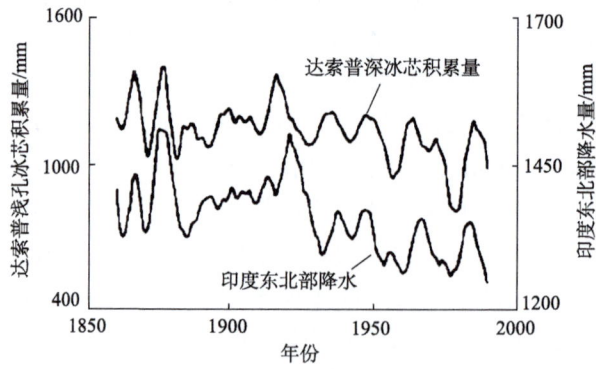

图 6.7 喜马拉雅山达索普冰芯记录的净积累量变化与印度东北部降水量变化的比较（姚檀栋等，2000）

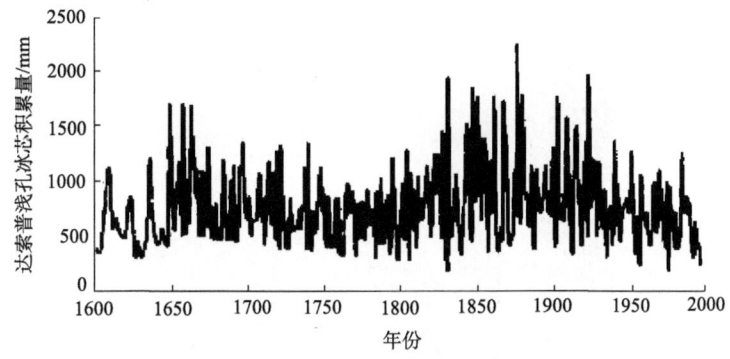

图 6.8 喜马拉雅山达索普冰芯记录的近 400 年来的净积累量变化（姚檀栋等，2000）

6.3 冻 土 记 录

第四纪以来，特别是中、晚更新世以来，多年冻土的演化历史可以根据古冻土遗迹较为直接或间接地进行推断和重建。这些证据大致可分为指示多年冻土加积（扩展）或退化两种。可直接指示古多年冻土加积的证据包括古多年冻土上限、寒冻裂缝假型（含冻土楔状构造）和各类冻胀丘遗迹；可直接指示古多年冻土退化的直接证据包括热融洼地、古融化层、热融褶皱和沉积物充填的锅穴、大规模松散沉积物变形，以及非灾变性的基岩构造。以下选择其中最重要和典型的冰楔记录（冻土楔状构造）及冻胀丘、泥炭丘的气候环境记录进行介绍。

6.3.1 冰楔记录

作为寒冷气候条件的产物，冰楔（ice wedge）的形成受地-气系统若干因素的控制，如温度和水分条件、围岩（土）类型、微地形及植被等。冰楔及其融化后形成的冰楔假型（ice wedge pseudomorph）能可靠指示多年冻土的存在，因而被广泛应用于古气候和古环境重建。

冰楔是现在仍为大块、一般呈楔状的具有叶理的冰体，冰体向下逐渐变薄；一些冰楔从地表向下延伸至数十米深（图 6.9）。在地温较低的多年冻土带北部，在冷季形成的寒冻裂缝穿过活动层贯入到多年冻土上部；在翌年暖季开始，冰雪融水流入裂缝后冻结形成冰脉。在暖季，活动层中的冰脉融化，而多年冻土层中那部分冰脉比周围冻土更易冻胀，在冰脉中再一次形成寒冻裂缝。融水流入后进一步冻结，使冰脉加宽、加深。这样的过程年复一年，形成了规模较大的冰楔群。按冰楔生长与沉积物堆积同时发生与否，分为后生冰楔和共生冰楔；按正在生成（活动）与否分为活动冰楔和不活动冰楔；按地表多边形中心的凹凸分为高中心多边形冰楔和低中心多边形冰楔。

图 6.9 中国东北伊图里河的不活动冰楔

冰楔假型是冰楔融化后，原来冰所占据的空间被来自周围和上覆土层的土充填而形成的楔状土体。楔体内可能是砂砾石或细粒土。自 20 世纪初以来，欧美多地广泛发现大量冰楔假型，其成为重建末次冰期（或早、中更新世）以来的多年冻土范围和古气候环境的重要证据。目前，在中国的东北、华北、青藏高原和西北地区现代多年冻土区内及周边的季节冻土区均发现大量的冰楔假型，其为研究中国和欧亚大陆东部的冻土演化提供了重要依据。多年冻土区的第四纪地层中保存着大量不同时代的与冻土相关的楔形构造，即原生砂楔、土楔及冰楔和冰楔假型等。只有准确地判断出各楔体类型，并建立这些楔体形成的年代序列，才能更科学可靠地重建古环境。

通常冰楔假型一般发育在较平坦的阶地、台地面上，多呈群体出现。在剖面上楔体上部宽大，下部窄尖，个别为双层结构，中间出现小肩；另外一种则为整体宽展，具有平滑舌状和锅底状末端（图 6.10），反映出其在形成过程中冻裂深度和反复冻融的差别。前者显示地表寒冻裂隙不仅穿越季节融化层，部分还深入多年冻土层上部。后者显示地表冻结裂隙始终未越出季节融化层，而在季节融化层内，频繁地、强烈地冻裂和融化挤压的交互作用，致使在季节融化层中形成舌形楔体。所以，楔体的双层性和下部小肩的存在是冰楔假型的主要判识标志。从楔体内沉积特征来看，冰楔假型的大部分楔壁有明显的挤压变形，楔体内充填物质有明显的垂直成层现象，少数充填砂中有微弱水平层理和沿楔壁的崩塌堆积物。

中国境内冰楔的生长和发育并不像北极海岸附近地带那样广泛分布，到目前为止，所发现的冰楔均为不活动冰楔。广阔的青藏高原面气候较干燥，这可能是限制现代冰楔生长的主要原因。因此，目前中国境内通过冰楔记录揭示气候环境变化的研究尚未深入开展。

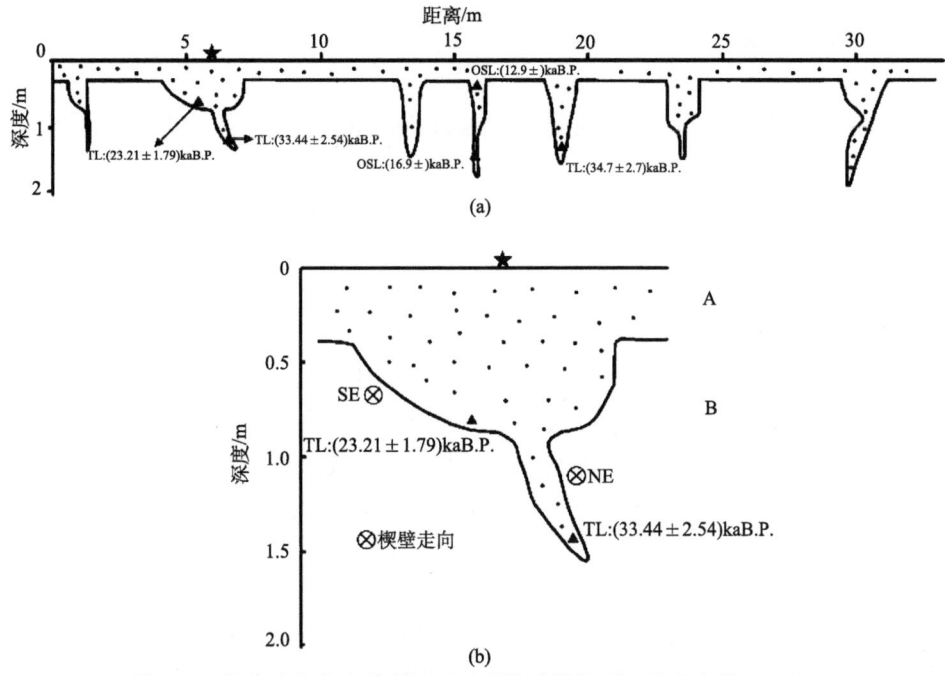

图 6.10 鄂尔多斯乌审旗南 14 km 处的冰楔假型（崔之久等，2002）

(a)剖面示意图；(b)剖面中的左数第二个砂楔，上下两部分时代不同、楔壁走向不同，是两个砂楔的叠置；A 黄色细砂层；B 含砾石的紫红色土层

大兴安岭伊图里河一冰楔埋藏于地表 1 m 以下，上覆草炭层，围岩为泥炭质亚黏土，冰楔宽 1.1 m，可见高度 1.45 m。冰楔体顶部与现代多年冻土上限一致（图 6.11）。楔体冰透明，具有明显的垂直层理，叶理间夹有少量的灰色亚黏土。据 ^{14}C 资料分析，该冰楔形成时段为 1600~3300aB.P.。

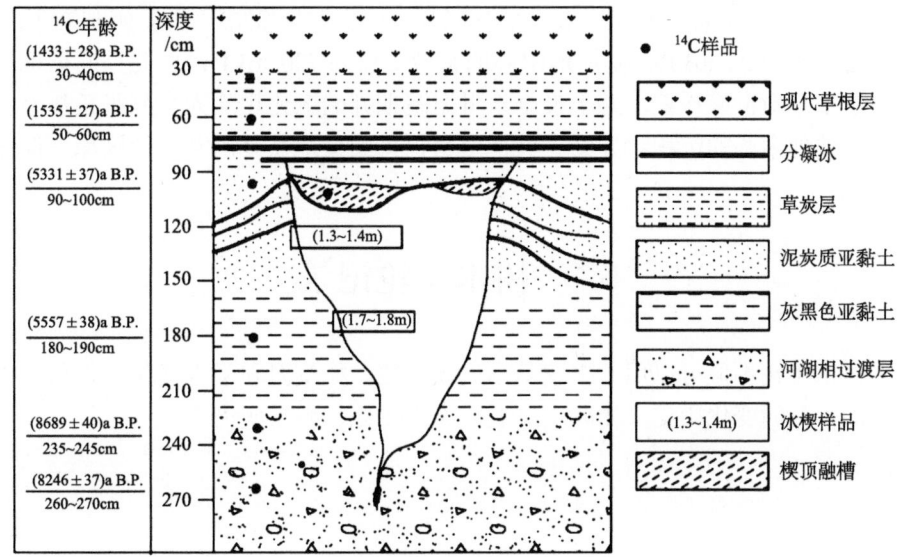

图 6.11 伊图里河冰楔剖面图（杨思忠和金会军，2010）

6.3.2 冻胀丘记录

冰皋（多年生冻胀丘）遗迹（pingo scars 或 remnants）是古冻土存在的无可争议的证据。冻胀丘（frost mound）为含有冰核的似锥状土丘，是由土的差异冻胀所形成的各种丘状地形。然而，有些冻胀丘发育只需要寒冷的气候环境和地层、水文地质条件，而不一定需要多年冻土存在。冰皋遗迹包含有气候和环境的信息，但是其确认需要仔细考证。冻胀丘的研究任务是查清冻结成丘状冰体的水源及丘体与围岩的相互关系，并确定该冻胀丘的形成时代及其发展、演化的过程。

在加拿大和阿拉斯加的连续多年冻土区，多发育大型的、多年生的、封闭系统的冻胀丘；在不连续冻土区，则多发育大型的、开敞系统的多年生冻胀丘。在中国东北大小兴安岭冻土区，多分布小型封闭型冻胀丘，而大多为季节性的。在青藏高原多年冻土区，发育了各种类型的冻胀丘。按地下水补给来源冻胀丘可归纳为两大类，即多年冻土层下承压水补给的冻胀丘和多年冻土层上水补给的冻胀丘，前者大多为开敞系统的冻胀丘，后者多为封闭系统的冻胀丘。

现代冻胀丘是多年冻土区内一种明显的微地貌标志。在青藏高原上，均发育有不同类型的冻胀丘，因此很难统计出某一类冻胀丘的限定性气温指标。在野外冻土调查时，尤其是在多年冻土区边缘地段，如果发现在沼泽湿地中发育了许多冻胀丘和泥炭丘，即可断定该处存在多年冻土。冰皋退化常沿着扩大的裂缝和顶部坍塌产生，而泥炭丘退化主要是基底式滑塌。利用古冻胀丘遗迹及冻胀丘洼地内的沉积物年代资料，可重建古冻胀丘的形成时代，并可间接地确定该地段多年冻土发育和演化过程及古地理环境变化。

在青藏公路西大滩东段（小南川口以东）沿东西向大断裂带附近，分布有许多塌陷的古冻胀丘，洼地呈串珠状或马蹄形，每个洼地都有一个出口，最大的洼地直径达 200 m 以上，相对深 5~6 m，个别洼地积水，枯干的洼地已生长植物，该地段海拔为 4250 m 左右，现为季节冻土区，未见到正在发育的冻胀丘。对其中一冻胀丘边缘顶部腐殖质土 ^{14}C 测定，其年代为 3925 aB.P.，其洼地中心的腐殖质层为 720 aB.P.，由此判断该地段古冻胀群生成于晚全新世寒冷期，并于晚全新世温暖期开始融化塌陷为古冻胀丘洼地。利用古冻胀丘及洼地中心的沉积物并结合其他资料，可间接地恢复出某一地区冻土演化和环境变化状况。

6.4 树木年轮记录

寒区树木年轮不但可以用于重建基本气候参数，如气温和降水变化等，还可以用于反演冰冻圈本身的变化历史，如冰川进退、冻土变化、积雪变化等。

6.4.1 寒区树木年轮记录的重大气候事件

在高海拔和高纬度寒区，环境温度较低，树木生长缓慢，年龄很长的树木得以存活至今。一般来说，生长在寒区的树木，温度是其生长的主要限制因子，树轮宽度变化更多地记录了温度变化信号。然而，在干旱的寒区，水分条件往往会成为树木生长的限制性因子，树轮宽度可反映寒旱区降水变化的历史。

在过去 1000 年的气候变化历史中，具有大范围区域的重大气候事件主要包括中世纪气候异常期（Medieval climate anomaly, MCA）、小冰期（LIA），以及 20 世纪暖期（20 th century warming）。这 3 个典型的气候事件构成了过去 1000 年气候变化的主体。

树木年轮记录了不同地区的中世纪气候异常期（900~1300 年）。在中国祁连山中部的高海拔地区，祁连圆柏树轮宽度指数序列的变化表明，1050~1150 年为温度偏高阶段，而在柴达木盆地森林上限重建的温度序列却表现为总体偏冷。青藏高原地区过去千年的温度序列显示，在 11 世纪高原温度处于冷相位阶段。树木年轮记录在 LIA 何时开始的问题上，在不同区域存在一定差异。祁连山中部高海拔地区树轮宽度资料显示，LIA 主要发生在 1440~1890 年。青藏高原东北部树轮重建温度序列表明，LIA 鼎盛时期发生于 1599~1702 年。同时，青藏高原地区的树轮记录也表明，17 世纪为 LIA 盛期，高原普遍表现为低温期。基于寒区树轮资料重建的千年温度序列都表明，20 世纪为过去千年以来温度最高的一个世纪。不仅树轮宽度资料记录了这一现象，树轮稳定同位素记录也都支持这一结论。然而，大气 CO_2 浓度的持续升高引起的"肥化效应"，可能会使得树轮宽度记录的 20 世纪增温幅度有所放大。

6.4.2 寒区树木年轮记录的冰川末端进退

树轮作为一种精确到年的定年手段，在全球许多地区被用于重建过去的冰川进退历史。其基本原理是：冰川前进时会对其运动路径上的树木造成伤害甚至导致其死亡，而冰川退缩后，树木又会生长在退缩后的遗迹上，这些树木为利用树木年轮重建该地区过去冰川进退历史提供了可能。

早期的树轮冰川学研究主要利用冰碛垄上生长的最老活树的生理年龄加上树木定居期来推测冰川开始后退的最小年龄。冰川末端冰碛垄上最老活树基部髓心年代的变化，表明了冰川退缩后树木在冰碛垄上的原生演替渐变过程。因此，对冰碛垄上最老树木的年龄进行定居期校准后，就可以推测冰碛垄形成的最晚时间。树木的生理年龄以通过查找采自基部的样本的年轮数来确定。冰川前缘冰碛中的残遗木在重建冰川前进历史中有着重要作用。残遗木与活树之间的交叉定年，延长了冰川前缘树轮年表的长度，可揭示更长时间尺度的冰川波动历史。在利用残遗木进行冰川波动历史重建时，一些异常年轮结构可以反映极端环境事件的变化，其有着特殊的定年价值。

目前，中国的树轮冰川学研究主要集中在青藏高原地区。基于生长在米堆冰川终碛垄和侧碛垄上的长序杨与川西云杉的髓心年代分析，发现米堆冰川 LIA 冰碛形成于 1767

年左右（图 6.12），同时米堆冰川波动历史与中国和北半球其他地区冰川的波动呈现较高的空间一致性，在年代际尺度上，冰川进退波动与温度变化存在约 8 年的滞后期。利用生长于青藏高原东南部的嘎瓦隆冰川和新错冰川冰碛垄上的西藏红杉及川西云杉，基于树轮的方法对 LIA 的冰川波动历史进行了重建，结果显示，不同冰川的 LIA 冰碛形成时间具有一定差异，并且在 LIA 之后，20 世纪的冰川进退历史也产生着差异，嘎瓦隆冰川在 20 世纪晚期又前进并达到了 LIA 时的规模。

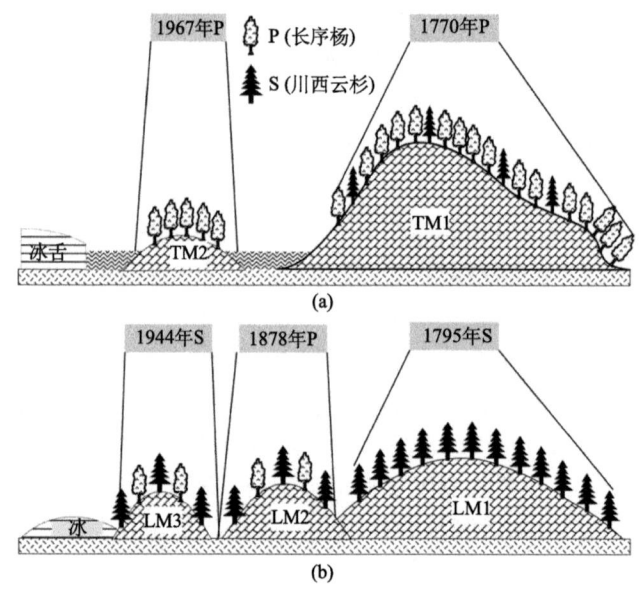

图 6.12　米堆冰川末端冰碛垄上最老活树基部髓心年代分布剖面图（改自徐鹏等，2012）

LM 为侧碛垄，TM 为终碛垄

6.4.3　寒区树木年轮记录的冻土环境变化

随着全球变暖的加剧，多年冻土温度上升，活动层厚度增加，导致活动层内土壤水分向下迁移。这些改变会显著影响北方高纬地区森林的生长环境。生长在受冻融活动扰动地区的树木，因土壤表层冻结抬升、融化下沉会导致树木发生倾斜，这种倾斜会以压缩木的形式记录下来。生长在冻土区树木的径向生长与生长季活动层温度条件密切相关。冬季高温导致土壤在春季融化提前，进而影响生长季起始时间和树木年生长量。利用树轮指标研究发现，全球变暖引起的活动层的增加将大幅提高冻土区落叶松的森林生产力，并且对树木生长的环境条件从温度限制变为水分限制。在中西伯利亚北部的连续冻土区生长的落叶松年轮宽度和稳定同位素的记录显示，从 1960 年开始树轮 $\delta^{13}C$ 和 $\delta^{18}O$ 的关系发生了从负相关到正相关的转换，这种转换指示了 20 世纪后半叶冻土区土壤水分的减少趋势。

6.4.4 树轮记录的积雪变化

高山地区春季积雪和夏季温度对树木生长起限制作用。春季积雪与树木生长呈现负相关关系,即较深的积雪对翌年树木生长不利。在亚北极的森林-苔原地区,结合树木生长的机制模型,发现冬季降水(积雪)的增加不仅导致积雪融化的延迟及其对森林生长的影响,而且会导致树木形成层活动的开始时间有所延迟,从而使生长季缩短。这种变化不仅会导致树木生长速率减缓,同时也降低了树木生长和温度的关系,即树木生长对温度变化的敏感度降低,这表明在特定区域树轮代用资料可以作为积雪变化的有效代用资料。

基于树轮资料,已揭示出美国西科罗拉多甘尼森河流域雪水当量极值年和较低雪水当量时期的持续时间在过去 400 多年并不是平均分布的,20 世纪的变化和极值位于长期变化范围之内。然而,在落基山脉北部地区,20 世纪积雪减少的幅度是过去 1000 年最大的。落基山脉的积雪变化与冬季来自太平洋的水汽尤其是风暴过程有关。科罗拉多河流域源头过去 1000 年雪水当量变化仅有两个时期(1300~1330 年和 1511~1530 年)表现出较低的积雪值,其平均值与 20 世纪的早期和后期相当。相反地,科迪勒拉山脉北部地区在 17 世纪 50 年代~19 世纪 90 年代,雪水当量值较高,与全新世大冰期冰进有较好的对应。基于加利福尼亚州中部来自 33 个样点 1505 棵反映冬季降水异常的橡树树轮宽度主序列和反映 2~3 月加利福尼亚温度的树轮宽度序列,重建了 1500~1980 年内华达山脉的雪水当量数据,发现 2015 年雪水当量值为历史最低(图 6.13),较低的雪水当量与降水减少和温度升高存在密切的联系。

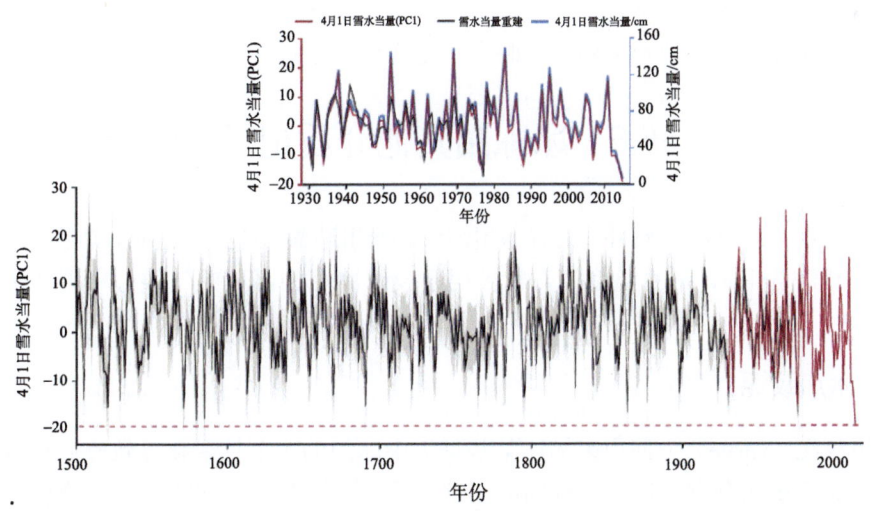

图 6.13　1500~1980 年内华达山脉 4 月 1 日雪水当量变化(Pederson et al., 2011)

下图为器测(1930~2015 年,红色曲线)和重建的雪水当量(1500~1980 年,黑色曲线)第一主成分(PC1),阴影部分为重建误差估计。重建校准的第一主成分来自于内华达 108 个测站,其方差解释量为 63%(1930~1980 年)。上图为 108 个站点的平均雪水当量(cm,蓝色曲线)和重建及第一主成分的比较

6.5 寒区湖泊记录

寒区湖泊主要分布在高纬和高海拔地区，其是陆地生态系统的组成单元。这些地区的湖泊多数比较偏远，受人类活动的直接影响很小，其沉积物能够有效地记录湖泊形成以后区域的气候和环境信息，是研究冰冻圈气候与环境变化的重要载体。在准确测年的基础上，提取湖泊沉积物中各种物理、化学和生物等环境代用指标的信息，来解释地质时期的气候与环境变化。

北极的埃尔古古伊恩湖沉积物很好地揭示了轨道尺度的气候与环境变化。该湖LZ1024岩芯的硅藻氧同位素$\delta^{18}O_{diatom}$反映了北极地区的降水变化，其结果与深海沉积LR04岩芯$\delta^{18}O$记录、EPICA Dome-C的δD记录一致，均呈现米兰科维奇理论41 ka周期，反映了地球轨道参数变化对北极地区降水的影响。

在中低纬度地区，具有高海拔的青藏高原湖泊沉积记录反映了季风气候对沉积过程的影响。由于特殊的地理位置，青藏高原地区受到亚洲季风和西风两大环流的共同影响。青海湖沉积岩芯的多指标分析表明，在冰期-间冰期和冰期千年时间尺度上，西风气候和亚洲夏季风表现为反相位关系，冰期时西风气候占主导，全新世时亚洲夏季风占主导，西风和亚洲季风的交替影响可能是第四纪以来青藏高原东北部地区主要的气候状况。

尽管寒区湖泊沉积在重建全新世气候与环境变化方面获得了很多成果，但在较大范围的区域内不同湖泊气候环境记录还具有差异性，这可能反映了历史时期环境变化的区域差异。因此，如果在较大的冰冻圈区域内湖泊广布（如青藏高原），则应该在考虑气候带和地域分异因素的条件下，获取较大范围的多个湖芯样本，从而构建反映地域分异的气候和环境曲线，在此基础上构建反映大尺度变化的平均序列。

6.6 冰冻圈其他介质记录

除上述常见冰冻圈介质外，尚有冰川泥纹、冰川地貌、苔藓和地衣、动物残体层（如企鹅粪土和海豹毛）、钻孔温度等，也被用于反演冰冻圈区域的气候、环境和生态系统变化。

1. 冰川纹泥

冰川纹泥（varve）一词用来描述某些湖泊中冰川的季节性融化导致碎屑输入的季节性变化，其沉积物具有一年一个旋回的层理，这种层理记录着每年的季节变化，因而也称为季候泥。不同季节沉积物的厚度、颜色、成分均有差别。夏季冰川融化强烈，冰川融水充沛，搬运能力强，冰川融水所挟带的泥沙注入附近的湖泊（冰缘湖）后，细沙颗粒很快沉于湖底，而粒径较小的黏土质颗粒仍浮漂于水中。至冬季，黏土慢慢沉积于沙层之上。年复一年就形成了层理清晰并具有粗细相间韵律的沉积层。纹泥中沙层色浅，主要成分为石英和长石；黏土层色深。

2. 冰川地貌

冰碛地貌作为冰川历史活动留下的显著的直接证据，是研究古冰川和恢复古地理环境的重要依据。根据冰碛物的新老关系，可以确定第四纪冰期和间冰期气候变化的相对年代，结合冰碛物的绝对年代学结果，可以确定第四纪冰期与间冰期发生的确切时间。研究冰碛垄所处的位置、规模大小能够很好地指示古冰川发育的状况；侧碛垄的最大高度可以用来估算当时的雪线高度；应用地貌方法恢复冰川的平衡线高度（ELA），是通过冰川遗迹重建古气候的重要方法。地貌法估算平衡线高度的方法有：①积累区面积比法（AAR）；②面积-高度平衡比法（AABR）；③侧碛垄最大高度法（MELM）；④冰川末端-源头高度比法（THAR）；⑤冰斗底部高度法、冰川作用临界高度法（glaciation threshold）等。AAR 法最常用来估算冰川平衡线高，前提是处于稳定状态的冰川，其积累区面积所占冰川总面积的比例是一个定值，比值大小由冰川的气候类型、冰川地貌类型、冰川发育区地形特征、冰川表面碎屑覆盖程度等决定。典型中高纬冰川的 AAR 为 0.55~0.65。因此，选择采用适合的比值是冰川平衡线恢复的关键。THAR 法假设的前提是 ELA 位于冰斗后壁与冰川末端之间的某个高度，大部分情况下，THAR=0.4~0.6。它的优点是，知道冰川末端高度和冰川源区高度，很容易算出平衡线高度；难点和问题在于采用合适的比值。MELM 法适用于冰川地貌形态明显，特别是冰川修剪线（trimline）、侧碛垄保存较好的冰川，与 AAR 法等合并使用，互相验证，效果更好。

3. 地衣和苔藓

地衣是由真菌和藻类（或真菌和蓝细菌）高度结合的具有稳定形态和特殊结构的共生复合体。地衣测年是一种有效的定年方法，其主要应用于全新世晚期的定年研究。在寒带高山地区林线以上地区，地衣生长非常慢，寿命非常长；而且这些地方也缺乏其他可以用于定年的有机材料。地衣测年技术在极地和高山冰川前缘冰碛物定年方面得到了很好的应用。将地衣测年和树轮定年相结合，可研究 LIA 以来冰川进退。地衣定年自身也有一定的局限性。间接法需要知道基物的年龄，因此不能应用在基物年龄不确定的地区。对于直接法来说，因为目前全球气候处于变暖趋势，通过直接监测地衣年生长率获取的生长曲线在长时间尺度上可能不具有代表性。

苔藓植物分布范围极广，可以生存在热带、温带和寒冷的地区（如南极洲和格陵兰地区）。它没有真正的根和维管束组织，表面积较大，对环境因子的反应敏感度是种子植物的 10 倍以上。苔藓类植物是冰冻圈地区分布的主要植物物种之一。我国青藏高原由于海拔较高，被称为"世界第三极"。全球气候的变暖，雪线上升，使得苔藓植物的分布与基因变异有可能发生较大的变化。因此，通过野外调查青藏高原与西北高山冰缘地区的苔藓分布规律的变化，并通过分子生物学方法来研究苔藓植物种群在遗传结构上所发生的变化及其与环境因子的相关性，可指示气候变化。

4. 粪土层和海豹毛

鸟类粪土中含有生物标型元素，以及碳、氮同位素等，对其研究可以了解气候变化及生态系统的变化情况。对南极阿德雷岛企鹅粪土沉积物生物标型元素的研究表明，该企鹅粪土沉积物酸溶性 $^{87}Sr/^{86}Sr$、$\delta^{13}C$ 和 $\delta^{15}N$，以及几丁质酶基因含量的深度变化曲线和生物标型元素相似，恢复了历史时期企鹅数量的变化。对鸟类粪土层的研究，已扩大至北极、中国南海西沙群岛等区域。

南极海豹以磷虾为优先选择的食物，只有在磷虾供给不足的情况下才会选择其他鱼类为食，因此以南极海豹毛为研究介质，可获知磷虾种群密度的相对变化。根据南极乔治王岛 Fildes 半岛含有海豹毛序列的粪土层进行氮同位素分析，可推断南极磷虾在海豹食谱构成中的比例变化，得到磷虾种群密度的相对变化。通过分析东南极 Vestfold Hills 的阿德雷企鹅骨骼和羽毛的稳定同位素，认为在全新世期间磷虾丰度变化与区域气候变化事件相关，即温度较低时磷虾丰度较高。另外，现代阿德雷企鹅的 $\delta^{15}N$（$^{15}N/^{14}N$ 值）值较低，这是由于人类大量猎取以磷虾为食的海豹和鲸鱼，从而导致近期磷虾数量增加。该项研究为探讨区域海洋食物链的变化提供了一个独特的视角，也有助于南极海洋生物资源的养护与管理。

5. 钻孔温度记录

冰川和冻土中的钻孔温度状况受地表温度变化和地下热流的共同影响，因此，通过对钻孔温度记录分析可重建过去地表温度变化。在地球表面温度波动向下传导过程中，温度波动幅度随深度增加呈指数衰减，短期地表温度振荡幅度（如日变化和季节变化）比长期振荡幅度随深度增加衰减更快，这使得可利用深层温度剖面来反演地表温度的长期变化趋势。钻孔温度记录可以重建过去数十年、数百年乃至千年时间尺度的温度变化历史。目前，已利用钻孔温度记录对局域、区域、半球乃至全球尺度范围的温度变化进行了研究。

思 考 题

1. 冰芯是如何记录气候环境变化信息的？
2. 冰芯记录了哪些气候环境变化信息？
3. 试概述冰冻圈内各类介质中气候环境记录的优缺点？

延 伸 阅 读

【代表人物】

Willi Dansgaard（1922~2011 年）

丹麦古气候学家，是第一个意识到格陵兰冰盖是世界气候变化历史档案库的人。他早年在哥本哈根大学学习气象学，毕业后于 1947 年赴格陵兰从事地磁观测工作，从此与格陵兰结下了不解之缘。1951 年开始在哥本哈根大学从事教学与研究工作，他的第一份工作是安装质谱仪并从事稳定同位素的分析。1952 年 6 月的一天，他利用空的啤酒瓶和漏斗在自家的草坪上收集降水样品，以分析降水中稳定同位素比率是否发生变化，结果发现，降水中氧稳定性同位素比率随着暖锋和冷锋过境存在着显著的变化，并与降水形成的高度（气温随高度升高而降低）密切相关，从而开启了同位素气象学研究的新领域。后来，他对全球降水中稳定同位素比率进行了系统研究。他发现中高纬度降水中 $\delta^{18}O$ 季节变化与气温存在着很好的相关性，因此意识到格陵兰地区积累的冰雪中 $\delta^{18}O$ 包含着过去气候变化的信息，并于 1954 年提出冰芯研究的思想。他通过对格陵兰 Camp Century 和 Dye-3 冰芯的研究，系统地揭示了末次冰期以来的气候变化记录，并发现在末次冰期时气候存在千年尺度的快速变化，现在称为 D-O 事件。鉴于他对冰芯研究的重要贡献，于 1976 年获得国际冰川学会授予的 Seligman Crystal 奖，1995 年获得瑞典皇家科学院授予的 Crafoord 奖，1996 年获得 Tyler 奖。

【经典著作】

1. *The Environmental Record in Glaciers and Ice Sheets*

作者：H. Oeschger, C. C. Langway Jr。

出版社：Wiley-Interscience Publication, John Wiley & sons，1989 年。

内容简介：1988 年 3 月，在德国举行了"冰川中的环境记录"的学术讨论会，该讨论会的主要目的不是要与会的各国科学家叙述他们的"已知"，而是要提出他们的"未知"，不是要解决问题或对某一观点作出仲裁，而是要确定和讨论当时最前沿和最重要的科学问题，以指出未来的研究方向。在这次学术讨论会的基础上出版了本书。全书内容包括四部分：①冰川是如何记录环境过程、储存信息的？②人类活动对冰川记录有何影响？③怎样建立冰芯年代学？④通过长期冰芯记录我们可以了解到全球气候环境变化的哪些信息？本书是当时全球从事冰芯研究科学家集体智慧的结晶，对于认识冰芯和研究冰芯具有重要的指导意义。

2. *Tree Rings and Climate*

作者：H C Fritts。

出版社：Academic Press, London, 1976 年。

内容简介：本书是树木年轮气候学的经典书目之一，首次出版于 1976 年。本书首次系统地介绍了树木年轮气候学的基础和应用，特别是在古气候重建方面的应用。树轮古气候重建是将现代气候放在过去千年气候变化的视角上，以期对未来气候变化进行预测。本书对树木年代学的基础、树木和气候环境的相互关系、树木生长的模拟、树木年轮气候学的理论和应用等方面均进行了阐述。对于古气候重建应用的介绍，从单点到区域大尺度上向读者展示了树木年轮气候学在古气候研究中的重要作用。从生物学角度出发，本书介绍了树木年轮形成的原理，探讨了树木年轮和气候之间的关系；在此基础上，给出了如何利用树木年轮来揭示历史气候和确定过去的气候事件。树木年轮形成的基本植物过程、简单的统计变量和方法，以及它们所揭示的树木环境和生理响应变量，树木年轮气候学数据校准，气候意义解释、重建和验证，以及空间气候重建均在本书进行了详细介绍。

第 7 章
不同尺度的冰冻圈演化

本章涉及古冰冻圈的概念。古冰冻圈，即地球历史时期的冰冻圈。地球具有 46 亿年的历史，寒武纪开始至今仅 5.42 亿年，之前的 40 余亿年称为前寒武纪时期。前寒武纪时期分为冥古宙（46 亿~40 亿年前）、太古宙（40 亿~25 亿年前）和元古宙（25 亿~5.42 亿年前）。地球经过冥古宙和太古宙早期演化，结束炽热星球时期，形成了岩石圈、大气圈、水圈和生物圈。于太古宙晚期（28 亿~25 亿年前），地球表面温度趋于现在的水平，以古元古代冰期为标志，形成早期冰冻圈。冰冻圈在地质历史时期有许多不同时间尺度的变化，大致来说，有亿年尺度的、有万年尺度的、有千年尺度的和百变尺度的，其原因各不相同，不同程度地显示周期性。现在的冰冻圈是多种变化周期交织叠加的综合反映。我们研究冰冻圈，不能不对冰冻圈的历史变化有所了解。本章分构造、轨道、亚轨道和百年 4 种尺度，分述冰冻圈演变及其可能的原因。

7.1 构造尺度冰冻圈演化

现已查明，古元古代冰期、新元古代、奥陶-志留纪、石炭-二叠纪及晚新生代均不同程度地发生冰期。其中，尤以新元古代、石炭-二叠纪和晚新生代冰期为盛。本节重点介绍此三大冰期。

7.1.1 前寒武纪大冰期

这次冰期发生在前寒武纪晚期，即新元古代，西方文献多称晚前寒武纪冰期（late Precambrian glaciation）或新元古代冰期（Neoproterozoic glaciation）。因其发生在寒武纪前夕，我们还是统一称"前寒武纪冰期"。

1. 前寒武纪冰碛岩及其特征

19 世纪下半叶开始迄今，在世界各大陆发现广泛分布着前寒武纪冰碛岩（tillite）及其下伏岩层上的冰川擦面，确定存在古老的冰期，被称为 Varangian 冰期。并根据 U-Pb 定年资料，将前寒武纪冰期分为 4 次冰期，即 Kaigas 冰期（770~735 Ma B.P.）、Sturtian 冰期（715~680 Ma B.P.）、Marinoan 冰期（660~635 Ma B.P.）和 Gaskiers 冰期（585~582 Ma B.P.），其名称分别来自纳米比亚、南澳大利亚（中间两个）和纽芬兰。基本确定了 Varangian 冰期发生的时间。中国南陀冰碛岩和罗圈冰碛岩都属于前寒武纪冰碛岩，南陀冰碛岩定年为 Marinoan 冰期。基于前寒武纪冰碛岩广泛分布，国际地层委员会在地质年表中命名了一个"成冰纪"（cryogenian），时间为 850~635Ma B.P.。前寒武纪冰碛岩有如下特征。

地理位置：科学家应用古地磁方法对前寒武纪冰碛岩当时所处的地理位置进行了订正，得出了一个非常意外的结论：前寒武纪冰碛岩形成时，都处于赤道附近的纬度上。

红土化地层：研究发现，全球前寒武纪冰碛岩大都是红色的混合杂岩，并覆盖在红色岩层之上（图 7.1），含有很高的赤铁矿。例如，南美的 Jacadigo 组残存 500 亿 t 的铁矿石资源量，平均含铁高达 50%，南澳大利亚局部含铁也高达 40%，估为 3 亿 t 可开采铁矿。说明冰川作用发生之前，地球温度很高，风化很强，形成巨厚的红色岩层。冰川作用是在红色基岩上发生的，因而形成红色冰碛物。当然，有的红色冰碛岩又经后期化学风化。

图 7.1　纳米比亚前寒武纪红色冰碛岩(a)（Hoffman et al.,1998）和阿曼 Dhofar 冰川磨光面（b）（Allen and Etienne, 2008）

碳酸盐岩盖层（cap carbonate）：前寒武纪冰碛岩的另外一个特点是，上覆地层往往是白云岩、石灰岩等碳酸盐岩盖层，有的地方如伊尔库茨克也和岩盐或蒸发岩伴生在一起。这些岩石均指示高温干旱的气候环境，尤其是碳酸盐岩盖层中 $\delta^{13}C$ 值异常低，使地质学家联系到碳循环与环境。

海陆环境：前寒武纪的冰碛岩大都沉积于当时的海洋或浅海，冰筏作用明显。有科学家根据冰碛岩的结构推测，冰盖消退时海面猛升，引起大风巨浪效应，显示冰期向间冰期转换过程的环境特征。

2. 雪球地球假说（snowball earth hypothesis）

根据以上冰碛岩分布和沉积特征及其主要分布于赤道附近的事实，Kirschvink 于 1992 年提出"雪球地球"的概念。Hoffman 则以纳米比亚等地发现的冰碛岩上覆碳酸盐岩盖层及其 $\delta^{13}C$ 异常来支持这一观点，使雪球地球说成为一个颇具影响的假说。

雪球地球假说认为，前寒武纪形成了一个完全冻结的冰雪地球，厚达数千米的冰盖覆盖了全部大陆和洋面。基于冰碛岩集中分布于赤道一带的现象，科学家自然联系到大陆板块向赤道带集中和地轴倾角增大的问题。前寒武纪晚期是个泛古陆（the rodina supercontinent）时期，这个联合古陆分布于赤道低纬度带。但是赤道低纬度带是接受太阳辐射最多的高温带，为何又能发育冰川呢？1975 年，Williams 认为，比较理想的解释应当是地轴倾角增大到 54°~126°。这样，赤道低纬度带将优先发生冰川作用，全球季节性分明；地带性弱化有利于各纬度产生暖水沉积作用和红土化风化作用，但这需要进一步研究来验证。2002 年，Schrag 等甚至只用赤道大陆来解释地球雪球形成。他们认为，冰期前集中于赤道低纬度的联合古陆产生强烈的化学风化，使大气中的 CO_2 消耗殆尽，于是解除了其温室作用，使地球大幅度降温，诱发大冰期。冰雪一旦积累，其对太阳辐射产生强烈的正反馈作用，直到地球完全封冻。Hoffman 等认为，一个完全封冻状态的地球一直延续，直到火山喷发导致大气中 CO_2 重新积累到今天浓度的 350 倍，使温室效应达到超常的水平，才使雪球地球解冻。解冻过程中，又释放出冰盖底部封存的原生物体腐烂后产生的甲烷，从而加强了温室气体。解冻后的降水把大气中的 CO_2 带到地面，分解岩石，形成碳酸盐沉积，覆盖在冰碛岩之上。尤其是，碳酸盐岩中碳同位素 $\delta^{13}C$ 值降低 10‰~14‰，这个值无论和此前 12 亿年或之后的整个地质历史相比，都特别反常。Hoffman 等解释，生物在光合作用下，吸收更多的 ^{12}C。碳酸盐岩盖层中的 $\delta^{13}C$ 异常低，说明一个冰冻的地球屏蔽了海洋透光性，抑制了海洋生物繁衍，几乎中断了光合作用，导致 ^{12}C 浓度增高，从而使 $\delta^{13}C$ 值降低。这些都为雪球地球假说提供了支持。地球经历了这样一个冷热剧变，原始生命（藻菌）发生重要的自然选择，才迎来了寒武纪生命大爆发，地球进入古生代时期。

雪球地球假说引起激烈争论。Pais 等从天体力学的角度否定地轴倾角大于 54°的假定。Hoffman 也认为，地轴倾角增大不能解释碳酸盐岩盖层及其 $\delta^{13}C$ 异常问题。而 Christie 等却认为，碳酸盐岩盖层的 $\delta^{13}C$ 异常本身也值得怀疑。Allen 等认为，海洋完全被封冻很不可思议，海水与大气之间的交换并未被切断，水循环仍然是活跃进行的。他更赞同 Christie 雪泥地球（slushball earth）的概念。假如雪球地球确曾存在，最后如何解冻也很令人费解。总之，前寒武纪冰川作用于赤道低纬度是公认的事实，而雪球地球假说能否最后成立，还有待于大量的研究。

7.1.2 石炭-二叠纪大冰期

前寒武纪大冰期之后，在晚古生代又一次进入大冰期，称为石炭-二叠纪大冰期。当时的冰碛岩发现于世界许多地方。其主要特征有：①冰碛岩主要分布于南部非洲、南极大陆、澳大利亚、南美及南亚。北半球仅低纬度阿拉伯半岛和亚洲南部有分布。典型的冰碛岩，如非洲喀拉哈里高地 Dwyka 组、阿拉伯半岛 Wajid 冰碛岩、南极维多利亚地区 Metschel 组、印度 Talchir 组、澳大利亚悉尼盆地 Talaterang 组，都是有名的冰碛岩地层。古纬度资料表明，包括北半球低纬度带的冰碛岩，当时全部发生在南半球高纬度地区，所以冰川作用广泛发生于冈瓦纳大陆（Gondwanaland）。②以陆地冰碛岩为主，沉积在海洋的较少。③时间上主要是晚石炭世至早二叠世。所以，石炭-二叠纪冰川作用发生于南半球高纬度,这和前寒武纪冰期由赤道带启动大为不同。地层研究表明,石炭-二叠纪冰碛岩普遍上覆富含舌羊齿(glossopters)植物群的所谓冈瓦纳煤系地层,连同冰碛岩统称为冈瓦纳岩系。这也是非洲、大洋洲、南极洲、南美洲和南部亚洲曾为统一大陆的生物地层根据,被命名为冈瓦纳(印度中部地名)大陆。现今欧洲、北美洲、东北亚构成所谓的劳亚大陆,但除南欧部分地区,尚未有发现石炭-二叠纪冰碛岩的报道,推测劳亚大陆当时位于北半球低纬度。

7.1.3 第四纪大冰期

第四纪冰期冰川大规模扩张。以末次冰期最盛期为例,全球温度平均降低约 10℃,形成由劳伦泰冰盖和科迪勒拉冰盖组成的北美大冰盖,其面积达 $16\times10^6\ km^2$;斯堪的纳维亚冰盖、不列颠冰盖和巴伦支冰盖组成的欧亚冰盖面积为 $7\times10^6\ km^2$;加上约 $3\times10^6\ km^2$ 的格陵兰冰盖,北半球冰盖总面积约达到 $26\times10^6\ km^2$。阿尔卑斯山形成 $2\times10^5\ km^2$ 的冰盖,青藏高原、安第斯山及其他山脉的山地冰川也大规模扩展。当时的南极冰盖也比现在的($14\times10^6\ km^2$)还大。总之,现在的冰盖冰川面积只占陆地的 10%,而冰期时达到 30%。由于大量海水输送到大陆成为冰盖、冰川,致使海平面要比现在低 130~150 m,大陆架广泛出露;积雪、冻土苔原面积扩展;动植物面貌发生很大变化,暖湿种向低纬度低海拔收缩,喜冷种则发达起来(如苔原扩张,猛犸象、披毛犀繁衍)。这次冰期于 11.7 ka 后才彻底消退,全球进入温暖的全新世,人类迎来细石器和农业文明时代。而更早的 MIS-6、MIS-12、MIS-16 冰期的冰川规模更盛于 MIS-2 冰期。

1. 晚新生代冰期启动

石炭-二叠纪大冰期之后,进入中生代至早新生代高温期,侏罗纪晚期和整个白垩纪达到最高温。始新世开始,气温波动下降,至末期,南极大陆形成不稳定冰盖,中新世晚期,北半球开始在冰期形成覆盖型冰川,至更新世开始,冰期时北半球稳定出现大冰盖,标志着全球进入第四纪大冰期。早期的冰川作用的证据主要是海洋钻探发现的南极海域和包括巴伦支海、挪威临海、格陵兰北部和东南海域、冰岛和北美海域在内的北大西洋的冰筏碎屑沉积,标志冰盖的边缘必须深入到海洋。由此得知,东南极冰盖出现于 35 Ma 前的晚始新世,于 14 Ma 前达到稳定的规模;其他出现冰川的地区依次是阿拉斯加、格陵兰、冰岛和巴塔哥尼亚为 8 Ma 前的中新世;玻利维亚安第斯山、塔斯马尼亚为上新世;阿尔卑斯、新西兰为早更新世。深海氧同位素曲线表明,距今 2.7 Ma 是一个重要的转折时期,从此时起,全球冰量每到冰期达到高峰值。因此,国际上将第四纪时限新定为 2.6 Ma B.P.,第四纪似乎与冰川作用成为同义词。青藏高原中更新世才发生大规模山地冰川,标志其通过新构造隆升跨入冰冻圈。

2. 第四纪冰冻圈演变

第四纪大冰期中,我们把冰川大规模扩张、海面大幅度下降的时期称为冰期,把介于期间的温暖时期称为间冰期。1909 年，Penck 等发表了《冰期之阿尔卑斯》，其根据德国南部冰水砾石层沉积序列，提出 4 个以多瑙河几个支流名称命名的冰期概念，这 4 个冰期即贡兹（Günz）冰期、民德（Mindel）冰期、里斯（Riss）冰期和武木（Würm）冰期。此后第四纪冰川研究风靡地质学界，欧美各地发现冰川作用证据，建立与阿尔卑斯山相当的冰期序列（表 7.1）。而阿尔卑斯地区后来的研究又增加了 Biber、Donua 和 Haslach 3 个冰期。青藏高原各大山脉更新世冰川研究累计命名了数以百计的冰期名称，2008 年施雅风主持总结，建议统一为 5 个冰期，一并列入表 7.1 中。

表 7.1 根据冰川沉积建立的更新世冰期

阿尔卑斯山	欧洲北部	英格兰	美国	青藏高原
Würm	Weichsel	Devensian	Wisconsin	大理冰期
Riss	Warthe	Gipping	Illinoian	古乡冰期
Mindel	Saale	Lowestoft	Kansan	中梁赣冰期
Haslach	ELster	Beeston	Nebraska	昆仑冰期
Günz	Menapian	Baventian		希夏邦马冰期
Donua				
Biber				

依靠冰川遗迹建立完整的气候变化序列是困难的，这是因为冰川沉积易遭后期更大规模冰川作用的破坏。因而，我们虽然唯有根据冰川遗迹才能恢复冰川作用范围，但不能恢复完整的气候变化历史。20 世纪 70 年代兴起的深海岩芯记录研究，以浮游生物有孔虫氧同位素指标重建全球冰量（海水量）变化。例如，著名的 V28-238 孔氧同位素曲线被誉为记录气候变化的罗塞达碑（Rosetta stone）。Lisiecki 等将 57 个海洋岩芯用同位素曲线进行对比并做技术处理，合成一条 5.3 Ma 以来的完整曲线。南极冰芯、大陆黄土和深湖钻孔也纷纷揭示出与深海同位素相吻合的气候变化记录。这些记录使我们对第四纪甚至上新世以来的冰冻圈变化有了比较完整的了解（图 7.2）。

7.1.4 三大冰期形成原因

地质历史上三大冰期发生的原因，虽然科学家也提出过诸如太阳系公转周期的天文假说，但我们却看到，三大冰期的发生与大陆漂移及其组合构造有着深刻联系。前寒武纪晚期形成分布于赤道附近的联合古陆，之后古陆分裂成诸多板块；石炭-二叠纪又合并为冈瓦纳大陆和劳亚大陆；之后又分裂，至白垩纪和新生代，呈现出前所未有的海陆分散格局。科学家从赤道热带的联合古陆来解释前寒武纪晚期大冰期的成因；而石炭-二叠纪大冰期又发生于南半球高纬冈瓦纳大陆，新生代大冰期启动于南极大陆，是因为此时南极大陆漂移到位。所以，三大冰期反映的是地质构造尺度上的冰冻圈剧变（图 7.3）。

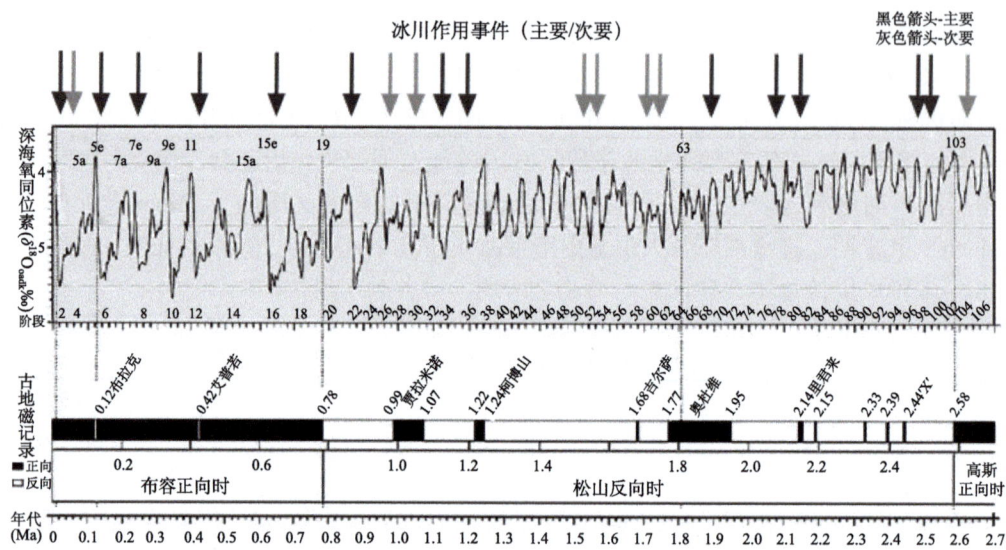

图 7.2　第四纪冰川作用序列（据 Ehlers and Gibbard, 2007 修改）

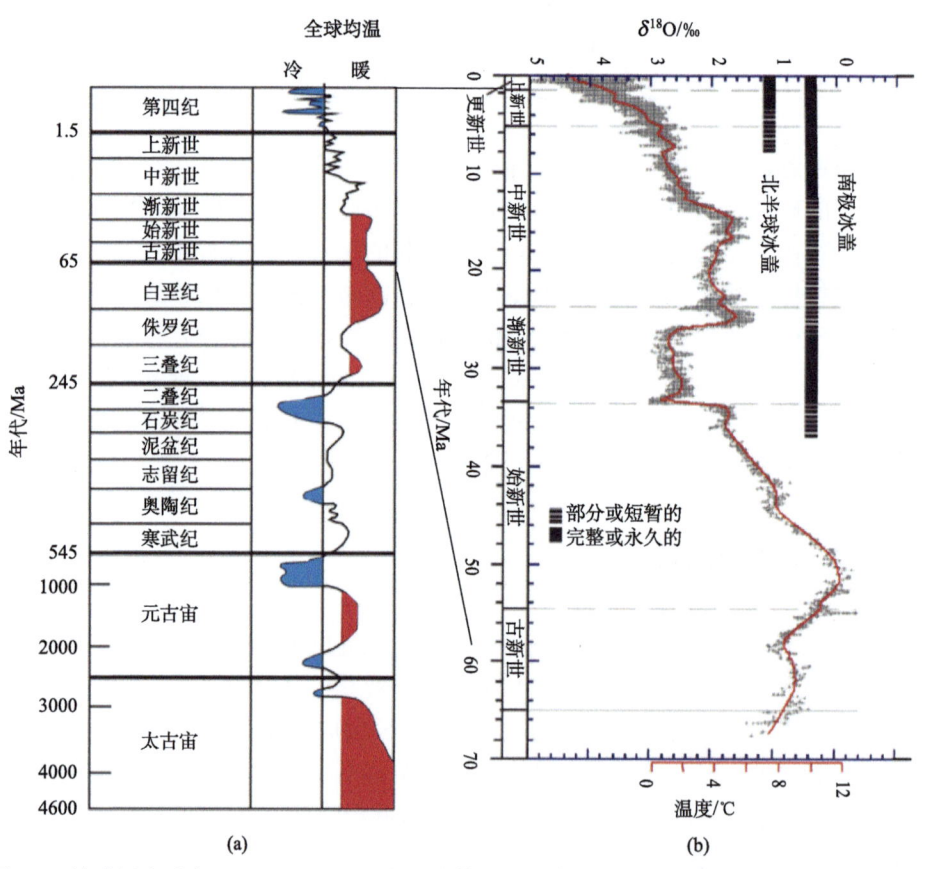

图 7.3　地球诞生以来（a）（Frakes, 1979）和第三纪以来（b）（Zachos et al., 2001）温度变化

此外，需要提到，前寒武纪冰期之前，还发现更老的元古宙初冰碛岩沉积，如南非、北美五大湖区、芬诺斯坎底亚和澳大利亚均有发现，其时间距今 22 亿~24.5 亿年。奥陶纪晚期，也有冰碛岩发现。但这两次冰碛岩发现地点有限，说明规模较小（图 7.3）。此外，中低纬度的冰川作用和造山运动有密切关系，如青藏高原及周边山脉，第四纪强烈抬升进入冰冻圈，形成冰期-间冰期冰川进退消长的格局。

7.2 轨道尺度冰冻圈演变——更新世气候演变与米兰科维奇理论

晚新生代大冰期启动与南极大陆形成有关。但板块运动这种长尺度的地质现象却解释不了第四纪期间冰期-间冰期旋回变化。对于这种周期性变化的解释，最理想的学说，即是冰期天文理论（astronomical theory of ice ages），因塞尔维亚科学家米兰科维奇的杰出贡献，也称为米兰科维奇理论（Milankovitch theory）。该理论用地球轨道参数变化成功解释了第四纪气候变化，所以学术界将数万年至 10 万年周期的变化称为轨道尺度的变化，其是了解冰冻圈第四纪演变的重要理论。

7.2.1 冰期天文理论的创立过程

法国学者 Joseph Alphonse Adhemar 于 1842 年出版了 *The revolution of the sea* 一书，试图从地球轨道形态变化寻求地球发生冰期的原因。他的理论仅仅基于 J. Kepler 第二定律和古希腊天文学家 Hipparchus 发现地轴进动（岁差）现象。法国著名天文学家 U. Le Verrier 于 1843 年发现了轨道偏心率和地轴倾角的变化，且其幅度分别为 0~6%和 22°~25°。苏格兰学者 James. Croll 于 1867 年发现偏心率变化有 10 万年的周期，但每个 10 万年周期的变化幅度不同，又表现为一个 40 万年的大周期，他进一步发展了冰期天文学说。1901 年，美国天文学家 S. Newcomb 发现地轴倾角不仅约有 3°（22°~25°）的变化幅度，而且有 4.1 万年的变化周期。至此，对地球轨道 3 个参数，即轨道偏心率、黄赤交角和岁差的变化幅度和周期的认识已臻完备。塞尔维亚科学家米兰科维奇（M. Milankovitch）在 1941 年出版了 *Canon of Insolation and the Ice Age Problem*，在 Adhemar 和 Croll 工作的基础上，应用这 3 个参数的变化规律再次系统解释冰期成因。他的研究表明，偏心率和岁差变化已足以引起冰期，地轴倾角更有重要意义；地轴倾角变化对极地影响大而对赤道影响小，岁差的变化对赤道影响大而对极地影响小。他经过与气象学家 Wladimir Koppen 进行讨论，得出与 Adhemar 和 Croll 相反的观点，确认夏至点对应远日点而冬至点对应近日点时，即一半球由漫长而凉爽的夏半年和短暂而温暖的冬半年组成有利于高纬度发育冰川，此时，另一半球则是间冰期；他重视冰盖反馈作用，建立夏季辐射与雪线之间的关系。他计算 5°~75°每隔 10 个纬度 60 万年以来夏季太阳辐射变化曲线，并将其绘制成图，其被誉为米氏曲线。特别是对大冰盖发育最为敏感的纬度 65°曲线，对解释冰期问题大为成功。米氏将辐射换算成温度,其谷值比现在低 6.7℃,而高值比现在升温 0.7℃。米氏曲线被 W. Koppen 引用在自己的专著中,用来说明 A. Penck 和 E. Bruckner 在阿尔卑斯山划分的 4 次冰期。

20 世纪中叶,铀、钍、钾、氩、铯同位素及古地磁定年技术相继问世。1947 年,H.C. Urey 从理论上表明,海洋有机体碳酸钙遗骸中含有氧同位素 ^{18}O、^{16}O,其含量取决于海水温度。1955 年 C. Emiliani 分析了 8 个深海岩芯,发表了《更新世温度》一文,表明加勒比海和赤道大西洋 30 万年来有 7 个冰期-间冰期旋回记录,冰期时温度较今低 6℃。1968 年,Broecker 等在巴巴多斯、新几内亚、夏威夷均发现 3 个高海岸阶地,钍测年 12.5 万年、10.5 万年、8.2 万年,与米氏 45°曲线完全吻合。1969 年,J. Imbrie 和 N. Shackleton 同时指出,决定 ^{18}O 和 ^{16}O 比率高低的不是海水温度高低,而是大陆冰量的多少。1970 年 W.S Broecker 等对加勒比海 V12-122 深海岩芯有孔虫的研究和 1975 年 G. Kukla 对捷克黄土的研究均显示 10 万年变化周期。20 世纪 70 年代,J. D. Hays 和 John Imbrie 发起建立了一个名为 Climap 的研究组,网罗了世界一大批科学家和实验室发掘海洋地层记录,以验证米氏理论。他们选择西太平洋浅水区编号为 V28-238 孔和南印度洋编号为 RC11-120 的岩芯,测定了其浮游生物有孔虫氧同位素比例及进行古地磁定年,重建了 B/M 界线以来 70 万年连续的同位素变化曲线。对其进行的谱分析惊喜地发现,这些曲线均显示 10 万年周期、4 万年周期和 2 万年周期,其与 M. Milankovitch 理论中轨道偏心率、黄赤交角和岁差的变化周期高度吻合,有力地证明了冰期天文理论的正确性。由此,V28-238 钻孔被誉为记录气候变化的罗塞达碑。此后数十年,更多和更长时间尺度的海洋记录、大陆黄土记录和极地冰芯记录不断问世,揭示同样记录,使得米氏之后的冰期天文理论成为解释第四纪气候环境变化的成功学说。

7.2.2　冰期天文理论的基本原理

轨道偏心率(eccentricity)及其气候意义　Kepler 第一定律表明,所有行星轨道都是椭圆的,太阳位于其中一个焦点上,所以一年中,日地距离变化于近日点和远日点之间。地球上接收的太阳辐射与日地距离的平方成反比,即

$$I = I_0/\rho^2 \sin h = I_0/\rho^2 \cdot (\sin\varphi\sin\delta + \cos\varphi\cos\delta\cos\omega) \quad (7\text{-}1)$$

式中,I 为地球大气顶日射;I_0 为太阳常数;ρ 为日地距离;h 为太阳高度角;φ、δ、ω 分别为纬度、赤纬和时角。

偏心率 e 是轨道圆心至焦点的距离与半长轴之比,现在为 0.0167,e 值越大,轨道越扁。又根据 Kepler 第二定律,行星在公转运动中,相等时间扫过与太阳连线围成的相等面积(图 7.4)。因而,行星在近日点公转速度要比远日点快,这决定冬夏两半年的时间长度。所以,轨道偏心率决定了日地距离在一年中的变化和冬夏两半年时间的配置。

第 7 章 不同尺度的冰冻圈演化

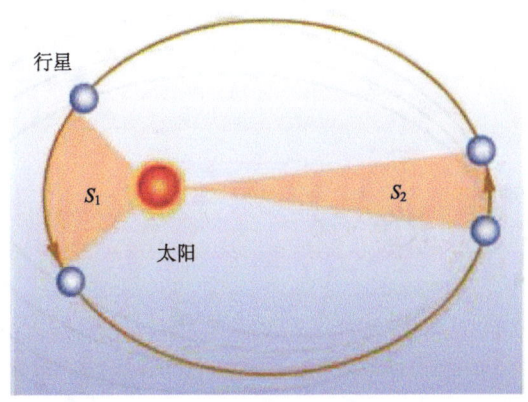

图 7.4 开普勒第二定律示意图

地轴倾角（obliquity）及其气候意义：地轴倾角是指地转轴与黄极轴之间的角度，因赤道面与黄道面分别与两轴垂直，所以地转轴倾角即黄赤交角，现在为 23°27′。该值越大，极地和高纬度吸收太阳辐射能越多；该值越小，则太阳辐射越向赤道和低纬度集中。另外，由于地球自转轴北极恒指北极星，使地球每个地方均有机会不同程度地分享阳光，形成四季交替，所以地轴倾角及其大小决定太阳辐射能在全球的时空分布。

地轴进动（precession），即表现为岁差。地球公转一周（360°）为恒星年（365 日 6 时 9 分 9.5 秒）。而以春分点为参考点，公转周期（355°09′35″）则是回归年（365 日 5 时 48 分 46 秒）。回归年比恒星年短 20′23.5″，是为岁差。原因是，由于地转轴的进动（图 7.5），赤道面与黄道面的两个交点春分点和秋分点向西移动，每年移动 50.25″的角度，所以地球公转 355°0′35″便又到达春分点。由此可以算出，地转轴进动一周的时间为 25800 年。另外，由于近日点（或轨道长轴）也在向东缓慢进动（图 7.6），迎合春分点，使得春分点向西移动不到 360° 便又遇到近日点，即春分点相对于近日点的进动周期约

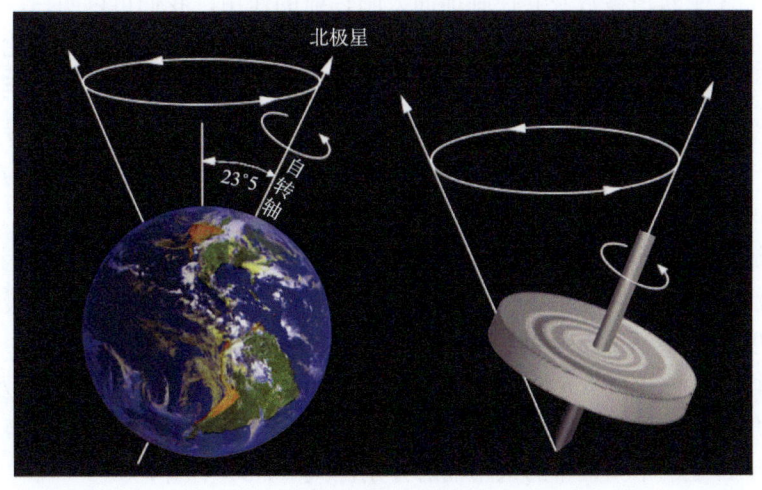

图 7.5 地转轴进动（陀螺原理）示意图

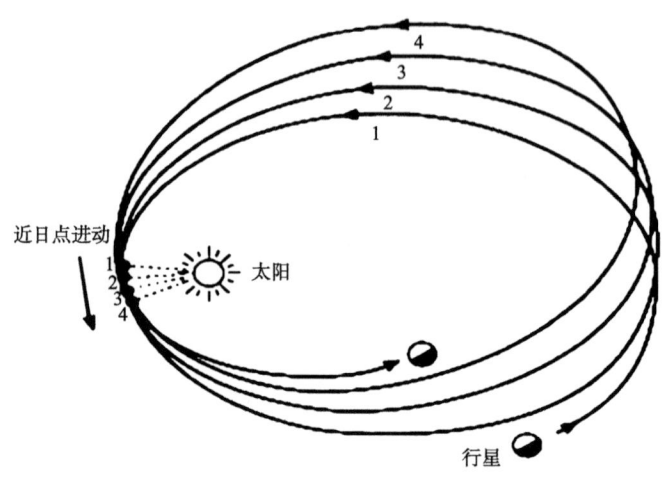

图 7.6 近日点进动示意图
1、2、3、4 分别表示近日点进动过程中地球轨道的不同位置

减为 22000 年。近日点相对于春分点的位置称为近日点黄经，其是决定两半球季节及其长短配置的关键因素。由于两至点间的连线与两分点间的连线互相垂直，因而春分点相对于近日点（或远日点）运动意味着两分点和两至点相对于近日点（或远日点）运动。

米氏理论把一年分为冬夏两个半年来考察太阳辐射，即春分至秋分为夏半年，秋分至春分为冬半年。两半年的时间之差由式（7-2）决定：

$$T_\text{s} - T_\text{w} = 4T/\pi \times e\sin\lambda \approx 1.273Te\sin\lambda \tag{7-2}$$

式中，T_s 为下半年时间长度；T_w 为冬半年时间长度；T 为一年的时间；e 为偏心率；λ 为近日点黄经。由式（7-2）可以算出，现在北半球夏半年比冬半年约长 7 天（南半球冬半年比夏半年约长 7 天）。当偏心率达到 0.07 且夏至点对应远日点时，夏半年的时间要比冬半年长 32.6 天。

综合以上 3 个轨道参数及其控制地面太阳辐射的作用，我们可以明白，在偏心率足够大的情形下，当夏至点位于远日点附近（冬至点位于近日点附近）时，北半球由漫长而凉爽的夏半年和短暂而温暖的冬半年构成一年，南半球则相反；而当夏至点位于近日点附近（冬至点位于远日点附近）时，则北半球由短暂而炎热的夏半年和漫长而严寒的冬半年构成一年，南半球则相反。春分点和秋分点分别对应近日点（或远日点），南北两半球的冬夏两半年日地距离之和与时间长度均相同，吸收的太阳辐射一样多。米氏认为，夏至点位于远日点（近日点黄经 90°）附近是北半球发生冰期的决定性原因。因为此时北半球一个漫长而凉爽的夏半年有利于保存冬半年降雪，而一个短暂而温暖的冬半年又有利于高纬度降雪，冬夏都有利于冰雪积累。

由前文得知，偏心率变化幅度为 0~0.07（A. Berger 计算），周期有 10 万年和 40 万年；地轴倾角变化幅度为 22°~25°，周期为 4.1 万年；岁差周期为 2.2 万年。于是，任意纬度夏半年、冬半年和全年的太阳辐射分别由式（7-3）计算：

$$Q_s = TI_0 \big/ 2\pi\sqrt{1-e^2} \cdot (b_0 + \sin\varphi\sin\varepsilon)$$
$$Q_w = TI_0 \big/ 2\pi\sqrt{1-e^2} \cdot (b_0 - \sin\varphi\sin\varepsilon) \quad (7\text{-}3)$$
$$Q_y = TI_0 \big/ 2\pi\sqrt{1-e^2} \cdot b_0$$

式中，T 为地球公转周期；I_0 为太阳常数；e 为偏心率；φ 为纬度；ε 为地轴倾角；b_0 为与纬度有关的常数。米氏由此计算各纬度 60 万年来夏季辐射量变化。他将 60 万年以来 65°夏季辐射换算成纬度当量值（图 7.7），更加形象地表明了其与纬度之间的关系，被用来较为成功地解释冰期-间冰期变化。

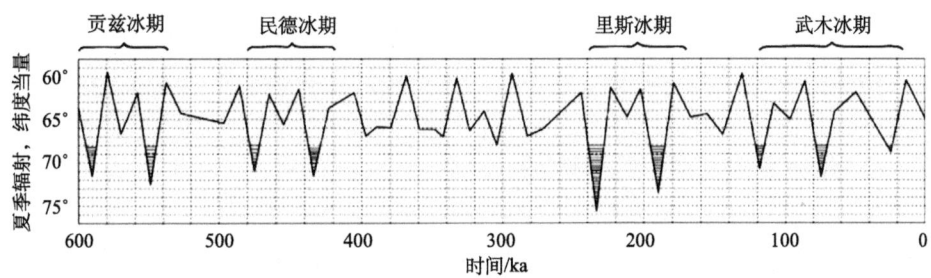

图 7.7 米兰科维奇 65°夏季辐射曲线（如 226 ka 前 65°的辐射相当于现在 75°的辐射）

7.2.3 冰期天文理论的修正

虽然目前得到的长时间地质记录以 3 种周期证明米氏理论的正确性。但是，记录曲线同时表明，冰期并不发生在偏心率高值期间，而是发生于低值期间（图 7.8）。这和理论创立者高偏心率期间发生冰期的说法正好相反。在重新研究偏心率变化时，一个重要的细节引起重视，即偏心率变化时，长轴的长度恒定不变。于是，低偏心率期间的年平均日地距离要比高偏心率期间大为增加，从而引起全球吸收的太阳辐射减少。这样，10 万年周期的冰期成因则由原来着眼于半球某纬度某季节的辐射量的多少转变为着眼于全球辐射量的多少。这种着眼点的转变也自然修正了另外两个与岁差相伴随的疑难问题，即到底夏至点在远日点附近时有利于发生冰期，还是冬至点在远日点附近时有利于发生冰期；两半球发生冰期到底是同步的还是异步的？因为 10 万年周期的冰期发生在低偏心率期间，此时岁差作用微弱，所以这两个问题不再显著。但在 10 万年高偏心率的间冰期期间，岁差周期就表现突出，这在各种同位素记录曲线上都得到验证，如 5 阶段的 5a、5b、5c、5d、5e 就是偏心率较高时表现出来的，而在偏心率低值的冰期，岁差周期就不太明显了。由此可以得到一个认识，如果要证实两半球异步问题，需要对高偏心率谷值期间（如 5b、5d 阶段）两半球山地冰川的进退进行年代学研究，而同位素峰值期间（如 5a、5c、5e）的代替指标（如植物）则会更加有效。

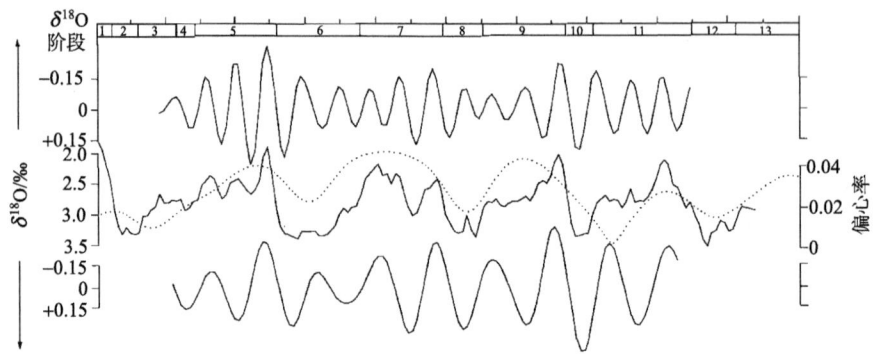

图 7.8 深海 $\delta^{18}O$ 记录的冰期对应高偏心率（Hays et al., 1976）

中间实线为同位素记录，点线为偏心率曲线；上部为 $\delta^{18}O$ 曲线提取的岁差信号；下图为倾角信号

7.2.4 冰期天文理论面临的挑战

冰期天文理论在解释第四纪气候环境变化上取得巨大的成功，以至于第四纪研究无米氏理论而不成书。但是，仍然存在不少记录与理论之间的细节问题需要进一步探讨。

A.Berger 基于多体问题的天体力学计算表明，至少从距今 6 Ma 以来，3 个轨道参数的变化具有稳定的规律性。然而，Lisiecki 和 Raymao 对 57 个深海氧同位素记录进行了技术处理和合并，显示 5.3 Ma 以来的海洋 $\delta^{18}O$ 记录有截然不同的分段响应模式：41 ka 的倾角周期在 1.4~5.3 Ma 一直是曲线主要特征；北半球冰川作用只是在 2.7 Ma B.P.才开始大规模出现；也是从这时起，记录中岁差周期的反应才更加灵敏；如 Lebreiro 于 2013 年指出，11 阶段是一个偏心率很低的时期，但记录中却是冰期-间冰期振幅最大的时期，即低偏心率时期为什么能够出现最大的间冰期（现在所处的间冰期，即全新世，也是这种情况）。另外，科学家早就发现，所有记录曲线都显示，由间冰期进入冰期时同位素曲线显示经过两个周期的岁差时间，而由冰期进入间冰期时，则不需要经过两个岁差周期，而是从谷底一跃而升到谷顶？特别是，在所有深海同位素记录中，从距今 0.8 Ma 开始，100 ka 周期成为主要特征，而此前却以 41 ka 周期为主。这个重要的转变被称为中更新世转型（middle Pleistocene transition, MPT）。这么多的细节问题又衍生出了许多不同的解释，其推动第四纪气候变化研究向前发展。不过，这些问题已经不属于冰期天文理论本身的问题，而属于地球响应系统的复杂问题。

冰期天文理论对我们认识未来长尺度环境变化也有深刻的指导意义。A.Berger 根据该理论预言，在不计人类干扰的情况下，下一次冰期将于 60 ka 后发生。北半球最大冰量将达到 $27×10^6 km^3$。

7.3 晚更新世亚轨道尺度的冰冻圈演变

晚更新世以来，地质记录显示一些不太有周期规律的万年乃至千年尺度的变化，用米氏理论不能解释,被称为亚轨道尺度变化,其成因比较复杂。

7.3.1 气候变化若干重要事件及其基本概念

科学家通过发掘包括海洋湖泊、冰川冰芯、黄土古土壤、孢粉树轮等各种载体的记录,发现了许多气候变化事件,其是冰冻圈变化研究的重要成就。

1. Dansgaard-Oeschger 事件

1993 年,Dansgaard 等对格陵兰冰芯的研究发现,末次冰期期间该地区的气候发生了一系列千年级的、快速的、大幅度的冷暖变化事件,后被称为 Dansgaard-Oeschger 事件,简称 D-O 旋回。在 D-O 旋回中,每一个暖期之后紧接着是一个冷期(图 7.9),气温可在短短几十年内变动,温度变化幅度为 5~7℃,周期为 1000~3000 年。D-O 旋回在北大西洋深海沉积、黄土沉积和石笋记录中都有发现。

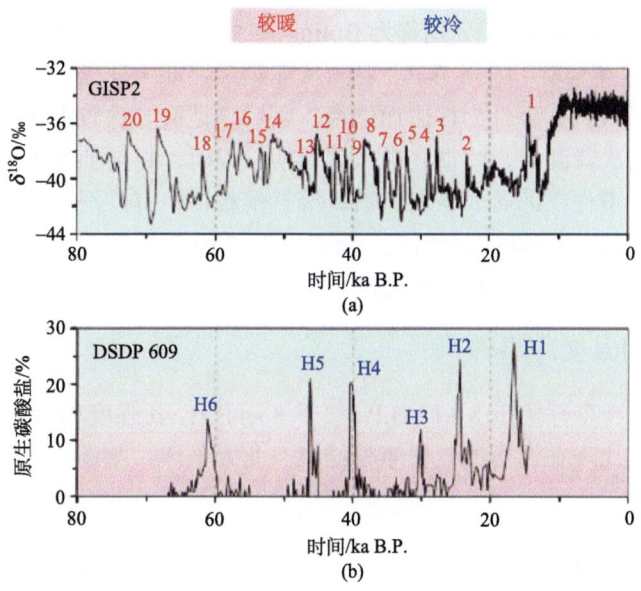

图 7.9 D-O 旋回与 H 事件(上图源自 Grootes et al., 1993;下图源自 Bond and Lotti, 1995)

2. Heinrich 事件

1988 年,Heinrich 最早报道了在北大西洋钻取的末次冰期时,深海沉积岩芯中 6 个含有较多粗颗粒冰漂岩屑的、有孔虫化石减少的沉积层。其中,其上部 1~5 层对应于氧同位素 2~4 阶段,第 6 层对应在氧同位素 4 阶段和 5 阶段的分界处。Heinrich 认为,末次冰期期间有 6 次大规模的冰架冰断裂使大量浮冰进入北大西洋,引起表层海水温度急剧降低,将大量岩屑物质倾卸于洋底沉积。这 6 次浮冰事件后来被称为 H 事件。Bond 等用加速器 ^{14}C 测年及沉积速率外推确定这些事件的年龄分别为距今 14.3 ka、 21 ka、

28 ka、41 ka、52 ka 和 69 ka。有人推测，H 事件反映的是北半球冰盖的冰架部分增长到足够大时断裂成浮冰的动力学现象，其不一定由气候变冷引起，但通过对大西洋水温切断温盐环流（THC），反过来影响气候。所以，H 事件现在多被引用来解释冰芯、石笋、黄土中的记录。

H 事件与 D-O 事件截然相反，H 事件发生在 D-O 旋回中的最冷时期，标志着一个气候旋回的结束，随后的快速变暖又代表新旋回的开始，可见 H 事件与 D-O 旋回并不是两个孤立的气候演变过程（图 7.9）。

3. 新仙女木（Younger Dryas）和 B-A 事件

新仙女木（YD）事件是一次发生于 12.9~11.5 ka B.P 短暂的气候变冷事件，是末次冰期向全新世过渡的急剧升温过程中最后一次快速变冷事件，也称为晚冰期。仙女木（*Dryas octopetala*）是一种生长在北极的八瓣花植物，这种植物发现于英格兰和北欧 11 ka 前的沉积中，是温度降低的记录，科学家将其命名为仙女木事件，类似的降温不止一次，所以分为老仙女木（oldest Dryas）、中仙女木（older Dryas）和新仙女木（younger Dryas）。3 个仙女木被两个温暖期分开，分别称为 Bøling 事件和 Allerød 事件，时间在 14.7~12.9 a B.P.。老仙女木发生在 18~14.7 a B.P.，是末次冰期最盛期大冰盖退缩的过程，这个过程以 Bøling-Allerød（BA）事件为标志而结束。之后则是又一次较大幅度的降温和冰川前进事件（YD），这次降温后，才彻底进入冰后期。因而，将新仙女木的结束定为全新世的开始。新仙女木事件在冰芯、树轮、石笋等气候载体中有广泛的记录，也有山地冰川沉积为证。新仙女木结束后进入全新世。全新世 11.7 ka 年以来气温一直维持在比较高的水平，但在大体稳定的背景下仍然有波动。

4. 距今 8.2 ka 变冷事件

距今 8.2 ka 变冷事件始于 8.4 ka B.P.，终于 8 ka B.P.，其强度相当于 YD 事件的一半，并以一个快速的、比现在温湿的气候事件结束。北太平洋、欧洲和北美等地区发现都有该事件存在的证据。

5. 中全新世大暖期

中全新世大暖期（megathermal）又称为高温期（hypsithermal）或气候最适宜期（climate optimum）。Hafsten 于 1976 年首次提出全新世大暖期概念，代表 8.2~3.5 ka B.P.时段，其气温比现在高 2℃左右，降水相应增多。温暖湿润的气候给人类农业社会带来极大发展。

6. 新冰期

新冰期（neoglaciation）通常是指全新世大暖期之后较冷的气候阶段，中低纬度山地冰川普遍发生冰进，时间大致开始于 3.5 ka。

7. 小冰期

小冰期（LIA）是 Matthes 于 1939 年提出的概念，以表述 4 ka 以来的冰川进退事件，包括上述新冰期。而 Lamb 在 1972 年将小冰期限于 1550~1850 年气候相对寒冷时期。通过对格陵兰冰盖 GIPS2 冰芯的 $\delta^{18}O$ 序列的分析，有学者指出 LIA 的时段为 1350~1800 年，其结果被广泛接受。这个阶段几乎所有山地冰川都发生前进，留下完整新鲜的冰碛垄。

事实上，全新世除新冰期、LIA 外，其他小幅度的波动仍然很频繁（图 7.10），这种千年尺度甚至更短尺度的气候变化原因尚不十分清楚。

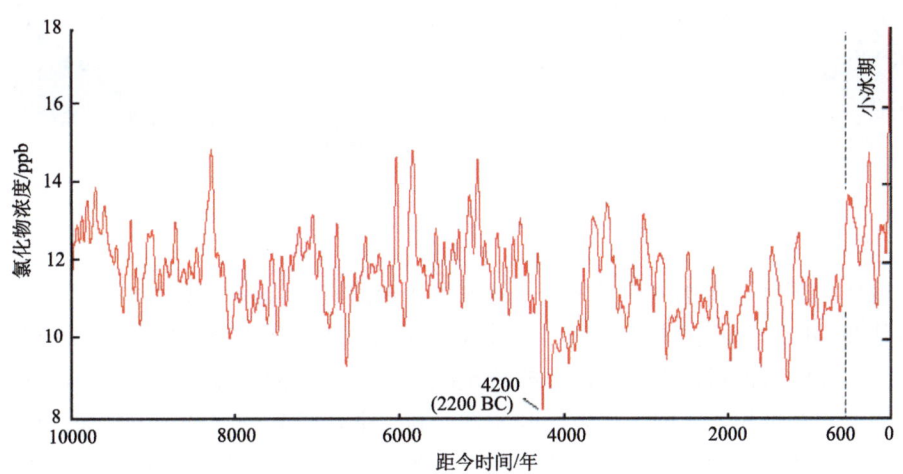

图 7.10 氯化物浓度所反映的全新世海冰规模变化（Bond et al.,1997）

7.3.2 末次冰期以来冰冻圈各要素演变

1. 末次冰期以来冰川演变

冰盖退缩：末次冰期最盛期，北半球冰盖总面积超过 $26×10^6\ km^2$，北美冰盖覆盖了整个加拿大，向南覆盖美国密苏里河和俄亥俄河以北的大部分土地，以及宾夕法尼亚北部和整个纽约州与新英格兰。欧洲古冰盖的中心在波罗的海，它覆盖了斯堪的纳维亚半岛，向东覆盖了整个巴伦支海和喀拉海，向西通过挪威海与不列颠岛冰盖相连，向南远至德国中部，与阿尔卑斯山冰盖之间只有约 200 km。南极冰盖也大幅度扩张，覆盖了西南极罗斯（Ross）海和威德尔（Weddell）海，东南极也扩展。当时全球约 30%的陆地被冰盖覆盖（图 7.11）。冰盖于 20kaBP 达到鼎盛后逐渐退缩，目前只剩下约 $14×10^6\ km^2$ 的南极冰盖和约 $17×10^5\ km^2$ 的格陵兰冰盖。冰川沉积显示，冰盖是间歇性退缩的，研究者已恢复出不同阶段的冰盖面积。

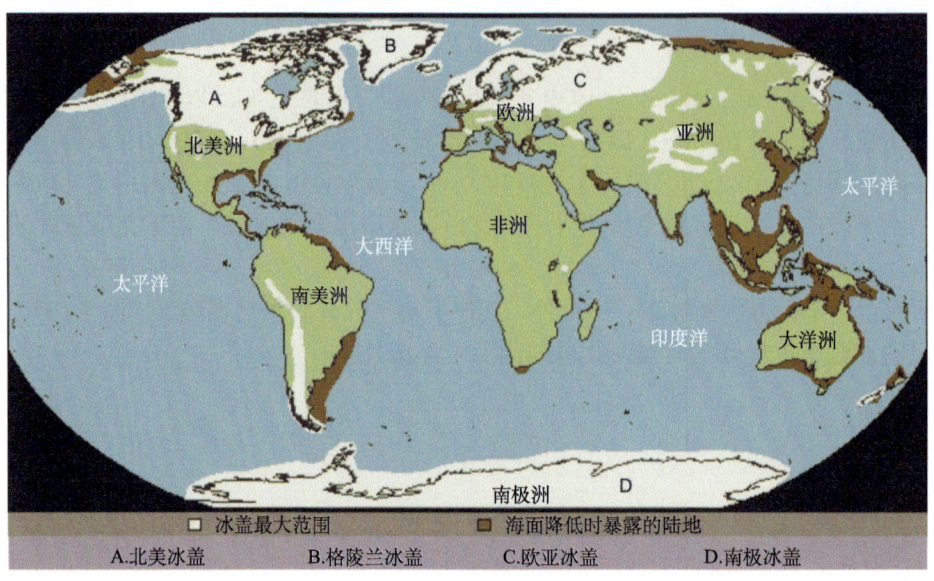

图 7.11　全球末次冰期最盛期大冰盖和出露的陆架

山地冰川变化：末次冰期最盛期山地冰川普遍前进，且因持续时间较长，形成大规模的冰碛垄[图 7.12(a)]。末次冰期结束过程称为冰消期，冰川阶段性退缩。在退缩的总趋势下，冰川时有前进，但前进的规模依次减小，所以在大多数冰川谷地中，都留下比较完整的冰碛垄堆积，一般可以发现晚冰期、新冰期、LIA 的冰碛垄。例如，珠穆朗玛峰的绒布寺晚冰期终碛垄在现代冰川末端以下 8 km 处。青藏高原已发现 20 个点的晚冰期冰川前进的证据。新冰期冰碛分布在现代冰川前数百至数千米处，冰碛物形态完好，风化较轻，其上长有草丛或树木。在青藏高原及周边地区许多地方发现了新冰期的冰川遗迹。小冰期冰碛物分布在现代冰川数百米至数千米之间，一般有三道清晰的终碛垄和侧碛垄，形态清晰完整，缺乏土壤，其上生长有苔藓地衣或有少量灌木[图 7.12(b)]。

图 7.12　冰期中形成的冰碛垄

(a) 藏东南朱西沟口末次冰期冰碛垄；(b) 天山乌鲁木齐河源 1 号冰川前的小冰期冰碛垄

山地冰川有时变化很快，其反映了气候突变。例如，中国藏东南波堆藏布江谷地、帕米尔慕士塔格峰和公格尔峰之间均分布有十分壮观的冰碛丘陵，是由雪线突然升高，冰舌变为死冰消融而形成的。气候突变在格陵兰冰芯记录中尤其显著，其表现出短时间大幅度的气温变化。例如，冰消期 14.6 ka 前 5℃升温只用 3 年时间；新仙女木事件不到 1 ka 年就有 5~10℃的变化；8.2 ka 降温事件只有几年气温就降低 8℃。在中国，古里雅冰芯记录指示，在 12~16 ka 气温升高 6℃，YD 事件冷干气候特征；石笋记录也显示，15 ka 和 13 ka 左右出现了 1 ka 左右的相对暖湿期，而在暖湿期前后和中间发生了 3 次干冷气候突变，这就是老、中、新仙女木事件及其间的 BA 事件的反映。

全新世是第四纪冰期-间冰期旋回中的现代间冰期阶段。其气候也不稳定，其间至少有 6 次明显的冰川前进时期。1997 年 Bond 等确立了北大西洋冷事件的年表，是全新世气候突变研究的重大进展。Mayewski 等收集了分布于全球的 50 条高分辨率代用资料序列，证实了全新世气候突变的普遍性及在全球广大地域的一致性。高纬地区平均相隔约 1.5 ka 年就会出现一次冷事件，中国石笋记录也是如此（图 7.13）。全新世大暖期，气候相对稳定达 5~6 ka，大部分地区温度比现代高 2~3℃，青藏高原部分地区达 4~5℃。古里雅冰芯记录也有清晰显示。当时的冰冻圈范围比现在要小。亚洲夏季风盛强，内陆湖泊出现高水位，植被繁茂。

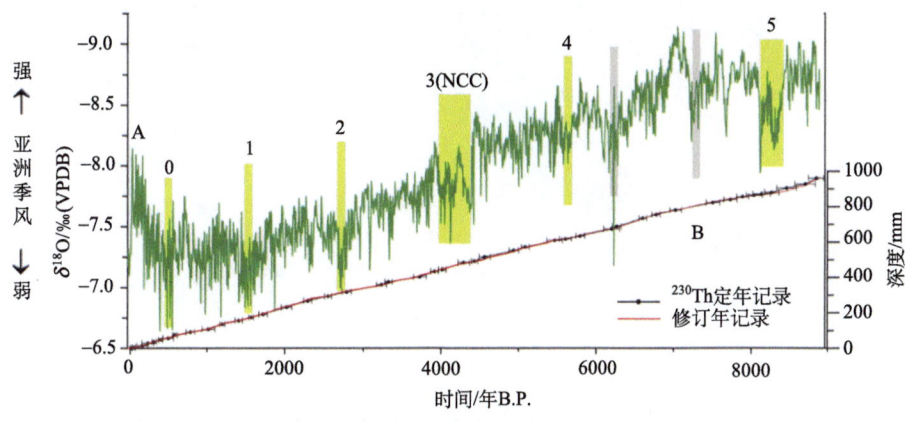

图 7.13　董歌洞石笋反映的气候强度变化（引自 Wang et al.,2005）

黄色表示 NCC（Neolithic Culture of China）事件对应的干旱期，灰色表示与 NCC 不对应的干旱期

2. 末次冰期以来多年冻土变化

北半球现代多年冻土面积约为 22.55×10^6 km^2，约占陆地面积的 23%，其最大厚度在西伯利亚勒拿河中游维柳伊河流域，达到 1500 m，冰期时和冰川一样也大幅度扩张。由多年冻土塑造的地貌归为冰缘地貌，冰期之后遗留于地表（甚至当时暴露为大陆的陆架），是恢复冰期多年冻土分布的证据。例如，冻融蠕流-重力作用产生的泥流阶地、泥流舌、泥流坡坎、泥流扇、石冰川、石河、石流坡坎、草皮坡坎；冻融分选作用形成的石环、石网、石条、石带、碎石斑、斑土；冻胀冻裂作用形成的冰锥、冻胀丘、自喷型冻胀丘、

泥炭丘、斑土、冻拔石、冻胀草环、冻融褶坡、土楔、砂楔、冰楔；热融作用产生的热融滑塌、热融洼地、热融湖、热融冲沟等。此外，冰缘环境也有特定的动植物群落，如苔原与披毛犀-猛犸象动物群孑遗等。

西伯利亚、阿拉斯加和加拿大北部的大部分地区是现代高纬度多年冻土的主要分布区。在末次冰期最盛期时，西伯利亚和阿拉斯加未形成大冰盖，在现代多年冻土中发现了大量埋藏的猛犸象遗体，表明当时的气候条件严寒，其是多年冻土最为广阔的发育区域。结合中国北方的古冰缘地貌遗迹，推断当时的高纬多年冻土向南扩展到 40°N 左右，通过这个纬度上的贺兰山、阿尔金山脉、帕米尔高原与青藏高原的多年冻土相连接。而在北美，末次冰期多年冻土在大冰盖外围也特别发育。大冰盖南界为 40°N，而冰缘地貌的南界则达到 33°N，扩展约 7 个纬度（图 7.14）。

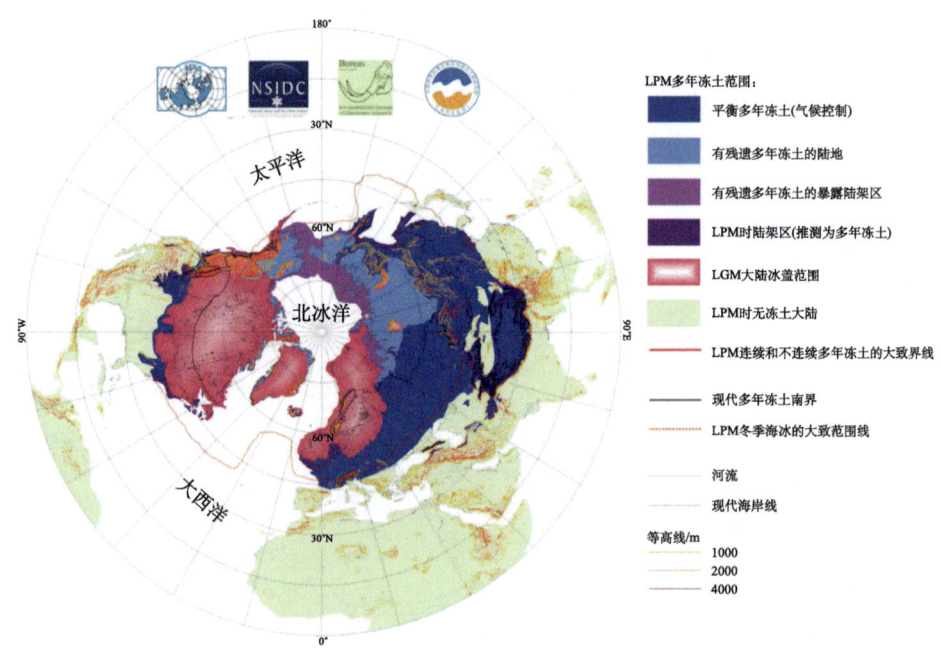

图 7.14 用古冰缘地貌恢复的北半球末次冰期最盛期多年冻土最大范围（Vandeberghe et al., 2014）

青藏高原现存的多年冻土主要是在末次冰期形成的，那时的多年冻土范围和深度都要比现在大得多。根据青藏高原上现代多年冻土分布和古多年冻土遗迹、古冰缘现象分布的时空差异综合对比，可将青藏高原全新世以来多年冻土演化和环境变化分为 6 个较明显的时段。

（1）早全新世气候剧变期（10.8 ka B.P.至 8.5~7 ka B.P.）：末次冰期形成的大面积多年冻土开始退缩。青藏高原边缘地带多年冻土下界普遍升高 300~400 m。在青藏高原谷地和盆地形成湿地，并开始堆积泥炭和厚层腐殖质土层。

（2）全新世大暖期（8500~7000a B.P.至 4000~3000a B.P.）：青藏高原厚层泥炭和腐殖质层的年代多数位于这个时间段，说明当时气候较温暖、湿润。昆仑河两岸纳赤台至西大滩多处发现人类用火的灰烬，说明这一带适宜人类居住。由于浅层多年冻土和地下冰融化，在高平原上形成很多热融湖塘和洼地，冰楔融化变为冰楔假型。青藏高原面上多年冻土呈岛状分布或呈深埋藏多年冻土。

（3）晚全新世新冰期（4000~3000 a B.P.至 1000 a B.P.）：据各种冰缘证据推算，当时青藏高原多年冻土下界比现在普遍约低 300 m，气温比现在约低 2℃。多年冻土在全新世大暖期退化的基础上，又向青藏高原四周大面积扩展，直到寒冷期末达到最大面积。当时的青藏高原多年冻土比现在多 20%~30%。

（4）晚全新世温暖期（1000~500 a B.P.）：新冰期后青藏高原上又经历了几次小规模的气候波动。其中，相当于隋唐时期的中世纪暖期时段，升温幅度较大，持续时间数百年。该温暖期使多年冻土下界比现在升高 200~300 m，气温比现在高 1.5~2.0℃。高原多年冻土面积比现在少 20%~30%。

（5）晚全新世小冰期（500~100 a B.P.）：多年冻土面积扩大，厚度增加，并新生一些多年冻土岛。据冰缘证据此推算，LIA 时多年冻土下界比现在降低 150~200 m，气温比现在低 1.0~1.5℃，青藏高原多年冻土面积比现在约增加 10%。

（6）近代升温期（100 年以来）：资料表明，1880 年以来，全球平均气温升高了 0.3~0.6℃；近 30 年来，青藏高原年平均气温平均升高了 0.3~0.5℃，多年冻土区域性退化。其具体表现在季节冻结深度平均减少 5~20 cm，而季节融化深度平均增加 25~60 cm；多年冻土年平均地温普遍上升 0.1~0.4℃。冻土下界上升 40~80 m，总面积减少 6%~8%。预计未来 50 年青藏高原气温可能上升 2.2~2.6℃。青藏高原多年冻土退化可能加速。

在中国东部，资料表明，末次冰期最盛期多年冻土覆盖全部东北，南界从辽东湾 40°N 向西沿燕山山脉南麓—五台山南坡 1800 m—甘肃永登，再向西与青藏高原和祁连山下界相接。大兴安岭地区现在的多年冻土也是末次冰盛期的孑遗，但其间几经退化和再发展的变化。

3. 末次冰期以来海平面变化

海平面与大陆冰量呈反相关关系。从末次冰期到全新世，全球海平面随着冰川的大规模融化而显著上升，海洋面积扩大。

末次冰期最盛期，全球洋面低于现在 130~150 m，大陆架广泛出露。中国海的情形也一样（图 7.15），渤海、黄河、东海大部分和南海一部分当时均为陆地，海南岛、台湾岛与大陆连在一起，海岸线大幅度东移，增加了大陆的干旱程度。又有研究表明，16 ka B.P.时，我国东部海区的海平面已上升至约–100 m，海水已达到济州岛附近，东海约有 2/3 面积被海水淹没，黑潮水从表层到温跃层的深度上同时加强了对冲绳海槽的影响，并导致对马暖流开始发育。在 12~11 ka B.P.，由于 YD 强烈的降温事件，海平面回升到约 –56 m 时海侵突然停止，黑潮发育出现变弱过程。到 11 ka B.P.，海平面达到–50 m 左右，东海绝大部分和黄海中部海槽区被海水淹没（李铁刚等，2007）。

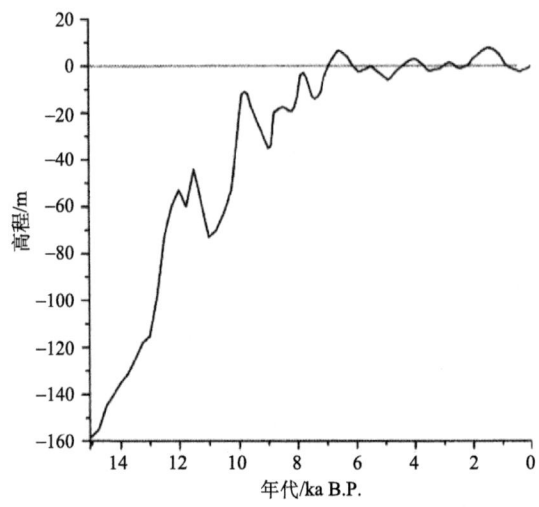

图 7.15 15 ka B.P.以来中国东部海平面变化（赵希涛，1996）

4. 末次冰期以来陆地生态系统变化

冰期-间冰期变化使陆地生态系统发生很大改观。冰期时全球地带性向赤道方向压缩，间冰期时则向高纬度伸展。例如，末次冰期最盛期，苔原及猛犸象-披毛犀动物群占据整个西伯利亚直至中国黄河流域。进入全新世直到全新世暖期，东部地区的森林植被迅速向高纬度地区扩展，形成与现代相近的格局，温带森林和草原重新占据东北地区，华北地区的温带草原被暖温带森林和森林草原所取代，北方地区的草原植被带向西迁移，贺兰山以东地区的沙地均被固定，流动型沙漠和荒漠退缩到贺兰山以西地区。亚热带森林植被重新在长江以南地区占主导地位，山地温带、寒温带植被退缩到高海拔山地。全新世暖期过后，亚热带森林植被带随着气候的变冷变干而发生南退东缩，草原范围进一步扩展。

冰后期气候变暖、环境改善导致人类由粗石器狩猎时代进入细石器农业时代。人们开始作物栽培和动物驯养，纺织、制陶、冶炼随之出现。人类社会发生了质的飞跃。

7.4 百年来冰冻圈变化

目前，由于全球变暖和人类生存息息相关，所以我们特别关心过去百年和现在气候变化的情况。过去百年甚至更长的历史时期，积累了大量冰川、气象等观测资料，使我们能够更加准确地评估这个时段的气候变化。IPCC 评估指出，1880~2012 年，全球陆地与海洋年平均气温上升了 0.85℃。根据已知最长观测记录得到的结果表明，2003~2012 年平均温度较 1850~1900 年高 0.78℃。大气和海洋在变暖，海平面在上升，冰冻圈各要素都经历了显著的变化。以下仍然按冰冻圈要素分别介绍。

7.4.1 南极冰盖百年际变化

格陵兰冰盖和南极冰盖变化是冰冻圈变化重点关注的对象。这里我们侧重介绍南极冰盖变化。南极冰盖短尺度变化主要反映在冰架的状态上。

1. 南极冰架的物质平衡与变化

南极冰盖通过内陆雪的积累获得物质，流过触地线（grounding line）注入海洋损失物质（图 7.16）。超过 80%的南极冰体通过镶嵌在南极周围的冰架注入南大洋。冰架具有支撑上游冰流的作用，由海洋或大气变暖触发的冰架减薄或崩解会削弱该支撑作用，从而导致内陆冰流的突然退缩和冰川物质损失。

南极冰架的物质平衡包括 4 个分量：底部融化、冰山崩解、注入冰架的冰川补给和表面物质平衡（冰架表面雪积累减去融化）。每年总冰山崩解量达（1321±144）Gt，每年底部消融（-1454±174）Gt。

南极冰架的融化由 3 种不同的模式引起（图 7.16），这 3 种模式均与相对较暖的海水循环有关。第一种模式与海冰的形成相关，海冰发育过程中形成高盐陆架水，并下沉流入触地线，使那里的冰架底部强烈融化。同时，海洋取得大量淡水，与高盐陆架水混合形成冰架水。由于浮力效应，该水域沿冰架底部斜向上升并向冰架前沿方向运动。在其斜升到冰架冰厚度 300~500 m 附近时，由于压力融点的急剧升高，该水体成为过冷却水，析出冰针（frazil ice），附着于冰架底部。第二种模式是由于绕极深层水侵入到冰架海腔。第三种模式是冰架前缘由潮汐和风引起的海冰混合。这些过程使冰架底部融化在触地线附近和冰架前缘最为明显。

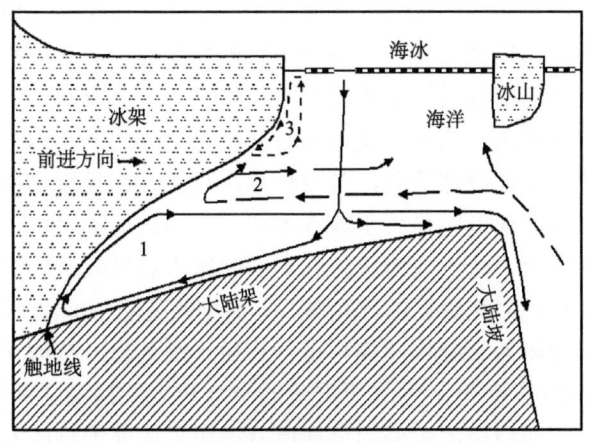

图 7.16 冰架底部融化的 3 种模式概念图解

最强的热量强迫和最大的融化速率（超过 40 m/a）出现在西南极阿蒙森海区的 Pine 岛冰川的触地线深处。由于更暖的海水侵入，海洋变暖，底部融化增强，冰架出现后退。而冰架支撑作用的降低，使得 1996~2006 年 Pine 岛冰川速率增加了 34%。

风的强迫导致阿蒙森海和别林斯高晋海上涌，以及南极半岛增温，其是南极冰架底部融化、表面融化增大和冰架崩塌及其空间格局变化的原因。这意味着通过风场的改变，在年季和十年尺度，气候强迫影响了南极冰盖物质平衡，从而影响海平面。

2. 南极半岛冰架崩解及其与气候变化的关系

自 1950 年以来，南极半岛先后有 7 个冰架崩解消失，如 Wordie 冰架、Custav 王子水道冰架、拉森 A 冰架和 B 冰架。南极半岛西海岸 Wordie 冰架 1966~1989 年面积从 2000 km^2 减少到 700 km^2。1975 年至 1986~1989 年，南极半岛东海岸的拉森冰架的面积共减少了大约 9300 km^2。1995 年，拉森 A 冰架最后的残余部分仅在数周内迅速地崩解了，共生成了 2400 km^2 的冰山。自 2002 年 1 月 31 日起，拉森 B 冰架 35 天内崩解了 3250 km^2，其崩解速率令人吃惊。2017 年 7 月 12 日，从拉森 C 冰架崩解了一座面积达 5800 km^2 的冰山。冰架崩解不断向南延伸。

南极半岛是全球年平均气温上升最快的地区之一。自 20 世纪 40 年代末，南极半岛的气温上升了 2.5℃，是全球平均值的 5 倍，远远大于南半球任何其他地方的升温。南极半岛存在冰架生存的气候界线，年平均温度–5℃的等温线可作为冰架生存的极限，由于过去几十年的气候变暖，这一界线一再向南推移。近期的升温使许多冰架都超过了极限温度。

预测按现在的速率继续升温 200 年，南极最大的冰架菲尔希纳-龙尼冰架和罗斯冰架将受到与南极半岛冰架类似的影响。这两处冰架的作用在于使西南极冰盖保持稳定，该冰盖所含水量足以使海平面上升 5 m。

7.4.2 山地冰川变化

冰川变化受气候变化制约，其通过物质平衡的联结作用而在规模上作出响应。因冰川动力调节的滞后性，其规模变化并不完全与气候变化同步。其过程表现为，冰川的物质平衡要通过冰川的运动和物质调整才能在冰川规模上有所反映，这个过程的快慢取决于冰川大小，冰川规模越大，则滞后反应的时间越长。冰川的热力性质也是冰川变化的决定性因素，温性冰川存在底部滑动，与冷性冰川相比，在类似物质平衡变化驱动下，相同规模的温性冰川运动速度明显大于冷性冰川，冰川进退幅度也大。这些因素决定了同一地区不同规模的冰川，或不同地区相同规模的冰川对气候变化的响应存在差异。

全球有物质平衡长期监测数据的冰川较少，最早的观测可追溯到 20 世纪中期，更早时期的物质平衡多以观测为基础构建模型进行物质平衡重建。目前认可的结果有基于度日因子方法和利用冰川长度变化方法所重建的全球尺度除冰盖之外冰川的物质平衡系列。结果表明，除格陵兰和南极冰盖外的全球所有冰川总体处于物质亏损状态。1901~1990 年，全球冰川物质平衡为（−197±24）Gt/a，1973~2009 年为（−226±135）Gt/a，1993~2009 年为（−275±135）Gt/a，2005~2009 年为（−301±135）Gt/a，20 世纪 70 年代以来，物质亏损呈加剧趋势，但各地区冰川物质平衡有一定差异，2003~2009 年阿拉斯加地区冰川物质减少最多，其次为加拿大北极区和格陵兰冰盖周边冰川。阿拉斯加、加拿大北极、南部安第斯山及亚洲山地的冰川物质亏损占全球冰量损失的 80%以上。

1. 冰川末端进退变化

近百年来，全球山地冰川总体表现出退缩状态，但出现过2次10年尺度的冰川稳定甚至前进期，中、低纬度的冰川表现尤其明显。20世纪80年代以来，各地冰川退缩更加显著。例如，阿尔卑斯山冰川（图7.17），第一次明显前进始于1911年，前进冰川的数量迅速增加，于1916~1922年每年前进冰川的数量都超过50%，这一过程大致持续到20世纪30年代中后期；第二次从20世纪60年代中期开始，冰川前进趋势再度出现，1977~1985年每年前进冰川的数量也超过50%，后续监测表明，1986年之后后退冰川数量超过50%以上。从两次前进时期的对比可知，第二次冰川前进期冰川末端远没有达到第一次冰川前进期所达到的位置，说明冰川规模越来越小。

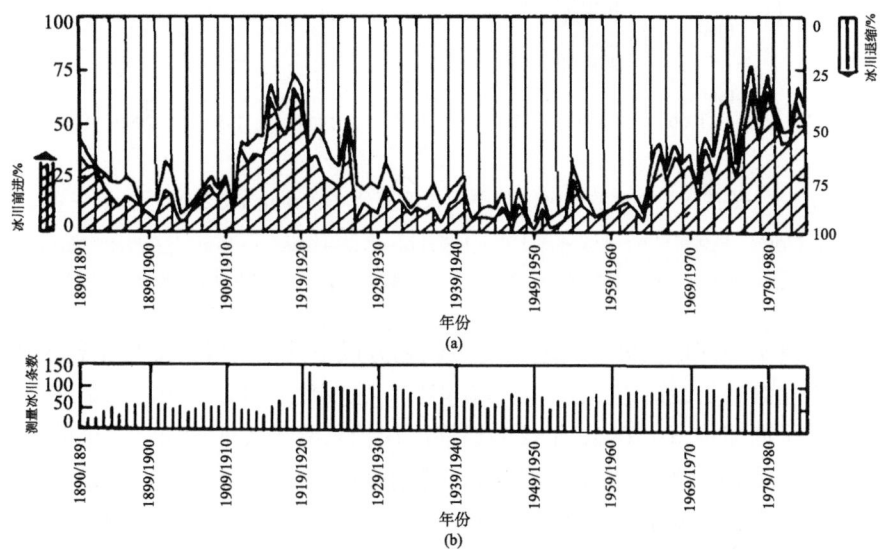

图 7.17 瑞士阿尔卑斯山冰川百年进退变化（Aellen and Funk, 1988）

通过全球分地区的500条长系列冰川长度变化进行对比，不难发现，冰川退缩为主导趋势。有些大型山谷冰川，在过去的120年间分别累计退缩了数千米。中纬地区的冰川，退缩速率为2~20 m/a，大冰川表现出持续的退缩现象；中等规模的冰川表现出年代际的阶段性变化，而小冰川的长度变化，则表现出叠加在总体退缩背景下的高频波动。

20世纪90年代，斯堪的纳维亚及新西兰的冰川异常前进，可能与两地区的独特的气候变化有关，如冬季降水增加。在其他地区，如冰岛、喀喇昆仑山和斯瓦尔巴群岛，观察到的前进的冰川，经常是动力不稳定型冰川（冰川跃动）。末端有崩解现象的冰川，也可能表现出快速退缩现象，而冰舌区具有厚层表碛覆盖的冰川，则常近似于稳定的状态。

全球少量冰川监测可追溯到17世纪或更早，冰川长度变化反映出长期低频率气候变化对其的影响。综合全球169条冰川的长度记录，按地区分类均一化，可以看出，1700~2000年，全球不同地区的冰川大致经历了相同的变化过程（图7.18），各地区冰川大致在 1800 年前后开始退缩，1850 年以来处于持续的快速退缩状态。原始数据显示，在 1970~1990 年退缩有所减缓；到 1990 年之后，退缩又开始加剧。

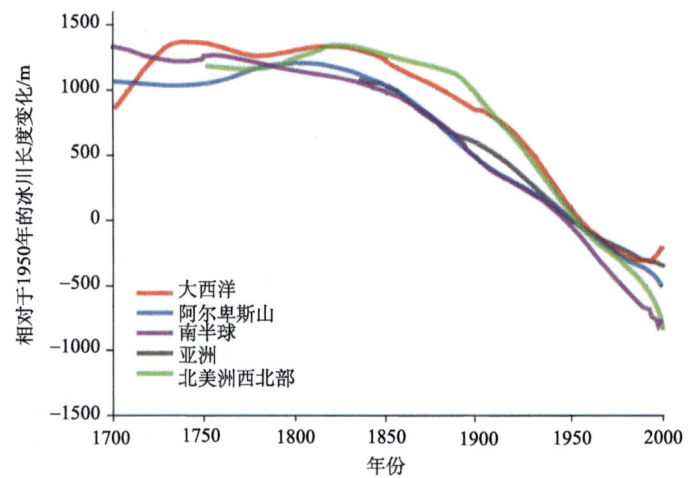

图 7.18　全球各地区冰川平均长度变化（Oerlemans, 2005）

南半球包括热带、新西兰、巴塔哥尼亚；北美洲西北部（主要是加拿大落基山脉）；大西洋包括格陵兰岛南部、冰岛、挪威的扬马延岛、斯瓦尔巴群岛、斯堪的纳维亚半岛；欧洲阿尔卑斯山；亚洲包括高加索山和中亚山脉

1900 年以来，中国现代冰川进退变化可以划分以下几个阶段：20 世纪初至 30 年代，多数冰川处于相对稳定或前进状态；40~60 年代，除少数冰川处于相对稳定或前进以外，大多数冰川处于退缩状态；70~80 年代为退缩冰川相对减缓或处于稳定甚至前进的时期；90 年代以来，多数冰川普遍转入后退阶段，特别是青藏高原边缘的喜马拉雅山、西藏东南部山区、横断山、帕米尔、喀喇昆仑山、天山及昆仑山东段的阿尼玛卿山与祁连山东段的冷龙岭等山区冰川末端退缩更加强烈。

综上所述，近 100 多年来，全球范围的冰川变化具有相似的过程，冰川萎缩是主导趋势，但其间有两次小的前进时段（19 世纪 20~30 年代、20 世纪 60~70 或 80 年代）。

2. 冰川面积变化

有面积变化监测的冰川较少，且监测也晚。综合已发表数据，绘制出全球 19 个地区冰川面积变化对比图（图 7.19）。其面积变化表现出以下特点：①20 世纪 40 年代以来，所有地区的冰川都在缩小；②每个地区的冰川面积变化率落在大致类似的区间，但每个地区内部冰川面积变化率存在较大的差异性；③冰川面积缩小比例较大的区域为加拿大西部（2 区）、欧洲中部（11 区）及低纬度地区（16 区）；④所有地区的冰川近期都表现出面积缩小比例增加的趋势。

冰川消失也有大量报道，如加拿大北极、落基山及北卡斯卡特、巴达哥尼亚和某些热带山地、欧亚阿尔卑斯、天山等，累计报道消失的冰川有 600 多条，实际消失的冰川数量可能更高，这些事实证明冰川平衡线高度已显著抬升。

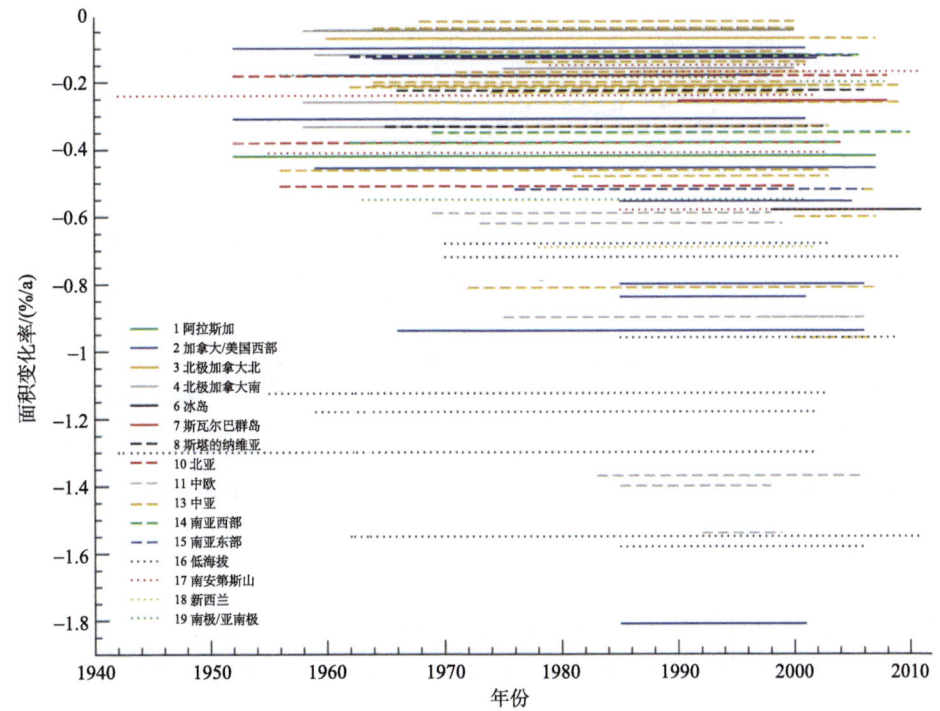

图 7.19 全球 19 个地区冰川面积年平均相对变化率

每条线表示这个地区冰川面积年均缩小比例；线段长度表示平均的统计时段；图列中无编号区域表示没有对应区的冰川变化数据

3. 中国冰川的变化

20 世纪 50 年代以来，相关考察表明，中国多数冰川均处于退缩状态，这与世界其他地区冰川变化的研究结果一致。观测较系统的天山乌鲁木齐河源 1 号冰川，自 1959 年以来，其总体处于负物质平衡状态，50 年代后期至 80 年代初，冰川物质平衡波动较小，物质平衡水平低，冰川退缩缓慢，之后，物质亏损加剧，尤其是 90 年代中期以来，负物质平衡水平增加，冰川长度退缩明显（图 7.20）。

综合中国西部不同地区冰川面积变化研究，结果表明，20 世纪 60 年代以来，中国西部冰川总体退缩，但区域差异明显。黄河源区、天山北坡部分地区等冰川面积年均缩小比例最大，青藏高原内部、昆仑山等地区面积缩小速率小于其他地区。

7.4.3 全球冻土变化

多年冻土主要分布在高纬度的环北极地区、南极地区及中低纬度的高海拔地区。在全球变暖背景下，各地区冻土总体上呈现出温度上升、活动层厚度增加、冻土退化的趋势。然而，由于受到局地因素影响，各个地区冻土变化呈现出不同的趋势。

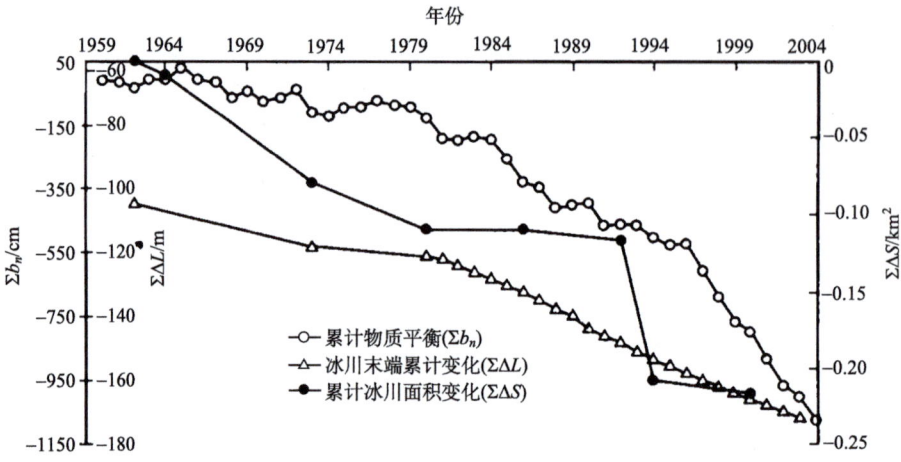

图7.20　1962~2004年天山乌鲁木齐河源1号冰川长度、面积及物质平衡的变化（谢自楚和刘潮海，2010）

1. 环北极地区

环北极地区已有大量的冻土钻孔温度记录（图 7.21）。阿拉斯加地区在 20 世纪 80 年代中期、90 年代早期及 21 世纪初期都是相对寒冷的时期，20 m 深度处的冻土层温度

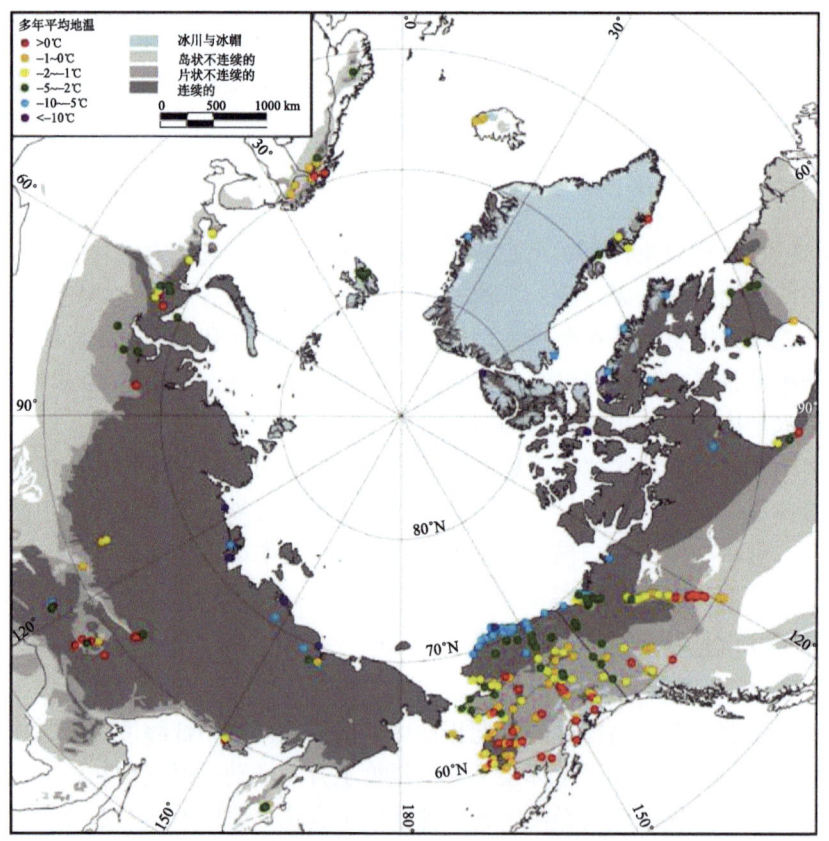

图7.21　环北极钻孔及其年平均地温（Romanovsky et al.，2010）

相对稳定,甚至有降温的趋势。但是进入 2007 年之后,阿拉斯加北部地区的两个观测点显示,20 m 深度的冻土层温度升高了 0.2℃。

加拿大西部的麦肯齐河走廊地区在过去的 25 年里不连续冻土区的年平均地温以每 10 年 0.2℃的速度上升。西南地区的冻土温度仍保持稳定。中部,1998~2007 年,活动层厚度以每年 5 cm 左右的速度增加。东部埃尔斯米尔岛地区,15 m 深度处的多年冻土在过去 30 年时间内以大约每年 0.1℃的速度增加,在 36 m 深度处却以每 10 年 0.1℃的速度增加。魁北克的拉洛伦矿地区,在 20 世纪前 50 年时间里,先是降温,继而呈升温趋势;50 年代后期到 80 年代晚期,又呈降温趋势,之后又升温;1993 年开始经历了明显的活动层加厚的趋势。在 Umiuzaq,4 m 和 20 m 处的地温从 20 世纪 90 年代以来平均升高了 1.9℃和 1.2℃。

在俄罗斯的西伯利亚西北部地区,1974~2007 年地表温度都呈现增加趋势,在寒冷的冻土区增加了 2℃,而在温暖的冻土区只增加了 1℃。大多数变暖出现在 1974~1997 年,1997~2005 年很多地区的冻土温度并未发生变化甚至有些地区呈现变冷趋势,在 2005 年之后,低温低于-0.5℃的区域出现了升温趋势。

2. 亚洲北部地区

亚洲北部地区的研究集中于中国的大小兴安岭地区。研究发现,20 世纪 70 年代,冻土南界在大兴安岭西部与年平均气温 0~-1℃等温线相重叠,在松嫩平原与 0℃等温线重叠,在小兴安岭东部与 0~1℃等温线相重叠,即南界总体在-1~1℃等温线之间。目前,不连续冻土和岛状冻土已减少 (9~10)×10^4 km^2,其只有 70 年代的 35%~37%。在大兴安岭北部地区,活动层厚度在 60~70 年代为 50~70 cm,但在 1978~1991 年增加了 32 cm,20 cm 处的地温增加了 0.8℃。在大兴安岭中部地区,80 年代早期,热融深度呈下降趋势,然而年平均温度却在上升,90 年代,最深热融深度从 1 m 增加到了 1.2 m,年平均气温从-5.5℃增加到-3.0℃。

3. 欧洲北部

欧洲北部的研究主要集中在冰岛及斯堪的纳维亚地区。受温带海洋性气候,冰岛年际温差较小,冻结天数也比较短,甚至在冬季,部分地区也会出现热融现象。冰岛高山冻土下限自南向北依次降低,大面积的冻土在南面分布在 1000 m 以上,而在北面则分布在 800 m 以上。由于在 1000 m 以上多分布有积雪,而积雪的绝热能力是影响冰岛冻土分布的一个重要因素,并且积雪的分布变化要比夏季温度及降水对冻土的退化影响更为显著。在该区域,强风主要来自于东南地区,这让南部的平原地区没有积雪,积雪主要在北坡。这种效应抵消了温度在南北分布的不均,让南坡在冬季气温降低很快,而凉爽的春季和夏季让北坡的冻土存在得更为长久。在 1200 m 以上的高度,冻土分布是连续的。过去几年的观测表明,年平均地温比 1961~1990 年要高 0.5~1℃。大部分观测点的地表温度都大于 1℃。许多观测点的冻土层出现退缩,尤其是较为干燥的区域。与其他地区不同,冰岛地区由于受到高温热流的影响,冻土的退缩更为显著。

在斯堪的纳维亚地区，长时间的钻孔观测发现，在 20 世纪前 50 年的后期及 21 世纪初期，该区域的地温有明显的上升趋势。地温的极值时间出现在 2003 年的夏季，这与在冰岛观测的数据基本上相吻合。

4. 南极地区

南极地区冻土的观测点较少，虽然在国际极地年期间，观测点从 21 个增加到 73 个（图 7.22）。大体上，从沿海到南极大陆内部，随着海拔的升高，冻土温度不断降低。最高值出现在南设得兰群岛，其值略低于 0℃。在北维多利亚地区，冻土的温度变化为 −18.6~−13.1℃，在莫科莫多海峡，温度变化为 −22.5~−17.4℃，而在高海拔的罗斯岛地区，其变化幅度达到了 −23.6℃。南极半岛数据表明，1950~2000 年，该区域的年平均气温正在以每 10 年 0.56℃ 的速度上升，这在一定程度上也反映了南极地区的变暖趋势。

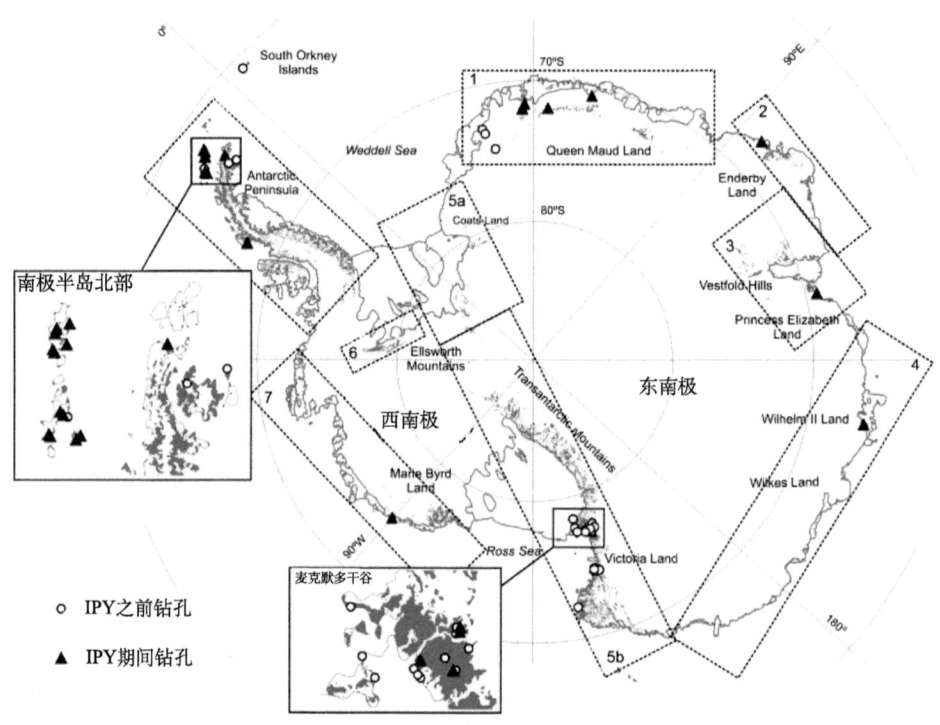

图 7.22 南极冻土监测点

5. 亚洲中部地区

亚洲中部的多年冻土检测点主要集中在中国的青藏高原、天山、蒙古国（图 7.23）。检测数据表明，1999~2006 年青藏高原地区冻土顶层温度上升幅度为每年 0.02~0.19℃，活动层厚度在 2006 年或 2007 年出现最大值，增大的幅度为 35~61 cm。从 7 个观测点可以看出，1996~2002 年，6 m 处的冻土温度以每年 0.07~1.02℃ 的幅度增加，但是近几年呈下降趋势，这可能与局部气候变冷有关。天山和哈萨克地区的数据表明，在过去 35 年中，14~25 m 处地温从 1974 年的 0.3℃ 升高到了 2009 年的 0.6℃。活动层厚度在 1970

年为 3.2~3.4 m，到 1992 年达到 5.2 m，总体而言，活动层厚度与 20 世纪 70 年代相比增加了 23%。在乌鲁木齐河上游的 China 9 观测点，年平均地温从 1992 年的-1.6℃升高到 2008 年的 1.0℃，在不同的土壤深度，土壤温度升高幅度为 0.4~0.9℃。0℃所在的深度从 1992 年的 10 m 增加到了 2008 年的 12 m，所有的数据都说明，近几十年来，天山地区冻土分布区气温、地温及活动层厚度都有明显的增高趋势。

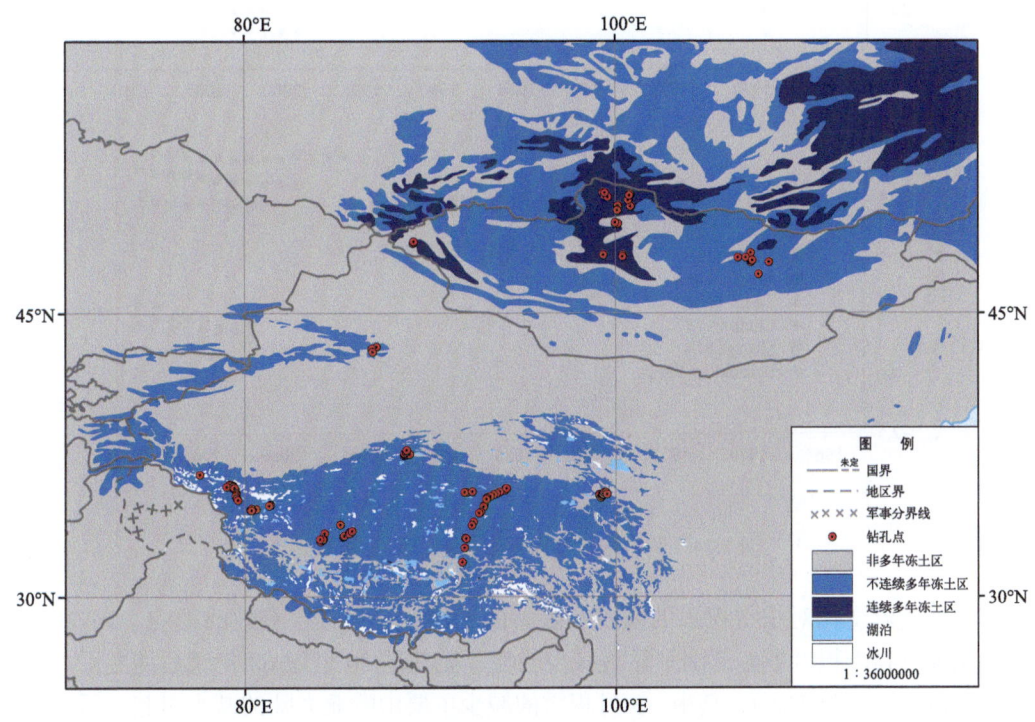

图 7.23　亚洲中部地区冻土监测点位置

在蒙古国，观测点 M1 a 和 M3 的数据表明，这两个观测点的活动层厚度增加速率为每年 20~40 cm。观测点 M6 a 和观测点 M7 a 的数据表明，在过去的几年里，活动层厚度的增幅只有每年 0.5~2.0 cm。但是，在 2009 年观测的数据中，大部分地区的活动层厚度呈现下降趋势。冻土温度在过去的 15~20 年时间内要比过去 20 世纪 70~80 年代要高（图 7.24），这个趋势与亚洲中部及欧洲山区极为相似，但是与东西伯利亚和阿拉斯加相比，蒙古国的变暖趋势要小得多。

7.4.4　北半球积雪变化

全球 98%的积雪位于北半球，最大覆盖面积达 45.2×10^6 km^2。全球变暖带来的气温升高和大气环流调整，使得积雪发生着重大变化。

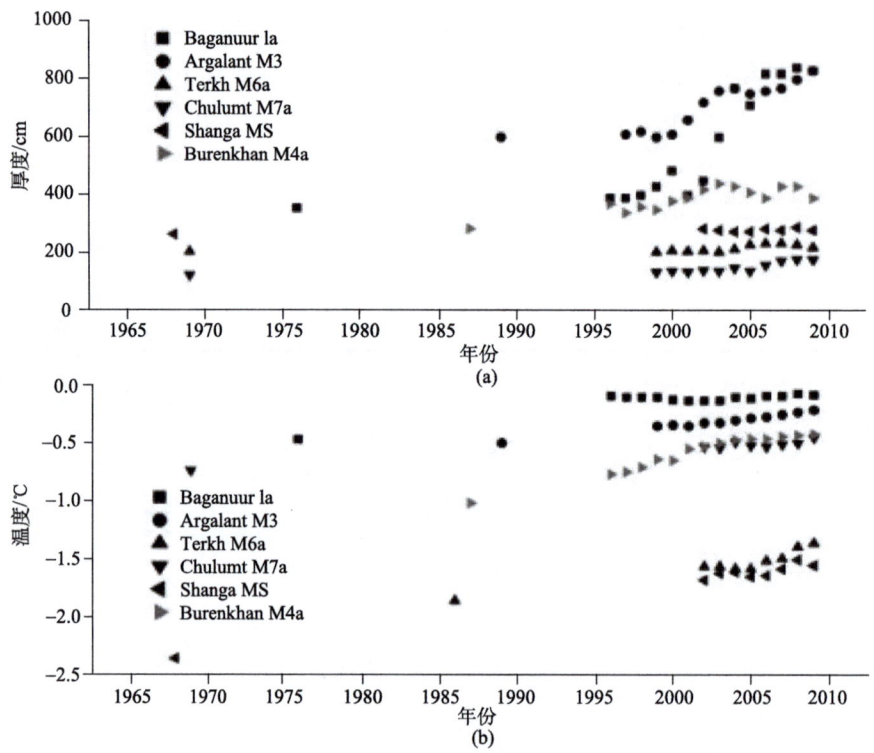

图7.24 蒙古国活动层厚度和年平均地温的变化

春季气温变化对积雪积累的减少和融雪的增加有着最直接有效的影响。1922~2012年，北半球春季积雪覆盖范围呈显著减少趋势，尤其是20世纪60年代后期之后，减少速率明显加快（图7.25）。其中，3月积雪的减少主要由欧亚大陆的减少引起，而4月欧亚和北美大陆积雪范围均显著减少。北半球积雪范围的这种显著减小主要是由气温不断升高造成的，同时也与发生在1980年前后的大气环流转型有关。值得注意的是，6月积雪覆盖范围的减小，无论从相对量还是绝对量来看，均超出了3~4月的减小量。此外，自1972年冬季以来，北半球积雪季节长度，也以5.3 d/10 a的速率在减少（Stocker et al.，

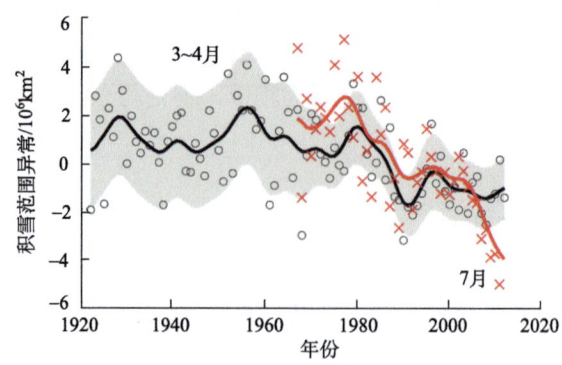

图7.25 北半球积雪覆盖范围变化（摘自IPCC，2013）

黑色圆圈为3~4月，红色十字叉为6月，距平均为相对于1971~2000年平均

2013）。在欧亚大陆，虽然冬季积雪量显著增加，但 1979 年以来，大部分地区和泛北极地区的融雪季节长度均显著增加，其中融雪开始时间约提前 5d/10a。

在中国，1951~2009 年春季雪深和雪水当量均显著减少，但各稳定积雪区的变化并不同步。例如，冬季西北地区雪深显著增加，东北地区雪深年际变化振幅明显加大，而青藏高原雪深和雪水当量均显著减少，尤其是 21 世纪以来持续偏少。

7.4.5 两极海冰变化

北极海冰是冰冻圈各要素中对气候变暖响应比较快速的要素之一。从 20 世纪开始，北极海冰显著缩减。

1999 年，Rothrock 等依据仰视声呐数据发现了北冰洋平均海冰厚度的减小，从 1958~1976 年的 3.1 m 到 1993~1997 年的 1.8 m（图 7.26）。2003~2007 年北冰洋各海域的海冰厚度相比 1958~1976 年减少了约一半以上。

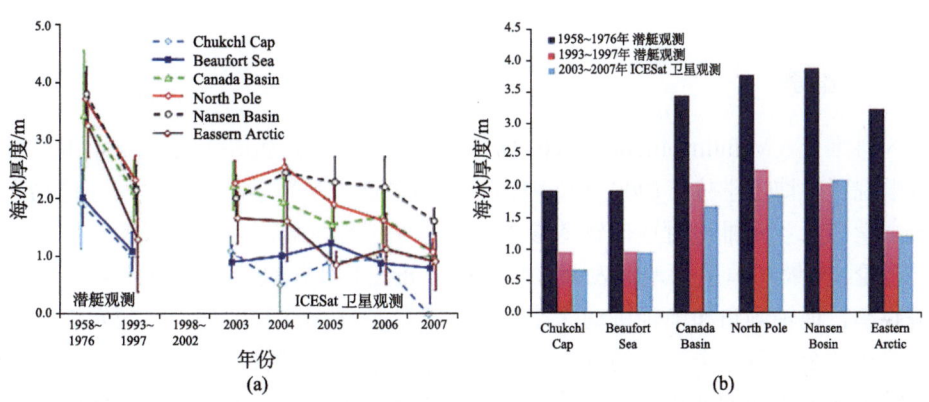

图 7.26 海冰厚度的变化（Kwok and Rothrock, 2009）

海冰厚度减小的同时，海冰范围也快速缩小。卫星观测显示，1979 年以来，北极海冰呈快速减少趋势，海冰范围的减少速率约为 3.8%/10a（约 4.7×10^5 km^2/10a），整个北极地区海冰的总面积从 1979~1996 年的每 10 年减少 2.2%变为 1998~2007 年的每 10 年减少 10.7%。2012 年 9 月 16 日，海冰覆盖范围又出现了有历史记录以来的最低值，其只有历史平均值的 45%。

海冰融化导致北极大范围的密集冰区发生破碎，形成由大大小小冰块组成的冰区，其与传统的海冰边缘区性质一致。如果将这些密集度大幅降低的冰区都认为是海冰边缘区，则海冰边缘区的宽度可以达到 10^3 km 的量级。海冰边缘区的海冰更易融化。在 1980 前后，北极海冰中的多年冰占总海冰量的 75%以上，而在 2011 年只有 45%。北极的多年冰都集中在加拿大北部陆坡附近百千米的范围内。每年都会有多年冰流失，春季随着波弗特流涡向西部输送，最远可以到达东西伯利亚海。多年冰越来越少预示着北冰洋夏季的海冰会越来越少，夏季无冰的北冰洋为期不远。

与北极海冰的变化不同，南极海冰整体范围在 1979~2012 年表现出弱的增加趋势，但具有显著的区域性差异和季节性差异。总体而言，南极海冰在 Bellingshausen 和 Amundsen 海扇区呈减少趋势，在其他扇区呈增加趋势。

思 考 题

1. 北半球冰期中北美和北欧大陆发育大冰盖，为何同纬度的西伯利亚大陆却未形成大冰盖？
2. 中更新世气候转型的原因到底是什么？
3. 两半球海洋氧同位素记录能作为冰期同步与否的有效证据吗？为什么？

延 伸 阅 读

【代表人物】

米兰科维奇

米兰科维奇（Milutin Milankovitch, 1879~1958 年）生于塞尔维亚。1904 年获得维也纳技术学院哲学博士学位。1909 年受聘为贝尔格莱德大学数学教授，讲授理论物理、力学和天文学。米兰科维奇对地球轨道参数如何影响地球气候产生浓厚兴趣，他想建立一种数学理论，能够对恒星和地球表面太阳辐射分布及其变化进行精确的数学计算，此时，轨道偏心率、地轴倾角和地轴进动 3 个轨道参数的变化幅度和周期均已被发现。计算太阳辐射能在各个季节各个纬度的分布取决于两个因素，即行星相距太阳的距离和入射角。所以，3 个轨道参数的变化实际上都必须转换为这两个因素：偏心率的变化转换为距离变化，倾角和岁差转换为入射角变化。1914 年，他用塞尔维亚语发表了题为《论冰期天文理论问题》的论文。此后，他又潜心钻研 4 年，推演出地球气候的数学理论，完成了火星和金星太阳辐射的时空分布。1920 年，他将这些成果整理为《太阳辐射的热现象数学理论》出版。气象学家立刻意识到这是对气候学和古气候学的巨大贡献，那些天文参数的变化通过改变日射的地理和季节分布足以导致冰期。

米氏的著作引起德国气候学家柯本（1846~1940 年）的注意，希望将其成果收入到他与魏格纳（1880~1930 年）正在撰写的一本关于地质历史气候的书中，于是邀请米氏合作。米氏对于阿德海姆和克罗尔以高纬度冬半年太阳辐射的减少作为冰期的标志有所怀疑，在与柯本进行讨论之后，相信高纬度夏半年的日射减少才是形成冰期的关键因素。夏半年辐射减少，温度下降到能够使冬半年的积雪保持不化时，就可能发展成冰盖，确定了这个前提之后，米氏便选择北纬 55°、60°和 65°，计算了过去 65 万年以来的夏半年太阳辐射，并绘成曲线。柯本发现，该曲线和 15 年前德国地理学家 A.彭克等所建立的阿尔卑斯冰期历史相吻合，于是将这幅曲线图引用到他们的新著《地质时期的气候》中去，世称"米氏曲线"。

米氏接下来计算并给出了 5°~75°每隔 10 个纬度上的夏半年太阳辐射曲线,他于 1930 年完成了这项工作。8 条曲线的出版,使地质学家明白了两个天文循环影响太阳辐射的方式:地轴倾角的变化主要影响高纬度太阳辐射,而岁差周期主要影响低纬度太阳辐射。

米氏也计算了冰盖对太阳辐射的反馈值,表明其对冰期气候的放大作用。他聚焦于雪线,建立了夏半年辐射和雪线之间的关系。至此,米兰科维奇完成了全部计划,认为冰期之谜已被他揭开。他写成专著《日射法则与冰期问题》(*Canon of Insolation and the Ice Age Problem*)并出版。

虽有少数科学家并不接受他的理论,但赞同的声音与日俱增,他很快发现有 5 部专著和 100 多篇论文已引用他的理论。米兰科维奇没有能够看到他的理论在他死后很快被大量的地质记录所证实,在第四纪研究中产生了一个"无米氏理论而不成书"的时代。

【经典著作】

《中国第四纪冰川与环境变化》

作者:施雅风等著。

出版社:河北科学技术出版社,2006 年。

内容简介:本书是作者在对中国各山地半个多世纪考察研究、取得大量实地观测资料和实验资料的基础上,对中国第四纪冰川与环境变化研究的总结。本书系统地阐述了中国各地第四纪以来冰期、间冰期的气候变化和遗留的地貌、沉积物及化石证据,借以探索气候变化在不同时间尺度上所能达到的规模和幅度,探索第四纪冰川变化与环境变化的关系,据此提出了未来 50 年气候变化趋势预测及现代冰川变化趋势与水资源变化、环境变化的初步预测。全书共分 19 章,第 1~第 5 章为综合论述部分,综述了中国第四纪冰川与环境变化的研究成果,论述了 LIA 以来冰川变化及预测、冰芯研究进展与贡献、冰川沉积和测年评估、冰川水资源变化趋势等。第 6~第 19 章为分区论述部分,分别对喜马拉雅山-青藏高原、喀喇昆仑山系、帕米尔高原、羌塘高原、唐古拉山系、昆仑山系、祁连山系、念青唐古拉山系、横断山系、天山山系、阿尔泰山系和中国东部高山区第四纪冰川进行了系统的论述和总结。

本书是目前唯一全面论述中国第四纪冰川的专著,其学术思想新颖,有许多新发现、新观点和新结论,既有理论价值又有应用价值,对我国未来水资源变化、环境变化、区域经济规划乃至经济可持续发展都具有很强的指导作用。本书可供地质、地理、环境、气候、水文、区域规划等技术和研究人员参考,也可作为高等院校相关专业的教材。

第 8 章 冰冻圈与其他圈层的相互作用

冰冻圈在其形成、演化过程中深刻影响着地球表层系统的大气圈、水圈、生物圈和岩石圈,而地球表层其他圈层也对冰冻圈分布规律、变化过程有着驱动、控制作用。因此,冰冻圈与其他圈层相互作用是冰冻圈科学的重要内容。同时,冰冻圈的变化也通过对不同圈层的影响而影响到人类圈。本章主要介绍冰冻圈与大气圈、水圈、生物圈和岩石圈的相互作用,着重对冰冻圈在大气圈、生物圈、水圈和岩石圈中的作用进行分析,而冰冻圈对人类圈的影响将在第 9 章单独论述。

8.1 冰冻圈与大气圈

冰冻圈与大气圈通过大气和冰雪覆盖下垫面的界面进行物质、能量和动量交换。冰-气相互作用是气候系统中大气圈和冰冻圈之间重要的影响、反馈和调整过程,决定着大气-海冰边界层、大气-冰雪覆盖陆面边界层的动力学和热力学性质,包括辐射(太阳辐射与反射、长波辐射)、动量、热量(潜热和感热)和物质(水、水汽、气体、颗粒物等)交换,以及风对海冰和积雪等移动的影响。冰冻圈与大气圈之间的相互作用在全球和区域气候形成、异常和变化中发挥着重要作用。冰冻圈一方面对气候变化十分敏感,是气候变化的指示器(见第 3 章);另一方面由于冰雪具有很高的反照率、巨大的相变潜热、低导热率,以及海洋洋流驱动等重要作用,极地冰盖、山地冰川、积雪、海、湖、河冰及冻土等冰冻圈要素在不同时间和空间尺度上通过复杂的反馈过程对气候有重要的调节作用。

8.1.1 冰雪-反照率反馈机制

在讨论冰雪-反照率反馈机制之前,先介绍两个容易混淆的概念,即反射率和反照率。反射率(reflectivity)是一物体对于某一波长反射辐射量与入射辐射量的比值,而反照率(albedo)则是各波长反射率的积分。地球表面反照率的细微变化,会影响到地-气系统的能量平衡,进而引起气候变化。冰雪面对太阳辐射具有较高的反照率,对地表能量吸收影响很大。洁净的雪面反照率可达 90%以上,而一般地表面反照率为 10%~30%,海洋有无海冰覆盖,在海冰覆盖区海洋吸收能量差别可达 9 倍以上。

冰雪面的反照率大小取决于冰雪面的反射属性及大气或天空的状况。雪的粒径、密度、含水量，以及污化度或杂质等物理属性都会影响反照率的变化，反照率随着雪的这些物理属性的增加而减小，天气状况，如大气含水量、混浊度，以及云量、云状等会改变入射辐射量及其光谱分布特征，从而影响冰雪面的反照率。

冰雪-反照率反馈机制是冰冻圈和大气圈之间相互作用的形式之一，指的是受冰雪性质和分布范围影响反照率变化与地表温度变化之间的正反馈机制。冰雪-反照率反馈机制是气候系统中一个典型的正反馈机制，表现为地表温度升高，冰雪消融使得冰雪覆盖减小，从而使地表反照率降低、地表吸收的太阳辐射增加。反之，地表温度降低，则会发生相反的变化，冰雪覆盖扩大，反照率增加，进而放大初始的降温。这种机制也适用于小尺度的积雪变化；初始时少量的积雪融化，导致地表颜色变暗，吸收更多的太阳辐射，从而引起更多的积雪融化。净辐射量是冰川消融的重要能量源，冰川上小区域范围内反照率的变化也会引起相对较大差异的冰川消融量。这种机制还被用来解释最近北极海冰面积的退缩，其是海冰变化作为气候变化的放大器和指示器的重要原因。

8.1.2 冰-气潜热和感热交换

在冰和雪的上边界，能量的传递受入射太阳辐射，入射长波辐射，反射短波辐射，冰雪面的散射长波辐射，垂直方向的湍流感热通量和湍流潜热通量，以及冰雪中的热力过程影响。在冰雪的下边界，控制热量传递的基本因子是来自海洋的湍流热通量、冰凝结或融化时的潜热通量。通过冰层的热通量由上述因子控制。在冬季多年冰的热量收支中，强辐射冷却和通过海冰来自海洋的较小热量使得海冰表面的温度低于周围大气温度。这就是大气边界层稳定分层和感热通量向下的主要原因，也是低层大气冷却的原因。在冬季湍流潜热通量对于热量收支的贡献是不明显的，这是因为低的大气温度导致了大气边界层中低的水汽含量。

冰冻圈以巨大冷储和相变潜热影响气候系统。0℃的冰融化为0℃的水，相变潜热为 33.4×10^4 J/kg，冰相变为气态水（升华），其相变潜热更高，达 283×10^4 J/kg。冰川、冰盖、冻土、积雪、海冰等冰冻圈诸要素在融化过程中均需要经过自身升温—达到 0℃—相变耗热这一过程。这一过程中，冰雪面与大气、海洋与海冰之间发生着显著地感热和潜热交换，从而在不同时空尺度上影响着天气和气候系统。

为了定量分析冰冻圈与气候之间的联系，通常需要建立冰冻圈分量模式，如海冰模式，或通过陆面过程中冰冻圈分量的参数化，并将海冰模型和参数化的冰冻圈陆面模式与气候模式耦合。通过上述程序，一方面可改进气候模型中对冰冻圈分量的精细化描述，另一方面也可进一步分析冰冻圈各要素在气候变化中的作用。

冰冻圈陆面过程参数化是十分复杂的问题。例如，在冻土陆面参数化方面，针对冻土-大气感热和潜热能量交换过程，冻土的导热率、比热容、热扩散系数、地表粗糙度、波文比、反照率等均需要进行参数化处理。有些参数还需要考虑冻、融不同的相变过程。如对于导热率来说，冻结过程和融化过程存在着差异。

冰冻圈陆面过程参数化对气候模式非常重要，第 10 章有专门介绍。

8.1.3 冰-气动量交换

冰气之间的动量交换主要体现在海冰受潮流和风的驱动，在风、浪、流的共同作用下，由于海冰运动场的非均匀性而引起的形变、破碎和堆积。冰气动量交换过程可导致冰-气-海之间能量变化而引起气候变化。

一般认为，北极地区海冰范围的减小主要是由全球气候变暖而引起的。然而，也有研究表明，北极海冰迅速减少的主要是由当地强风的吹动所致，温度升高也是其原因之一。通过对自 1979 年以来逐年北极风强度及强弱转换时间与海冰范围的分析，北极风表现强劲的时间和北极海冰锐减的时间相吻合。研究发现，北极风在风势较强时，大量海冰被吹向了北大西洋海域。这项工作体现了动量交换对海冰变化的作用。海冰进入较暖的北大西洋海域，会改变海洋的盐度和温度，进而影响大洋环流，也会影响海洋生态系统。冰-气-海动量相互作用的典型实例是在近海形成的冰间湖。冰间湖是在极区近海连续海冰覆盖区形成的不冻结水域，其甚至在–50℃的环境中也可存在。其主要由海洋动力作用将深海较暖的水带到表层而形成。

此外，风吹雪的形成也是由大气运动产生的。由气流挟带起分散的雪粒在近地面运行的多相流或由风输送的雪称为风吹雪。风吹雪对自然降雪有重新分配的作用，对积雪区雪的物质平衡和冰川物质平衡具有重要的影响。同时，风吹雪对冰雪面能量平衡也具有重要影响，风可造成空气中雪粒的升华磨蚀，增强从雪面向大气的水汽通量输送。风吹雪可改变积雪表面粗糙度，影响大气和积雪表面的能量交换，风吹雪也会改变大气能见度，影响大气能量传输。

在高山地区，风所造成的雪的再分布对雪崩的形成具有极其重要的作用。

8.1.4 冰冻圈与东亚季风

东亚季风是由亚洲陆地与其周边海洋之间的热力差异驱动的，全球海洋-陆地-大气之间的相互作用对亚洲季风有重要影响。影响东亚季风的因素很多，其相互作用也很复杂，主要因素可以概括为东（赤道中东太平洋和太平洋暖池热状况，包括厄尔尼诺与南方涛动（ENSO）、太平洋年代际涛动（PDO）等）、西（欧亚大陆和青藏高原热状况，包括积雪、感热和潜热等）、南（热带对流、南海热状况和南半球大气环流等）、北（北极海冰、北极涛动和东亚阻塞高压等，反映了中高纬大气环流的影响）、中（西太平洋副热带高压，反映了副热带大气环流的影响）5 个方面（图 8.1），这五大因素可以概括影响东亚季风的主要热力、动力条件，即大气环流和下垫面热状况。在这个概念模型中，北极海冰、欧亚大陆和青藏高原积雪等冰冻圈分量发挥着重要作用。

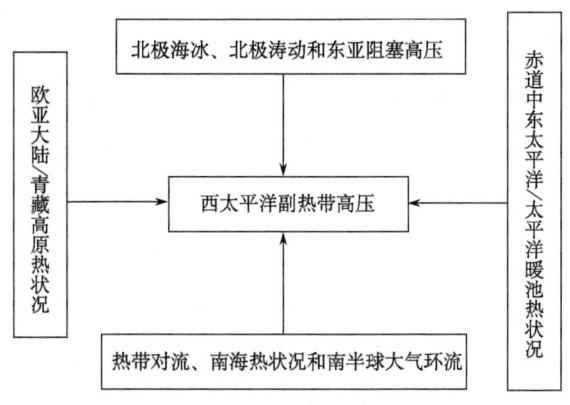

图 8.1 东亚季风影响因素示意图

作为一种重要的陆面强迫因子,积雪的变化除了对局地大气产生直接的重要影响以外,大范围积雪的持续变化则可以通过行星波的传播,导致更大范围内的大气环流异常。研究表明,秋季初冬欧亚大陆的积雪异常与冬季北半球大气环流显著相关,秋季西伯利亚积雪异常与北半球环状模(NAM)呈显著的负相关关系;而青藏高原地区秋季初冬积雪偏多的年份,能引起冬季北半球类似太平洋-北美(PNA)遥相关型的大气环流异常。欧亚大陆积雪变化与中国夏季降水也存在密切联系,研究表明,欧亚大陆春季积雪偏多时,中国夏季自南向北降水呈现少—多—少的分布型,而欧亚大陆春季积雪偏少时,则呈现相反的分布状态。

8.2 冰冻圈与生物圈

8.2.1 冰冻圈与生态

一般地,冰冻圈范围内一切生态系统均不同程度地受到冰冻圈状态与过程的影响。但相对而言,寒区生态系统的结构、功能与时空分布格局受冰冻圈要素的影响较为深刻,特别是冻土和积雪的影响较为广泛,涉及两极地区、青藏高原及中低纬度高山带。山地冰川的影响具有局域性,对冰川作用区的局部动植物分布、系统演化等产生一些重要作用。在寒区内,冰冻圈与生物圈既是寒区气候的作用结果,但二者间又存在极为密切的相互作用关系,冰冻圈与生物圈的相互作用对寒区生物圈特性具有一定程度的主导性。

1. 寒区生态系统类型与分布

以多年冻土的分布为依据,分析寒区生态系统类型,总体上可以以南北极和青藏高原三大区域来划分。大致 50°N 以北的泛北极地区,属于寒带生态系统分布区,陆地生态类型以寒带针叶林和苔原(或冻原)两类为主。南极地区则更为简单,陆地生态系统以南极苔原为单一生态类型。青藏高原因其巨大的海拔而形成了中低纬度较大区域高寒生态系统集中分布区,其具有相对多样的陆地生态系统类型。

1）泛北极地区的生态系统类型与分布

苔原（tundra）或冻原，是指以极地或极地高山灌木、草本植物、苔藓和地衣占优势，由层次简单的植被型组为主构成的陆地生态系统。苔原广泛分布在北半球，占据着欧亚大陆北部及其邻近岛屿的大片地区。西伯利亚北部是最大的苔原区，面积约为300万km^2。在南半球仅分布在南美南端的马尔维纳斯（福克兰）群岛、南乔治亚群岛和南奥克尼群岛等。另外，在世界各地高山带也零星分布着高山苔原，如我国长白山等。苔原下伏连续多年冻土，常年低温在0℃以下，夏季短促而寒冷。苔原植物种类贫乏，植物种数为100~200种，在较南部地区可达400~500种。苔原植被中以杜鹃花科、杨柳科（极柳）、莎草科、禾本科、毛茛科、十字花科和菊科等为主，其次就是苔藓和地衣。

寒带针叶林带或泰加林带是从北极苔原南界的林带开始的，向南1000多千米宽的针叶林带，是地球上最大的森林带，约覆盖陆地表面11%的面积。在欧洲大陆，以挪威云杉（*Picea abies*）、苏格兰松（*Pinus sylvestris*）和桦树（*Betula pubescens*）为主，在西伯利亚，以西伯利亚云杉（*P. obovata*）、西伯利亚石松（*Pinus sibirica*）和落叶松（*Larix jezoensis*）为主；北美寒带针叶林的树种相对更为丰富，包括4个属的针叶树（*Picea*、*Abies*、*Pinus*和*Larix*）和两个属的阔叶树（*Populus*和*Betula*）。与苔原生态系统类似，大部分寒带针叶林都处于多年冻土之上，冬季寒冷干燥、夏季短促气温较低。泰加林带植被结构简单，林下一般只有一层灌木层、一层草木层，以及地表的苔藓层。由于多年冻土的限制加之气候寒冷，有机质分解缓慢，土壤氮素短缺，使得寒带针叶林生态系统的生物生产力较低，提高缓慢。

2）青藏高原生态系统类型与分布

从寒区生态系统角度，主要阐述与冰冻圈要素关系密切的高寒灌丛、高寒草甸、高寒草原及高寒荒漠4种生态类型。

高寒灌丛草甸是指由耐寒的中生高位芽常绿灌木和中生高位芽夏绿灌木为建群种的草地亚类，它是青藏高原垂直带谱中的重要组成部分。在高山带，其分布在森林线以上，与高山草甸复合分布。组成灌木层的建群种有高山柳（*Salix oritrepha*）、金露梅、箭叶锦鸡儿（*Caragana jubata*）、秀丽水柏枝（*Myricaria elegans*）、多种杜鹃（*Rhododdendron thymifolium*及*fastigiatum*）等。

高寒草甸以莎草科嵩草属（*Kobresia*）植物为优势种，如小嵩草（*K.pygmaea*）、矮嵩草（*K.humilis*）、线叶嵩草（*K.capillifolia*）、藏嵩草（*K.tibetica*）等均为群落的建群种，大多数群落组成植物具有较强的抗寒性，具有丛生、植株矮小、叶型小、被茸毛和生长期短、营养繁殖、胎生繁殖等一系列生物特性。植物群落结构简单，层次分化不明显，种类组成较少，分为高寒嵩草草甸、高寒苔草草甸及杂类草草甸3类。以小嵩草、矮嵩草等为建群种的高寒嵩草草甸植物群落广布于青藏高原大部分山地流石滩稀疏植被带以下的大部分地区，以及在辽阔的高原东部海拔3200~5200 m排水良好的滩地，坡麓和山地半阴半阳坡。

高寒草原生态系统以寒冷旱生的多年生密丛禾草、根茎薹草及小半灌木垫状植物为建群种或优势种，而且具有植株稀疏、覆盖度小、草丛低矮、层次结构简单等特点，高寒草原不仅是亚洲中部高寒环境中典型的自然生态系统之一，而且在世界高寒地区也具有代表性。高寒草原其中以紫花针茅(Form.*Stipa purpurea*)草原和青藏薹草荒漠化草原(Form.*Carex moorcwfiii*)两种高寒草原为典型代表。其主要分布在海拔 4000 m 以上山地宽谷、高原湖盆的外缘、古冰积台地、洪积-冲积扇、河流高阶地、剥蚀高原面和干旱山地。紫花针茅草原是高寒草原的典型代表，群落结构简单，种类组成比较贫乏。

高寒荒漠主要分布于青藏高原的西北部，海拔 4600~5500 m 的高原湖盆、宽谷与山地下部的石质坡地，气候十分寒冷干旱，有大面积多年冻土发育，以垫状驼绒藜（*Ceratoides compacta*）为建群种，群落结构简单，伴生种很少，植物生长稀疏。

从整体上看，青藏高原上高寒植被空间分布规律是其水平地带性与垂直带性相结合的结果，具有高原植被地带性，在各带谱内冻土和植被具有不同的依赖关系。

2. 冻土与植被的相互作用关系

1）植被对冻土的影响

在全球和区域尺度上，冻土的形成与分布主要受气候因素，如气温、降水的地带性变化控制，表现出随海拔和经度与纬度方向的三维变化；而在局域尺度上，除了地形条件以外，植被因子的作用就十分显著。大量研究表明，植被对冻土形成与分布的影响具有普遍性，其机理表现在植被覆盖对地表热动态和能量平衡的影响、植被冠层对降水与积雪的再分配，以及植被覆盖对表层土壤有机质与土壤组成结构方面的作用，土壤有机质与结构变化将导致土壤热传导性质的改变，从而影响活动层土壤水热动态。

植被冠层对太阳辐射具有较大的反射和遮挡作用，可显著减小到达冠层下地表的净辐射通量，阻滞了地表温度的变化，对冻土水热过程产生直接影响。例如，观测到大兴安岭落叶松林夏季植被冠层下部的净辐射通量仅为植被冠层上部的 60%，将近 40%的太阳辐射被植被冠层反射和吸收；在青藏高原高寒草甸植被区，30%覆盖度草地的感热和地表热通量平均比 93%覆盖度草地高出 19%和 41%，而潜热通量则要低 47%。植被对土壤水热状态的影响，直接关系冻土的形成与发展，但这种影响还明显与植被结构、地被物性质及地表水分状况关系密切。例如，阿拉斯加土壤排水条件较好的林地内夏季 30cm 处的地温要比排水较差的林地高出 7~9℃。在青藏高原，排水条件较好的高寒草甸植被覆盖度降低将导致土壤融化、地温增加和水分减小，排水不畅的高寒沼泽草甸则刚好相反。

总之，植被对冻土的形成、发展与分布的影响是多方面和多因素耦合的结果，其他是多年冻土发育重要的因素之一。正因如此，一种基于植被的冻土作用而提出的新的冻土分类，如图 8.2 所示，是对前面植被对冻土作用的一种全面概括和应用，现被广泛用于冻土分布与变化的研究中。在北极苔原和极地荒漠分布区，连续多年冻土极度发育，这是气候驱动的结果，极端寒冷的气候限制了生态系统的发育，从而使得生态系统对冻土变化的参与度很低；灌丛苔原以南，随植被逐渐发育，生态系统参与冻土过程的作用加强，特别是不连续和岛状多年冻土区，生态系统对冻土形成、发育和发展的调节与保护作用十分突出。

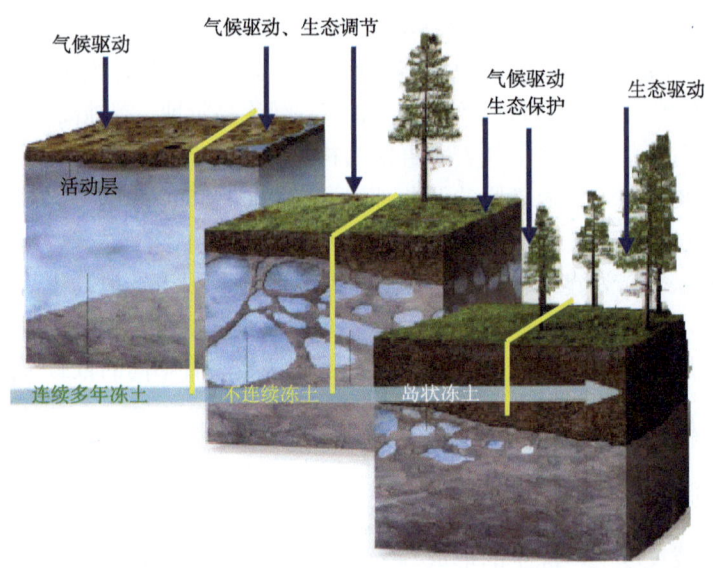

图 8.2　冻土与植被的相互关系（据 Shur and Jorgenson, 2007，经改编）

2）冻土对植被分布的影响

多年冻土的巨大水热效应，对植物种类、植被群落组成与结构及其分布格局等具有较大影响。北极北部苔原带，不仅分布具有不规则多边形的平坦石质表面的多边形苔原，也分布大量土质和泥炭质多边形苔原湿地，这些不规则多边形地形与其下伏的多年冻土性质有关（图 8.3）。多年冻土中因长期冻融交替及水热交换，形成大量冰楔体赋存于多年冻土中，不同气候条件和地貌条件形成不同规模的冰楔体。不同大小的冰楔体在融化中将向地表传输不同水量并吸收不同热量，由此在不规则多边形地表土壤结构下，形成了不规则多边形苔原结构。一般在冰楔体发育较好、规模较大的冰楔体地区，多边形内部低洼地带常常形成沼泽湿地，甚至湖泊水域。从多边形内部低洼地带到周边相对高地，土壤水分和热量条件发生变化，因而形成不同植被群落结构。在冰楔体发育较小、气候相对干燥的地区，由于受到风的作用，多边形周边相对高的地带出现不少裸露地段，在风力较小的地方，发育着干燥的藓类苔原和仙女木（*Dryas octopetala*）苔原，而中心相对低洼的冰楔体位置，发育由藓类、地衣和草本植物组成的苔原植被。

在多年冻土发育的泰加林带，不同冻土环境营造了森林带广泛存在的寒区森林湿地生态类型，以及不同森林生物量分布格局。在我国大兴安岭多年冻土带上的寒温带针叶林区（泰加林）分布着大量的冻土湿地，其一般分布于平坦河谷和浑圆山体坡面下段等地带，包括森林沼泽湿地、灌丛沼泽湿地、薹草沼泽湿地及泥炭藓沼泽湿地等众多类型。在多年冻土发育较好（含冰量较大、活动层较薄）的森林区，树木生长十分缓慢，俗称

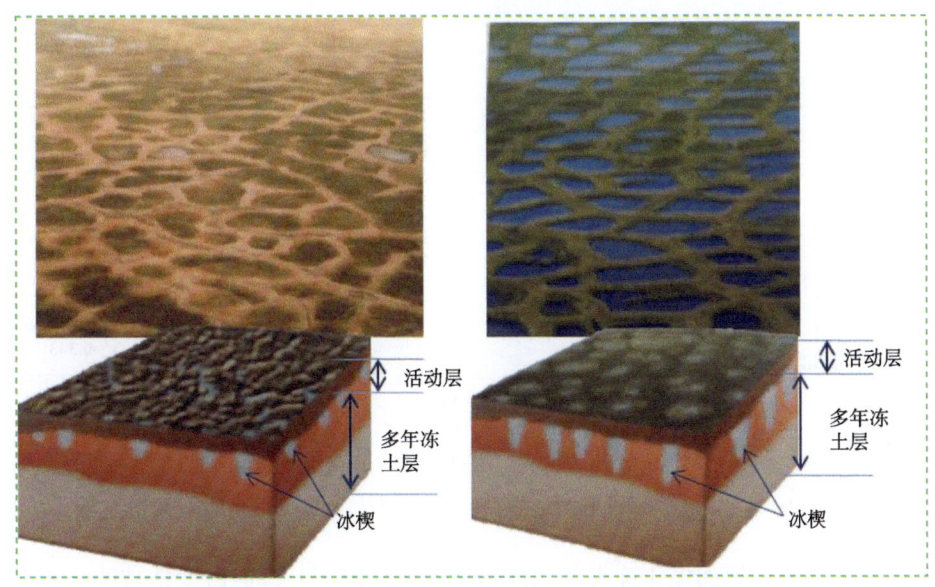

图 8.3 北极地区典型的多边形苔原格局及其形成的冻土因素

"小老树"。在青藏高原，自昆仑山到唐古拉山一带及其以西的广大干旱与半干旱寒区，在高寒草原和高寒荒漠生物气候分区内，发育了大面积的高寒草甸和高寒湿地生态系统，这就是多年冻土和地貌因素共同作用的结果。

3. 冻土变化对生态系统的影响

在不同区域，受制于多年冻土性质、活动层特性、气候及地形等诸多条件，多年冻土变化对寒区生态系统的影响不尽相同，存在较大差异，但归纳起来，多年冻土变化对寒区生态系统的影响主要表现在以下方面。

一是北极地区，苔原分布区植被覆盖指数（NDVI）增加和生物量增大具有普遍性，如图 8.4 所示，绝大部分苔原区植被覆盖呈现显著递增趋势。这种变化的直接原因是灌丛大幅度扩张及苔原植被群落的变化。气温增加改善了原来限制于温度的高寒植物的生长；土壤温度升高增强了土壤微生物活动、加速了有机质分解、增加了植被可利用的养分（如土壤氮）的利用率；地下冰融化大幅度改善了植物水分条件，活动层厚度增加拓展了根系生长范围。多年冻土变化导致北极大部分地区湿地面积扩大、湿地生态系统生物量显著增加。

二是在苔原地带"变绿"的同时，泰加林带则呈现"变黄"，北方森林生态系统在许多地方出现退化，表现为郁闭度和生产力下降，产生这种现象的原因与多年冻土退化关系密切，是由多年冻土冰体融化产生的水分增或减导致的：一方面多年冻土退化中融冰形成大量土壤积水，饱和土壤水分不利于树木生长，在湿地扩张的过程中，森林植被被湿地草甸植被所取代；另一方面，有些坡地（特别是阳坡）多年冻土退化导致活动层土壤水分下渗或大量流失，产生干旱胁迫。

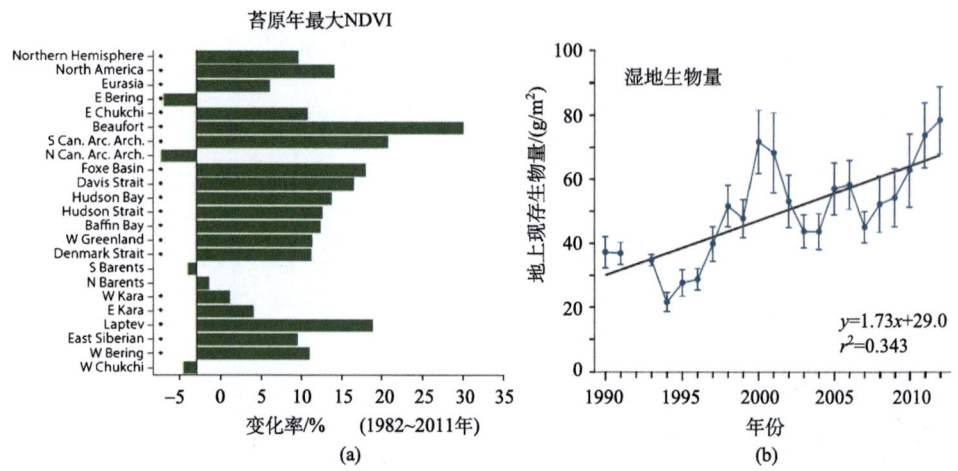

图 8.4 北极苔原 NDVI 和湿地生物量动态变化（Ims and Ehrich，2012）

三是气候变暖，增加多年冻土融化深度和活动层厚度，同时改变植被的物候，如春季生长提前和秋季生长延迟，从而使生长季延长；这种影响具有普遍性，无论是北极和青藏高原，均发现较为显著的植物物候改变和生长季延长。这种变化对生物多样性的作用是负面的，北极地区因为灌丛植被生长延长、遮阴作用增大（LAI 增加）及对积雪拦截厚度增大，导致禾草类和隐花植物大量消失。

四是多年冻土变化对土壤生物群落结构和功能产生较大作用，直接影响土壤微生物的生长、矿化速率和酶的活性及群落组成；同时，在地下部分碳输入、土壤水分和养分有效性等方面间接地影响土壤微生物群落，后者的变化则通过改变分解速率和 CO_2、CH_4 释放等直接影响区域和全球碳循环。

多年冻土退化对生态系统的影响体现在生态特性的多方面，并存在明显的区域差异性，其作用机制，以及如何在区域植被动态模型中精确描述等问题，尚需进一步深入研究。

4. 冻土微生物

1）多年冻土中的微生物

多年冻土微生物是冰冻圈或寒区生态系统重要的组成部分，多年冻土长期存在的未冻水、盐分及有机质等对微生物的繁衍奠定了基础，多年冻结土壤中所包含的盐水细流或盐水晶体（湿寒土）中不冻结的水，以及多年冻土中的冰楔等均可以为盐水细流中微生物的生存提供条件。多年冻土微生物在冻土生物地球化学循环中起着重要的作用，并在一定程度上可以敏感地指示全球气候变化。

冻土微生物多样性丰富，且存在高度空间异质性，不同区域或冻土环境存在不同的微生物群落组成与数量。青藏高原多年冻土微生物总数高于南极、北极和西伯利亚多年冻土微生物总数，培养细菌总数低于南极和北极的，与西伯利亚的相似。尽管多年冻土中存在着丰富的细菌资源，但可培养的微生物数量很低；同时，虽然多年冻土中微生物生长具有很强的空间异质性，但不同区域多年冻土中也不乏共有种类。

在多年冻土区，气温升高，将促进植物生长，有利于增加土壤有机质和凋落物量，同时使土壤无机氮含量降低，可显著增加土壤微生物数量及其活性。多年冻土微生物对气候变化和地表植被覆盖变化高度敏感，气候-植被-土壤微生物-土壤碳、氮过程之间存在更为密切的相互关系，这种密切的联系，使得气候的变化对多年冻土微生物的生理活动代谢产生更加强烈的影响，直接导致多年冻土微生物群落组成及其与碳、氮的关联作用发生改变，从而影响土壤和大气之间的碳、氮交换过程。

2) 冰雪中的微生物

随着大气环流传输并沉降到冰川表面的微生物主要包括病毒、细菌、放线菌、丝状真菌、酵母菌和藻类，以耐冷的生物为主形成一个生命形式相对简单的生态系统。1911年英国维多利亚探险队员最早在南极 McMurdo dry valley lake 冰川考察时发现水生蓝藻菌（*Cyanobacteria*）的存在。自20世纪中叶以来，冰雪微生物已成为世界极端环境微生物学领域的研究热点。

全球冰雪中微生物种类繁多、资源非常丰富，但冰雪环境的巨大差异形成明显不同的生物群落结构。冰川微生物分布不仅在类群上具有区域特征，而且在数量上也具有显著的区域差异。例如，南极 Windmill 岛冰川中雪藻（*Mesotaenium berggrenii*）平均生物量高于南美洲巴塔哥尼亚冰川区，但远低于北半球的喜马拉雅山脉和阿拉斯加冰川区。冰川中优势菌群和数量的差异性均反映了不同冰川区环境对微生物类群结构和分布的影响。在以耐冷的微生物为主的初级冰川生态系统中，藻类和菌类承担主要生产者的作用，它们以粉尘物质为养分，并包裹粉尘颗粒物进行大量繁殖，最终形成冰尘（cryoconite）。在冰川上富集的藻类会产生大量的有色物质，能够显著降低冰川表面的反照率，加速冰川表面的消融过程，进而影响冰川的物质平衡。例如，在喜马拉雅山脉冰川藻类富集区域，雪冰表面的消融速率是其他区域的2倍以上。

通过大气环流传输沉降到冰川表面的微生物按照时间序列被雪冰保存，因此冰芯能记录到不同历史时期大气向冰川输送的微生物的种群数量和结构信息，是环境变化的优良指标。例如，喜马拉雅山脉的亚拉（Yala）冰川雪藻生物量的季节变化显著，并形成明显的雪藻年层，与微粒和氧稳定同位素比率的季节变化具有较好的一致性。总之，冰川微生物的研究不仅可以认识冰川消融中微生物的气候效应，也为了解过去的环境变迁历史提供了重要的参考信息。冰川微生物的研究也为今后发掘新的基因资源、开展生物基因的进化乃至生命起源的研究开辟了新途径。

5. 积雪与寒区生态

1) 积雪与植被的相互作用关系

积雪对植被的作用，首先是积雪对土壤水热状态的影响。积雪可增大地表的反射率，减少辐射能的吸收，使雪面温度比气温低。同时，由于积雪是热的不良导体，热导率低，冬季可防止土壤热量散逸，使土壤温度高于气温。但大量研究证明，积雪的这种保温作用取决于积雪厚度及其稳定性,厚度较薄而不稳定的积雪主要起降温作用;稳定积雪形成越早,其保温作用越明显。在北半球季节积雪厚度较大的区域,积雪的变化所引起的土壤温度变化远大于植被覆盖所造成的影响。积雪作为降水的一种形式,其水分效应在温度效应作用下,对于多年冻土活动层土壤水分的影响具有双重性,即降雪融水直接补给水分与温度场变化对活动层固态水分的相态转化的影响。

积雪对土壤水热状态的作用直接影响土壤养分的可利用效率,积雪本身也可挟带一定程度的养分进入土壤,因而积雪对植被类型及分布具有较大影响。如图 8.5 所示,在北半球高山带和北极地区,积雪厚度、积雪融化时间等不仅决定了植被类型及其群落组成,而且也对植物的生态特性,如冠层高度、叶面积指数及生物量等起着关键作用。不同厚度积雪环境和积雪覆盖时间等因素下,可适应的植被类群存在较大差异,如 *Kobresia myosuroides* 仅分布于浅积雪或积雪时间较短的环境,而 *Carex pyrenaica* 及 *Trifolium parryi* 则相反,在较厚积雪或积雪覆盖较长时间环境下分布;即使适应积雪厚度较宽泛的物种,也存在显著的群落多度和结构上的差异,如 *Acomastylis rossii* 虽然在不同厚度积雪环境下均可见分布,但不同积雪厚度下其多度和覆盖度差异显著。对于北方大部分植被而言,积雪总体上有利于增加其生物量和生长量,但存在其阈限,在一定深度范围内的作用是显著的,超过这一阈限,可能导致相反的结果,即生产力下降。

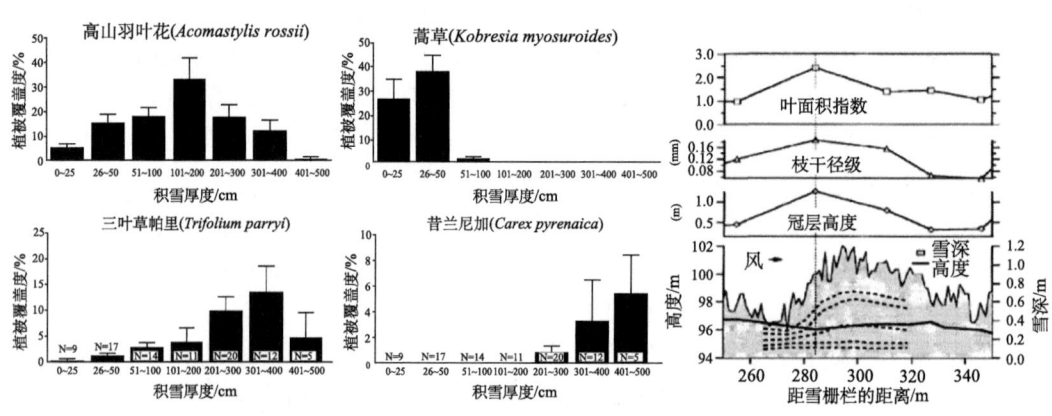

图 8.5 积雪与植被的相互关系(Walker et al.,1993)

2) 积雪变化对寒区生态的影响

总结北半球有关积雪变化对陆地生态系统影响的观测研究结果,大致可以汇总如下,见表 8.1。因积雪融化时间提前和积雪覆盖减少,大部分观测的植物生长季延长、植物花期提前;因积雪变化产生的土壤有效水分的改变和温度升高双重影响,干旱胁迫加剧导致植被群落组成和物种多样性发生显著变化;在寒区,植物生长季延长造成生产力提高,在初期有效增加了碳吸收能力,固碳水平增加,但在近期观测到的事实表明,随积雪覆盖持续减小,植被生产力萎缩,碳吸收能力也趋于下降。在动物方面,积雪融化时间提前和温度升高,导致大量无脊椎动物的生活周期改变,如冬眠缩短;植物花期提前和花期缩短,导致拈花无脊椎动物物种减少;部分无脊椎动物如蜘蛛等,出现明显的表型变异；脊椎动物也会对积雪变化产生显著响应，如部分动物因食物链发生变化导致其生物周期改变，以及部分物种数量先增加后减少等。

表 8.1 积雪变化对陆地生态系统的影响分类

影响	观测到的变化	驱动因素
植被变化	大部分物种花期物候提前	积雪融化时间、温度
	植被群落组成和物种多样性显著改变	积雪（有效水分）、温度
生长季节	萌芽期提前，生长季节延长	积雪融化时间、温度
	初期碳吸收增加，但近期出现吸收水平下降	积雪融化时间、温度
	沼泽湿地初级生产力增加	温度、CO_2 肥效
无脊椎动物种群	大部分种群出现物候提前	积雪融化时间、温度
	花期缩短导致拈花动物物种减少	积雪融化时间、温度
	蜘蛛类群出现气候驱动的表型变异	积雪融化时间
脊椎动物种群	整个捕食链的级联效应促使北极小旅鼠生活周期衰落	积雪
	岸禽鸟类筑巢时期变化	积雪融化时间
	麝香牛种群数量增加后出现下降	积雪融化时间、温度

8.2.2 冰冻圈与寒区碳氮循环

寒区生物地球化学循环是冰冻圈作用区物质循环的重要组成部分，不同于其他区域，寒区生物地球化学循环与冰冻圈要素的作用密切相关，冻融过程及其伴随的水分相变和温度场变化所产生的水热交换对生物地球化学循环产生巨大的驱动作用，并赋予了其特殊的循环规律，以及对环境变化的高度敏感性。在生物地球化学循环领域，寒区研究最多的主要集中在碳氮循环方面，磷循环相关研究较少，在此不做介绍。

1. 寒区碳储量及其分布格局

北极地区是一个巨大的陆地生态系统碳库，主要体现在其巨大的土壤碳库方面。但长期以来，由于涉及多年冻土碳库的测算难度，不同学者对这个碳库的估算结果差异较大。按照最新的估算结果，北半球多年冻土分布区 0~100 cm 深度土壤有机碳含量分布如图 8.6 所示，大部分苔原和泰加林带土壤有机碳密度为 10~50 kg/m²，在多年冻土湿地区域则要高一些。

已有的一些评估结果显示，北半球多年冻土区，0~100 cm 深度土壤有机碳库为 496 Pg[①]C，在 0~300 cm 深度，土壤有机碳库增加到 1024 Pg C。其中，连续多年冻土区分布土壤有机碳库 298.5 Pg C，占多年冻土区总量的 60.2%。整个北半球多年冻土区的土壤有机碳库大致为 1672 Pg C，该值相当于全球地下碳库的 50%，其中北极和亚北极 0~100 cm

---

① $1Pg=10^{15}g$。

深度土壤碳量为全球土壤总碳量的 33.1%~45.1%，说明北极地区对全球土壤碳库有重要贡献。

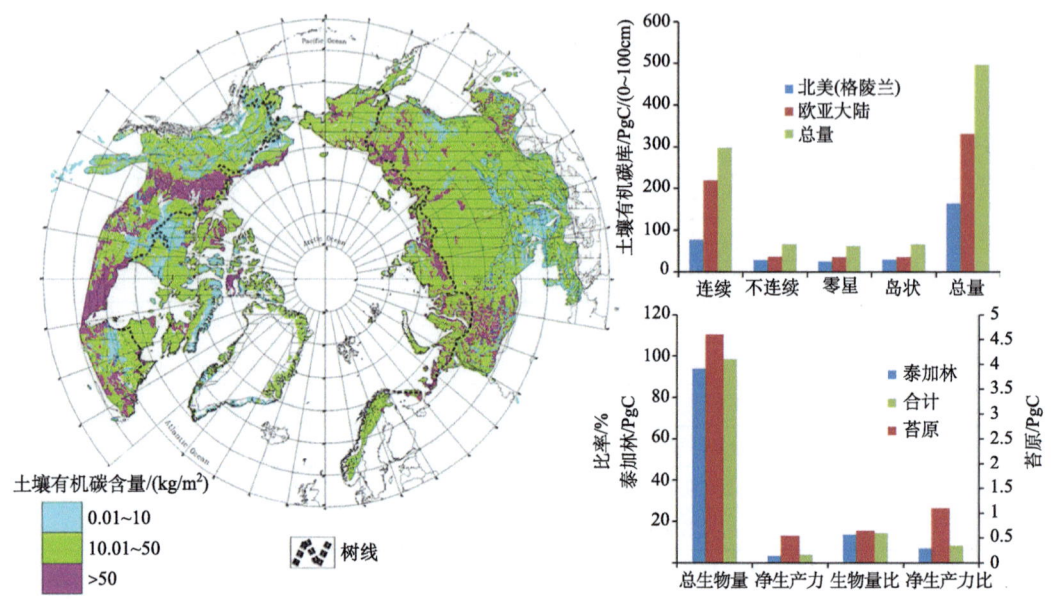

图 8.6　北极多年冻土区土壤有机碳含量分布格局（据 Tarnocai et al., 2009）和北极陆地生态系统的生物量和净生产力（方精云和位梦华, 1998）

2. 多年冻土区的碳、氮循环与变化

碳在陆地生态系统中的循环、流动主要是通过下列几个方面来实现的，即植物的光合生产（光合作用、生物量）、植物的呼吸消耗、凋落物的生成及凋落物分解、土壤有机质积累和土壤呼吸释放。在多年冻土区，碳循环不同于其他非冻土区的显著之处就是，多年冻土对碳的冻结封存与融化释放。

封存于多年冻土中的碳是漫长时间内因低温不能分解的碳固存下来逐渐累积起来的，一旦多年冻土融化，这些冻土碳就会进入生态系统中，可以是好氧环境为主也可以是厌氧环境为主[图 8.7(a)]，主要取决于活动层土壤水分状况。多年冻土区气候变化下的土壤碳释放，在区域尺度上通过生物生产力（光合作用和净植物生长）的增加来弥补或抵消。有些情况下，植物通过凋落物和根系返回土壤的碳，经活动层冻融过程或其他方式进入多年冻土中。以北极地区为例，其生态系统凋落物的生成量包括泰加林和冻原植被两部分，冻原植被的凋落物生成量可以认为与净生产力相同，大致认为是 $0.5×10^9$ t/a，泰加林的凋落物生成量估计为 $2.47×10^9$ t/a，这就是在北极、亚北极植被的净生产力中，以凋落物的形式进入土壤圈的碳量。

如图 8.7（b），大气中的氮通过沉积、固定过程及植物凋落物分解，进入土壤，经过矿化和同化过程，转化为土壤氮库；然后在硝化和反硝化作用下，形成 N_2O、NO 等向大气排放，或以可溶态 NO_3^- 溶滤进入水体而排泄出去。在多年冻土地区，大量土壤的氮库存在于低温下封存的有机质中,除了少量大气沉降带入土壤的氮外,大部分是和有机碳形成土壤有机质的一部分。随冻土融化,有机质分解在释放有机碳的同时,也释放有机氮。在北极和青藏高原多年冻土区广泛分布的地衣和苔藓植物中因丰富的蓝藻细菌而具有重要的固氮作用,在北极一些流域中,这些固氮作用每年固氮量可达 0.8~1.31 kg/($hm^2 \cdot a$),占据流域总氮输入的 85%~90%。

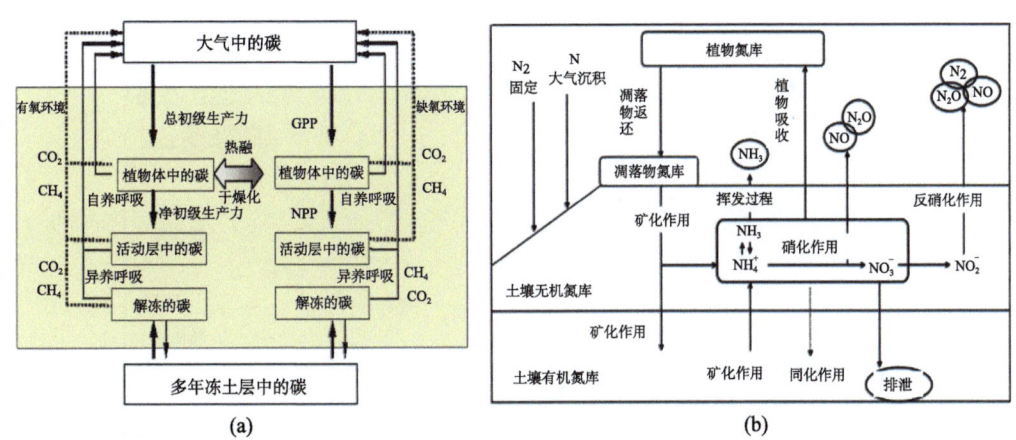

图 8.7 多年冻土区的碳、氮循环过程(Schuur et al., 2008)

多年冻土区的碳和氮库对温度和水分变化十分敏感,温度升高促使冻土融化,并导致长期冻结的有机碳的微生物分解,这是全球陆地生态系统对气候变化最显著的反馈作用。随温度升高的冻土融化将驱动冻土生态系统发生两个互依互馈的过程:一是多年冻土有机碳的微生物分解产生或渐进或急剧的变化,二是植物生长季节、生长速率、生物量及群落物种组成等的显著变化。这两个方面的变化对于多年冻土生态系统的碳源汇过程具有正负不同反馈作用,其平衡态决定了多年冻土融化导致区域是净碳汇还是净碳源。有关多年冻土中的碳循环研究是目前国际关注的一个热点问题,但限于观测数据及相关研究基础较弱,这方面的研究也是未来发展较快的领域之一。

8.2.3 极地海洋生物

在南北极地区,海冰的存在为各类与冰相关生物提供了一个极端和可变的栖息地,与冰相关的生物包括了细菌、微藻、原生动物(单细胞动物)、小型后生动物(多细胞动物)乃至以海冰作为栖息场所的企鹅、海豹、海象和北极熊等大型鸟类和哺乳动物。海冰,以及冰间湖所支撑的生物群落在极地海洋生态系统中起着至关重要的作用。高纬度冰川、冰盖、多年冻土和积雪融化进入海洋的冷淡水影响海洋生态系统。

1. 北极海冰区生态系统

北极海冰区生态系统示意图如图 8.8 所示。冰藻(生长在冰内和冰底的微藻)和冰缘浮游植物水华是冰区主要的初级生产者，物质和能量通过冰-水界面的底栖/浮游生物，以及水体中的浮游生物传递给鱼类，进而为海豹和鱼类等动物提供食物来源。北极熊和鲸等则位于食物链的顶端，捕食海豹和鱼类等动物。

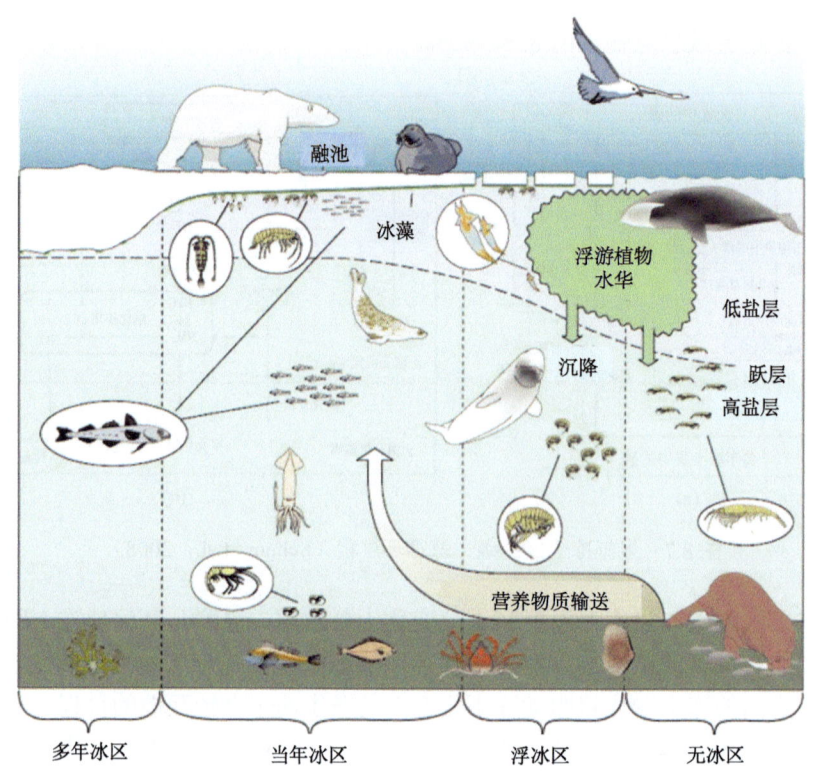

图 8.8　北冰洋冰区生态系统示意图（引自：http://www.npolar.no）

海冰内部存在着一个复杂的生物群落，包括细菌、真菌、微藻、原生动物和小型后生动物成体与幼体；海冰内共存在超过 1000 种单细胞真核生物。海冰内部和冰底生长的冰藻，其年产量约占北冰洋年总初级产量的 25%，是冰区生物的重要食物来源。在加拿大北极陆架和海盆区，与冰相关的初级产量可占陆架净总产量的 8%~50%，以及海盆净产量的 20%~90%。

冰底甲壳类，如端足类以冰藻为食，部分区域密度可高达 100 个/m^2，其成为从海冰到水体物质和能量流动的关键物种。冰底甲壳动物的种类组成、分布和丰度与海冰的年龄、类型和冰底形态密切相关。冰下水体中生活着桡足类、腹足类、管水母、尾海鞘、毛颚动物、囊虾、糠虾，以及底栖无脊椎动物幼体。这些动物是冰下北极鳕鱼（*Boreogadus saida*）重要的食物来源，它同时也是构成与冰相关食物网的重要连接，并与大型哺乳类如海豹和鲸等相连接。

在海冰融化过程中，融水注入导致上表层海水盐度降低，形成盐跃层，加上水体光线增加和水温上升，导致浮游植物迅速繁殖，形成浮游植物水华。水华是指水体中浮游植物在特定条件下迅速繁殖的一种自然现象。水华的形成在北极海洋生态系统中起着极为重要的作用,丰富的浮游植物导致作为鱼类食物的浮游动物的大量繁殖和生长。海鸟、鲸等动物都随着冰缘的后退而北迁,以获取丰富的食物。在近岸冰区,多毛类和软体动物幼体会季节性地栖息在海冰内部摄食。

2. 南极海冰区生态系统

南极海冰区生态系统与北极海冰区生态系统有些类似,冰藻和冰缘浮游植物水华是整个生态系统的主要食物来源。冰-水界面甲壳动物摄食冰藻,鱼类摄食甲壳动物,企鹅和海豹摄食甲壳动物和鱼类,而虎鲸和豹海豹位于南极海冰区食物链顶端,摄食海豹和企鹅等动物。

磷虾是南大洋生态系统最为核心的物种,为企鹅、飞鸟和鲸等提供食物来源。南极海冰的存在对于南极磷虾,特别是南极磷虾的幼体期极为重要。冰下是南极磷虾幼体的越冬场所,它们以冰底冰藻为食。南极磷虾能够从浮冰底部扫除冰藻,一只南极磷虾可以在 10min 清除 1 平方尺的面积(即 $1.5\ cm^2/s$)。这些冰藻比海水中浮游植物具有更多碳成分,可以为南极磷虾(尤其在春季)提供更多的能源。

威德尔海豹和帝企鹅分布在固定冰区,而食蟹海豹和豹海豹则主要分布在浮冰区。极地鲸的分布和迁徙受海冰覆盖和摄食机会的显著影响,它们主要出现在冰缘区捕食丰富的甲壳类、鱼类及乌贼等其他动物。虎鲸位于食物网的顶端,捕食包括企鹅、海豹和其他鲸类。

3. 冰区生态系统对海冰变化的响应

近年来,北冰洋海冰发生了急剧变化。预期随着其变化的持续,北冰洋与海冰相关的食物链将在部分海域消失并被较低纬度的海洋物种所取代,总初级生产力有望增加并为人类带来更多的渔获量,而北极熊和海象等以海冰作为栖息和捕食场所的大型哺乳动物的生存前景堪忧。而海冰退缩、无冰季节延长等有望促进航道的开通,增加航运交通,加快北极地区的矿产和石油勘探步伐,这也会对区域海洋生物产生明显影响。

随着北极气温的升高,夏季冰面融池(海冰表面冰雪融化形成的淡水池)面积也在不断扩大,虽可成为北冰洋夏季的一个海洋微生物优势生境,但发现其微生物群落(细菌、微藻、原生动物、小型后生动物)的产量并不高,尚不足以影响北冰洋冰区生态系统。在南极,与海冰相关的生态系统同样受区域海冰变化的影响,特别是南极半岛的西部海域。过去的 25 年中,该海域海冰面积减少了 40%。由于磷虾幼体在冰下越冬,并以冰藻为食,因此,南极海冰的减少会导致磷虾生物量的下降。伴随海冰减少和磷虾生物量下降,已对与冰相关的阿德利企鹅带来显著的负面影响。其他的如金图企鹅,它们则从海冰消失的海域向南迁徙。海冰融化使进入海洋的太阳辐射大量增加,加之海冰融化的海域营养盐含量较高,导致浮游植物大量繁殖,较暖区域的物种向北迁移。事实上,海冰融化、海洋增暖直接导致的结果就是生物种群向北迁移。

8.3 冰冻圈与水圈

随着气候的冷暖变化，冰冻圈与液态水圈形成此消彼长的相依互馈关系，气候变暖，冰冻圈退缩，液态水圈水循环加剧，海平面上升；与此同时，由于冰冻圈融化的冷淡水进入到海洋后会改变大洋的盐度和温度，从而影响全球温盐环流过程，进而影响气候变化。另外，从区域角度来看，冰冻圈变化对高、中纬度受冰冻圈消融补给的流域具有重要影响，这些地区河流径流变化会影响流域水资源及生态系统。

8.3.1 冰冻圈水文特点与作用

1. 冰冻圈水文的特点

冰冻圈水文的复杂性。冰冻圈诸要素的水文过程复杂多变。冰川、冻土、积雪、海冰等水文要素消融及产汇流过程十分复杂，以冰川为例，冰面消融、冰下水道汇流等不仅与冰川面积大小有关，与冰川性质、类型有关，而且与冰面形态、表碛覆盖多少、冰裂隙发育程度等有关，因此准确观测和模拟冰川融水径流量就十分困难。

冰冻圈水文学的复杂性还表现在各冰冻圈要素变化的时空差异性上。不同规模、不同类型的冰川，冰川融水径流对气候变化的响应时间存在很大差异，这种差异性还与气候变化的强度密切相关，同时，一个流域内大小不同的冰川同时存在，使得冰川径流的响应过程更加复杂。多年冻土对气候变化的响应时间更长、过程更复杂。积雪水文变化主要表现在季节尺度上，雪的分布状况、积雪面积、山区地形等均对融雪产生影响。

冰冻圈水文过程观测的不确定性。冰冻圈水文观测是获取第一手资料的重要手段，也是冰冻圈水文研究最基础性的工作，准确观测冰冻圈水文要素是了解冰冻圈水文动态、机理和规律的必然选择。冰冻圈诸要素主要分布在高海拔和寒冷偏僻地区，冰冻圈要素观测除存在交通、后勤及人员住留等方面的困难外，同时由于冰冻圈水文现象的复杂性，在信息准确获取方面必然会对水文过程的观测带来诸多不确定性因素。

冰川融水径流观测：冰川多分布于高山河谷，如何将冰川消融产生的径流控制在一个观测断面内准确观测，在现实中实际上是十分困难的。如图8.10所示，选择观测冰川融水径流的断面往往包括了裸地，裸地的径流和冰川融水径流很难区分。在所选断面处只能观测到含有裸地径流的总控制断面径流 R，为了获得冰川融水径流，就必须对裸地降水径流也进行观测，冰川径流由消融区径流 R_a 和积累区径流 R_f 组成，总径流中扣除裸地径流 R_b 才是冰川径流。一般情况下，冰川末端河道多呈辫状（图 8.9），尤其是较大的冰川，很难选择较适合水文观测的顺直、可控断面，有时不得不选择远离冰川的河道断面，这就给冰川径流的准确观测带来不确定因素，并由此引申出对冰川径流组成的不同理解，这方面的详细内容将在相关章节中专门介绍，在此不多解释。

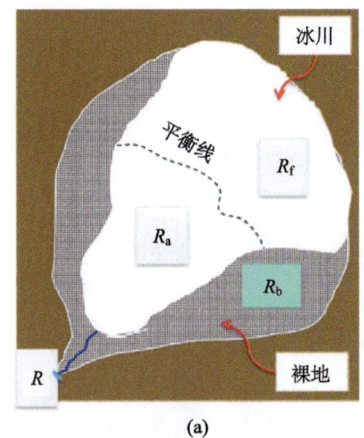 

图 8.9 冰川融水径流观测（a）及冰川融水形成的辫状河道（b）

在冰冻圈水量循环与平衡要素中，高寒地区的降水及蒸发也很难观测，大多数情况均是推测，不确定性很大。降水在山区的分布差异很大，且难以观测。降水随海拔是增加还是减少，固态降水与液态降水比例、山区蒸发在冰川、冻土、积雪区如何获得，海冰表面的蒸发（升华）过程又如何等，这些水文要素在寒区不仅难以准确获得，而且随寒区环境具有较大的易变性，从而也就增加了冰冻圈水文学研究的不确定性。

冰冻圈水文要素的同一性与差异性。寒区河流的径流形成不同于非寒区的河流。由于冰冻圈水文要素冻结水体的共同特性，冰-水相变是其最大的共性特点。径流形成过程中，水体的固-液转化是冰冻圈水文的基本过程，因此径流形成均与热量输入条件（温度为综合指标）有关。这也是寒区水文与其他非寒区水文（径流主要取决于降水）的主要差异。当然，冰冻圈要素不同，其水文过程也有其自身特点。

对于冰川径流而言，由于冰川面积一般在短时间内变化较小，在一年内可以认为基本稳定，冰川径流的大小主要取决于热量条件（气温的高低）；对于融雪径流，积雪量主要由积雪面积和积雪深度两个变量控制，尽管融雪过程受热量条件的控制，但融雪径流总量的大小主要受积雪量的控制，相对于冰川而言，积雪量或面积是一个随时间而变化的季节性变量。因此，融雪径流量是一个热量条件和积雪量共同作用的结果。对于多年冻土区径流，冻土对径流的影响主要是冻土的不透水性，使得直接径流系数较大，地下水的补给较小，实际上，多年冻土区内含冰量、冻土深度、连续性等的影响，还是会导致产生一定数量的地下径流。多年冻土径流的特点是冬季径流小甚至无径流。

河流补给类型的多样性。依据河流来自冰川、积雪、降雨等的径流补给比例，大致可以将河流分为融雪补给型、雪冰融水型、雨水-冰雪补给型等（图 8.10）。在我国西部，由于山区与盆地相间，河流流域具有非常明显的垂直分带性，大多数河流的补给中均包括冰川融水、融雪径流、降雨和地下水补给，因此河流的分类也就比较多样。

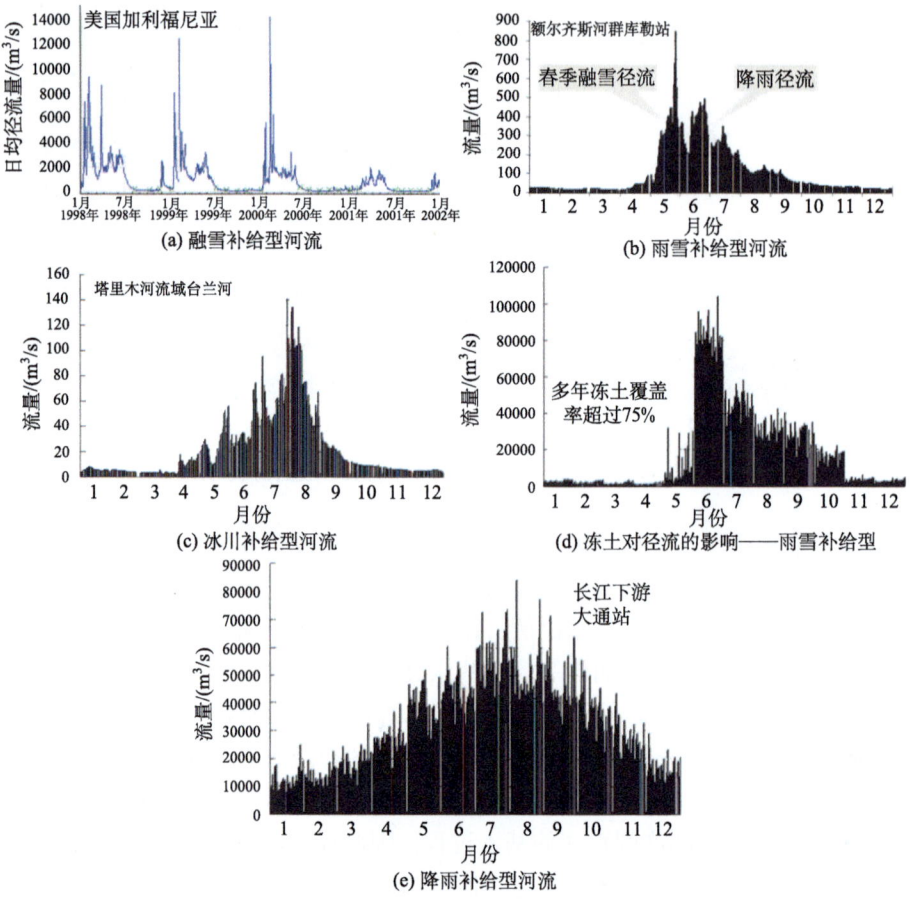

图 8.10 冰冻圈流域不同补给的河流类型

2. 冰冻圈水文的作用

冰冻圈的水文功能主要表现在 3 个方面：水源涵养、水量补给（水资源作用）、流域调节。其水源涵养功能主要表现在，冰冻圈发育于高海拔、高纬度地区，是世界上众多大江大河的发源地。以青藏高原为主体的冰冻圈，是长江、黄河、塔里木河、怒江、澜沧江、伊犁河、额尔齐斯河、雅鲁藏布江、印度河、恒河等著名河流的源区。冰冻圈作为水源地不同于降雨型源地，其以固态水转化为液态水的方式形成水源，其释放的是过去积累的水量，即使在干旱少雨时期，它仍然会源源不断地输出水量，其水源的枯竭需要经历较大和长周期气候波动，在人类历史长河中，冰冻圈水源可以说是取之不尽、用之不竭的。

冰冻圈被人们广泛认知的水文作用是水量补给作用，冰冻圈作为固态水体，其自身就是重要的水资源，其资源属性表现在总储量和年补给量两方面，冰冻圈对河流的年补给量是地表径流的重要组成部分。中国冰川年融水年约为 $600 \times 10^8 \, m^3$，相当于黄河入海的年总水量。在我国西部，西藏约集中了全国冰川融水径流总量的 58%，居首位；其次为新疆，约占 33%。全国冰川融水径流总量的 60% 左右汇入外流区河流，约 40% 汇入内陆河。冻土在冻结形成过程中储存了大量固态水,提高了土壤蓄水量,同时抑制了土壤蒸发和冻结层上水及冻结层上水流的形成,土壤水分有着独特的运行规律。青藏高原多年冻土区 10m 深度以内土层的平均重量含水量为 18.1%。估计由于冻土变化平均每年从青藏高原多年冻土中由地下冰转化成的液态水资源将达到 $50\times10^8 \sim 110\times10^8$ m^3。

相较于冰冻圈的水源涵养和水量补给功能,冰冻圈的水文调节作用更为重要,相关内容将在 8.3.4 小节论述。

8.3.2 冰冻圈与大尺度水循环

从水文的角度,冰冻圈也可看作是固态水圈。在长期的历史演进过程中,冰冻圈这一固态水圈与海洋液态水圈之间固-液相变过程影响着全球水循环的变化过程,并深刻地影响着全球与区域水、生态和气候的变化。从全球水量平衡来看,冰冻圈的扩张,意味着液态水的减少,水循环的减弱,反之亦反。这种变化通过固-液水循环相变过程将大气、海洋、陆地和生态系统紧密地联系在一起,成为气候系统变化过程中起纽带性的关键因素之一。

1. 两极区域淡水组成与水量平衡

由于冰冻圈的影响,高纬度有较多淡水,而亚热带得到的淡水要少得多。高纬度淡水可驱动海洋表面以非均一方式跨越好几个纬度发生变化。然而,由于淡水驱动的变化速率在北半球高纬度要比南半球高纬度要大,在全球水循环,尤其是在海洋水循环中,受冰冻圈影响的淡水再分配过程备受关注。

两极地区的固态和液态淡水是十分重要的水体,这些淡水一旦释放,就会改变大洋的水文与循环过程。图 8.12 为根据 Flavio 等计算结果改编绘制的 1960~1990 年南、北极淡水平均收支平衡状况。由图 8.11 可以大致看出,南、北极淡水通过大气、海洋、陆地和海冰相互转换及循环过程。实现收支平衡需要指出的是,北极陆地径流输入主要是融雪径流,因此,北极海冰和积雪等冰冻圈要素在淡水循环中起着重要作用。南极由于没有陆地径流直接补给,因此,只有部分裸露地表向海洋的径流输入,而没有其他陆地向南极大陆的径流输入。由图 8.11 可以看出,60°~90°范围南、北极海洋的淡水储量占主要地位,分别达 48×10^4 km^3 和 27×10^4 km^3,海冰淡水储量次之,分别为 2.2×10^4 km^3 和 3.7×10^4 km^3。在淡水循环中,海冰量是最大的,其每年有 $1.7\times10^4 \sim 1.8\times10^4$ km^3 的淡水通过冻融过程参与北极淡水循环,而北极积雪融水参与淡水循环的水量也达到 0.5×10^4 km^3/a,这一数值也远大于降水-蒸发过程参与北极淡水循环的水量。

2. 冰冻圈与大洋热盐环流

海洋环流可分为风动力流和热盐环流。由风力驱动的洋流相对是短期的,海洋上层环流主要是表面风应力的结果。热盐环流是全球海洋在温度和盐度差异驱动下的洋流现象,它是全球大洋环流中的一种形式。热盐环流是长期的平均运动,由许多因子驱动,包

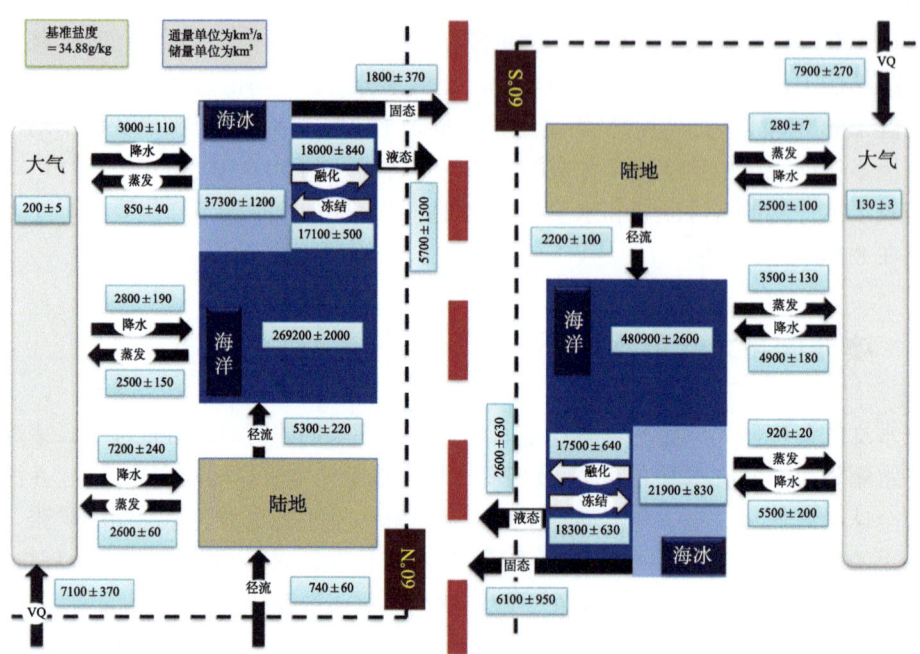

图 8.11　1960~1990 年南、北纬 60°~90°平均淡水收支平衡（据 Flavio et al.，2012，模拟数据编绘）

VQ 为水汽输入，与箭头相关的数值表示通量，框中的数值表示储量

括温度、压力和海冰等。图 8.12 是全球温盐环流沿南、北极方向的剖面图。高密度北大西洋深层水（NADW）由北冰洋区域下沉后向南运动到南极，与南极底层水（AABW）相互作用，从而导致其又向北大西洋传输。温盐环流这一全球性的循环过程，宏观上由高纬度的下沉水—向低纬度传输的底部洋流—低纬度上升(翻转)流—向高纬度平流的海洋表层流这些环节组成，这一现象已经被很好地用全球环流的所谓"传输带"的模式表示（图 8.13）。

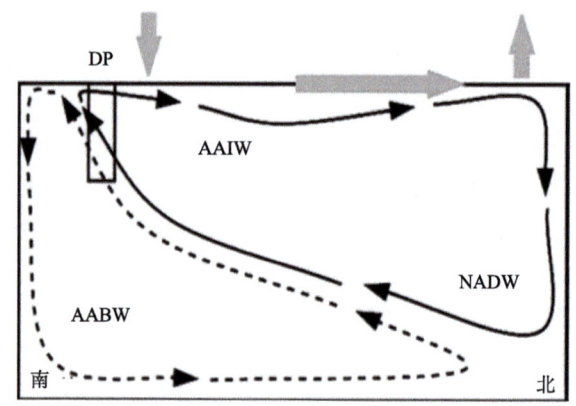

图 8.12　两个主要的经向翻转环流分支示意图（Ivanova，2009）

一个支流与北大西洋深层水（NADW）相关，它在南部大洋沿 Drake 通道（DP）上升，然后转为较轻的南极中层水（AAIW）返回。这个支流实际上代表了大西洋经向翻转环流（MOC）。另一支流与南半球高纬度南极底层水（AABW）有关，它向北传输，与 NADW 混合后返回到南部海洋

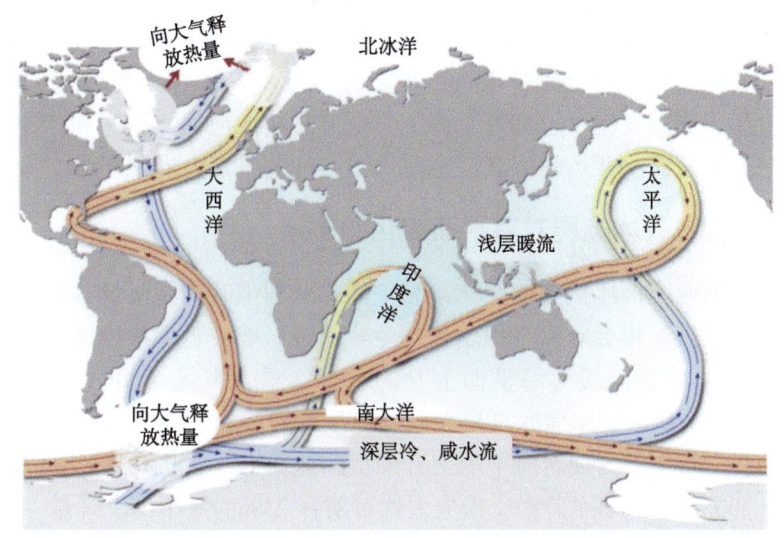

图 8.13 Broecker"大洋传输带"示意图

红色表示上层暖流，灰蓝色表示深水流

海水密度不仅是温度的函数，而且也是盐度的函数。在低温情况下，诸如存在于深水形成区的海水，其海水密度对盐度的变化要比温度的变化更加敏感。以淡水形式储存的冰冻圈，其退缩与发展会导致大量冷、淡水释放或储存于海洋或陆地，这一过程不仅会影响海洋的温度，也会显著影响海洋的盐度，从而影响热盐环流过程，当冰冻圈变化幅度足够大时，其可以改变大洋环流中经向翻转环流的方向，引发气候突变。最著名的实例就是 MOC 变化对第四纪冰期旋回的解释。在整个第四纪，大量淡水以大陆冰盖和冰川形式阶段性地存储于陆地中、高纬度地区。这些陆地冰的消涨相当于海平面变化几十米的淡水释放到海洋或由海洋返回陆地。因此，许多研究试图理解淡水扰动对 MOC 稳定性的作用。早期利用冰芯纪录反映末次冰期的信息已经揭示了千年尺度大幅度的气候变化，其主要特征是持续几百年到数千年的突发性变暖事件（间冰段），这就是所谓的D-O 循环，D-O 波动过程同时也出现在北大西洋沉积纪录中，反映了海洋的作用或响应。

8.3.3 冰冻圈与海平面

1. 影响海平面变化的主要因素

海平面变化在不同时空尺度广泛存在。在地质时期（约 100 Ma 前），曾出现最大规模的全球尺度海平面变化（变幅为 100~200 m），其主要由地质构造过程所引起。随着陆地冰盖的形成（如形成于 35 Ma 前的南极冰盖），全球平均海平面也随之下降 60 m。约 3 Ma 前开始，地球轨道和偏心率变化导致冰期/间冰期循环交替出现，北半球万年尺度准周期性消涨的冰帽对全球海平面变化产生了重要影响，其影响量级在 100 m 左右。在更短时间尺度上（百年至千年），海平面波动主要受自然强迫因子（太阳辐射、火山喷发）

和气候系统内变化（大气-海洋振动，如 ENSO、NAO 及 PDO）的影响。自工业化以来，海平面受到人类排放导致的全球变暖的显著影响。近百年来，在人为气候变暖的影响下，全球海平面发生了剧烈变化，近期海平面上升幅度加快，海洋热膨胀和冰冻圈的加速融化是近代海平面上升的主要贡献因素，也是本节关注的重点内容。

2. 观测到的过去冰冻圈对海平面变化的贡献

如果格陵兰和西南极冰盖全部融化，海平面将分别上升约 7 m 和 3~5 m，因此即使冰盖少量的冰量损失，也会对海平面变化产生实质性影响。近期极地冰量的加速损失已经弥补了由海洋热膨胀减缓对海平面上升的贡献。重力卫星（GRACE）数据显示，2003~2010 年格陵兰和南极冰盖冰量损失显示出显著的增加之势，冰量以（392.8±70.0）Gt/a 的速率减少，相当于同期对海平面上升的贡献速率为（1.09±0.19）mm/a。尽管估算存在着差异，2003~2010 年冰盖物质损失大约可解释 25%的海平面上升量。

权威的有关冰冻圈变化对海平面上升影响的评估来自 IPCC 评估报告（表 8.2），评估结果表明：①对于山地冰川，2003~2009 年所有冰川（包括两大冰盖周边的冰川）对海平面的贡献为 0.71 [0.64~0.79] mm/a，由于在实际计算中有时难于将两个冰盖周围的冰川与冰盖的贡献分离开来，因此，在不考虑两大冰盖周围冰川情况下，全球冰川对海平面的贡献分别为 0.54 [0.47~0.61] mm/a（1901~1990 年）、0.62 [0.25~0.99] mm/a（1971~2009 年）、0.76 [0.39~1.13] mm/a（1993~2009 年）及 0.83 [0.46~1.20] mm/a（2005~2009 年）。②对于格陵兰和南极冰盖，两者对海平面变化的贡献途径略有不同。格陵兰冰盖物质平衡由其表面物质平衡和流出损失量组成，而南极物质平衡主要由积累量和以崩解和冰架冰流损失的形式构成，两大冰盖对海平面变化贡献的观测真正开始于有卫星和航空测量的近 20 年，主要有 3 种技术应用于冰盖测量：物质收支方法、重复测高法和地球重力测量法。观测表明，格陵兰对 GMSL 的贡献为 0.09 [–0.02~0.20] mm/a（1992~2001 年），到 0.59 [0.43~0.76] mm/a（2002~2011 年）；南极冰盖对海平面上升的贡献速率平均为 0.08 [–0.10~0.27] mm/a（1992~2001 年），到 0.40 [0.20~0.61] mm/a（2002~2011 年）。1993~2010 年两大冰盖的贡献总量为 0.60 [0.42~0.78] mm/a（表 8.2）。与 IPCC AR4 给出的 1993~2003 年格陵兰（0.21±0.07）mm/a、南极的（0.21±0.35）mm/a 比较，冰盖的贡献明显增加。

表 8.2　过去不同时段观测和模拟的全球平均海平面收支状况　　（单位：mm/a）

贡献来源	1901~1990 年	1971~2010 年	1993~2010 年
观测到的对全球平均海平面（GMSL）上升的贡献			
热膨胀	—	0.8 [0.5~1.1]	1.1 [0.8~1.4]
除格陵兰冰盖和南极冰盖外的冰川 [a]	0.54 [0.47~0.61]	0.62 [0.25~0.99]	0.76 [0.39~1.13]
格陵兰冰川 [a]	0.15 [0.10~0.19]	0.06 [0.03~0.09]	0.10 [0.07~0.13][b]
格陵兰冰盖	—	—	0.33 [0.25~0.41]
南极冰盖	—	—	0.27 [0.16~0.38]

续表

贡献来源	1901~1990 年	1971~2010 年	1993~2010 年
陆地水储量	−0.11 [−0.1~−0.06]	0.12 [0.03~0.22]	0.38 [0.26~0.49]
总贡献	—	—	2.8 [2.3~3.4]
观测到 GMSL 上升	1.5 [1.3~1.7]	2.0 [1.7~2.3]	3.2 [2.8~3.6]
模拟的对 GMSL 上升的贡献			
热膨胀	0.37 [0.06~0.67]	0.96 [0.51~1.41]	1.49 [0.97~2.02]
除格陵兰和南极冰盖之外的冰川	0.63 [0.37~0.89]	0.62 [0.41~0.84]	0.78 [0.43~1.13]
格陵兰冰川	0.07 [−0.02~0.16]	0.10 [0.05~0.15]	0.14 [0.06~0.23]
包括水储量在内的总贡献	1.0 [0.5~1.4]	1.8 [1.3~2.3]	2.8 [2.1~3.5]
残差 c	0.5 [0.1~1.0]	0.2 [−0.4~0.8]	0.4 [−0.4~1.2]

a 所有数据到 2009 年,而不是 2010 年。
b 在总量中没有包括该贡献值,因为格陵兰冰川在观测评估中已包含在格陵兰冰盖中。
c 观测的全球平均海平面上升—模拟的热膨胀—模拟的冰川—观测的陆地水储量。
不确定性为 5%~95%。大气-海洋环流模型(AOGCM)历史数据结束于 2005 年,RCP4.5 情景的预估用 2006~2010 年集合数据。模拟的热膨胀和冰川贡献均由 CMIP5 结果计算,冰川用 Marzeion 等(2012)的模型。陆地水贡献只考虑人类活动,没有考虑与气候相关的影响。
资料来源:IPCC, 2013。

总体而言,若不考虑陆地水储量变化的影响,在海洋热膨胀和冰冻圈这两大影响因子中,工业化以来对海平面上升的贡献各占一半,未来随着海洋热膨胀的减小和冰盖贡献量的增加,冰冻圈对海平面的贡献将会大于热膨胀。

8.3.4 冰冻圈与陆地水文

1. 冰川水文

1)冰川融水与径流组成

冰川水文是冰川学和水文学的交叉学科,是研究冰川融水产汇流过程、变化规律及其水文作用的科学,主要涉及由冰川消融到冰川径流的各种水文现象、过程及其基本规律。

在前面相关章节中已经介绍了冰川积累和消融的基本概念,这里为了与冰川水文内容相衔接,再强调一下冰川消融的一些知识。我们已经知道,冰川融化或以其他形式所损耗的冰量称为冰川消融。与冰川消融相关的概念有总消融和净消融,总消融是指一年中冰川表面所损失的所有水量,包括纯冰消融、夏季固态降水消融和液态降水、冬季消融(升华)冰、雪崩损失量;净消融是指一年中所消耗掉的纯冰川冰量。

辐射是决定冰川消融的关键因素,冰面消融量与辐射平衡之间的关系可用式(8-1)表示:

$$Q = aB^n \qquad (8\text{-}1)$$

式中，Q 为冰面径流场日平均流量（L/s）或消融深（mm）；B 为辐射平衡值[J/（cm²·h）]；a 为待定系数；n 为幂次方。a 和 n 随冰川下垫面性质和各地气候条件不同而异。

热量平衡是计算冰川消融的最精确的方法，但热量指标一般获取困难。气温是反映热量综合状况的良好指标，且易于获得。建立气温与冰川消融之间的关系，进而估算冰川消融量是最常用的方法。

冰川消融决定着冰川融水径流。但冰川径流过程与冰内水系及冰面湖和表碛覆盖状况等水文系统有关。冰川水文系统由冰面径流、冰内径流和冰下径流构成。冰面径流直接由冰面消融产生；冰内径流主要是冰面消融通过冰内隧道流出；冰下径流来自于冰面和冰内径流，其通过冰川和基岩界面形成的冰下通道汇流。

冰川消融径流通过上述水文通道流出冰川后，在流域河道汇流而形成径流称为冰川区径流，它往往不仅包括冰川消融径流，还包括周围裸露山地降水形成的径流[图 8.14（a）]。冰川区径流组成可用下式表示

$$R = R_f + R_A + R_B \qquad (8\text{-}2)$$

式中，R_f 为冰川积累区积雪与粒雪融水径流；R_A 为冰川消融区径流；R_B 为裸露山坡径流。对于 R_f，夏季高温季节,冰川积累区的融水径流主要发生在零平衡线至粒雪线之间[图 8.14（b）]，对大陆型冰川而言，雪线高、温度低、能量低，冰川积累区产生融水径流相当微弱，它在冰川总消融量中的比重相当小，可以忽略不计。冰川区裸露山坡为多年冻土与季节冻土分布地带，裸露山坡径流 R_B 除了由当年降水(包括固态与液态降水)形成的径流外，还包括地下冰融水径流。对于消融区径流 R_A，可用式（8-3）计算：

$$R_A = R_w + R_s + R_I + R_m \qquad (8\text{-}3)$$

式中，R_w 为冰川消融区内冬、春季节性积雪融水径流（mm）；R_s 为冰川消融区内夏季降水包括固态与液态降水径流（mm）；R_I 为冰川消融区纯冰融水径流，包括冰川表面裸露冰、冰内和冰下融水径流（mm）；R_m 为埋藏冰融水径流（mm）。

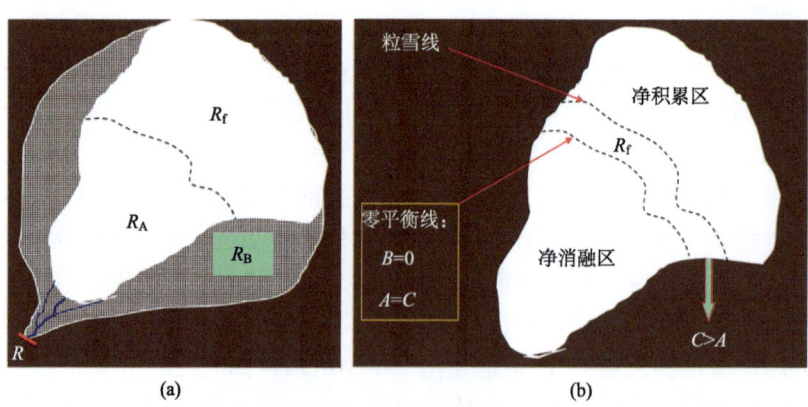

图 8.14 冰川区径流组成示意图

由于冰川融水径流难以完全准确观测到,通常在冰川末端观测到的所谓冰川融水径流均或多或少地包含有裸地径流,这就会引出如何理解冰川径流的问题。通常有以下几种定义。

冰川末端观测到的径流:认为冰川区的所有径流,包括来自冰川消融区、积累区和裸露山坡产生的所有径流为冰川融水径流。当裸露山坡面积在冰川区内所占的比例小时,冰川区径流与冰川融水径流相当。如果裸露山坡面积比例大,把来自冰川区裸露山坡径流都归入冰川融水径流,显然不太合适(最大定义)。这种定义下,冰川融水径流 R_g 表示为

$$R_g = R_f + R_A + R_B \tag{8-4}$$

来自于冰川上所有的径流:认为冰川区形成的径流,应扣除裸露山坡径流。它包括当年(水文年)在冰川积累区消融区内的冬春季节雪,夏季固、液态降水和冰川冰、冰内、冰下,以及埋藏冰融水径流,而把无冰川覆盖的裸露山坡径流作为山区融雪径流(最常用定义)。这种定义下,冰川融水径流 R_g 表示为

$$R_g = R_f + R_A = R_f + R_w + R_s + R_I + R_m \tag{8-5}$$

$$R_g = R - R_b \tag{8-6}$$

除夏季降水外冰川上所有的径流:认为冰川区径流除了扣除裸露山坡径流外,还应当把当年降落在冰川上,但未经冰川成冰作用的夏季降水也扣除。这种定义下,冰川融水径流 R_g 表示为

$$R_g = R_f + R_w + R_I + R_m \tag{8-7}$$

只包括粒雪和冰川冰消融的径流:认为冰川融水径流仅指冰川冰和粒雪融水形成的径流。而在冰川上的降水无论是夏季还是冬春季节积雪,凡是当年都能形成径流的都划归山区融雪径流。这种定义下,冰川融水径流 R_g 表示为

$$R_g = R_f + R_I + R_m \tag{8-8}$$

只包括冰的消融径流:认为冰川融水径流仅指冰川冰融水形成的径流。这种定义下,冰川融水径流 R_g 表示为

$$R_g = R_I + R_m \tag{8-9}$$

用以上述 5 种定义的方法来估算和评价冰川融水径流,显然会得到不同的结果。第一、第二种观点在概念上不甚严格,它扩大了冰川融水的作用。第三、第四种观点考虑了冰川的成冰作用,把冰川上的降水划归为山区积雪,又并不排除降水在冰川发育中的作用,作为评价冰川融水径流对河流的作用是比较合理的。但因资料所限,在实际估算中有一定困难。第五种观点忽略了由粒雪到冰川冰的作用。为简化计算,一般采用第二种定义。

冰川区径流直接与冰川消融相关(图 8.15)。据水量平衡原理,冰川区冰雪融水径流 R_g 与冰川消融量之间存在如下关系:

$$R_g = A_f - (E_f + \Delta A_f) + (A_a - E_a) \tag{8-10}$$

式中，A_f 为积累区消融量（mm）；E_f 为积累区蒸发量（mm）；ΔA_f 为积累区融水再冻结量（mm）；A_a 为消融区总消融量（mm）；E_a 为消融区蒸发量（mm）。

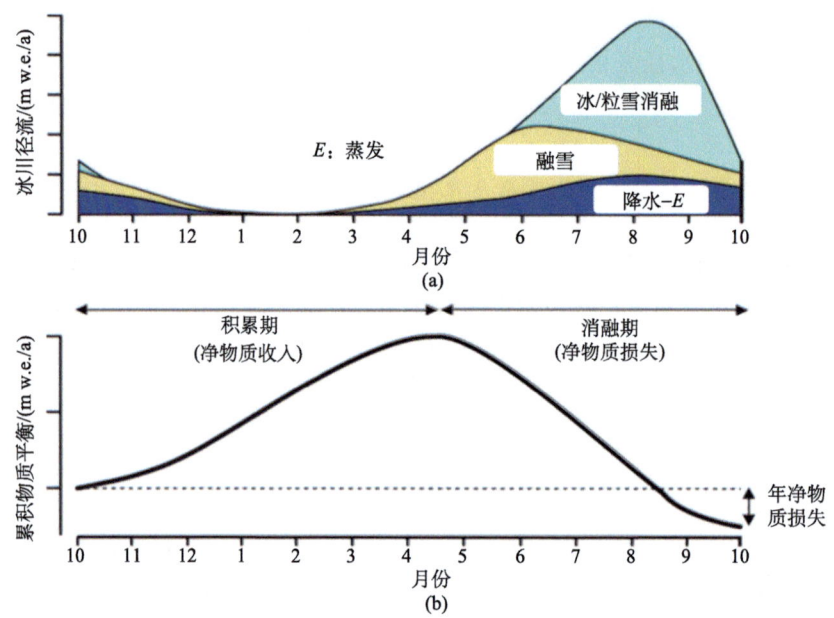

图 8.15 基于第二种概念的冰川总径流季节过程及其组成

2）冰川融水径流特征

日变化周期：无论是大陆型冰川还是海洋型冰川，其融水径流均表现出一峰一谷的日变化周期。其峰、谷滞后于气温的日变化周期，滞后时间的长短取决于冰川类型、冰川排水性质、流域面积大小，以及水文观测断面距冰舌末端的距离等因素。

年内分配：冰川径流的年内变化与冰川消融期的长短和冰川类型有关。我国大陆型冰川的水文年可定为 10 月至翌年 9 月，而海洋型冰川的水文年与自然年基本一致（图 8.16）。冰川融水高度集中于 6~8 月，占消融期径流量的 85%~95%，冬季断流。

径流过程受气温控制：由于冰川消融主要受热量条件的控制，冰川径流受温度影响明显，而降水由于新雪反照率较大，反而抑止消融，使径流减小，个别情况下，若降水为液态，也可以加快冰川的消融（图 8.17）。

冰川径流年变差：国内外一些冰川融水径流年变差系数的数值表明，规模较小的大陆型冰川的径流年变差系数较大，而规模较大的大陆型冰川、亚大陆型冰川和海洋型冰川的径流年变差系数相对要小得多。

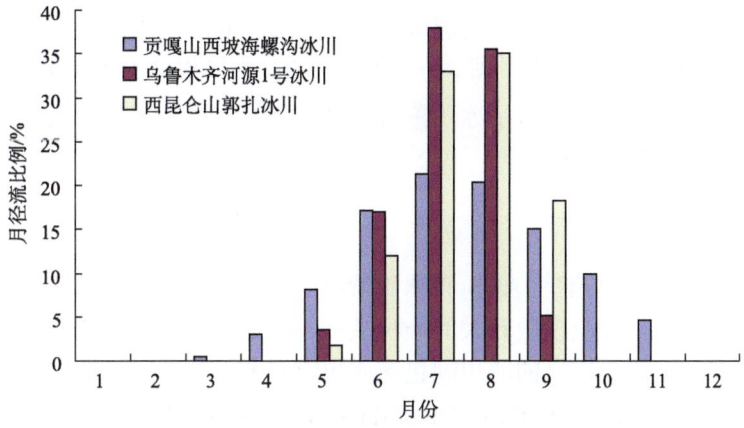

图 8.16 中国典型冰川径流的年内分配

海洋性冰川：海螺沟冰川；大陆型冰川：郭扎冰川、天山乌鲁木齐河源 1 号冰川

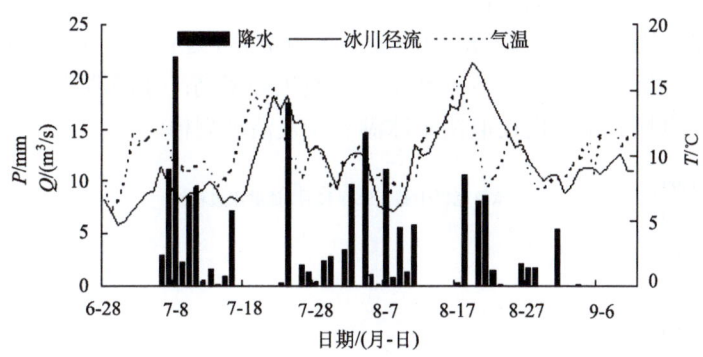

图 8.17 气温、降水与冰川径流的关系

3) 冰川融水径流的主要特征参数

冰川融水径流模数（M_g）。冰川融水径流模数为单位面积、单位时间冰川的产流量，它是衡量冰川区冰川融水产流量大小的参数，一般用冰川融水径流模数表示[L/（s·km²）]：

$$M_g = \frac{W_g}{F_g \times t_g} = \frac{W - W_B}{F_g \times (-t_A)} = \frac{R \times F - R_B \times F_g}{F_g \times t_g} \times 100\% \tag{8-11}$$

式中，W_g 为冰川融水径流量(m³)；W 为冰川区径流量(m³)；W_B 为裸露山坡径流量(m³)；F_g 为冰川覆盖面积（km²）；F 为冰川区面积（km²）；R 为冰川区径流（mm）；R_B 为裸露山坡径流（mm）；t_A 为冰川消融期（s）；t_g 为降雨期（s）。一般来说，大陆性冰川为 5~9 月，亚大陆性冰川和海洋洋性冰川分别为 4~10 月和 3~11 月。

冰川融水径流深（H）。冰川融水径流深是冰川融水径流模数的另外一种表示方式，定义为单位冰川面积（S）的多年平均产水量（W），一般用 mm 表示。

径流系数（α）。径流系数可表示为

$$\alpha_g = R / P \tag{8-12}$$

式中，R 为流域径流深（mm）；P 为流域平均降水量（mm）。当冰川处于正平衡时，冰川区积累量大于消融量，$R<P$，则 $\alpha_g<1.0$；反之，当冰川处于负平衡时，$\alpha_g>1.0$，也就是说，在干旱少雨年份，除了冰川覆盖区当年降水形成径流外，还有冰川本身物质的亏损，使 R 增加，即 $R>P$。

4）冰川洪水

冰湖溃决洪水。1974 年，IAHS 将冰川溃决洪水定义为：发生非常突然、通常难以预测、洪峰过程短促而径流模数较大的一种洪水。简言之，其就是突发性洪水。这种洪水通常由冰湖溃决形成。广义的冰川湖包括冰川阻塞湖、冰碛阻塞湖、冰面湖、冰内湖等。冰川湖突发性洪水（glacier lake outburst flood）简称为 GLOF 或 Jökulhlaup（冰岛语）。在各类冰湖发生溃决洪水的事件中，主要有两类：一类是由冰川阻塞湖溃决，或在冰川系统内或冰川底部堵塞融水溃决，简称冰川湖溃决；另一类是冰川终碛阻塞湖溃决，简称冰碛湖溃决。溃决洪水多数会诱发冰川泥石流。

冰湖溃决洪水特征：洪峰高，洪量小；洪水陡涨急落，过程线呈单峰尖瘦型（图 8.18）；洪水发生的时间不确定性较大；冰湖溃决洪水发生频率高；冰湖溃决洪水量与前期降水及冰川消融量无直接关系，而仅取决于冰湖容量及溃坝规模。

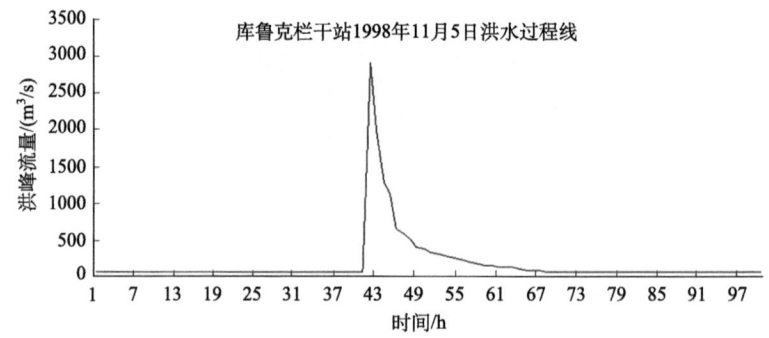

图 8.18　叶尔羌河上游喀喇昆仑山冰川湖溃决过程

库鲁克栏干站距溃决冰湖几百千米

冰雪消融洪水和冰雪-降水混合型洪水。在持续较高气温或快速升温影响下，冰川融化或积雪融水会形成较大洪峰流量，形成超常洪水。另外，在前期高温、随之较大降水或反之情况下，均会形成叠加冰雪-降水叠加型洪水，这种情况更为常见。

冰川泥石流。冰川泥石流是现代冰川和积雪地区的一种含有大量土、沙、石块等松散固体物质的特殊洪流。其流体中的固体物质主要为现代冰川作用和古代冰川作用形成的新、老冰碛物，而水源主要由冰川和积雪的强烈消融、冰湖溃决、冰崩和雪崩体急速融化产生的强大水流所补给。

2. 冰川水资源

1) 冰川融水量的计算方法

如前所述,计算冰川消融量的方法归纳起来主要有两种:能量平衡法和气象因子法。利用气温要素与消融量的关系是目前计算冰川物质平衡和消融量的主要方法。

无论能量平衡法还是气象因子法,均需要将对冰川径流进行观测作为计算的基础。为获得冰川融水径流量,一般在冰川冰舌末端附近设立水文控制断面,同时在附近的裸露山坡设立水文断面,进行平行对比观测。

流量和气温关系法。通过分析不同时段(日、旬、月等)冰川径流量与气温的关系,建立两者之间的关系。气温可以是气象站气温,也可以是水文站资料。利用丰富的气温资料,延长冰川径流资料,为冰川径流的分析研究提供基础。这一方法得出的结果具有一定局限性,只能用于具体的冰川,不能推广应用。

冰川融水径流模数法。由于冰川径流模数(单位面积、单位时间冰川的产流量)具有明显的区域性分布规律,因此,可根据有限的冰川径流资料建立起冰川径流模数的分布规律,在此基础上,采用内插法推求无资料地区的冰川径流模数。

以热量平衡为基础的线性水库方法。用冰川点的热量平衡资料,根据热量平衡原理,计算出点的冰面融水量,以冰面融水量为输入变量,然后用线性水库模式求出冰川融水径流的出流过程。线性水库原理是基于冰川融水径流的出流与冰川融水储水量的大小成正比,即

$$V(t) = KQ(t) \tag{8-13}$$

$$Q(t) = \int_0^t \frac{R(\tau)}{k} e^{(\tau-t)/t} \, d\tau + Q_3(t) + Q_4(t) \tag{8-14}$$

式中,$V(t)$ 为冰川融水储量;$Q(t)$ 为冰川融水径流量;K 为系统;$R(\tau)$ 为单位时间的冰川融水储量;$Q_3(t)$、$Q_4(t)$ 分别为冰面融化前期冰面融雪径流量和消融期的冰面降水径流量。

水文模型。水文模型是计算冰川径流的较理想的方法,但由于观测资料的限制,在流域尺度上考虑冰川融水、降水等过程的水文模型还在发展阶段,目前应用较广泛的是在流域分布式水文模型中嵌入冰川消融模块,冰川消融模块主要利用基于气温的度日方法。总体来说,由于冰川融水的观测有限,在模型中考虑得越细、过程越复杂,模拟的精度也越低。

2) 中国冰川水资源及分布

通过上述方法,可计算出流域、区域及全国的冰川水资源量。中国冰川水资源量主要是用径流模数法(早期)和基于度日因子的水文模型法(最近)获得。

冰川融水径流模数的空间分布。冰川融水径流模数分布的总趋势是随着干旱度的增加而递减;最大值出现在受西南季风影响的西藏东南部海洋型冰川,如念青唐古拉山东段的古乡冰川,约达 196.7 L/(km^2·s);由此向西和西北方向至青藏高原内部的藏北地区、

帕米尔高原和祁连山西段,减少为 7.7~43.1 L/(km^2·s)。

冰川融水径流深的分布。冰川融水径流深的分布与冰川融水径流模数相同,即由西藏东南部的海洋型冰川向西、西北方向的大陆型冰川递减。例如,西藏东南部古乡冰川径流深为 3000 mm 以上,贡嘎山贡巴冰川约为 2037 mm,由此以西的喜马拉雅山北坡、西北部的祁连山西段及帕米尔地区为 400~550 mm。西昆仑山南坡的冰川区为低值区,径流深约为 200 mm。

冰川平均年融水总量。20 世纪 80 年代,综合冰川融水径流模数法、流量与气温关系法、对比观测实验法等,估算中国冰川年径流总量为 563.3×10^8 m^3,后来经过修正补充后的数字为 604.65×10^8 m^3 (表 8.3)。全国冰川径流量约为全国河川径流量(27115×10^8 m^3)的 2.2%,多于黄河入海的多年平均径流量,相当于我国西部甘肃、青海、新疆和西藏四省(自治区)河川径流量 (5760×10^8 m^3)的 10.5%。此外,四川、云南二省也有少量冰川融水。从各山系冰川融水径流占全国冰川融水径流量的百分比来看,念青唐古拉山区最多,约占全国冰川融水径流总量的 35.3%,其次是喜马拉雅山和天山,分别占 12.7%和 15.9%;阿尔泰山最小,不足 1%。西藏约集中了全国冰川融水径流总量的 58%,居首位;其次为新疆,约占 33%。全国冰川融水径流总量的 60%左右汇入外流区河流,约 40%汇入内陆河,但就冰川面积而言,外流区水系仅占全国冰川面积的 40%,而内流区水系却占了 60%。

表 8.3　中国西部山区冰川及冰川融水径流

山脉	冰川面积 /km^2	冰川融水径流量 /亿 m^3	占全国冰川融水径流量 /%
祁连山	1930.51	11.32	1.9
阿尔泰山*	296.75	3.86	0.6
天山	9224.80	96.30	15.9
帕米尔	2696.11	15.35	2.5
喀喇昆仑山	6262.21	38.47	6.4
昆仑山	12267.19	61.87	10.2
喜马拉雅山	8417.65	76.60	12.7
羌塘高原	1802.12	9.29	1.5
冈底斯山	1759.52	9.41	1.6
念青唐古拉山	10700.43	213.27	35.3
横断山	1579.49	49.94	8.3
唐古拉山	2213.40	17.59	2.9
阿尔金山	275.00	1.39	0.2
总计	59425.18	604.65	100.0

* 包括穆斯套岭面积 16.84 km^2 的冰川。

3) 冰川融水对河川径流的补给作用

冰川融水对河流的补给比重各地不一。冰川融水径流补给比重取决于流域水文控制点以上的冰川覆盖率。高纬度大型冰川区、我国内陆河流域，冰川径流补给比例较高。以中国为例，西部省区冰川融水径流对河流的补给以新疆为最大，其补给比例占25.4%；其次是西藏，占8.6%；甘肃最小，仅占3.6%。从地域分布看，冰川融水总分布趋势是由青藏高原外围向其内部随气候干旱度的增强与冰川面积增大而递增。就内陆河水系来说，甘肃河西走廊、准噶尔盆地等地区冰川融水对河流的补给比例为14%左右，而塔里木盆地水系则上升为38.5%。河西走廊地区的东部石羊河水系的冰川融水对河流的补给比例仅为4%，中部的黑河水系为8%，而西部的疏勒河水系达32%。外流河水系同样存在冰川融水补给比例随干旱度增强与冰川数量增加而递增的分布趋势，即由西藏东南部的澜沧江和恒河上游冰川融水补给比例不足10%，到西部包括狮泉河、象泉河等在内的印度河上游增加到近40%。

4) 冰川融水对河流径流的调节作用

冰川具有多年调节河川径流量的作用。在低温湿润年份，热量不足，冰川消融较弱，冰川积累量增加；在干旱少雨年份，晴朗天气增多，冰川消融强烈，释放出大量冰川融水。因此，我国西部山区冰川融水补给量较大的河流，干旱年份不缺水，多雨年份水量减少，缓和了河流丰、枯水年水量变化的幅度。例如，乌鲁木齐河上游（英雄桥站）冰川面积为37.95 km^2，仅占流域面积的4.1%。根据河源区冰川和非冰川区径流资料推算，1982~1997年冰川径流补给比例平均为11.3%，但在高温干旱的年份，如1986年冰川径流比例高达约28.7%，在丰水的1987年则只有5.1%。这也充分表明了冰川作为"固体水库"在调节径流丰枯变化方面的作用。

另外，冰川融水补给丰富的河流，其径流年变差系数也小。西北地区主要河流径流的统计表明（图8.19）：在冰川补给较丰富的河流（冰川补给大于30%），其年径流变差系数与年降水变差系数之比小于0.5，在无冰川补给的河流，上述比值大于1.0。当流域冰川覆盖率超过5%时，径流变差显著减小，这充分表明，冰川对径流的多年调节作用，冰川融水补给量较大的河流受旱涝威胁相对要小，其对我国西部干旱地区农业稳定和可持续发展起着重要作用。

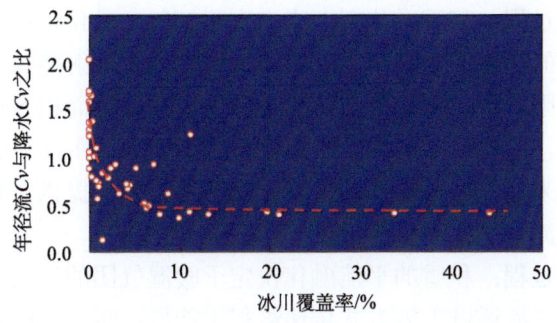

图8.19 流域冰川覆盖率与径流和降水量变差系数之比关系图

3. 雪水文

1）雪水文与雪水资源

融雪水文是研究积雪的融化及其径流的形成过程，以及其资源和环境效应的科学。雪水文是全球水循环和水资源的重要部分，全球陆地每年从降雪获得的淡水补给量为 59500×10^8 m³，北半球冬季大陆积雪储量（水当量）达 20000×10^8 m³。亚洲、欧洲、北美洲的许多大江大河，包括我国的长江、黄河源头地区，春季补给主要来自融雪径流。尤其是全球干旱、半干旱地区，包括我国西北地区，工农业用水高度依赖山区冬季积雪。春季融雪在我国东北、新疆、西藏等地区形成春汛，及时地满足了春灌的迫切需要，为农业发展提供了得天独厚的水资源条件。黄河流域冬小麦越冬，新疆、青海、西藏广大牧区冬季牧畜饮水和放牧都与积雪息息相关。

雪水资源可以按补给资源、储存资源和径流资源进行分类。积雪的补给来源是大气降雪。我国降雪量记录截至 1979 年，1980 年以后不再单独进行降雪量观测。根据 1951~1979 年 2300 个气象台站逐日降雪记录估算了我国降雪补给量。全国年平均降雪量为 36.00mm，占年降水量的 5.7%。全国降雪年补给量为 3451.8×10^8 m³，其中 78.2%集中在青藏高原、新疆和东北-内蒙古三大积雪地区，分别为 1390.1×10^8 m³、560.8×10^8 m³ 和 749.3×10^8 m³。山地地形对区域降雪量的影响远大于平原地区。但山区，尤其是高山地区地面气象台站极为稀少，使降雪量估计偏低。此外，现行雨量筒受风的干扰，观测的降雪量大大低于实际降雪量，因此上述年降雪量和年降雪补给量的估计值可能大大偏低。

2）积雪形成条件与融化过程

降雪是一定气象条件下降水的一种形态，降水形态受很多条件影响，如气温、降水形成高度等。一般日平均气温高于 2℃为降雨，低于–2℃为降雪，–2~2℃不确定。降雪能否累积形成积雪，决定于大气和地面两方面的环境。大气方面，空气透明度影响到达雪面的太阳短波辐射量；云发射长波辐射；湍流影响空气传输到雪面的感热通量和潜热通量。地面因素方面，地面温度、地形遮蔽度影响风的吹拂和太阳照射；树冠减少到达雪面的入射太阳短波辐射，增加长波逆辐射。

融雪是冰晶状的雪融化为液态水的过程。伴随这一物态变化的是大量热能作为潜热被水吸收。这种融化热有不同来源，主要有辐射融化和平流融化两种类型。

积雪的辐射融化过程：积雪融化主要来自太阳辐射，融化过程表现出明显的日变化和季节变化特点。雪的反射率决定了雪面接收的太阳短波辐射能量，冬季积雪的高反射率和低的太阳高度角限制了积雪对太阳短波辐射的吸收，因而积雪得以保存。但到了春天，随着积雪变陈旧，反射率下降和太阳高度角逐渐增大，雪面接收的太阳辐射显著增加。同时，随着春天来临，白昼增长，太阳入射辐射增强，提供了积雪融化的条件。融雪的日变化过程导致流量过程的日变化。

积雪的平流融化过程：积雪的平流融化决定于暖湿气团的运动。当强暖湿气流来到积雪区上空时，暖湿气流通过下列方式传递给积雪能量：暖气流中水汽和降雨云系的云底向下发射的长波辐射；降雨本身的热量；强劲风速吹过粗糙地面时造成的向下湍流热通量，强劲的湍流能够破坏暖空气在 0℃雪面上形成的近地层大气的稳定（中性或逆温）结构，如果有树林存在，则更为有利。雨水的热量一般为 40~60J/g 量级，与 335J/g 的融化潜热相比，数量十分有限，约每克雨水的热量仅能融化 0.2g 雪，但降雨导致的雪面反射率的降低则更为重要。

融雪水入渗、饱和之后就会形成径流。当积雪开始融化时，雪面融化的水向雪层内部入渗。融雪水或雨水在积雪中的入渗过程类似于水在土壤中的入渗过程，可以用类似的动力学方程描述。积雪中的水分运动与土壤中的水分运动的差异在于冰晶颗粒与液态水流之间，由于不断进行的冻、融过程而互相转化，液态水可以冻结成固态颗粒，固态颗粒也可以融化为液态水，构成一个较土壤水入渗过程复杂得多的系统。

3）融雪径流计算

融雪径流计算主要包括点融雪率、流域融雪率、融雪水产流和汇流计算等内容。点和面的融雪率计算主要决定于积雪的热量平衡及其空间分布，融雪水的产汇流计算基本上与一般降雨的产汇流计算相同。能量平衡法和度日因子法是点融雪率计算的主要方法。能量平衡法的核心是确定积雪的各项热量收支及其可用于融化积雪的热量，其中雪面反射率的准确估计非常关键。气温是最易获得的气象资料，也是影响积雪融化的基本因素。因此，利用气温作为融雪的热量指标，通过度日因子方法计算融雪是较广泛采用的方法。另外，建立融雪与日照时数、气温、风速、相对湿度、辐射、降雨、云量等气象变量之间的回归方程，也是常采用的计算方法。美国陆军工程师兵团建立基于气温的融雪方程如下。

对于开阔地：
$$M = 0.6(T_\mathrm{m} - 24)$$
$$M = 0.4(T_\mathrm{max} - 27)$$
(8-15)

对于林地：
$$M = 0.5(T_\mathrm{m} - 32)$$
$$M = 0.4(T_\mathrm{max} - 42)$$
(8-16)

式中，M 为融雪量，单位为 mm/d；T_m 为日平均气温，T_max 为日最高气温，温度以华氏计。这些方程适用于 T_m 为 34~66℉、T_max 为 44~76℉。

流域融雪径流计算是一项非常困难的工作。一方面，融雪水在积雪中入渗及滞留过程的不确定性，使得融雪径流模型难以准确模拟初期的融雪径流过程；另一方面，从流域尺度看，准确的积雪面积的测量和估计还是目前亟待解决的问题，特别是青藏高原地区，积雪较薄，多为斑状积雪，这种混合像元的遥感解译也是目前青藏高原积雪研究亟待解决的问题。

融雪径流模型（snowmelt runoff model, SRM）是目前广泛应用的计算融雪径流的方法。SRM 是在 1975 年针对欧洲的一个小流域开发的，随着积雪遥感技术的发展，这一模型已经在 20 多个国家的 60 个流域得到应用，流域范围为 0.76~122000 km²，高程范围 305~7690 m a.s.l。感兴趣者可进一步参阅有关 SRM 的文献，了解详细情况。

4）中国融雪径流的特点

融雪径流发生时间：我国融雪径流主要发生在春季，但是由于积雪分布不均匀性，融雪径流发生的时间存在较大的差异。图 8.20 给出了我国西部地区从北部的额尔齐斯河

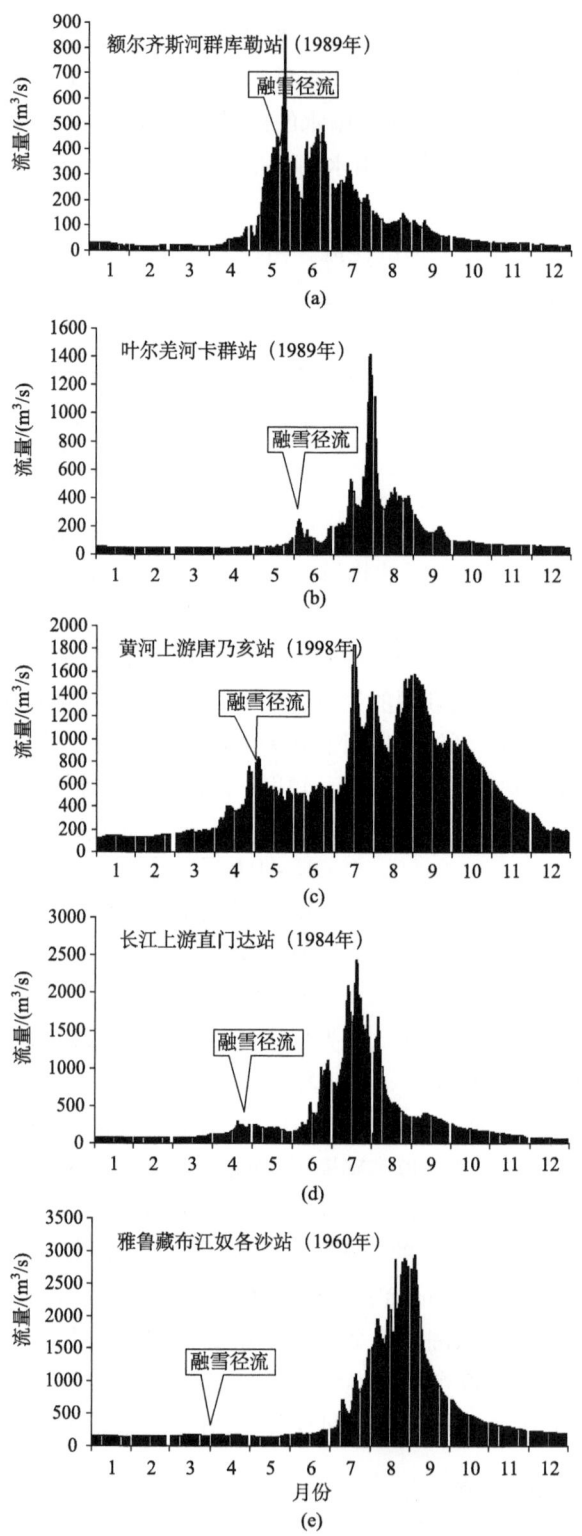

图 8.20 我国西部地区从北到南代表性河流水文站逐日径流过程

到南部雅鲁藏布江流域代表性河流特定年份的逐日径流过程,总体看,融雪径流发生时间从北部的 5~6 月向南部提前到 3~4 月,但发源于昆仑山北坡的叶尔羌河卡群站的融雪径流过程则主要在 6 月,这是因为叶尔羌河流域径流主要形成于高寒山区,冰川和积雪主要分布在较高的地区,其结果使融雪径流发生时间较之北部的额尔齐斯河更晚。同时,从图 8-21 中可以看出,融雪径流在积雪丰富的额尔齐斯河流域所占比例较大,在其他河流所占比例相对较小。融雪径流发生的春季正是我国西北地区春耕季节,因此,融雪径流对我国西北农业生产具有重要意义。

融雪径流的变化:融雪径流的变化主要受控于气温,因此全球变暖必将对我国融雪径流的变化产生影响。例如,对我国额尔齐斯河融雪径流变化的研究表明,春季融雪期径流显著增加,径流的年内分配过程向前移(图 8.21)。

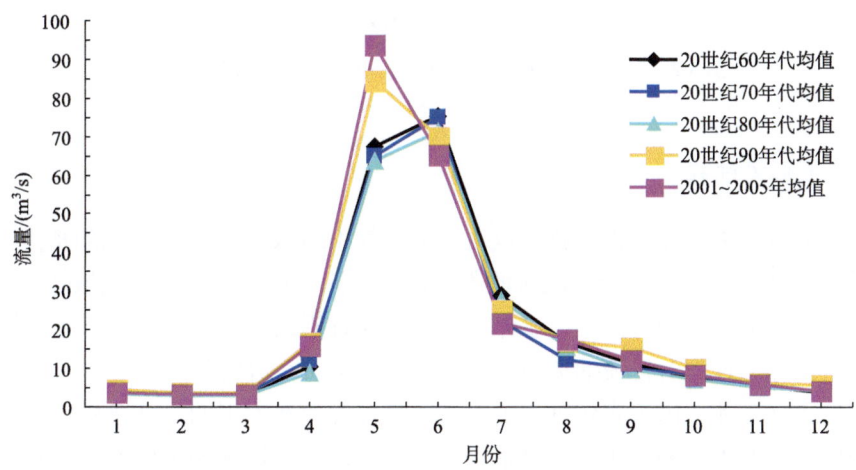

图 8.21　1959~2005 年额尔齐斯河支流克兰河阿勒泰站月径流年内变化

4. 冻土水文

1)冻土水文基本特点

尽管冻土在冻结和融化时,在温度梯度作用下会发生水分迁移,并引起冻胀,但这种迁移主要集中在冻结峰面附近,其对于形成径流的雨水或融雪水则为不透水层,由此形成冻土区特殊的径流特点。

直接径流系数大:由于不透水性,结果融雪水和降雨的大部分都变成直接径流。

流量峰值高:冬季径流小(如果流域内完全是 100% 多年冻土,冬季径流为 0),夏季径流峰值陡涨,显示出很高的夏季径流峰值(图 8.22)。

活动层的水文效应显著:冻土年内冻结和融化形成的活动层的变化,致使直接径流系数随之变化,活动层对径流的调节能力也在变化。地下水位受融雪和降雨补给的影响,而且受活动层融化深度的影响,因此活动层变化是地下水位变化的主要控制因素。

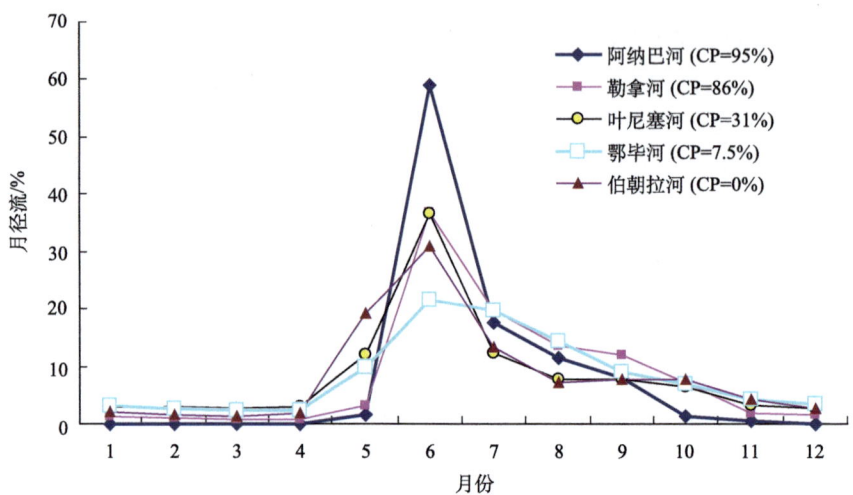

图 8.22　西伯利亚北极不同冻土覆盖区河流径流年内过程
图中 CP 为流域多年冻土覆盖率

2）冻土水文过程

由上述分析可见，冻土水文特征取决于冻土的不透水性、活动层的冻融过程，以及地下冰的水量释放与储存作用、流域的蓄水，包括流域积雪的积累、流域(活动层内)融水的渗透和地下冰的生长。因此，多年冻土对径流过程的调节表现为地下冰对径流的调节、活动层的冻融过程对径流的调节、下伏多年冻土对径流的阻隔 3 个方面。

（1）冻土地下冰。由于多年冻土的不透水性及温度梯度下的水分迁移，一般在多年冻土上限附近存在大量的地下冰。据估计，地下冰储量超过全球山地冰川的储水量，山地冰川只占全球淡水资源的 0.12%，而冻土地下冰则为 0.86%。有关地下冰融化对河流的补给作用，由于缺乏有效的观测资料，目前还无法给出比较准确的结果。

（2）活动层内水文过程。由于冻土的不透水性，活动层融化时在其底部会形成地下水的汇集，而直接影响水文过程和表层土壤含水量。同时，活动层内土壤水的冻融过程需要较大的潜热，其还会影响土壤温度，进而影响水文循环过程和生态系统。观测表明，随着活动层的年变化，其活动层中的水分具有明显的蓄排过程。

冻土活动层的冻结与融化取决于冻土内温度变化和冻土层水热传输特征。通过对青藏高原五道梁附近地温和水分观测资料的分析，将活动层的冻融过程划分为夏季融化过程(ST)、秋季冻结过程(AF)、冬季降温过程(WC)和春季升温过程(SW)4 个阶段（图 8.23）。在夏季融化和秋季冻结过程中，活动层中水热耦合特征较为复杂，水分的迁移量极大，而在其余两个阶段，活动层中的水分迁移量较小，热量主要以传导方式传输。在不同冻融阶段，活动层中的水热耦合过程伴随着水分输运的不同方式而发生变化。经过整个冻融过程后，多年冻土上限附近的水分含量趋于增大，这也是多年冻土上限附近厚层地下冰发育的主要原因。

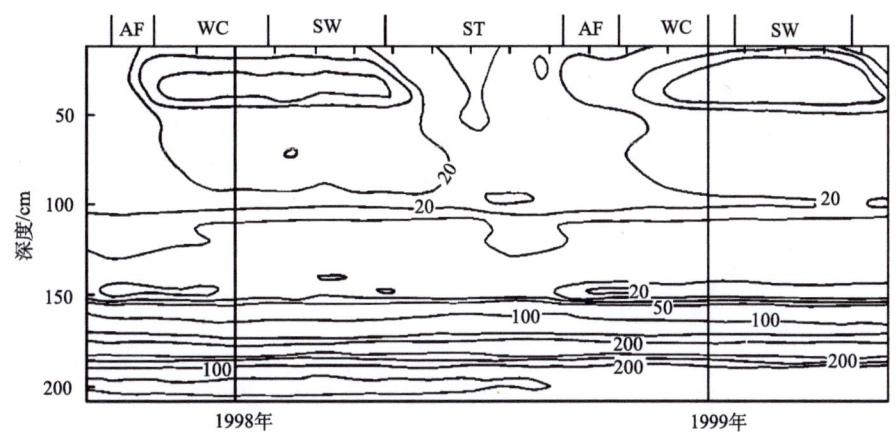

图 8.23 活动层中含水量等值线图，图中数值单位为 cm

冻融过程吸收和释放大量融化/冻结潜热，从而影响冻土区的水热平衡过程。模拟研究表明，在夏季，由于大部分能量用于冻土融化，特别是用于多年冻土区，结果减少了用于蒸发和蒸腾的能量，因此，冻土对蒸发特别是夏季蒸发具有明显的抑制作用，结果增加径流量（图 8.24）。

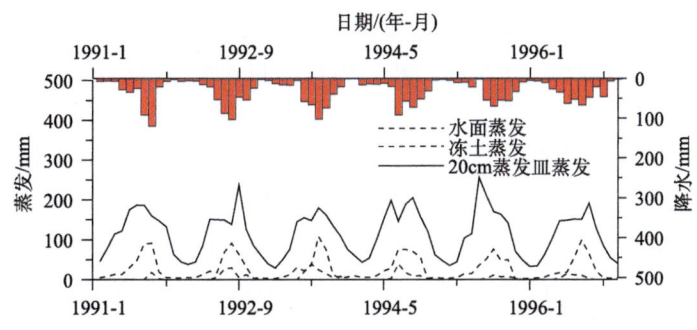

图 8.24 玛多县蒸发量在水平衡与冻土模式下的对比

（3）多年冻土分布对径流的影响。多年冻土的不透水性作用，使得多年冻土区直接径流系数大，融雪水和降雨的大部分都变成直接径流，而冬季的地下水对径流的补给较少，甚至会出现多年冻土覆盖的流域冬季没有径流的极端表现。通过分析北极地区主要河流，以及我国黄河和长江上游区河流最大与最小月径流比率与冻土覆盖率的关系表明，二者有显著的相关关系（图 8.25）；最大与最小月径流比率在冻土覆盖率较低(<40%)的流域随冻土覆盖率的变化较小，在冻土覆盖率较高(>60%)地区变化显著。这一结果也意味着未来全球变暖导致的冻土退化可能对高覆盖率的冻土流域的径流年内分配产生重要影响。也就是说，冻土覆盖率高的流域，冻土退化才会引起径流年内分配的较大变化，对于低覆盖率流域，冻土退化的影响较小。

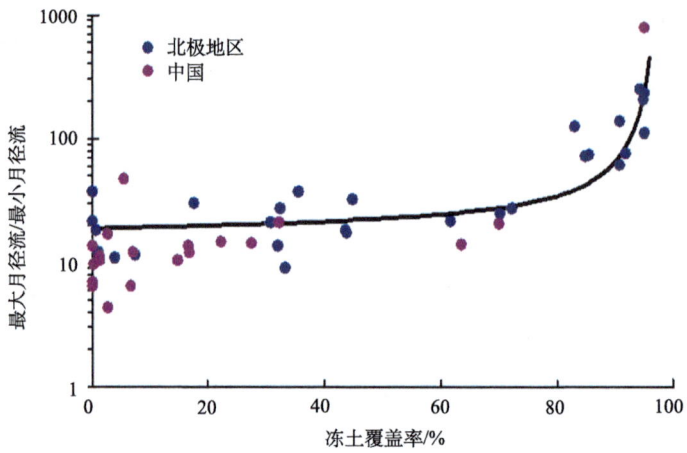

图 8.25 北极地区主要河流和我国黄河、长江上游主要控制站冻土覆盖率与最大和最小月径流比率的关系

5. 冰冻圈流域水文模型

在前面我们已经提到,研究冰冻圈水文的重要出口就是要科学认识冰冻圈诸要素在整个流域中的水文作用。为此,基于冰冻圈全要素的山区流域水文模型就成为重要手段。冰雪和冻土的水文物理特性,以及其对径流形成过程的作用,是寒区流域产汇流的主要方面。在目前的水文模型中,流行的水文模型均尚未全面考虑冻土和冰川,因此,构建包含冰川变化、积雪消融和冻土冻融过程的流域分布式水文模型是冰冻圈流域水文模型发展的主要方向。

下面以 VIC 水文模型为例,介绍如何改变流域水文模型。VIC 水文模型是一个空间分布网格化的分布式水文模型,它考虑了积雪和冻土过程,但没有冰川水文过程。为此,将流域格网化,将冰川作为一个特殊下垫面,根据格网中是否有冰川分别进行计算(图 8.26)。

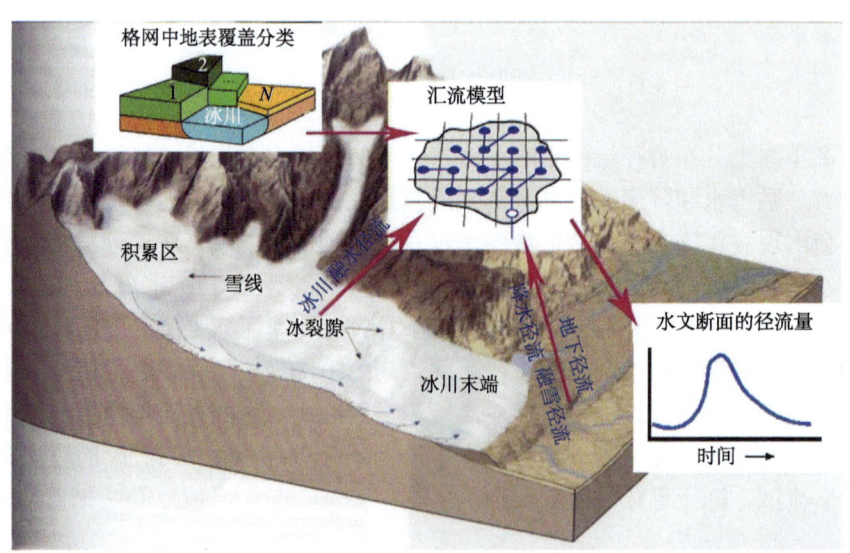

图 8.26 在 VIC 水文模型中耦合冰川融水模块的解决方案

若有冰川,则根据冰川消融计算的相关方法,计算出冰川消融量。通过该途径,将冰川融水模块加入到流域水文模型中。

将上述改进的模型应用到阿克苏河流域(图8.27),可以看到,考虑冰川融水与否,模拟结果差异很大。因此,在冰冻圈流域,水文模拟必须考虑冰冻圈诸要素的影响。

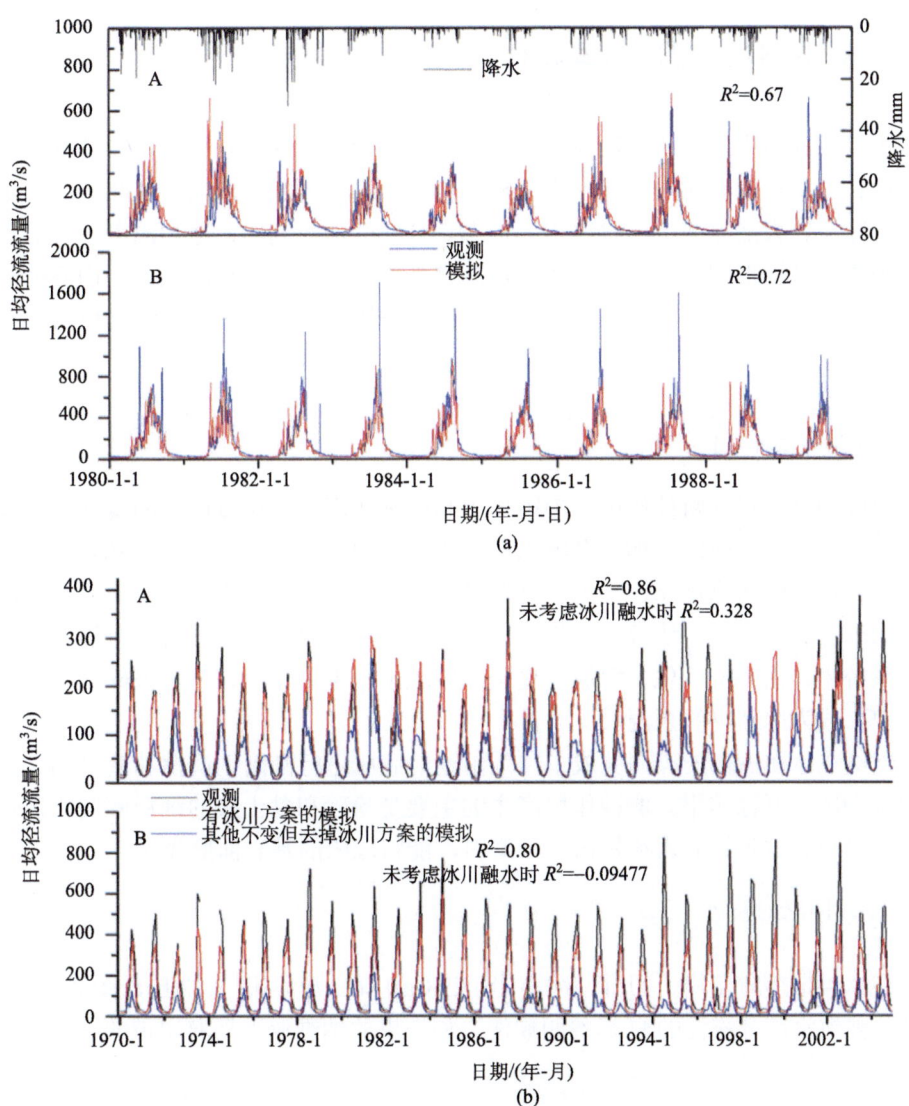

图 8.27 日和月观测径流与模拟径流量比较

A 代表托什干河;B 代表昆马力克河

8.4 冰冻圈与岩石圈

冰冻圈与岩石圈的相互作用是地球表层圈层系统之间最具活力的过程,岩石圈的全球格局、区域差异由地球内动力系统控制,冰冻圈则是地球外动力控制下的复杂自然地理要素的组合,具有全球分布差异。因此,冰冻圈和岩石圈的相互作用是气候与构造耦合过程。冰冻圈中对岩石圈产生作用的核心要素是冰川和多年冻土(冰缘)过程。本节重点讨论冰川和冰缘系统通过侵蚀、搬运和堆积对岩石圈的作用。

8.4.1 冰川侵蚀、搬运与堆积作用

冰川以冰冻圈中最活跃的地貌要素参与到与其他圈层的相互作用中,特别是通过侵蚀、搬运、堆积过程,对岩石圈产生积极的作用,其成为最活跃的。冰川的主要地貌类型有山谷冰川、大陆冰盖。山谷冰川的形态、分布受地形制约,冰川沿着山谷流动。大陆冰盖基本不受地形制约,而是以冰盖最高点为中心向四周流动。因此,山谷冰川的侵蚀—搬运)—堆积是呈线状的,大陆冰盖的侵蚀—搬运—堆积是呈面状到环状的。

1. 冰川侵蚀

1)冰川侵蚀作用

冰川侵蚀过程包括两种作用:刨蚀作用和磨蚀作用。冰川以巨大的重量压在底床的基岩上,足以使基岩破碎。加上融冰水在基岩节理中反复冻融,也促使基岩碎裂。流动的冰川就将这些碎屑物掘起、带走。这个过程称为冰川刨蚀作用。这样产生的碎屑物比较粗,如砾石、卵石、岩块等。冰川的直接侵蚀作用主要发生在冰岩接触界面上。在冰川过程系统中,由寒冻风化、雪崩、夏季冰雪融水、重力作用、风等破碎的岩块也加入到冰川中,成为冰碛物的来源。

被冻结在冰川底部的碎屑就成了冰川沿途对底床进行刮削、磨擦和磨光的工具,这个过程称为冰川磨蚀作用。磨蚀作用产生的主要是粉砂和黏土级的细粒碎屑物,很少有沙和砾级物质。这种细的岩粉好像一种磨料,能将底床的基岩面磨光。

2)冰川侵蚀地貌

大型冰蚀地貌有角峰、刃脊、冰斗[图 8.28(a)]和 U 形谷[图 8.28(b),图 8.29]。海平面上升,被海水部分淹没的 U 形谷叫峡湾,如斯堪的纳维亚半岛海岸带的著名峡湾,景色迷人。

冰川磨蚀作用在被侵蚀的基岩冰床面上产生特有的带有擦痕、蚀沟和新月形裂隙的冰川磨光面/冰川擦面。冰川擦痕一般几毫米至几厘米宽,深度几毫米,长数米,平行冰川流动方向延伸[图 8.28(c)]。在冰川擦面上还会出现所谓塑性变形的各种新月形凿口、裂隙。羊背石也是冰蚀基岩上常见的冰蚀地貌[图 8.28(d)]。冰川融水对基岩冰床磨蚀,产生壶穴。以上是常见的小型冰蚀地貌。

大冰盖作用过的地区则会出现冰蚀平原或冰蚀高原面,如北美劳伦泰冰盖作用过的加拿大东部大平原,中国四川稻城冰帽作用过的海子山高原面。

图 8.28 冰川侵蚀地貌

(a)角峰、刃脊、冰斗；(b)冰川谷；(c)冰川擦痕；(d)羊背石

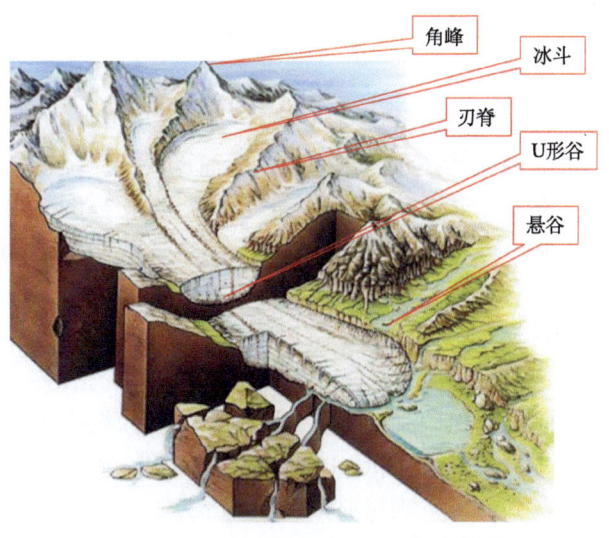

图 8.29 冰川侵蚀地貌

2. 冰川搬运

冰川具有巨大的搬运能力，可以长距离把巨大的岩块-漂砾(glacial erratic boulder)搬运至很远，达数百千米。冰川侵蚀的大量物质，随冰川流动而被搬运，这类搬运物质叫

冰碛物。其中，位于冰川两侧的碎屑叫侧碛，两条支冰川汇合，侧碛相汇成中碛，冰川内部的碎屑叫内碛。位于冰川底部的碎屑叫底碛，冰斗或冰川谷侧壁崩落在冰川表面的碎屑叫表碛，冰川末端表面消融出露的内碛也是表碛的一种。上述各种冰碛物在冰川末端汇聚在一起，形成终碛。

3. 冰川堆积

由于冰川消融，冰川搬运能力下降，或是冰川中冰碛超载，被搬运的碎屑堆积下来，称作冰川的堆积作用。

1）冰川堆积地貌

冰川堆积地貌分为山谷冰川和大陆冰盖两大类型。最常见的冰川堆积地貌是终碛堤，堆积在冰川的末端。如果冰川呈间歇性后退，会产生一系列终碛堤。终碛堤之间散落的碎屑叫冰碛丘陵。山谷冰川则有侧碛垄出现在谷地的两侧[图 8.30(a)]。冰盖冰川在流动过程中，如果遇到底部地形的障碍，底碛物受阻，形成鼓丘(drumlin)。鼓丘常常由泥砾与羊背石形的基岩核心组成，因此，鼓丘是冰川堆积与冰川侵蚀两种作用的结果。大陆冰盖作用过的地区常见的堆积地貌还有蛇形丘(esker)、冰碛丘陵(ground moraine)、槽碛垄(flute)等（图 8.30B）。

冰川搬运物质经过融冰水的再搬运并堆积下来的物质叫冰水堆积物[图 8.30(c)]。冰水堆积物的沉积特征是既有冰川作用的痕迹，如带有擦痕(stria)和磨光面的冰川砾石，又有流水作用造成的分选和磨圆及层理。

2）冰川主要沉积类型

冰川主要沉积类型有滞碛、融出碛、变形碛、冰水堆积等。

滞碛(lodgement till)：滞碛为冰川底部因受高压而形成的冰碛，多因冰碛运动受阻而停滞，冰碛砾石长轴一般平行于冰川流向，扁平面平行于冰床[图 8.30(d)]。滞碛的特征：颗粒形状——次圆、擦痕、熨斗石，颗粒大小——细粒基质、粗粒碎屑，组构——强，压实——紧密压实，当地岩性为主。

融出碛(melt-out till)：融出碛分为冰下融出碛和冰上融出碛，其由冰川消融直接释放的碎屑形成[图 8.30(e)]。冰下融出碛(subglacial melt-out till)，冰下融出碛(底碛)的过程特征与停滞冰相关。由于碎屑堆积后流动而发生改造变形。沉积特征与滞碛相似，但组构较弱，压实程度较差。冰上融出碛(supraglacial melt-out till, or ablation till)，冰川冰面由上向下消融过程的产物，其特征：颗粒形状——显著的搬运特征、次棱角状颗粒，颗粒大小——粗、有一定分选、粉砂和黏土较少，组构——差，压实——弱固结，岩性——多变、山谷冰川沉积类型则有两侧谷坡岩性。

变形碛：冰下变形碛，或变形基碛、变形底碛(deformation till)，冰川底部的基岩或冰碛物在冰川挤压和剪切作用下，发生破碎、同化形成。变形碛的特征：形状、大小和岩性与冰下融出碛相似，组构——有时优势很强、大多弱，压实——紧密固结。其多出现在大冰盖之下。

冰水堆积：冰水堆积分为冰前堆积、冰接堆积、海冰堆积3类。

（1）冰前堆积出现在冰川外围，系冰川融水堆积，有冰川湖、冰水扇、外冲平原。山谷冰川谷地两侧出现冰砾阜(kame)、冰水阶地。

冰川湖：冰川的终碛堤往往阻滞融冰水外流，而在冰前形成冰川湖。在春夏温暖季节，融冰水将大量物质带入湖中，砾石和粗砂沉积在湖滨，细沙、粉砂和淤泥以悬浮状态搬运到湖心，其中，细砂和粗粉砂很快沉积下来，淤泥则长期保持悬浮状态。秋冬季节，冻结的冰湖得不到新的物质供给，在砂层顶部沉积了淤泥层，结果在湖底形成了粒度粗细相间、色调浅深交互的纹泥(varve)——季候泥[图 8.30(f)]。这种纹泥由粗到细表示一年的沉积，可以根据纹泥的层数来推算沉积年代和速率。

图 8.30 冰川堆积地貌与类型

(a)山谷冰川冰碛垄；(b)大陆冰盖堆积；(c)冰水扇；(d)冰期冰筏坠石；(e)冰上融出碛和冰下融出碛；(f)冰川湖纹泥

过负载的融冰水进入冰水湖时堆积成冰水三角洲沉积,其具有明显的底积层、前积层和顶积层。融冰水在终碛堤外围形成的扇形堆积体,叫冰水冲积扇。几个冲积扇接在一起就形成平缓的冰水平原——外冲平原(outwashplain)。

(2) 冰接堆积(ice-contact deposits):与冰川冰接触的融冰水沉积,呈层状互层或以薄层夹杂在非成层沉积中,其中包括蛇丘和冰砾阜沉积等。蛇丘是由冰水沉积形成的曲线形的长堤,长度可达几千米至几十千米,有时甚至能分支。蛇丘的延伸方向与冰川的流动方向相当。冰砾阜是一种单个或成群出现的丘状地形,它是冰面小湖中的冰水沉积物,随着冰体的融化,沉落在床底而形成的。冰砾阜沉积具有同心的片状构造,其层理的产状与原来冰面小湖中的沉积构造恰好相反。冰砾阜沉积由经过分选、具有层次的砂砾组成。

(3) 海冰堆积(glacial marine deposits):海洋沉积环境中由冰川和海洋过程共同作用形成的一类沉积物,其为研究冰盖发育演化历史和古气候提供了有力证据。海冰堆积沉积特征变化多端,受海洋和冰盖影响力制约,冰川融水量、冰川驻足时间、冰山融化速度,以及海洋生物过程是主导因素。冰川中碎屑含量、海冰范围,以及洋流强度也是重要因素。重力作用、块体运动、浊流等沉积现象伴生在海冰堆积中。冰筏碎屑和坠石(ice rafted debris and dropstone)是海冰堆积的重要证据。

8.4.2 多年冻土与岩石圈表层

在以多年冻土为核心的冰缘环境中,冻融作用是主导过程,地下水的冻结和融化具有核心意义,寒冻风化、流水、风力、重力、冰雪等共同参与,是岩石圈表面的基本外动力过程之一。一方面,冰缘过程的风化、侵蚀、搬运、堆积过程参与到地表物质循环系统中;与流水、冰川相比,冰缘过程的强度要弱。另一方面,多年冻土构成岩石圈表层一个独特的水热"亚圈层",其影响到地表外动力过程的组合和分布;就面积而言,其影响广度要超过冰川"亚圈层"。可以说,冰缘区既是冰冻圈本身,冰缘过程又是塑造寒区地貌的营力。

主要的冰缘过程和地貌类型有:与多年冻土有关的冰楔、冰丘、石冰川,与活动层有关的构造土、泥炭丘、季节性冰丘。

1. 与多年冻土有关的冰缘地貌过程与形态

冰楔(ice wedge): 冰楔的平面形态为多边形,剖面形态为楔形,向下尖灭[图 8.31(a)]。冰楔的形成过程,冬季冷收缩作用产生上宽下窄的裂隙,夏季融水贯入,进入初冬水冻结形成脉冰,形成最初的冰楔;随着地温降到 0℃以下,又产生新的冷收缩裂隙,这个过程反复,形成冰楔。气温升高,多年冻土退化,冰楔消融,原来冰占据的楔填充沙土,形成"冰楔假型"(ice wedge cast),也称"沙楔""冰楔模"等[图 8.31(b)]。冰楔假型是多年冻土曾经存在的可靠证据被广泛用于恢复古环境、古气候。

图 8.31 冰楔、冰丘和石冰川
(a)冰楔；(b)冰楔模；(c)冰丘；(d)石冰川

冰丘(pingo)：发育在多年冻土区的冰丘，为丘状凸起形态；分一年生、多年生，其冰核由分凝冰或侵入冰形成。一年生冰丘较小，高度多数为 10cm，或超过 1m；多年生冰丘深达多年冻结层中，规模较大，如昆仑山口的多年生冰丘高 20m、长 75m、宽 35m[图 8.31(c)]。按水文特性，冰丘分为封闭型(hydrostatic closed-system)冰丘和开放型(hydraulic open-system)冰丘两种。封闭性冰丘由多年冻土中冰的分凝作用形成，在连续多年冻土带，富含地下水的冲积平原、湖积平原最发育。开放型冰丘由侵入冰形成，如昆仑山口冰丘，地下水沿断裂带注入多年冻土冻结而成。

石冰川(rock glacier)：多年冻土区，沿着谷地或坡地缓慢蠕动的冰岩混合体称为石冰川，整体做块体运动。已知大部分石冰川由冰冻的砾石组成，其流动类似于冰川。表面运动的速度小于 1~2m/a，小于真正的冰川。表面具有与运动和内部冰消融有关的独特的沟与脊。石冰川的碎屑有两大类，冰碛和风化倒石碓(ta/us)，即冰碛型石冰川[图 8.31(d)]和倒石碓型石冰川；按形态，石冰川分为舌状石冰川和叶状石冰川。

2. 与活动层有关的冰缘地貌过程和形态

构造土（patterned ground）：为冰缘地区的特征形态之一，它几乎总是出现在寒冷气候带中，分选明显的形态多半出现在温度常降到冻结点以下的气候区，寒冻作用和地下冰的形成为构造土形成的两个基本因子，其形态变化多样。构造土或以活动的形式出现，或以遗留形态出现，遗留的构造土可以用作指示过去的气候。形态和分选发育程度是构造土最重要的两个方面。其主要形态有石环，可以单独或成群出现，分选型石环常有一粗砾石边界环绕一细物质中心[图 8.32(a)]。在极地和高山地区也可以形成石环，而不局限于冻土地区，未分选的环甚至可以出现在不冻结的环境里，如澳大利亚的部分地区，发育在干旱地区。构造土是多成因的，其主要过程有冻胀分选作用、脱水裂隙作用、流水作用等[图 8.32(b)]。发育区的冻融循环次数、土质条件、含水量，以及地形条件对构造土的过程、形态、大小均有影响。

图 8.32　构造土

(a)天山乌鲁木齐河源空冰斗石环；(b)石环中心冻胀观测——两年的冻胀上升量

石条（block stripes）：分选石条向坡下延伸并由细粗砾石交替出现组成。粗石条一般 20~35cm 宽，较粗的物质汇集在沟槽中，较细的物质形成小脊垄，沟槽深约 7.5cm，最宽的粗石条可以有 1.5m 宽，向坡下可以延伸 100m 以上，深度与大小有关。

3. 与坡地过程有关的冰缘地貌过程与形态

泥流舌-冻融泥流作用（gelifluction or solifluction）：冰缘坡地块体运动，出现在坡地地表覆盖风化碎屑的冰缘环境[图 8.33(a)]。有利的形成条件包括：①冻融交替作用以各种方式扰动风化碎屑；②来自雪、冰和地下冰的融水使碎屑变湿而有利于其运动；③下伏的冻结面阻止融化表层中的水分向下迁移；④植被盖层可能十分有限，即使在很缓的坡上也无法阻止块体运动。泥流舌-冻融泥流过程包括重力作用、寒冻蠕移（frost creep）、冰冻扰动(cryoturbation)、针冰作用等。

成层坡积(stratified slope deposits)：由频繁的冻融作用提供寒冻风化碎屑,经坡面片流改造(一般与雪斑有关)堆积在坡脚,具韵律层理的沉积物[图 8.33(b)]。这种现象在现代和古代冰缘区有一定的分布。因为它具有独特的形成地形、气候条件,因此对它的研究可为古环境恢复提供证据。我国学者也早就注意到这种现象，称为"成层岩屑"。

由于寒冻风化作用、重力作用、流水作用等，在冰缘环境的坡地上形成石溜坡(block slope)、石河(block stream)、倒石碓等。

图 8.33 泥流舌（a）和成层坡积（b）

4. 寒冻风化与冰缘夷平作用

寒冻风化作用是冰缘环境中最基本和最活跃的过程，其以物理分化为主，化学风化较弱。寒冻风化崩解产生大量岩屑，为其他冰缘现象提供了物质基础，如石海、石流坡、石河、倒石堆。石海(block field)，水平或微斜的山坡上堆积的粗碎屑称作石海（block field, felsenmeere, block meere）。产生石海的过程主要与冻融环境有关，石海由当地岩性构成，可以有被冰川搬来的较远岩石。寒冻夷平作用(cryoplanation)，寒冻风化作用、雪蚀作用、寒冻泥流作用（gelifluction）在流水和风的共同作用下形成。其分布在分水岭、高台地上，表现为平坦的地面或阶梯状地形。残留的凸起基岩称为冰缘岩柱(突岩 tor)。

5. 冰缘风力作用

冰缘环境风力作用形成分布广泛的冰缘风蚀-风积地貌。风蚀作用形成风蚀面、风蚀龛、风蚀槽沟、风棱石（ventifacts）、岩漠、砾漠等。风成沉积形成沙地、沙丘和冰缘黄土。各种冰缘风蚀、风积地貌和沉积在中国的阿尔泰山、天山、祁连山、昆仑山山麓，青藏高原有广泛的分布。

6. 热融作用

多年冻土热融产生下沉、滑塌、侵蚀，称为热喀斯特(thermal Karst)。多年冻土区的活动层破坏，多年冻土层融化，海岸或湖岸由于波浪的机械作用和热力作用的侵蚀，使岸线后退，河流流经的永冻土区，由于河水的热力作用和机械作用，引起河流下切、河岸后退。随着全球气温上升，多年冻土区的地温缓慢上升，导致热喀斯特作用逐渐加强，热融湖塘出现、扩大、热融下切加强[图 8.34(a)]，其对寒区工程建设、生态环境的影响越来越显现[图 8.34(b)]。

我国热融喀斯特地貌主要分布在青藏高原多年冻土区，受地形因素影响，其在不同区域的分布有较大差别。以青藏公路沿线为例，风火山山区的热融喀斯特湖的数量比和湖的面积比都很小，这是因为高海拔地区的低温多年冻土条件不利于热融喀斯特湖的形成。楚玛尔河高平原区是热融喀斯特湖分布最密集的区域，其次是北麓河盆地。全球气候变化、冻土退化及生态环境恶化都会对热喀斯特的发生发展产生很大的影响，反过来，热喀斯特的发生发展又会引起冻土环境的变化，进而影响到生态环境的变化和全球气候变化。

(a) (b)

图 8.34 热融喀斯特

(a)天山艾肯达坂热融湖；(b)青海巴颜喀拉山口公路的热融坍陷

思 考 题

1. 冰冻圈与其他圈层相互作用主要表现在哪些方面？
2. 冰冻圈与气候的影响主要表现在哪些方面？试举例说明。
3. 简要表述冰冻圈的水文作用。
4. 简述冻土如何影响生态系统？

延 伸 阅 读

【经典著作】

1. Permafrost Hydrology

作者：Ming-ko Woo。

出版社：Springer，2012 年。

内容简介：20 世纪上半叶，加拿大对多年冻土区开展了一些富有成效的考察和初步的观测。之后在资源利用和环境保护需求的推动下，加拿大相关科研单位又组织了多学科联合科学计划，从试验区到小流域，开展了多年冻土对水文特性、分布、运动和储存等直接和间接影响的研究。野外调查和实验工作显著地提高了对多年冻土和水文科学的理解，本书是对过去工作的总结，主要从水热条件、地下水、积雪、活动层动力过程、坡面水文、寒区湖泊水文、北方湿地水文、寒区河流水文及流域水文等方面对多年冻土水文过程及其流域水文效应进行了较为系统的论述。本书是目前涉及寒区（多年冻土）水文较为全面的专著。

2. *Geosystems: an Introduction to Physical Geography*, 8 th Edition

作者：Robert W. Christopherson。

出版社：Prentice Hall, 2011 年。

内容简介：本书是一部自然地理学的国际性专业教材。本书自 1992 年发行以来，已更新至第 8 版（英文），作为一部最优秀和最新的"自然地理学"专著，其英文版已发行遍及欧洲、美洲、非洲、亚洲（中国香港和台湾）、现已有韩国译著[韩文版（原著第 7 版）]。本书的特点如下：对于自然地理学的概念、原理、前沿动态和典型应用实例，通过丰富的图片与实际数据列表与浅显易懂的文字说明，逐渐引导读者深刻理解以往抽象的、片段化的知识点，并将它们融入一个整体系统。对于读者而言：本书①实物图片大大地增加读者对自然地理学的学习感官认识；②"系统的框架"设计，有利于读者把地表各圈层作为一个整体环境，系统地考虑问题；③对于重要概念和原理导入时，往往先从本质入手，详述其分析过程，再叙述其内容和实际对象的联系，这对于培养理解力、激发创新能力有极大的裨益作用；④包含大量的数据网站和研究网站，保障情报的及时更新，可提供全球的基础资料和最新研究动态信息。

第 9 章 冰冻圈与可持续发展

冰冻圈变化可在多个层面上对社会经济发展造成影响,其变化带来的影响既具有全球尺度的表现,也具有区域或局地特征。从全球尺度上看,冰冻圈的扩张与退缩引起大量淡水在陆地和海洋之间转移,以及大范围积雪和海冰变化,其不仅与全球气候变化息息相关,而且引起的海平面变化和极端气候事件对全球经济最为集中的海岸带环境产生深刻的影响。从区域或局地尺度上看,冰冻圈单个或多个要素的变化,可引起水资源供给、洪水、冰雪灾(含冰雪崩、风吹雪等)、线状工程破坏等环境灾害问题。本章将系统地介绍冰冻圈变化影响的研究方法,并从水文生态、灾害、重大工程、旅游等领域出发,在评估冰冻圈变化影响的基础上,介绍优化的适应措施和对策。

9.1 冰冻圈变化影响与适应的基本概念

9.1.1 影响、适应与可持续发展

根据 Brundtland 报告,可持续发展定义为能满足当代人的需要,又不对后代人满足其需要的能力构成危害的发展。2015 年联合国发布的《变革我们的世界:2030 年可持续发展议程》进一步确定了 17 个可持续发展目标和 169 个具体目标。其中,"目标 2 消除饥饿,实现粮食安全,改善营养状况和促进可持续农业;目标 6 为所有人提供水和环境卫生并对其进行可持续管理;目标 9 建造具备抵御灾害能力的基础设施,促进有包容性的可持续工业化;目标 13 采取紧急行动应对气候变化及其影响;目标 14 保护和可持续利用海洋和海洋资源以促进可持续发展;目标 15 保护、恢复和促进可持续利用陆地生态系统,可持续管理森林,防治荒漠化,制止和扭转土地退化,遏制生物多样性的丧失",这些目标与冰冻圈变化的影响与适应有密切的联系。冰冻圈变化对海平面变化的影响是当前国际关注的热点,特别是近期冰冻圈快速和大幅萎缩导致的海平面上升定量化问题,冰冻圈影响较大河流的径流量年际变率和季节分配变化,不同形式和程度的灾害,与冻融过程有关的土地质量变化、力学性质变化等,这些问题是水资源利用和管理、防灾减灾、生态建设等必须关注的过程和影响因素。识别冰冻圈变化的影响,采取合理措施应对其影响,是推动全球、区域和地区可持续发展的通行做法。

9.1.2 冰冻圈变化影响的脆弱性

冰冻圈对气候变化的响应敏感，其变化的影响显著。全球或半球尺度的影响，如海平面变化和大洋环流；区域尺度的影响，如亚洲季风变化；局地的影响，如水资源、洪水与泥石流灾害等。认识冰冻圈变化的影响，以促进社会经济可持续发展，是冰冻圈科学研究的重要内容之一。冰冻圈变化的自然影响（水文、生态、气候影响等）研究由来已久，而冰冻圈变化的脆弱性与适应、灾害风险研究才刚刚起步，其基本概念、理论依据、评估方法均基于气候变化脆弱性与适应框架体系。

1. 脆弱性的基本属性

脆弱性是指受到负面影响的倾向，针对全球环境变化可能带来的潜在风险，不同尺度、不同类型、不同对象的脆弱性问题已经成为人类社会生存和可持续发展极为关注的焦点。对脆弱性的认识还存在争议，总体来说脆弱性有以下基本属性。

（1）时间属性：时间尺度的脆弱性往往会决定结果的差异存在，包括现实的脆弱性、潜在的脆弱性，以及综合的动态脆弱性。

（2）尺度属性：脆弱性的发生、发展都存在固有的尺度范围，脆弱性的大小、程度取决于系统地理范围的划分和脆弱性评估的区域范畴。

（3）学科属性：不同的学科具有显著不同的揭示问题视角和方法，是以系统自身物理属性为视角，还是以政治、经济、文化制度等社会属性为切入点，不同学科差异对系统脆弱性评估结果产生显著差异性。

（4）系统属性：脆弱性对象既包括生态、社会、经济系统，也包括人地耦合复杂巨系统及人群、部门、社区等单一或特殊系统。

（5）问题属性：是健康、收入、社区文化、生物多样性还是系统的恢复能力？不同的问题导向，对脆弱性结果的评估起着决定性作用。

（6）灾害属性：灾害是系统负面影响和损害程度的重要内容，而潜在的、可能的人类健康、社会福祉、生态服务等损害测度则是脆弱性评估的核心。

2. 脆弱性度量和分析方法

冰冻圈变化的脆弱性同样具备以上属性，其是生态、经济、社会等系统对冰冻圈要素（冰川、冻土、积雪）变化负面影响的敏感程度，也是系统不能应对负面影响的能力、程度的反映。冰冻圈变化无疑会对气候、生态、水文、地表环境产生影响，这些影响必然会涉及人类社会，进而会对人类生存环境及可持续发展产生影响，图 9.1 给出了在气候变化影响下的水资源传递过程，冰川融水变化会影响流域水资源，进而通过水资源影响农业、生态，从而影响经济社会，这样构成的影响链条是渐次向下游波及的，因此如何认识这样一个链条上的影响过程及程度，这就需要通过一定的方法进行定量评估。脆弱性就是定量评估的一种手段，通过冰冻圈变化影响下的脆弱性评估，可将冰冻圈变化的自然过程与影响的人文过程有效联系起来，从而提供了一种认识冰冻圈变化影响程度的手段和视角,也为适应冰冻圈变化的影响提供了科学途径。

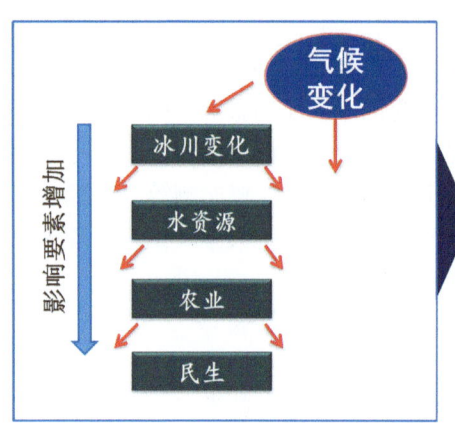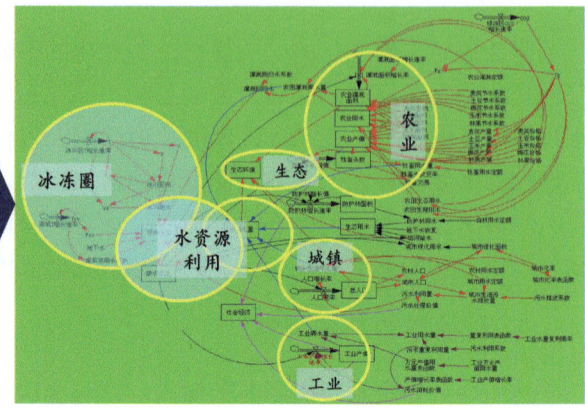

图 9.1 冰冻圈变化对社会经济影响实例:冰冻圈变化的级联影响

系统暴露、敏感性与适应能力构成了脆弱性的 3 个关键参数。其中,暴露是指系统处于负面影响的可能性,敏感性是系统对负面影响的响应程度,适应能力是系统应对外部压力所表现出来的调整能力。目前,对于冰冻圈变化的脆弱性的认识和研究尚不深刻,但常用暴露、敏感性与适应能力三元结构法反映其间的函数关系:

$$V = (E \times S)/A \text{ 或 } V = (E - A) \times S \tag{9-1}$$

式中,V 为脆弱性;E 为暴露;S 为敏感性;A 为适应能力。

尽管两种函数表达式的形态有所差异,但均直观表征了系统脆弱性和 3 个关键参数之间的内在联系。系统暴露程度越高,敏感性越强,适应能力越小,系统脆弱程度就越大;相反,系统暴露程度越低,敏感性越弱,适应能力越大,系统脆弱程度相应就越小。即脆弱性是暴露、敏感性的正函数,是适应能力的反函数。

脆弱性评估便于认识系统在冰冻圈要素变化驱动下的敏感程度和易变性,提高了系统的适应能力,以便决策者能够有效开展对脆弱系统的治理。冰冻圈变化的脆弱性是一个生态-社会交织的复杂过程,更是复杂的生态-社会系统工程,评价指标遴选总体上遵循演绎、归纳、规范、次组分及可操作 5 个主导法则。不同学科对脆弱性概念和内涵认识的差异导致测度脆弱性方法多种多样,至今尚未有共识的评估方法。目前,冰冻圈变化影响的脆弱性评估在强调冰冻圈要素的基础上,也沿用表 9.1 所示的方法。

表 9.1 脆弱性评估方法

序号	方法	简述
1	基本归纳法	可以分为五分法和求和法。前一种方法把每一个变量从最好到最差分成 5 段,然后计算该变量每段的数目。后一种方法是将所有变量的标准化值求和
2	距离法	度量与参考点之间的距离,包括主成分分析法、状态空间法、临界分析法与层次分析法
3	分类法	测度研究区变量的相似性,包括:聚类法,即通过聚类分析对研究区进行分类,以及自组织图法,基于人工神经网络模型产生的类群

续表

序号	方法	简述
4	重叠法	包括重叠法和压力-资源重叠法。重叠法是将两区域地图进行叠加、比较，从而直观展示其差异。压力-资源重叠法是将变量分成资源变量和压力变量，用分层设色绘成彩图，突出显示最脆弱的区域
5	矩阵法	一种不能用图表示的方法，包括压力-资源矩阵法（是用压力、资源变量的相关矩阵值计算得分，从而评定压力与资源的等级）和单变量回归矩阵法（依据压力对单个资源变量的回归系数计算得分）
6	模型法	当前发展最迅速的研究方法之一。基于生态、水文等过程机理建立定量模型，分析受到影响的程度
7	指标评价法	采样应用于生态/社会系统脆弱性现状的评价，研究其敏感性和适应性
8	对比法	一般在时空尺度上假定参照基准或气候变化阈值，与被评价的系统状况相对比

9.1.3 冰冻圈变化的适应框架

如同之前各章所述，冰冻圈的变化将影响自然、生态系统及社会经济系统的结构、功能，进而导致自然、人工和社会经济系统不同的福利产出效应。

冰冻圈变化的适应是系统应对冰冻圈变化所表现出来的调整，这种调整的空间、水平、程度可以用适应能力表示，为了降低系统的脆弱性，最直接、最有效的途径就是提高系统的适应能力。

根据冰冻圈与气候变化的基本特点，影响、脆弱性、适应评估是识别冰冻圈变化的负面影响、认识冰冻圈变化适应能力的主线，适应对象、适应尺度、适应类型、适应要素是组成冰冻圈变化适应的4个组件（图9.2）。通过各组件的选择和综合分析，揭示不

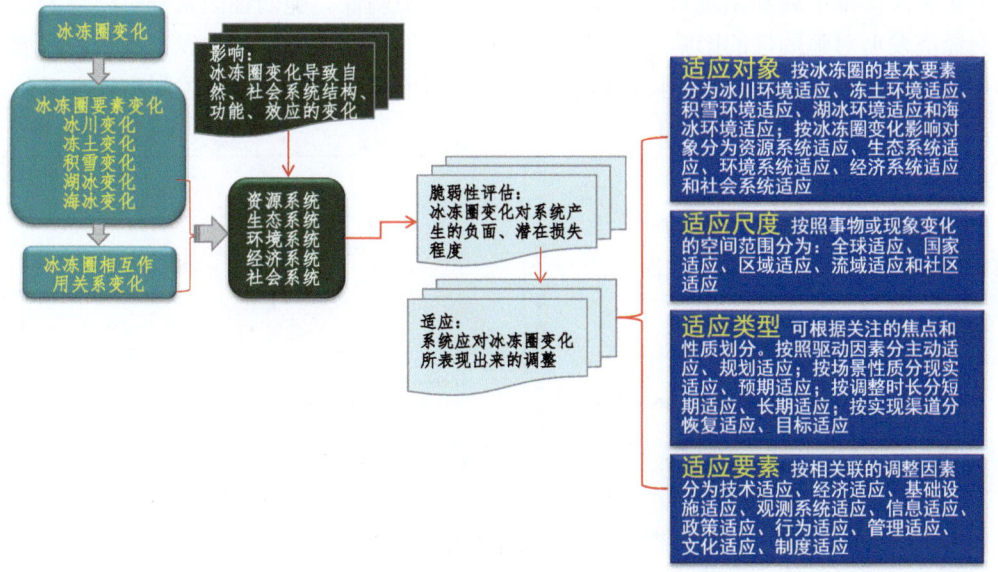

图 9.2 冰冻圈变化的适应框架

同层级自然系统的恢复能力、不同社会系统的调整能力，进而提出冰冻圈变化的应对举措、实施方案，用于应对冰冻圈变化及其过程中生态、环境、经济、社会可持续发展的决策和管理。

9.2 冰冻圈变化对水文-生态的影响与适应

冰川变化对干旱区水资源、多年冻土变化对青藏高原生态具有显著影响。在我国西北内陆干旱区，冰川融水的作用尤其突出，塔里木河各源流区冰川融水补给比例多在30%~80%。在干旱区内陆河流域，高山冰冻圈-山前绿洲-尾闾湖泊构成的流域生态系统中，冰川进退、积雪变化及多年冻土消涨对绿洲稳定和湖泊萎扩具有重要的调节和稳定作用，冰川是我国干旱区绿洲稳定和发展的生命之源。针对干旱区冰川变化对社会-生态系统的影响，围绕暴露度、敏感性和适应能力，从自然系统与社会经济层面，遴选了16个指标（径流模数、冰川融水补给比例及其变化、干燥度、平均绿洲面积、生产总值、人口密度、城市化率、粮食总产量、单位水量GDP产出、NPP、劳动生产率、高耗水产业的比重、第三产业的比重、九年义务教育合计，以及恩格尔系数），构建了内陆河流域社会-生态系统对冰川变化的脆弱性评价指标体系，从流域与县域两种尺度，定量评价了1995~2009年河西内陆河流域绿洲社会-生态系统受冰川变化影响的脆弱性。

结果表明，在流域整体尺度上，河西内陆河流域绿洲社会-生态系统对冰川变化影响的脆弱性呈增加趋势[图9.3（a）]。在三大河流域中，石羊河流域受冰川变化的影响最大，其次是疏勒河与黑河流域。在县域尺度上，绿洲经济带脆弱程度高[图9.3（b）]。绿洲面积扩大、经济体量与人口增加使得河西内陆河流域高度暴露于冰川变化的影响之下，地区粮食产量与单位水量GDP产出对冰川变化又比较敏感，高耗水产业比例高，这些因素共同助推了绿洲系统对冰川变化影响的较高脆弱性。脆弱性因素分析结果表明，社会经济发展对脆弱性的影响已远超自然因素变化的影响。适应的途径是减少暴露度，即控制绿洲面积和人口规模，降低敏感性，即提高单方水产值、严格控制高耗水工业。

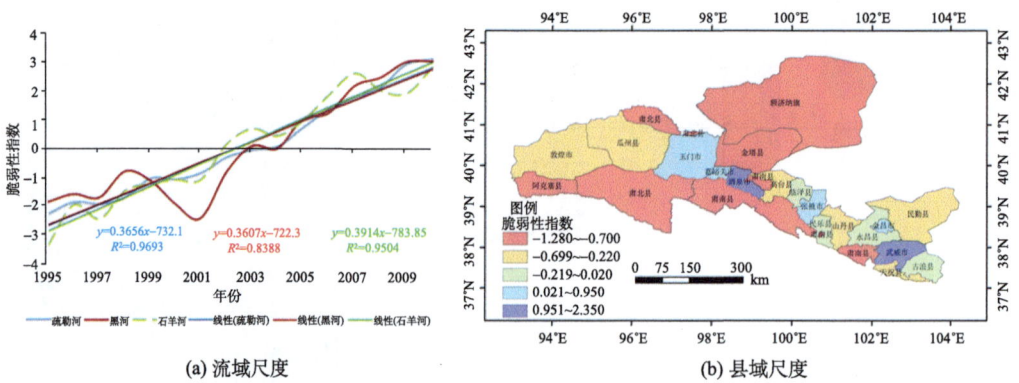

图9.3 河西内陆河流域绿洲系统受冰川变化影响在流域尺度和县域尺度的脆弱性时空变化

冰冻圈变化对生态系统有重要影响。正是由于青藏高原多年冻土的存在，才有了在青藏高原面上年降水量不足 400 mm 的江河源区广泛分布的高寒沼泽湿地和高寒草甸生态系统。冻土所产生的土壤活动层特殊的水热交换是维持高寒生态系统稳定的关键所在，冻土及其孕育的高寒沼泽湿地和高寒草甸生态系统具有显著的水源涵养功能，是稳定江河源区水循环与河川径流的重要因素。近几十年来江河源区生态退化和河流、湖泊、沼泽、湿地等水文环境的显著变化就与土壤冻融循环变化及冻土退化密切相关。针对青藏高原冻土变化对生态的影响，开发了基于冻土变化的高寒草地生态脆弱性评估指标（表9.2），根据李嘉图方程，建立了高寒草地生态系统脆弱性和冻土变化的关系模型，定量揭示了高寒草地生态脆弱性的变化特征与未来趋势，预估显示，黄河源区多年冻土活动层增加，草地生态承载力将呈下降趋势，下降幅度随活动层增加速度加快而加大。这些初步评估结果表明，冻土退化将可能抵消生态建设的效果。因此，未来生态建设中，不仅要保护地上草地，更要保护地下的冻土。

表 9.2 高寒草地生态脆弱性评估指标和方法

评估维度	测度指标	对应空间状态矩阵	脆弱性表达模型和方法
草地质量	可利用草地面积/km²	质量矩阵	结构动力学模型
	NPP/（kg/hm²）		
	重度退化草地面积/km²		
	草地围栏面积/hm²	阻尼矩阵	不同状态矩阵作用下，以草地生态系统的位移表达脆弱性 位移越大，脆弱性越高，位移越小，脆弱性越低
	牲畜暖棚/万 m²		
	人工草地面积/hm²		
草地潜力	4~10月平均降水/mm	刚度矩阵	
	4~10月平均气温/℃		
	冻土活动层厚度/cm		
草地压力	人口密度/km²	压力矩阵	
	经济密度/（万元/km²）		
	牲畜密度/（羊单位/km²）		

9.3 冰冻圈灾害的影响

9.3.1 灾害风险与管理

风险是指由潜在的致灾因子或极端事件造成的负面影响或损失，它可由两个基本要素来定义：负面后果及其发生的可能性。自然灾害风险的形成包括 3 个要素：致灾因子、暴露和脆弱性。致灾因子是指一种危险的现象、物质、人的活动或局面，它们可能造成人员伤亡，或对健康产生影响，造成财产损失、生计和服务设施丧失、社会和经济紊乱或环境损坏。在自然灾害风险研究中，致灾因子通常可理解为某些极端事件，如台风、洪涝、干旱、地震、滑坡和泥石流等。暴露是指人员、财物、系统或其他要素处在危险地区，因此可能受到损害。通常用某个地区有多少人或多少类资产来衡量暴露程度，结合暴露在某种致灾因子下特定的脆弱性，来定量估算所关注地区与该致灾因子相关的风险。当一个地区潜在的风险转化为现实时，就出现灾害。灾害是指一个社区或系统，其功能被严重扰乱，涉及广泛的人员、物资、经济或环境的损失和影响，且超出受到影响的社区或社会能够动用自身资源去应对。灾害针对不同的对象有不同的尺度，如家庭、社区、城市、国家等范围，并可划分不同的等级。冰冻圈灾害种类繁多，如冰川泥石流、冰湖溃决洪水、冰雪崩、牧区雪灾、冰凌灾害等，其分布广泛，常常发生在偏远的高山、高原等欠发达地区的乡村，给当地的社会经济、生态环境造成严重损失和影响。需要加强灾害的风险管理，特别是基于社区的灾害风险管理，以降低冰冻圈灾害的风险，减轻灾害对当地社区发展的阻碍和影响。

9.3.2　冰冻圈灾害风险评估

1. 冰冻圈灾害类型及分布

冰冻圈灾害种类较多，与冰川有关的灾害有冰川洪水（含冰湖溃决洪水）、冰川泥石流；与积雪有关的灾害有雪灾、融雪洪水、冷冻雨雪灾害、雪崩、风吹雪；与冻土有关的灾害有冻胀、融沉、蠕变等（将在重大工程中介绍）；与海冰有关的灾害有航道阻塞、工程损坏、港口码头封冻、水产养殖受损等；与河冰有关的灾害有冰凌洪水、工程破坏等。我国冰冻圈灾害主要分布在青藏高原、新疆和东北地区（图9.4）。

1）冰川灾害

与冰川有关的灾害，如冰湖溃决、冰川洪水、冰川泥石流等在冰川水文章节中已有介绍，在此不再赘述。这里就风险性最大的冰湖溃决机制做一分析，以便为理解后面的冰湖溃决风险提供认识基础。

冰湖溃决是由于冰川阻塞湖突然大量排水或冰碛阻塞湖突然垮坝而排水，二者具有不同的洪水形成机制。冰碛阻塞湖一般由现代冰川外围小冰期以来形成的终碛垄阻塞河道，由于冰川融水被终碛垄拦蓄成湖。这类湖泊的规模，随冰川的进退而发生变化。此类湖泊在我国分布广、数量多，也是容易发生溃决的湖泊，冰碛湖溃决一般表现出以下过程。

（1）冰川冰体崩塌或岩崩。母冰川冰舌陡峻，发生冰塌，或湖盆周边发生大规模岩崩，造成湖水浪涌，水位猛涨，冲刷终碛垄（坝），最终发生垮坝和湖水突然外泄，形成洪水。

（2）冰湖蓄满溢流或管涌溃坝。LIA终碛堤（坝）具有良好的透水性，冰碛坝下部常有渗流现象，当融水增加时，湖水位上升，可造成漫坝溢流。此外，在静水压力作用下，终碛堤下管涌增大或者堤下死冰消融崩塌，加剧溃坝风险。

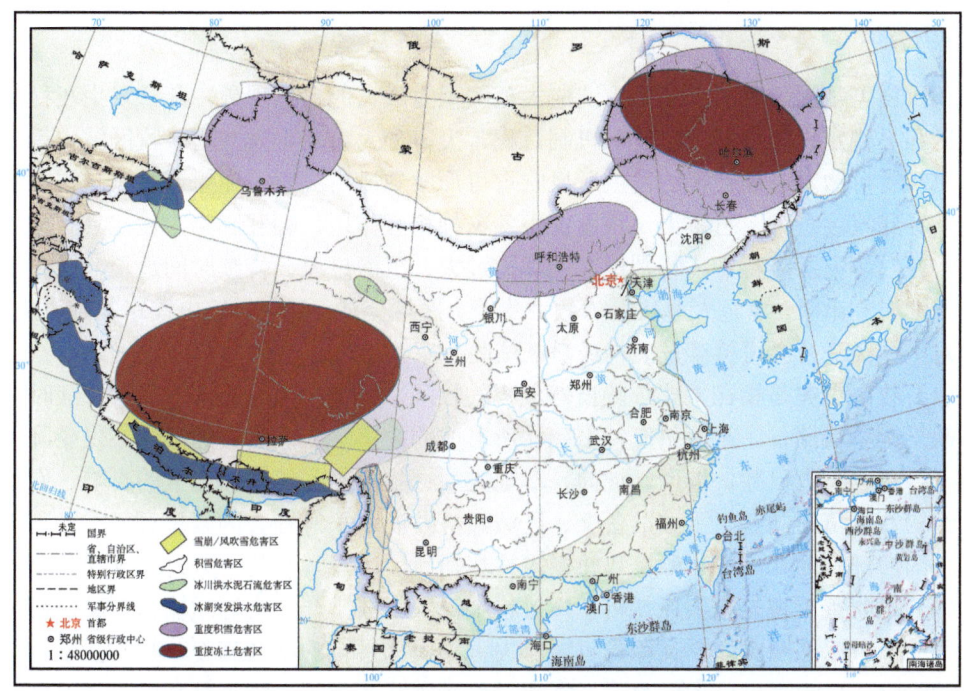

图 9.4　中国冰冻圈主要灾害分布示意图

（3）冰川阻塞湖。其可以是冰川前进堵塞主河谷蓄水成湖（如喀喇昆仑山叶尔羌河上游克亚吉尔冰川阻塞克勒青河谷形成的克亚吉尔冰川阻塞湖），也可以是支冰川快速退缩与主冰川分离，在支冰川空出的冰蚀谷地中，由主冰川阻塞而形成的冰川阻塞湖（如天山阿克苏河上游昆马力克河源的麦茨巴赫湖等），它们都是以冰川冰作为坝体拦河蓄水。冰川阻塞湖突然（溃决）排水应具备以下条件。

第一，静水压力。当湖水深达到冰坝高度的 9/10 时，在湖水静压力作用下冰坝浮起，造成冰坝断裂冰湖排水。

第二，排水通道。当冰坝融化加剧和湖水水位升高时，冰坝内部排水通道建立水力联系，在静水压力和热力动力作用下，湖水沿这些排水通道排出，排水过程中，排水通道断面面积不断扩大，加速排水过程，进而造成快速排水。受冰川冰的塑性变形作用影响，当排水量逐渐减少时，排水断面不断收缩以至完全闭合，排水过程结束。

第三，其他诱发因素。地震或火山爆发或地热作用，致使冰坝崩塌融化，造成冰湖溃决（突发性排水）。

中国冰川灾害主要分布在青藏高原新构造活动频繁、地势起伏很大的边缘山地。冰碛湖灾害最集中的喜马拉雅山中段和雅鲁藏布江大拐弯周边地区，冰川湖溃决最频繁的喀喇昆仑山区和天山西部，这些地区山高谷深，冰湖高居河源之上、陡坡两侧，冰湖的分布高度多在 4500~5200 m，冰湖面积大者不足 3~4 km^2，小者仅 0.01 km^2。

2）雪灾

积雪灾害是因长时间大量降雪造成大范围积雪成灾的自然现象，其常发生在稳定积雪地区和不稳定积雪山区。按发生机制，积雪灾害分为雪崩、风吹雪、牧区雪灾等。其中，风吹雪可激发雪崩灾害的发生，风吹雪可形成暴风雪灾害，而雪崩、风吹雪、暴风雪则常导致牧区雪灾。总体上，积雪灾害各灾种相互作用、相互影响，往往具有频发、群发、并发等灾害链特点。特别地，当降雪过大、雪深过厚、持续时间过长，或春季气温回暖形成春汛时，常危及承灾区农牧业生产、区域交通、通信、输电线路基础设施等，进而对区域经济社会可持续发展构成潜在威胁。

（1）牧区雪灾是指在主要依赖自然放牧的牧区，降雪过大、雪深过厚、持续时间过长，缺乏饲草料储备，从而引发牲畜死亡所形成的灾害。牧区雪灾的发生不仅受降雪、气温、雪深、积雪日数、坡度、坡向、草地类型、牧草高度等自然因素的影响，而且与畜群结构、饲草料储备、雪灾准备金、区域经济发展水平等社会因素息息相关。这类灾害在中国西部阿勒泰、三江源、那曲、锡林郭勒地区（盟）及蒙古国大片牧区多见。

（2）风吹雪灾害是指大风挟带积雪过程中对农牧业生产、交通运输和工矿建设等造成危害的一种冰冻圈灾害，又称为风雪流灾害。根据雪粒的吹扬高度、吹雪强度和对能见度的影响，风吹雪可分为低吹雪、高吹雪和暴风雪3类。风吹雪是高山冰川、极地冰盖、雪崩等的物质来源，诱发并加重冰雪洪水、雪崩、泥石流及滑坡等自然灾害，而且直接给经济活动和人民生命财产造成严重损失。风吹雪是一种较为复杂的特殊流体，降雪和积雪是风吹雪的物质来源，而风则是风雪流形成的动力。风吹雪按其发生期长短可分为长年和季节性两种。中国严重风吹雪灾害则主要分布在西北、青藏高原及边缘山区、内蒙古和东北山区及平原，其对交通干线和工农牧业危害严重。

（3）冰冻雨雪灾害是指冬春季低温雨雪冰冻过程对承灾区人员、经济社会系统造成严重影响的气象或冰冻圈灾害。冰冻雨雪灾害气候背景主要呈现以下3个特征：①降雪、冻雨和降雨3种天气并存，其中冻雨是致灾的主要原因；②低温、雨雪、冻雨天气强度大；③低温、雨雪、冰冻天气持续时间长。低温冰冻雨雪灾害是多种因素在同一时段、同一地区相互配合和叠加的结果。冰冻雨雪灾害常发生在我国中东部经济发达地区，对农业、林业、交通、输电、通信及航空危害极大。

（4）暴风雪（blizzard）是一种风力≥15 m/s、持续时间不少于3小时、伴随连续降雪或风吹雪导致能见度≤400 m 的恶劣天气过程，是人类居住地区最常见的雪灾。暴风雪发生时，常常风雪交加、气温陡降、能见度极差，城市道路局部积雪堆积，导致通行缓慢或中断、高速公路关闭、机场航班延误或取消；牧区和农区大范围暴雪过程、积雪堆积及严寒，常造成牲畜因受冻和饥饿大量死亡、农作物因冻害受损等。

我国雪灾频发区与全国持续积雪分布一致，即雪灾主要发生在东北、西北和青藏高原三大积雪区。雪灾高频区主要集中在内蒙古锡林郭勒盟、新疆阿勒泰及伊犁地区、青藏高原三江源及藏北地区（图9.5）。

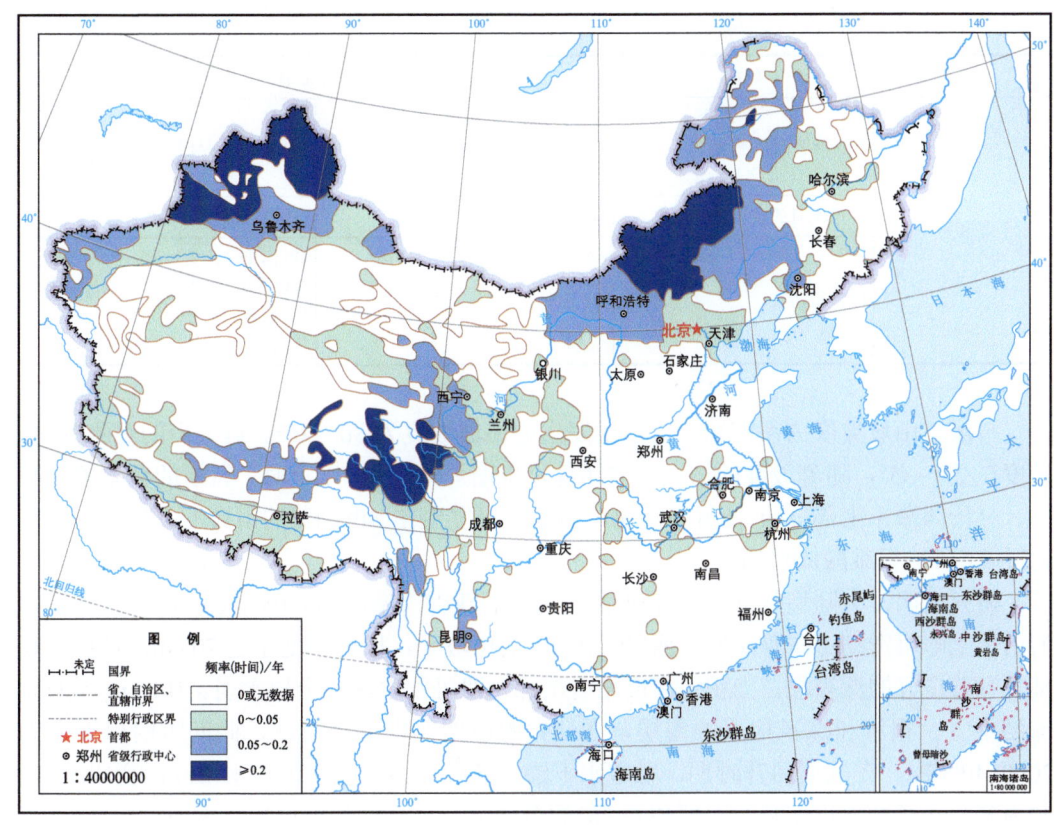

图 9.5 中国雪灾频率分布示意图

3）冰雪崩

当山坡积雪的稳定性受到破坏，即地面摩擦力无法抵御坡面积雪体向下的分力时，雪层就会滑落移动，引起大量冰雪崩塌，这种自然现象称为"雪崩现象"或"雪崩"。

1973 年，国际雪冰委员会雪崩分类工作组提出国际雪崩分类系统方案，即形态-成因分类（表 9.3）。

表 9.3 雪崩形态分类大纲

分区	判据	备择特征、命名、代码	
形成区	A 起始方式	A1 始于一点（松雪雪崩）	A2 始于一线（雪板、雪崩） A3 软 A4 硬
	B 滑动面位置	B1 雪内（表层雪崩） B2（新雪断裂） B3（老雪断裂）	B4 地表（全层雪崩）
	C 雪中含水状态	C1 无（干雪雪崩）	C2 有（湿雪雪崩）
运动区（自由流动和减速流动）	D 路径形态	D1 路径位于开阔山坡（坡面雪崩）	D2 路径位于溪谷或沟槽（沟槽雪崩）
	E 运动形式	E1 雪尘云（粉状雪崩）	E2 地面流动（流动雪崩）

续表

分区	判据	备择特征、命名、代码	
堆积区	F 雪堆表面粗糙度	F1 大块的（大块堆积） F2 带棱雪块 F3 变圆雪块	F4 细粒的（细粒堆积）
	G 堆积时的雪块含水状态	G1 无（干雪崩堆积）	G2 有（湿雪崩堆积）
	H 雪堆污染	H1 无明显污染（干净雪崩）	H2 污染（污染雪崩） H3 石块、泥土 H4 树枝、树 H5 建筑物碎片

雪崩与山坡坡度关系密切。雪崩易发生的山坡坡度为 30°~40°。据天山的观测资料，坡度在 25°~35°，随着坡度的增大，雪崩危险也增大，在 45°以上时，雪崩的概率急剧减小。分析西藏东南部 140 处雪崩发现，多数雪崩发生在 30°~45°的山坡上。当山坡坡度超过 50°时，很难酿成雪崩。

研究表明，大陆型气候区，厚度达 50 cm 的新雪（密度为 0.08 g/cm³），在 25°左右的山坡上即可滑动；在海洋型雪崩区，在 40°的山坡上，积雪厚度超过 70 cm，且积雪底部发育着良好的深霜层，当积雪厚度略有增加，即可发生深霜全层雪崩。100 cm 厚的再冻结中雪、粗雪和深霜构成的雪层，在 37°的山坡上也不会滑动，此间雪的内聚力为 2000~4000Pa。在气温回升时期，融雪水下渗，各种类型雪层均被融水渗浸而变成湿雪，其内聚力和摩擦力迅速减小，即使是 25°的山坡上，也会发生全层湿雪雪崩。

当雪温高于-5℃，温度梯度超过临界值（-0.2 ℃/cm）时，雪的晶体生长迅速，并形成深霜层。积雪下部深霜层的出现则标志着大规模深霜层雪崩即将发生。春季快速升温，积雪表面融化，融水通过松散雪层迅速下渗，整个雪层温度趋于 0℃，积雪强度突然降低，在积雪内聚力减少，特别是积雪底部深霜层被融水溶蚀为粒雪或滑动面上有融水时，最易发生全层湿雪雪崩。

在分水岭背风坡形成很厚的雪檐时，受吹雪或降雪影响，雪檐的自重超过雪檐中雪的抗断强度时，雪檐则会崩落，从而引起下部山坡上积雪的滑动，酿成雪崩；在出现表面坚硬而下部几乎悬空的雪板，雪板与下垫面之间的内聚力很小，在降雪和温度急剧变化或其他外部因素（如人畜行走、滚石等）的影响下，雪板表面即迅速产生裂隙而引起雪板雪崩。

4）春汛

春汛是指春季江河水位上涨的现象，又称为桃汛、桃花汛。春季气候转暖，流域上游的积雪融化、河冰解冻或春雨，均可引起河水上涨。一些河流，如额尔齐斯河、鄂毕河、叶尼塞河、勒拿河，以及加拿大平原上的一些河流，流经积雪分布区，春季升温可使低海拔地区的积雪快速融化，大量融水汇入河道，造成融雪型洪水。

春汛是中国西部一些河流的最大汛期，有时造成水灾。在中国北方的绝大部分地区，春汛是灌溉农田的宝贵水源。冬季积雪的多少，融雪后形成春汛的大小和迟早，都与北方地区的农牧业生产密切相关。总体说来，中国积雪偏少，属于少雪国家，春汛强度较小。

5）冰凌灾害

中国北方的大部分河流有冬季结冰现象。河冰灾害主要发生在封河和开河期间的不稳定冰期。虽然在中国东北和西北都有河冰灾害记录，但黄河冰凌记载更详细。

我国北方地区冬季受蒙古高压影响，气候寒冷、低温，导致河流湖泊出现封冻。东北地区、黄河内蒙古段、新疆西北部等河流，初冰出现早、终冰结束晚、封冻时间长，最大河心冰厚分别为 0.8~1.63 m，由此而形成大量槽蓄冰凌等现象。华北地区及中原一带的河流冬季冰情相对稳定，最大河心冰厚为 0.25~0.61 m，冬季流量小，冰凌弱，但人工河道发生凌洪灾害的风险较高。淮河流域中下游、沂河、沭河、京杭大运河的苏北段及以北河道和湖泊等在冬季遇有寒冷天气出现时，河面出现过流冰或封冻，最大冰盖厚度达 0.25~0.46 m，这些地方的冰情主要影响航运。

中国冰凌灾害类型有：①冰坝洪水，冰坝是由大量的冰块在河道中堆积而成的，其造成过水断面减小，水流阻力增加，水位上涨，流水漫堤，进而造成凌洪灾害；②冰花堵塞，悬浮的冰花遇到过冷的固体时则贴附在外表，层层冻结，逐渐加厚，甚至完全堵塞过水断面，如电站进水口拦污栅，使电站不能运行，同时电站上游会因水位壅高漫出河堤，形成凌洪灾害；③影响航运和建筑物安全，流动的冰块会产生很大的动冰压力和撞击力，碰撞船舶和其他建筑物，使河流冬季无法通航，水工建筑物也会遭到破坏；④损坏岸坡和水工建筑物，冰盖膨胀产生巨大的静冰压力使河岸护坡和水工建筑物（如进水塔、桥墩和胸墙等）遭到破坏。永定河引水渠冰凌灾害多发，该渠建于 1957 年，渠道长 26 km，设计最大流量为 35 m³/s。由于官厅水库电站是一座调峰电站，尾水时有时无，增加了渠道上游调节池的产冰量，造成初期冰害较多。

6）海冰灾害

海冰通常是由海水冻结而成的咸水冰，也包括流入海洋的河冰和冰山的淡水冰。海冰灾害是指由海冰超越人类控制范围而产生的对国民经济有负面影响的现象。冰情灾害的轻重与受到威胁的基础设施或经济活动强度有关，如渤海海冰灾害发生率与工业活动的频繁程度成正比，与工程或应对措施成反比。低海冰冰情等级并不意味着海冰灾害减少。因此，在气候变暖背景下，也应加强海冰灾害的防范能力建设。

渤海海冰灾害致险途径大致包括：破坏海洋工程建筑和海上设施；堵塞取水口；挤压损坏舰船；封锁港口、航道；破坏海水养殖设施和场地。海冰灾害不仅会造成严重的经济损失，当海上石油生产、存储和运输装置遭到破坏时会产生溢油事故，造成严重的海洋环境污染，同时也可能危及人们的生命安全。

目前，渤海和黄海北部有冰海域的沿海和海上经济体分布越来越密集，其中海洋工程主要包括：海洋石油勘探开发工程、沿海核电站工程、港口码头工程、跨海桥梁工程、沿海能源工程（风电、热电、火电、水电等）、沿海基地工程（石化储藏与炼化、钢铁等），应加强研究，以适应新形式工程与经济活动的海冰危害防治，降低灾害风险。

2. 冰冻圈灾害风险评估-案例分析

冰冻圈灾害是其变化对人类或人类赖以生存的环境造成破坏性影响的事件或现象，它的形成不仅要有环境变化作为诱因，而且要有受到损害的人、财产、资源作为承受灾害的客体。表 9.4 总结了我国主要冰冻圈灾害的致灾因子、主要影响区域及相应的主要承灾体状况。冰冻圈灾害的主要影响区域在西部，由于经济、人口等条件，相对而言，冰冻圈灾害的影响较低。但同时，由于适应能力较低，脆弱性较高，受灾的风险又较高。

表 9.4 中国冰冻圈灾害致灾因子及主要承灾体一览表

灾害类型	致灾因子	主要影响区域	主要承灾体	时间
雪崩	大规模雪体滑动或降落	天山、喜马拉雅山、念青唐古拉山	高山旅游者、山区基础设施	分钟
冰湖溃	冰崩、持续降水、管涌、地震等	喜马拉雅山、念青唐古拉山、喀喇昆仑山	下游居民、公路桥梁、基础设施	小时
冰川泥石流	冰川崩塌、强降雨	喜马拉雅山	下游居民、公路桥梁、基础设施	小时
冰雪洪水	冰川和积雪融水所形成的洪水	新疆	耕地、下游居民	天
雪灾	较大范围积雪，较长积雪日数	西部牧区	农牧业和城市电信网络	天
风吹雪	大风、积雪	天山、青藏高原	西部交通、道路	天
冰凌	冰凌堵塞河道，壅高上游水位；解冻时，下游水位急剧上升，形成了凌汛	黄河宁蒙山东段 松花江依兰河段	水利水电、航运	月
冻土	冻融、冻胀	青藏高原、东北地区	寒区道路工程、输油管道	年

1) 冰湖溃决灾害风险评估

冰川溃决（突发）洪水，虽然发生在人迹罕至的高山冰川区，但由于冰湖溃决（突发）洪水洪峰流量非常大，可达每秒数千立方米或更大，对下游生命财产和基础设施有巨大的破坏风险，因此冰湖溃决洪水及次生泥石流的潜在危害受到广泛重视。"3S"技术的广泛应用为冰湖监测带来了便利，利用这些技术，开展冰湖编目、冰湖变化监测和潜在危险性冰湖识别等取得了较大进展。对于那些风险较高的冰湖，开展连续监测，实施排险或防护工程，有助于减轻突发洪水灾害。

冰湖区冰/雪崩、强降水、冰川跃动、地震等外部因素或冰碛坝内死冰消融、堤坝管涌扩大等内部因素激发冰碛湖自身状态失衡而溃决，从而引发溃决型洪水或泥石流自然灾害。因此，冰湖溃决不仅与湖泊类型及自身水文条件有关，而且更重要的是与母冰川接触关系、坝体稳定特性有关。针对加拿大西南海岸山脉 175 个冰湖问题，从 18 个候选预测因子中遴选出：①湖面距坝顶高度与湖坝宽度之比；②坝内是否存在冰核；③冰湖面积；④冰碛坝主要岩石结构 4 个冰碛湖溃决风险参数，建立概率方程，并在此基础上将加拿大西南海岸山脉冰碛湖溃决风险等级划分为 5 级：很低（<6%）、低（6%~12%）、中等（12%~18%）、高（18%~24%）和很高（>24%）。

在分析已有文献所涉及冰湖风险的各种判定指标中提出了冰湖溃决风险评价体系，冰湖溃决灾害综合风险由危险性、暴露性、脆弱性和适应性四方面要素共同决定（表 9.5）。根据这一评价体系，以喜马拉雅山冰湖溃决风险为例，评价了喜马拉雅山地区冰湖溃决灾害风险。如图 9.6 所示，喜马拉雅山中段地区冰湖溃决灾害风险极高，如定日、定结、岗巴等，由此向东、向西呈降低趋势。该区拥有较多的潜在危险性冰湖，暴露体分布较为密集。

表 9.5 冰湖溃决灾害综合风险评估指标

组分	指标	单位	备注
危险性	冰湖数量	个	数量越多，溃决概率越大
	冰湖面积	km²	面积决定溃决洪水/泥石流体量规模大小
	面积变化率	%	反映冰湖水量平衡状态
	地震烈度		反映冰湖溃决致灾诱因程度
暴露性	人口密度	人/km²	人口密度越大，人员伤亡风险越严重
	牲畜密度	只/km²	牲畜密度越大，牲畜伤亡风险越严重
	农作物播种面积	万 hm²	承灾区耕地面积越大，暴露性风险就越强
	路网密度	km/km²	反映区域交通网络发达程度
	经济密度	万元/km²	农林牧副渔产值
脆弱性	农牧业人口比例	%	表示易受溃决灾害影响的脆弱性人群
	小牲畜比例	%	小牲畜比例越高，敏感性越强
	建筑结构指数	万元	以农牧民纯收入代替
	高等级公路比例	%	国道及省道里程占公路总里程比例
适应性	地区 GDP	亿元	反映地区经济适应能力
	财政收入占 GDP 份额	%	反映区域财政支撑能力
	固定资产投资密度	万元/km²	反映应对自然灾害的基础设施投资力度

2）积雪灾害风险评估

雪灾又称为白灾，是长时间大量降雪造成大范围积雪成灾的自然现象。一般而言，雪灾可分为轻、中、重几种。轻雪灾：冬春降雪相当于常年同期降雪的 120% 以上；中雪灾：冬春降雪相当于常年同期降雪的 140% 以上；重雪灾：冬春降雪相当于常年同期降雪的 160% 以上。雪灾的指标也可以用其他物理量来表示，如积雪深度、密度、温度等，不过上述指标的最大优点是使用简便，且资料易于获得。雪灾风险的评价不仅要考虑降雪本身，而更多的是考虑承灾体。风险程度与当地经济发展水平、基础建设的适应能力等有密切关系。

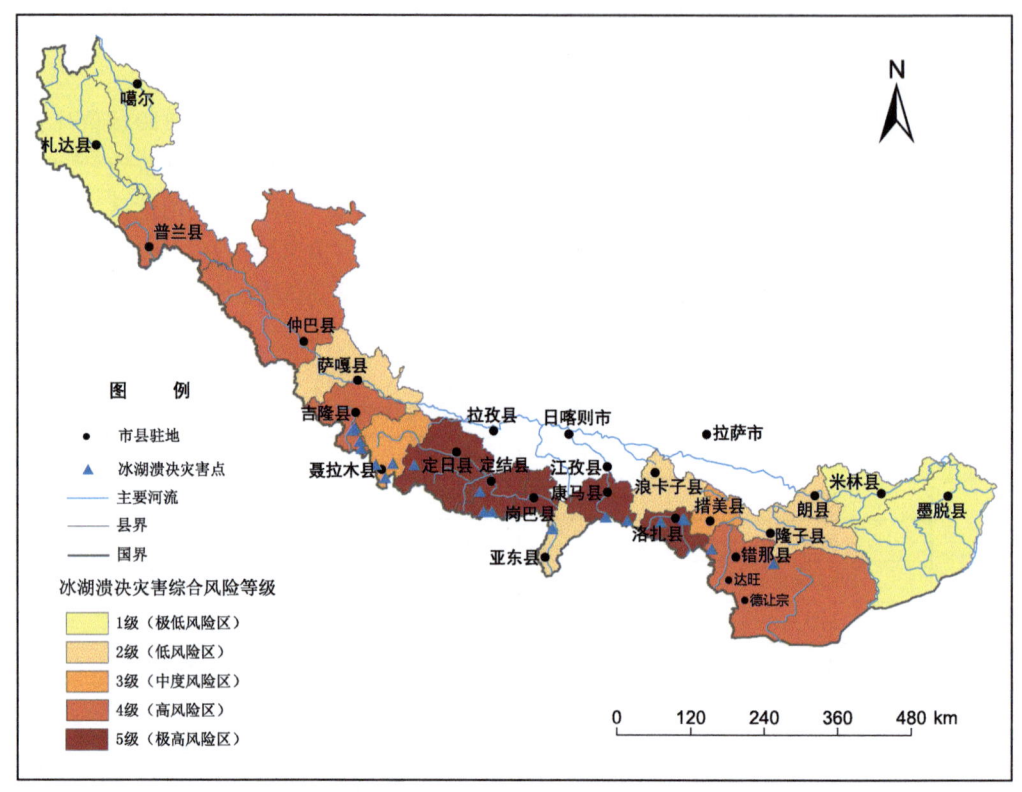

图 9.6　喜马拉雅山区冰湖溃决灾害综合风险评估结果

以三江源为例,从危险性、暴露度、脆弱性和适应能力四大指标中选取 10 项评价因子,对其雪灾风险进行评估。

结果表明,三江源地区雪灾极高风险区主要集中在巴颜喀拉山南部的玉树、称多、杂多和囊谦,以及巴颜喀拉山与阿尼玛卿山之间的甘德、达日、玛沁和久治,极低风险区则地处西部可可西里无人区和沱沱河流域大部分区域(图 9.7)。

3)冻土灾害风险评估

在全球气候变暖和人类活动的双重影响下,多年冻土区灾害主要表现为伴随着冻土退化过程中的热融灾害。在极地地区,以热融喀斯特为主的热融沉陷、热融湖塘、热融泥流及热融滑塌是主要的冻土灾害。这些灾害不仅造成了地面沉陷、活动层滑脱性滑坡、水土流失甚至区域地下水位的改变,尤其在不连续多年冻土区和零星多年冻土区,因冻土地温较高、厚度较薄,灾害所造成的工程和生态环境影响更为显著。尽管多年冻土区人口稀少,但因开发区域丰富的资源及居住区交通工程的需要,近年来工程活动规模持续增长,冻土退化过程中热融灾害所造成的工程危害趋于加剧。为此,Nelson 等在评价了气候变化对多年冻土区域影响的前提下,分析了热融沉陷和热喀斯特发育的敏感性,并结合工程建设对多年冻土的影响及后者的反馈作用(如发生在诺里尔斯克因建筑物差异热融沉陷造成 20 人死亡,以及位于西伯利亚多年冻土区雅库茨克约 300 座建筑物已被

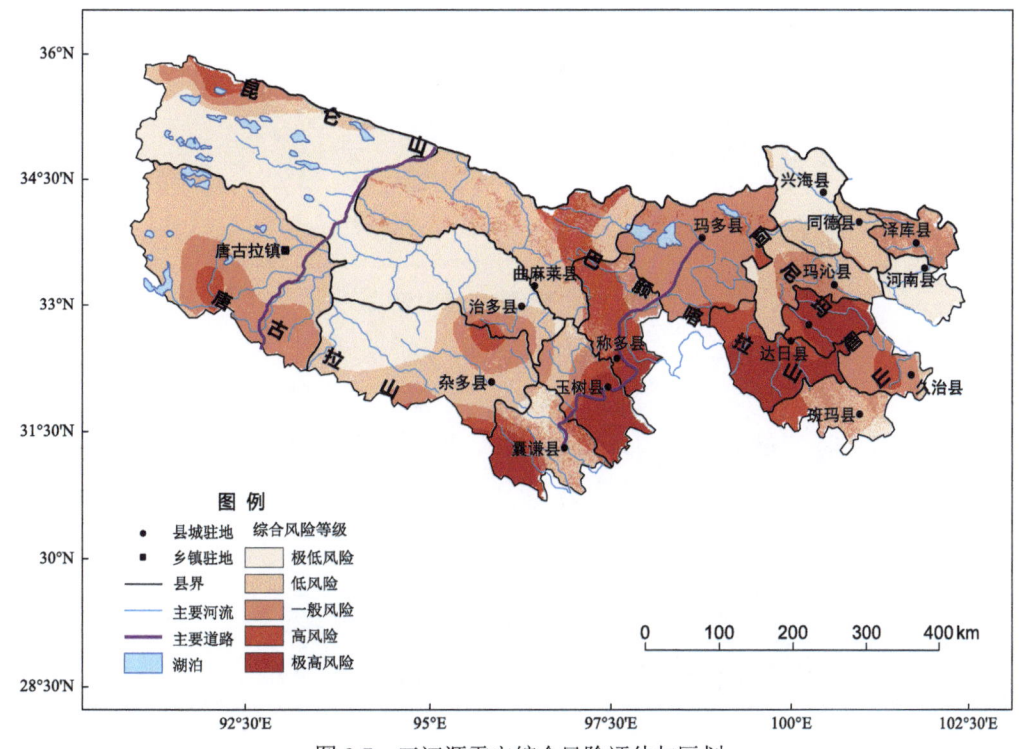

图 9.7 三江源雪灾综合风险评估与区划

冻土融沉所破坏),对环北极多年冻土区进行了不同气候情景下的灾害分区及潜在危害性评价。主要利用融沉指数(settlement index, I_s)和 ECHAM1-A、UKTR 气候模式对环北极地区进行了冻土危险性评估区划:

$$I_s = \Delta Z_{al} \times V_{ice} \tag{9-2}$$

式中,Z_{al} 为活动层厚度相对增加值;V_{ice} 为地下冰占近地表土壤的体积比例。评价结果显示,北半球多年冻土区潜在冻融灾害与工程构筑物有关,如阿拉斯加、西伯利亚,Norman 输油管线工程等基本位于潜在冻融灾害的高风险区(图 9.8)。

冻土灾害的发育会对区域工程构筑物的安全运营构成巨大的威胁。因此,灾害的敏感性评价对未来灾害治理及工程规划具有重要的指导意义。目前,比较常用的评估方法是结合专家经验和野外调查等方法,选取对各类灾害有着重要影响且较易量化的影响因子,应用层次分析法得到各个因子对应的权重值,最后基于 ArcGIS 平台,利用综合评判模型分尺度实现区域冻土灾害敏感性区划和评价。影响冻土灾害发育的因子主要包括冻土分布、含冰量、地温等与冻土有关的因素,以及土质类型、地表条件、坡度及地下水等区域地质、地貌因素。对于冻土分布、含冰量、地温等冻土因子的量化和制图主要通过野外钻探、地球物理勘查,以及基于 ArcGIS 的模型来实现。对于影响冻土灾害发育的区域地质、地貌及植被盖度等因子的量化,主要采用现场调查、地质勘查、遥感数据的提取和解译,以及历史地质资料的整理分析等方法来获取。

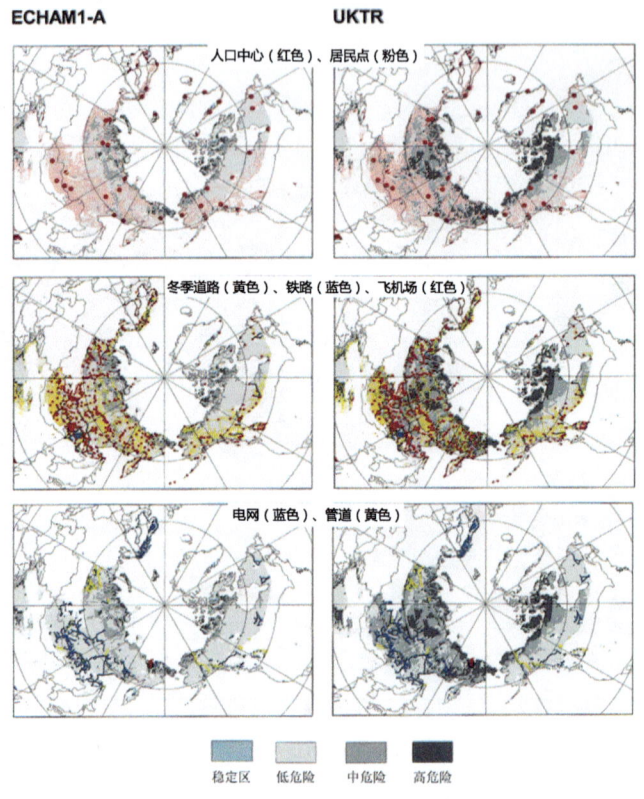

图 9.8 冻土危险性分区图

9.4 冰冻圈区重大工程建设

冰冻圈与重大工程有密切关系，如在我国已经完成的重大工程中，青藏铁路，青藏公路，东北铁路，矿山工程，南水北调西线、西气东输工程，中俄输油管线，兰州-西安-拉萨光缆工程，格尔木-拉萨输油管线，三江源生态保护工程，祁连山、天山生态保护工程等均与冰冻圈紧密关联，这些工程的建设，或多或少地涉及冰冻圈科学问题，冰冻圈科学研究也为上述一系列重大工程中相关问题的解决提供了重要科学支撑。随着西部的发展和国家"一带一路"倡议的实施，相关的重大工程还将不断出现，冰冻圈科学作用也在不断显现。

9.4.1 寒区铁路、公路与冻土融沉

1. 寒区道路工程

从工程角度出发，寒区是指以最冷月平均气温 0℃等温线为界包围的区域。寒区工程是指人类在寒区从事经济开发和生活生产中修建的各类工程的总称，主要包括冰工程、风吹雪防治工程及冻土区工程等。寒区工程的核心问题通常与工程修筑和运营期内涉及

的水的冻结及融化、冰雪变化等对工程带来的危害有关。其设计、施工及运营维护与气候、地质、地理、生态、水文等条件有密切联系，同时在工程问题的分析和解决方面涉及地球物理、遥感、数理化等学科及方法的应用，是一个综合性很强的工程领域。由于寒区特殊的环境条件，在寒区工程的建筑材料选用、设计和建设施工中，通常需要采用独特的设计原则和技术措施。

冻土区工程主要指各类建（构）筑物工程，包括冻土区铁路、公路工程（路基、隧道、桥梁、涵洞）、输油（气）管道工程、输变电工程、光缆工程、水利工程、房建工程等。因冻土的特殊组构及温度敏感性，冻胀、融沉及盐胀等现象是影响冻土区结构物稳定性及使用寿命的主要问题。不均匀冻胀和融沉导致结构物破坏，并可能引起诸如桥梁桩基由于不均匀冻拔出现纵向挠曲，衬砌渠道由于不均匀冻胀与融沉出现坡底鼓胀、开裂甚至错位，挡墙结构在水平冻胀力作用下前倾，路基在冻胀、融沉作用下出现的沉陷、波浪起伏、纵向裂缝等。土体冻胀、融沉的发生机理涉及土体中水、热、力三场及其相互作用，如何控制由此引起的工程变形是冻土区工程设计的基本原则。目前，寒区内已建成如下著名道路工程。

加拿大太平洋铁路是加拿大一级铁路之一，全长 4667 km，横跨西部温哥华至东部蒙特利尔，于 1881~1885 年兴建，是加拿大首条跨洲铁路，为加拿大东西部地区整体发展带来贡献。

俄罗斯的第一条西伯利亚大铁路，于 1891 年始建，1905 年全线通车，是世上最长的铁路，全长 9446 km。为加快开发西伯利亚和远东地区，苏联修建了第二条西伯利亚大铁路——贝阿大铁路，全长 4275 km，耗资 15×10^9 美元，设计能力为年运货量 35×10^9 kg。该铁路于 1985 年通车，建成后不但缩短了该国西部地区至太平洋港口的运输距离，而且减轻了西伯利亚大铁路的压力。

我国的青藏公路始建于 1950 年，总长约 1150 km，其中有 500 多千米路段为高原多年冻土区。由于当时对冻土理论知识的缺乏和实践经验很少，基本没有采取任何保护多年冻土的措施，路基下融化盘形成，冻土路基融化下沉一直不断。青藏公路 1956 年第一次改建，1972 年青藏公路再次进行改建，并加铺吸热性强的黑色沥青路面，虽然后期进行过数次改建和维修，但病害问题依然存在。

由于多年冻土的复杂性及对生态环境保护和冻土工程问题的认识和理解不足等，已建工程先后出现了大量的工程病害。俄罗斯多年冻土的铁路病害率为 30%左右，我国青藏公路病害率也达到 33%，我国东北大小兴安岭地区牙林线与嫩林线工程病害均超过 30%。为此维护道路的畅通付出了极大的代价，如加拿大吉勒姆至丘吉尔间线路的修复重建工作，1978~1983 年就花费了 3000 余万美元，主要用于稳定冻土沉降、修复桥涵、恢复纵坡和更新轨枕等。

青藏铁路格拉段是寒区内最年轻的一条重大工程线路。为应对气候变化，该线路在设计阶段就充分考虑了气候变暖带来的不利影响。为此，该线路采用了全新的设计方法和技术措施，以消除、减少气候变暖带来的不利影响。

2. 寒区道路设计原则

道路融沉的直接原因是路基下含冰土体融化，而引起土体融化的因素有自然因素和人为因素。自然因素主要指气温升高、冻土退化及雨水入渗等，人为因素主要指不合理的工程设计、施工工艺与运营管理。

冻土工程设计原则主要包括：保持多年冻土处于冻结状态、允许多年冻土逐渐融化或控制融化速率，以及预先融化多年冻土等。保持多年冻土处于冻结状态的设计原则一般适用于多年冻土地温相对较低、冻土含冰量较高、采暖偏低的工程中，工程设计采取有效的综合工程措施，合理调控热交换条件，使工程建（构）筑物建成后多年冻土地基维持冻结状态，利用冻土本身力学强度维持其地基承载力，而工程效果体现在多年冻土人为上限控制在一定的深度内，保持工程构筑物下多年冻土不被融化或温度有所降低，以确保工程的稳定性；控制融化速率的设计原则一般适用于多年冻土温度较高、冻土含冰量相对较低、工程热效应较大的冻土工程中，工程设计方面，主要是在工程运营条件和设计标准范围内，允许多年冻土地基在设计使用年限内处于逐渐融化状态。一般表现为，工程效果体现在工程建（构）筑物下伏多年冻土温度逐年升高、人为上限位置逐渐下降、多年冻土逐渐融化；预先融化多年冻土设计原则适用于多年冻土温度高、厚度小、含冰量高、热效应强的过程中。将产生强融沉的冻土层预先融化，然后按照非多年冻土地基设计。针对多年冻土地基问题，科学预测多年冻土地基热力条件变化、探求多年冻土地基与建筑物相互作用关系、合理采用设计原则及工程措施、正确评估工程措施的使用条件及服役性能是其主要的研究内容。

3. 被动保温路基

保护冻土是我国冻土工程建设的基本原则，但受经济发展、工程要求和对冻土了解程度等因素的限制，传统的保护冻土原则实施手段主要考虑路基高度或设置保温材料。已有资料表明，采用传统的提高路基高度和设置保温层方法，增加热阻、减小较差，在一定条件下可达到使上限上升的目的，但其代价是减少原上限以下多年冻土的冷储量，使地温升高。在全球转暖的背景下，可以延缓多年冻土的退化，但改变不了退化的趋势。因此，单纯依靠增加热阻保护冻土的方法是一种消极的方法，这种方法难以保证多年冻土区路堤的长期稳定性，特别在高温冻土区，大量工程实践已证明，这种方法存在较大局限性。

在路基中加铺保温材料[图 9.9(a)]、在不过高增加路基高度的情况下增大路基热阻。暖季，可减少传入路基中隔热层下土体的热量，减少路堤下最大季节融化深度，从而保持多年冻土地区路基的热稳定性。EPS 保温材料是较早应用于多年冻土区工程实践的，近年来出现了 PU 板、XPS 板等。保温材料在青藏公路、青康公路、青藏铁路等多年冻土区也曾大量应用。

增设保温护道以调整边坡吸热及防治周边水体侵蚀也常应用于冻土路基病害治理。保温护道一方面可减少在施工过程中路基坡脚及附近的天然地表的破坏，另一方面可以减少边坡两侧积水渗入对路基下伏多年冻土层产生的不良干扰，同时保温护道可产生反

图 9.9 冻土路基工程

(a)青藏铁路 xps 保温路基；(b)青藏铁路冻土路基保温护道；(c)青藏铁路遮阳棚路基；(d)青藏铁路管道通风路基；(e)青藏铁路块石基底路基；(f)青藏公路热管路基；(g)青康公路草皮护坡路堑边坡；(h)青藏铁路旱桥

压作用,增强路基边坡稳定性[图 9.9(b)]。但研究表明,在处于强烈退化过程的多年冻土区,保温护道也会发生严重的沉降。青藏公路保温护道的研究表明,保温护道在缩小冻土层融化盘的同时,也造成了融化深度增大及平均地温升高。因此,这种措施在实践中依然存在诸多问题需要深入研究。

4. 主动冷却路基

在对采用传统增加热阻以防治冻土路基病害的方法进行总结分析后,认为其尽管能够在一定程度上延缓路基下多年冻土退化,以减轻路基病害的严重程度,但并不能最终根治路基病害的发生。在分析了世界上在冻土区筑路百年以上的历史后,根据国内外在多年冻土区筑路的经验和教训,结合自然界影响多年冻土存在的局地因素,程国栋等基于青藏铁路建设提出了"主动降温"设计思路。这一设计思想现已被广泛应用到多年冻土的道路工程中。

"冷却路基"的方法主要包括:通过遮阳板调控辐射;通过通风管、热管和块石基底及护坡路基调控对流;通过"热半导体"材料调控传导;通过这些调控方式的组合,加强冷却效果。基于现场试验和青藏铁路沿线不同路基结构措施的地温和变形长期监测表明,这些方法均有效地降低了路基下多年冻土的地温,保证了路基的整体稳定。

1) 遮阳棚

遮阳棚的作用在于遮挡太阳辐射、降低地表温度,进而降低路基下地温。青藏高原风火山遮阳棚试验段的观测资料显示,棚内的地表温度比棚外最少低 5℃左右,最多可低 15~20℃。目前,青藏高原冻土区唯一正线上的遮阳棚工程设置在青藏铁路唐古拉无人区路堑进口填挖过渡段[图 9.9(c)]。

2) 管道通风路基

管道通风路基在青藏铁路建设初期,在清水河试验段和北麓河试验段都进行了现场实体工程试验研究[图 9.9(d)]。其原理主要是利用青藏高原冷季低温、大风的气候特征,通过管道内的强烈对流换热降低土体温度。长期监测资料显示,整体上管道通风路基下土体地温低、多年冻土上限抬升幅度大,因此其热稳定性良好,是一种适合于高原冻土区的"冷却路基"结构形式。此外,数值模拟分析表明,在年平均气温不高于-3.5℃的地区,即使未来 50 年气温升高 2.0℃,管道通风路基下伏多年冻土仍然能够维持稳定。

3) 块碎石路基

块碎石路基包括块碎石基底路基、块碎石护坡路基及 U 形块碎石路基等[图 9.9(e)],其目的在于铺设块碎石层,增大堤身的空隙度,通过冬季堤外的冷空气与堤内的热空气间产生对流换热作用促进冬季路基散热,而夏季块碎石层中空气相对静止,起到隔热作用。整体上,当满足一定条件时,块碎石路基具有"热半导体"特性,可实现年际路基散热、降低下伏多年冻土地温的效果。块石护坡路基地温场对称性较好,且路基下多年冻土地温后期有所降低，左右不同厚度的块石层对于调节路基地温场对称性具有良好作用；U 形块石路基无论在降低地温还是维护地温场对称性方面都具有良好的效果，是块石路基中工程效果最为优越的路基结构形式。

4）热管路基

重力式热管路基是一种在路基内或路肩处设置了重力式热管的"冷却路基"[图 9.9(f)]。当前各国应用的热管多数是气-液两相对流循环换热的热桩，能量传递是通过潜热进行的，热效率很高，在青藏铁路、公路等众多冻土路基工程中应用十分普遍，并已成为路基补强和维护中采用最广泛的工程措施之一。将热管设置在桩基础中形成具有冷却效能的热桩，其应用非常广泛，如阿拉斯加用于支撑输油管道的热管桩基础。

5）其他措施

自然界中泥炭或腐殖层具有保护多年冻土的功能，因其充分饱水时导热系数远大于融化时的值（因而冰的导热系数是水的 4 倍），饱和泥炭融化时的导热系数与冻结时的导热系数之比可达 0.33，这一特性也可应用于冻土路基工程中。在坡面移植草皮或种草也是一种可选用的措施[图 9.9(g)]。这一措施既能改善路基的热状况，又能防止坡面的风蚀和水蚀，有利于美化和保护环境。

此外，除了单项的调控措施，也可考虑综合利用上述原理，如设置旱桥，既能遮阳，又可通风，且有很高的承载能力，如青藏铁路在清水河高温高含冰量路段修建了长达 11.7 km 的旱桥[图 9.9(h)]。但这种措施的成本很高，在其他"冷却路基"措施难以保障路基稳定性的高温高含冰量冻土段可采用旱桥通过。

在控制路基融沉方面，除了采用合理的路基结构外，还需配套相应的地表水防治和植被恢复措施。

9.4.2 冻土区输油管道

随着世界经济的发展和对油气能源需求的快速增长，冰冻圈区油气资源勘探、开发和利用的步伐加快，一些输油气管道也相继建成。在建设冰冻圈区管道时面临着气候转暖和工程扰动引起的冻土融沉问题，同时也面临着冬季寒冷气温引起的冻土冻胀问题。除了冻胀和融沉主要对管道形成威胁外，其对管道附属结构，如泵站等构筑物也形成一定的潜在威胁，因为管道经过的地形地貌复杂、工程地质差异性大，而附属结构在场地选择上有一定的灵活性，一般可建在工程地质条件较好的区域，所以冻胀和融沉对管道附属物影响较少。为了避免冻土融沉和冻胀引起的管道和附属构筑物破坏，研究和设计人员提出了一系列适应性对策。目前，世界上冰冻圈区主要运行的油气管道主要包括美国阿拉斯加的 Trans-Alaska 管道、加拿大的 Norman Wells 管道、俄罗斯西伯利亚的 Nadym-Pur-Taz 天然气管道网、我国东北的中俄原油管道，这些管道都为地区和国家经济与社会发展做出了重要的贡献。

美国于 1977 年建成的 Trans-Alaska 管道全长 1280 km，管径 122 cm，壁厚 13 mm，输送温度 38~63℃，属于长距离大口径高温管道。该管道沿线有 3/4 长度下伏多年冻土，其中至少 1/2 含有较多地下冰。为了避免较大的差异性融沉变形引起管道断裂，管道在 676 km 高含冰量不稳定冻土区全部采用热桩（热管+桩基）架空通过（图 9.10）。架空管道是为了防治高油温直接融化下部冻土，两侧的热桩用于冷却和保护下部冻土且有支撑管道作用。采取热桩以后，架空管道下冻土退化和融沉灾害得到有效控制，部分少冰冻土区埋设管道出现一些融沉风险，构筑物破坏较少。

图 9.10　横贯美国阿拉斯加南北、穿越高含冰量冻土区、长约 1300 km 的输油管线

9.4.3　海冰区港口

渤海和黄海北部地区分布有港口群。冬季作业的大型港口有丹东港、大连港、营口新港、锦州港、渤海造船厂、秦皇岛港、天津新港、龙口港、烟台港。这些大港附近都有一些小型港或者卫星港。

因为冬季结冰，这些沿海港口建设和管理都会遇到冰问题。尽管全球变暖使得近些年的冰情偏轻，但是冰区港口的设计和管理不是以地球科学的大尺度概念来理解的。港口建设需要含有重现期的理念，一般是 50 年重现期。历史上只要有冰冻，就需要考虑；港口安全运营以实时冰情为环境，必须考虑实际条件。一般而言，中国渤海港口设计抗冰能力较高，不会出现冰超过结构物抗冰能力发生冰灾害的现象，但在冰区运行操作中，包括船舶操纵中因为人为失误会引起灾害。

渤海是规则的半日潮并且在大多数地方具有 3 km 潮差。海上浮冰表现出近海岸多为堆积的厚冰，远离海岸为漂浮的薄冰；但是近海岸的冰流动慢，远离海岸的流动快。这些运动的冰块给港口结构物作用力，而作用力的大小取决于浮冰块的运动速度和冰块的大小。当运动的冰块动能小于浮冰的极限破坏性需要的能量时，运动的浮冰对结构物施以撞击引起的作用力；当运动的冰块动能大于浮冰极限破坏需要的能量时，运动的浮冰在结构物前发生挤压破坏，对结构物施以恒定的冰挤压作用力。解决冰作用力的措施是结构物抵抗外力的能力大于冰挤压力。

环渤海港口结构物一般具有防波堤，这种结构物将港口外的浮冰拦挡在防波堤以外，港口内的流动性差、动能低，对港口结构物构不成大的作用力。而防波堤作为重力式结构物，稳定性高，可以抵挡冰的作用力。靠泊船舶的码头结构物有重力式直立墙结构物和高桩码头结构物。两者对冰的作用力分担方式：前者自身稳定性高，不存在严重的冰灾害问题；后者相对要提高抗冰能力。因为冰弯曲破坏时的作用力低于冰挤压破坏时的作用力，所以防波堤一般采用斜面结构物。

具体冰区高桩码头的冰作用力，在无法利用简单结构物的冰作用力计算方法验证结构物稳定性时，可以使用冰对结构物的物理模拟。天津大学拥有冻结模型冰实验室，大连理工大学拥有非冻结合成模型冰实验室。

9.5 冰冻圈旅游

9.5.1 冰冻圈旅游内涵

冰冻圈旅游是以冰冻圈各要素为主要吸引物，以形态各异的自然景观、复杂多变的气象气候资源、底蕴深厚的文化积淀为依托，集观光、体验、探险、科考、教育与康体于一体的专项旅游活动，其中，山地冰川、冰川遗迹、冰盖、冰架、海冰、冻融、冻胀、积雪、雨凇、雾凇景观及其相关美学与文化特性等其他因素则是冰冻圈重要的旅游吸引物。现代冰冻圈旅游起始于19世纪早期的登山、探险、朝圣活动，发展于20世纪的大众观光旅游，流行于20世纪80年代以来的休闲体验旅游活动。随着经济和生活水平的提高，以及休闲时间的增多，冰冻圈旅游已经成为世界各国大力发展的一项新兴旅游项目，在增加区域经济收益和提升区域旅游内涵与知名度，促进区域经济社会可持续发展等方面扮演着了重要角色。

9.5.2 冰冻圈旅游资源特点

冰冻圈旅游资源具有明显的美学观赏、科普教育和旅游体验等价值功能。相对其他旅游资源，冰冻圈旅游资源还具有明显的自身特点。冰冻圈主要要素多分布于远离人类聚居区的南北极、格陵兰高纬高寒区域，以及零星分布于中低纬高海拔地带，距客源市场较远，其区位优势不明显，可进入性较差，正是因为如此，更导致人们的猎奇心理，对人们具有强大的吸引力。冰冻圈各要素景象万千，但对气候变化反映极为敏感。冰冻圈旅游资源脆弱性较高、旅游容量较小，在未来旅游开发过程中，应高度关注冰冻圈旅游的环境容量。环境容量小，又促使冰冻圈旅游具备了高端、深度旅游的特点。冰冻圈特殊的气候条件和地域特性决定了该区域居民独有的民族特性。在北极圈内外大量分布着特有的土著民族——因纽特人（旧称爱斯基摩人）。北极地区广袤，因纽特人居住地较为分散，其地区文化差异显著。冰冻圈独有的民族特性为冰冻圈旅游开发提供了坚实的文化基础。

9.5.3 国际冰冻圈旅游发展概况

冰川和积雪作为冰冻圈主要旅游资源所创造的巨大经济效益，已敦促许多国家政界和学界对冰川和滑雪旅游发展的高度关注。早在 100 年前，国外山地冰川和积雪作为旅游资源就开始被利用，现在诸多依托冰川和积雪景观的景区已成为世界各地游客青睐的大众旅游目的地。目前，全世界已开发冰川旅游景点 100 余处，建成滑雪场 6000 多个。其中，一些旅游目的地因独特壮观的冰川景观及其对气候敏感性响应的环境指示意义，已被列入世界生物圈保护区和联合国教育、科学及文化组织世界遗产名录。冰川旅游和滑雪旅游是冰冻圈旅游发展较为成熟的两种类型，其旅游目的地主要集中在北美落基山及阿拉斯加、欧洲阿尔卑斯山和东亚地区，中国横断山区和东北地区。世界著名冰雪旅游目的地，如瑞士圣莫里茨滑雪场、法国霞慕尼滑雪场、丹麦伊卢利萨特冰湾、阿根廷罗斯·格拉希亚雷斯冰川国家公园、日本富士天神山滑雪场等。

9.6 冰冻圈服务功能及其价值

冰冻圈因储存巨量水、能、气资源，承载着特有物种和文化结构，是不可替代的重要资源，是全球特别是高海拔和极区人口、资源、环境、社会经济可持续发展的物质基础和特色文化基础，具有独一无二的冰冻圈服务功能。冰冻圈是广义生态系统的重要组成部分，是生态系统服务功能健康发展的重要组成部分，更是生态系统服务功能价值的重要组成部分，其服务功能及其价值也是可测算和可度量的。

冰冻圈服务功能是冰冻圈系统提供给人类社会的各种产品或惠益。冰冻圈作为一个特殊圈层，有必要单独研究其服务功能及其价值。极区、高山及其毗邻区域拥有一定的人口数量，其生存与发展高度依赖于冰冻圈提供的水资源、适宜的气候环境、多样的旅游产品、独特的文化结构，以及特殊生物种群的栖息地等服务功能。

9.6.1 冰冻圈服务功能

冰冻圈服务指人类社会从冰冻圈获取的各种惠益。冰冻圈功能是冰冻圈服务的基础和物质保障，没有冰冻圈功能，就没有冰冻圈服务。如同生态系统功能与服务一样，冰冻圈功能反映的是冰冻圈本身的自然属性，也就是说，冰冻圈功能是不依赖于人类需求而独立存在，而冰冻圈服务功能则反映了冰冻圈的社会经济属性，若不存在人类需求，则无所谓冰冻圈服务。人类需求大体上按生存需要、发展需要和享受需要逐步发展，环境资源价值也就会越来越大，随着经济社会发展水平和人民生活水平的不断提高，人们对冰冻圈服务的认识、重视程度和为其支付意愿也将不断增加。当然，冰冻圈系统功能与其服务并不是一一对应关系。冰冻圈服务是指人类社会直接或间接从冰冻圈系统获得的所有惠益（如资源、产品、福利等），即对人类生存与生活质量有贡献的所有冰冻圈产品和服务，包括供给服务、调节服务、社会文化服务和生境服务（图9.11）。

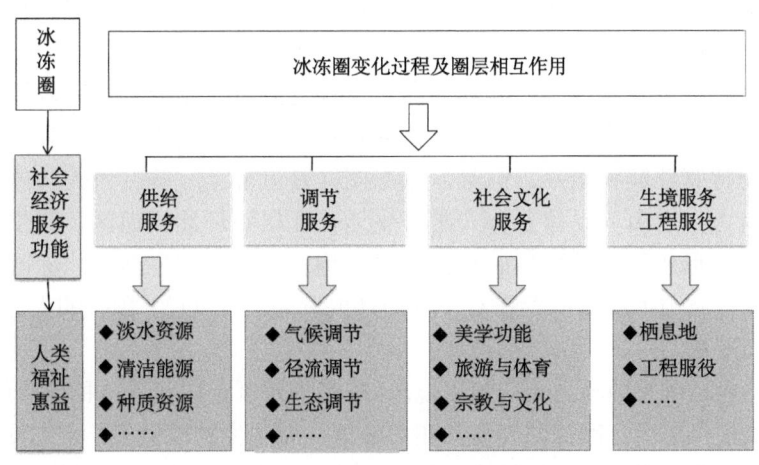

图 9.11 冰冻圈服务功能框架

冰冻圈供给服务包括淡水资源及其清洁能源。冰冻圈作为固体水库，其提供服务较为单一，主要为人类社会系统提供了充沛的淡水资源。另外，冰冻圈发育于高纬、高寒、高海拔地带，远离人类聚居区，空气清新，较少污染，为人类提供了高品质的饮用水。冰冻圈已知清洁能源包括高山水能及其天然气水合物。冰雪水资源供给服务的另一个表现形式，就是利用其冰雪融水径流进行水力水电开发。天然气水合物主要气体组分为甲烷（也称固态甲烷，俗称可燃冰），其在自然界广泛分布于多年冻土区、大陆架边缘的海洋沉积物和深湖泊沉积物中，是潜在的新型清洁能源。

调节服务包括气候调节、径流调节及其水源涵养与生态调节。冰冻圈作为特殊下垫面，其以高反照率和水分循环功能，起着调解全球和区域气候的作用。调节全球气候系统，使其保持一个对人类而言气候宜居、生态系统结构稳定的星球。可以说，冰冻圈在全球气候系统调节方面发挥着至关重要的作用。冰冻圈在中低纬度山区是河流的重要补给源，对河川径流具有天然调节作用，被称为"固体水库"。较非冰冻圈区（主要受降水控制），冰冻圈区径流主要受控于气温，气温升高会引起冰雪、冻土的加速消融，进而导致径流增加。其中，冰川、积雪、冻土地下冰在水循环过程中均对径流过程具有一定的调节作用。冰冻圈水源涵养功能显著，但与生态调节密不可分的主要为冻土。由于冻土的不透水性及温度梯度下的水分迁移，一般在多年冻土上限附近存在大量的地下冰。冻土在保持寒区生态系统稳定性方面的作用也巨大。若无冻土的水源涵养作用和水热效应，根据温度和降水量组合条件，青藏高原高原面将只能发育荒漠生态系统，而非实际存在的大面积的高寒草甸和高寒湿地生态系统。在泛北极地区，因为多年冻土的巨大水热效应，在这里发育有典型的多边形苔原生态系统和泰加林生态系统。

社会文化服务包括美学和游憩功能、科研与环境教育及其宗教与文化服务。美学价值是冰冻圈旅游资源最基本的价值所在，主要指冰冻圈旅游资源景象的艺术特征（形态、色彩等）、地位和意义（如多样性、奇特性、愉悦性和完整性），是构成冰冻圈旅游吸引力的主要因素之一。冰冻圈景观是无法复制和转移的，其具有鲜明的垄断性景观美学价值。冰冻圈科学研究与环境教育体现在通过开展冰冻圈科学研究、普及冰冻圈知识、培养冰冻圈科研人才等教育科研活动所带来的国民经济的增长和人民福利的提高。由于长期的历史文化过程，国内外许多高山雪峰受到本土宗教和外来教派的影响，都被赋予了精神价值和文化内涵，且都被认为是不同神灵和精神的物质表现，形成了山地居民对其的特有理解和崇拜。同时，冰冻圈区是世界上一些特色人文的赋存之地。例如，因纽特人、米山人、拉普特人常年生活在北极和环北极地区，其生活方式与冰冻圈息息相关，形成了独具特色的社会文化结构。这些世代生活在冰冻圈区域的少数民族，其人文特质与冰冻圈的存在有千丝万缕的联系。可以说，独特的人文依附于独特的自然资源和景观。

生境服务包括栖息地与之相应的生境。冰冻圈为寒区定居和迁徙种群提供生境服务，也包括为人类提供居所。冰冻圈为与其相关陆地、海洋生物提供了丰富的异质性生存空间和多样化的栖息、摄食、繁衍等庇护场所，其中，南北极及其亚北极地区大范围冰冻圈还为大量生物及其人类提供了栖息地。同时，冰冻圈也是一些特有珍稀或濒临绝种的野生生物的种源保存地。在极地及其亚北极，除了原住民，从微小的微生物、藻类、虫类和甲壳动物到海鸟、企鹅、海豹、海象、北极熊和鲸类，冰冻圈还提供了至关重要的生境。

9.6.2 冰冻圈服务价值

冰冻圈服务多样性功能决定了其具有多价值性及多种分类方式。如同生态系统服务功能价值分类，根据人类的获益途径、程度与期限，冰冻圈服务价值可划分为使用价值和非使用价值，使用价值包括了直接使用价值和间接使用价值，非使用价值包含存在价值和遗产价值等，而选择价值既可归为使用价值也可归为非使用价值。直接使用价值指冰冻圈直接满足当前生产或者消费需求的价值，如冰冻圈产品等产出型价值（淡水资源、清洁能源）和非竞争性及非排他性的服务等非产出型价值（如美学观赏与游憩价值、科学研究与环境教育、宗教精神与文化结构、生境服务等）。相对于直接使用价值而言，间接使用价值是从冰冻圈过程或功能中间接获得的惠益价值，这部分价值不直接进入人类的生产或消费过程，如冰冻圈的气候调节、径流调节、水源涵养与生态调节功能。选择价值、遗传价值和存在价值可归纳为非使用价值。其中，选择价值，即冰冻圈资源潜在使用价值，其特点在于某种资源和服务有可能将被使用。遗产价值是将冰冻圈服务的使用价值和非使用价值保留给后代的价值表现形式，即为子孙后代将来利用而愿意支付的价值。存在价值又称内在价值，是为确保冰冻圈服务能够继续存在的支付意愿。存在价值是冰冻圈本身具有的价值，与现在或将来的利用都无关。根据冰冻圈功能及其服务价值的梳理，结合国内外生态系统服务功能价值评估方法，冰冻圈服务价值评估体系可由表 9.6 表征。其中，物质生产价值可直接由市场价值法计算，如淡水及清洁能源价值。其他非物质生产价值则只能由替代或模拟市场法估算，如调节服务价值、社会文化服务价值和生境服务价值，替代和模拟市场法如机会成本法、影子价格法、影子工程法、防护费用法、恢复费用法、资产价值法、旅行费用法、条件价值法等。总体上，冰冻圈服务价值评估体系由 4 个一级指标、9 个二级指标组成。

表 9.6 冰冻圈服务价值、类型及其评估方法

冰冻圈服务功能分类		价值评估方法			评估难度
		直接使用价值	间接使用价值	非使用价值	
供给服务	淡水资源	MPM			较易
	清洁能源	RCM			较难
调节服务	气候调节		RCM、WTP、HPM		难
	径流调节		SEM		难
	水源涵养与生态调节		SEM、RCM、MPM		较难
社会文化服务	美学观赏与游憩服务			HPM、WTP、TCM	较易
	科研研究与环境教育			CAM	较易
	宗教精神与文化结构			CAM、WTP	较难
生境服务	提供栖息地	OCM、CVM			较难

注：价值评估方法, value evaluation method, VEM; 直接使用价值, direct use value, DV; 间接使用价值, indirect use value, IUV, 非使用价值, non use value, NUV; 市场价值法, market price method, MPM; 替代费用法或替代成本法, replacement cost method, RCM; 支付意愿等，wish to pay, WTP; 享受价值法或享乐价格法, hedonic pricing method, HPM; 影子工程法, shadow engineering method, SEM; 费用支出法或费用分析法, expenditure method, EM or cost analysis method, CAM; 旅行费用法, travel cost method, TCM; 条件价值法, contingent valuation method, CVM; 机会成本法, opportunity cost method, OCM。

思 考 题

1. 如何评估冰冻圈变化的影响？
2. 冰冻圈变化对可社会经济的影响主要表现在哪些方面？请举例说明。

延 伸 阅 读

【经典著作】

1. *Climate Change 2014: Impacts, Adaptation, and Vulnerability*

作者：IPCC。

出版社：Cambridge University Press, Cambridge, United Kingdom and New York, NY, USA. 2014 年。

内容简介：《气候变化 2014：影响、适应和脆弱性》是 IPCC AR5 第二卷，该卷主要强调已经发生的影响及未来的潜在风险，内容既涉及自然系统、人文系统，还关注区域方面。该报告由 A、B 两部分组成，A 部分从背景，自然资源和系统，人类聚落、产业和基础设施，人类健康、福利和安全，适应，以及影响、风险、脆弱性、机遇六大方面组成，B 部分主要由区域分类专题组成。该报告认为，气候变化增温幅度的提高将加剧自然和人类系统广泛的、严重的和不可逆影响的风险。为了减轻气候变化的不利影响、降低自然和人类社会系统的脆弱性，人类社会主动适应气候变化的行动应在全球和区域尺度上共同展开；加强灾害风险管理、增强人类社会系统的恢复能力是适应气候变化和降低气候变化风险，减少极端气候事件影响的有效途径。可持续发展的社会需要适应与减缓相结合，需要经济、社会、技术，以及政治决策和行动向气候恢复能力路径转型。

IPCC 报告未来还会有第六、第七次等新的评估定期出版，请感兴趣的读者关注最新结果，在方法和结果上均会不断推陈出新。

2.《中国极端天气气候事件和灾害风险管理与适应国家评估报告》

作者：秦大河主编，张建云、闪淳昌、宋连春副主编。

出版社：北京：科学出版社，2015 年。

内容简介：极端气候事件和气象灾害风险管理已经成为国际社会应对气候变化的重要领域。《中国极端天气气候事件和灾害风险管理与适应国家评估报告》，科学评估了中国极端天气气候事件的变化、成因、趋势和影响，充分吸纳了中国在极端天气气候事件和天气气候灾害的风险管理及适应措施方面取得的突出进展，系统地总结了中国灾害风险管理的行动方向和策略选择，明确提出了建设中国极端天气气候事件和灾害风险的国家管理体系，加强政府、企业、公众的共同参与和互动，增强综合风险防范"凝聚力"，提升国家管理和适应极端天气气候事件的能力，逐步建立与完善综合风险防范的范式等方面的建议，为促进中国适应与减缓和灾害风险管理的协同，保障中国气候安全，实现生态文明和中国梦提供了科学依据与行动路线图。

第 10 章 冰冻圈模式和冰冻圈变化的预估

气候模式是认识过去的气候变化及其成因、气候系统各圈层内部及各圈层之间相互作用的过程与机制，以及预估未来气候变化的最重要的研究手段和分析工具。随着气候模式由简单气候模式、中等复杂模式、气候系统模式到地球系统模式的快速发展，冰冻圈模式已成为重要的组成部分。本章介绍了主要的冰冻圈模式及其在冰冻圈变化与过程研究中的模拟应用，包括冰川物质平衡模式、冰川动力学模式、冰盖动力学模式、冻土模式、积雪模式、海冰模式和河湖冰模式等。最后，本章还预估了 21 世纪末冰川、冰盖、冻土、积雪、海冰、河冰和湖冰等的可能变化。

10.1 气候模式与冰冻圈模式

10.1.1 气候模式的发展

气候模式是基于对动力、物理、化学和生物过程的科学认识建立起来的定量描述气候系统各组成部分状态的数学物理模型，其利用数值方法进行求解，并通过高性能计算实现对气候系统非线性复杂行为和过程的模拟与预测。气候模式的计算机程序及其高性能计算是一个复杂的系统工程。气候模式的程序结构复杂、代码量巨大（如美国国家大气研究中心的地球系统模式包括 160 万行 FORTRAN 程序），而且 30 多年以来长期发展积淀的气候模式程序与当今高性能计算机架构之间存在匹配问题，涉及超算系统硬件及软件的各个方面，如应用、编译、并行、运行环境、操作系统、通信、海量存储管理等。

随着人们对气候系统各圈层及其相互作用认识的进一步增强，耦合各圈层的气候系统/地球系统模式已成为描述气候系统复杂过程、理解气候变化规律，特别是预估未来气候变化的最重要甚至是不可替代的研究工具。从复杂程度上，气候模式可分为简单气候模式、中等复杂程度气候模式（EMICs, Earth System Models of Intermediate Comnlexity）和完全耦合的气候系统模式/地球系统模式。目前，用于气候变化模拟、归因和预估的主要是气候系统模式。从空间范围上，气候模式可分为全球气候模式和区域气候模式。

自 20 世纪 90 年代以来，气候系统模式/地球系统模式的复杂程度快速增加，所包含的地球各圈层物理化学过程越来越完备，从最初只模拟大气和海洋的基本物理过程，发展到包含大气化学、动态植被等在内的全碳循环耦合地球系统模式。以当今世界上影响力最大的第五阶段耦合模式比较计划（CMIP5）为例（详见延伸阅读），参评模式已达到57个，来自10个国家和欧盟的23个模式组，是CMIP有史以来模式最多的一次。模式的水平与垂直分辨率也较上一次比较计划CMIP3普遍提高，最高水平分辨率甚至达到了50 km，平均水平分辨率也达到了200 km；生物地球物理化学过程的考虑也更为全面，有十几个模式增加了动态耦合的碳循环过程，进入真正的地球系统模式发展阶段。其中，NCAR发布了1°分辨率CESM的模拟结果，包括了碳循环和气溶胶等物质的较精细的生物地球物理化学过程。日本的气候系统模式MIROC更是发布了大气水平分辨率60 km和海洋水平分辨率20~30 km的全球高分辨率模拟结果。

可以预见，高分辨率和全圈层精细模拟的地球系统模式将是未来模式发展的主流。在时空分辨率方面，据估计，在下一轮CMIP计划，也就是在IPCC AR6气候评估报告中，全球模式分辨率将普遍达到50 km量级，相比于CMIP5试验，计算量将增加200倍，存储也将增加200倍。与此同时，海洋和陆面的生态过程，以及大气化学和气溶胶的模拟将会得到进一步精细化，以更真实表征碳氮循环过程、沙尘排放和传输过程、人为排放及影响，以及云过程模拟。

1. 简单气候模式

简单气候模式包含有不同的模块，它们以高度参数化的方式计算：①将来给定排放情景下大气温室气体的浓度或丰度；②由模式中的温室气体浓度和气溶胶"前体物"排放造成的辐射强迫；③全球平均地表温度对计算的辐射强迫的响应；④由海水热膨胀和冰川与冰盖响应造成的全球海平面上升。简单气候模式在计算上比气候系统/地球系统模式要高效得多，因而能用于研究将来的气候变化对不同的温室气体排放的响应，尤其是简单气候模式可研究在参数变化范围很大条件下气候对某一特定过程的敏感性。例如，用上翻扩散-能量平衡模式，根据耦合模式和冰盖与冰川模式提供的气候敏感性与海洋热摄取参数，可评价《京都议定书》实施对全球平均温度上升的影响。简单气候模式也被用于集成评估模式分析减排的成本与气候变化的影响。

对于大气和海洋部分，简单气候模式有一维辐射-对流大气模式、一维上翻-扩散海洋模式、一维能量平衡模式与二维大气和海洋模式。对于冰冻圈和生物化学过程，简单气候模式有碳循环模式、大气化学和气溶胶模式、冰盖模式等。它们在气候变化研究中分别起着不同的作用。

2. 中等复杂程度气候模式

中等复杂程度气候模式包括大气和海洋环流的部分动力学及其参数化，也经常具有生物地球化学循环过程，其主要特征是可以以更简化（或更参数化方式）的形式描述复杂模式中包含的大部分过程。它们可以直接地模拟气候系统一些圈层间的相互作用，可具有生物地球化学循环；空间分辨率较低，在计算上比地球/气候系统模式更加有效，即可做几万年气候变化的长期模拟，又可做几千年中各种气候敏感性试验。

目前，应用的中等复杂程度气候模式有下列几种：①二维、纬向平均的海洋模式耦合一个简单大气模式(也可以是地转二维或统计动力大气模式);②简化形式的复杂模式;③能量-水汽平衡模式耦合海洋环流模式(OGCM)和海冰模式。中等复杂程度气候模式能用于研究大陆尺度的气候变化与地球系统各部分耦合的长期大尺度影响,尤其是从2001年IPCC第三次评估报告(TAR)之后,更常被用于研究古气候和将来的气候变化,包括2倍CO_2情景下全球平均温度和降水的变化,北大西洋温盐环流对CO_2增加和淡水扰动的响应,千年陆面覆盖变化强迫下大气、海洋和陆面之间的相互作用,末次冰盛期的气候等。所得到的结果与地球/气候系统模式十分接近。实际上可以把中等复杂程度气候模式看作是填补复杂的地球/气候系统模式与简化气候模式之间空白的一种有效工具。但中等复杂程度气候模式对于区域气候变化的研究与评估用途不大。

3. 气候系统模式

气候系统模式由简单逐渐到复杂,向着积分时间更长、空间分辨率更高、对各子系统描述更全面的方向快速发展,目前已包括大气环流模式、海洋环流模式、海冰模式、陆地生态模式、化学模式等。

气候系统模式是根据一套数学方程描述的物理定律与过程建立的。该模式的范围一般是全球的,高度从陆面或海洋底层直到平流层(50 km左右)。为了能够模拟过去的气候和预估未来的气候变化,气候系统模式中必须包括能描述气候系统中各部分的圈层模式及相关的重要过程,然后通过一定的方式把它们耦合在一起,成为复杂的多圈层耦合模式。这已成为模拟和预估全球气候变化的主要工具。其中,最常用的全球模式是把大气与海洋耦合在一起的海气耦合模式(AOGCM)。它包括大气模式、海洋模式和海冰模式等部分。大气与海洋模式主要由描述动量(风或海流)、热量和水汽等变量大尺度演变的一套方程组构成,方程的求解是在全球的格网点上进行的。

4. 地球系统模式

在气候系统模式基础上引入大气化学过程、生物地球化学过程(包括陆地生物化学过程和海洋生物化学过程),甚至人文过程,即构成地球系统模式。发展地球系统模式的目的是为了研究地球能量过程、生态过程和新陈代谢过程的运行规律,并了解土地陆表覆盖、土地利用变化和温室气体排放通过这些过程所引起的气候响应,尤其是碳氮磷硫铁等循环的生物地球化学耦合过程在气候系统中的作用、人类活动对这些循环过程的影响等。但这一阶段的地球系统模式,其实应该被称为地球气候系统模式。严格意义上的地球系统模式还应该包括地球气候系统与固体地球(如地球板块移动及其引发的地形变化、地震、火山爆发等)和空间天气相互作用。

5. 区域气候模式

由于计算条件的限制,全球环流模式的分辨率一般较粗(100m至几百千米以上),不能适当地描述复杂地形、地表状况和某些陆面物理过程,难以真实地反映与复杂地形和陆面状况有关的区域气候特征,从而在区域尺度的气候模拟及气候变化试验等方面产生较大偏差，影响其可信程度。为克服这些不足，经常采用降尺度（downscaling）方法，即采用全球气候模式与区域气候模式嵌套（动力降尺度，dynamical downscaling）或用气候统计方法进行降尺度处理（统计降尺度，statistical downscaling），来得到更小尺度的区域气候预估。目前得到广泛应用的是动力降尺度，通过缩小模式格网距，提高模式分辨能力，可以在一定程度上改进模拟能力。其原理是将全球环流模式模拟的结果或大尺度气象分析资料作为初始场和侧边界条件，提供给区域模式，再用它来进行选定区域的气候模拟，以揭示大尺度背景场下区域气候更准确、更详细的特征。其与全球模式的嵌套有单向嵌套和双向嵌套两种，前者是指区域模式的模拟结果不反馈给全球模式，后者则相反。现在使用较多的是单向嵌套方法。

10.1.2 冰冻圈模式

冰冻圈是地球气候系统的重要成员，因而，冰冻圈模式也成为地球系统模式中的重要组成部分。冰冻圈模式主要包括冰川物质平衡模式、冰川动力学模式、冰盖动力学模式、冻土模式、积雪模式、海冰模式和河湖冰模式等。

在目前的地球系统模式中，针对海洋冰冻圈的海冰模式已经作为一个独立的要素模式实现了与大气模式、海洋模式、陆面模式的全耦合。针对陆地冰冻圈的积雪模式、冻土模式和河湖冰模式一般作为陆面模式中的重要组成部分。冰川模式和冰盖模式仍在发展之中，尚未实现与地球系统模式的在线耦合。冰冻圈模式在地球系统模式中的地位如图 10.1 所示。

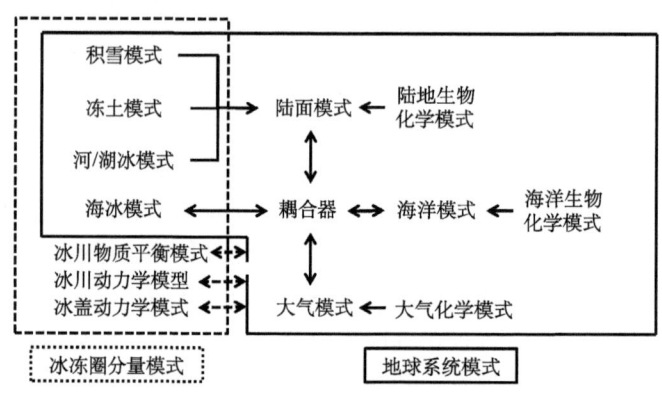

图 10.1 冰冻圈模式在地球系统模式中的地位

图中实线框表示地球系统模式，虚线框表示冰冻圈模式，实线单箭头表示单向在线耦合，实线双箭头表示双向在线耦合，虚线双箭头表示离线耦合

1. 冰川物质平衡模式

冰川物质平衡是冰川变化研究中的重要组成部分之一。冰川上固态水体的收入和支出之间的关系称为物质平衡，其时空变化不仅与气候变化密切相关，而且还会影响冰川

面积和体积变化,因此物质平衡变化研究对开展冰川对气候变化的响应,以及冰川储量变化研究都具有重要的意义。冰川物质平衡一般由物质积累和消融两部分组成。冰川表面降水是冰川上物质积累的主要来源,可通过仪器观测和遥感资料获取。因此,以下主要讨论冰川消融模型。目前,常用的冰川消融模型主要有两类:基于物理过程的能量平衡模型和基于经验统计的温度指数型模型。

1)能量平衡模型

冰川表面能量平衡模型是模拟冰川消融最常用的方法之一。利用能量平衡原理,观测和计算冰川表面能量收支各分量,最后获得冰川消融耗热,从而模拟出冰川消融量。冰川表面能量平衡模型建立了冰川与大气之间的联系,描述了冰川消融的物理过程。其方程可描述如下:

$$Q_M = R_n + H + LE + Q_G + Q_P \tag{10-1}$$

式中,Q_M 为冰雪耗热,当冰川表面温度达到 0℃时,冰川开始消融;R_n 为冰川表面净辐射;H 和 LE 分别为冰川表面与大气间的感热通量和潜热通量;Q_G 为冰川表面以下传输的热量;Q_P 为降水释放的热量。与其他能量各分量相比,由于 Q_G 和 Q_P 数值较小,一般可忽略不计。

能量平衡模型基于物理过程,在理论上具备更高的模拟精度,但在实际应用中存在诸多不确定性。例如,因冰川的净辐射通量观测数据很少,其各分量需通过参数化确定,但由于山区坡度、方位等因素影响,冰面辐射通量具有较强的时空不均匀性(散射辐射在很大程度上受大气状况条件影响,同时后向散射辐射对冰雪反射率也有较大的依赖),从而产生较大的误差。而且在很多情况下,在计算单点辐射平衡过程中,无法区分直接辐射和散射辐射之间的比重关系,需应用经验公式来估算总辐射量。例如,在计算格陵兰 ETH 营地的总辐射时,需首先根据气温、水汽压、反照率、云量和海拔对总辐射进行参数化。虽然根据数字高程模型,我们可以在大尺度上建立分布式辐射模型,但此类模型较为复杂,且需估算不同大气衰减参数和不同海拔处水汽分布(通常不可知)。

同时,冰雪反照率作为模拟消融过程的一个关键参数,对消融模型的影响很大。一方面,夏季降雪可显著增加反照率,使得消融和径流量显著减小;另一方面,反照率的小范围空间变化可导致大范围内冰川消融的变化。而且,反照率本身也受天气影响。例如,在阴天,云会优先吸收近红外辐射,导致可见光比例增大,从而使得反照率增加。然而,对反照率的模拟比较困难。普遍认为,雪的反照率与其晶体大小有关。一般雪的反照率会随其降落后时间的推移而减小,可根据雪深、雪密度、太阳高度和气温等参数模拟。不同于雪,关于冰的反照率研究较少。通常冰的反照率被当作是一个时空均匀的常数。

对长波辐射的模拟也很重要。长波辐射主要受大气水汽、二氧化碳和臭氧的影响,可由气温和水汽压等相关经验公式模拟。虽然周边地形对长波辐射也有显著影响,但在目前很多分布式能量模型中其通常被忽略。

从20世纪末开始，基于Monin-Obukhov理论，整体空气动力学法被广泛应用在冰川表面湍流通量计算中。只需要一层气温、风速和湿度就可以计算冰川表面的感热通量和潜热通量。

2）温度指数型模型

温度指数型模型是描述冰面消融和气温关系的经验公式。相较于能量平衡模型，温度指数型模型所需参数少，便于空间插值，因此应用广泛。同时，因气温和能量平衡中各分量具有较高的相关性，温度指数型模型往往比较可靠。在流域尺度上，温度指数型模型可以输出与能量平衡模型相近的结果。度日模型是最常见的温度指数型模型。它将冰面消融量（M）和正积温（T）相联系。

$$M = \mathrm{DDF} \times T \tag{10-2}$$

式中，DDF为度日因子；T为时间段（可以是小时、天或月，但通常还是以天为时间单位）。研究表明，冰面气温和消融量之间具有高度相关性，如格陵兰冰盖若干地区的消融量与年气温的正积温相关系数达0.96；天山科契卡尔冰川夏季消融与正积温相关系数达0.7。同时，度日因子具有明显的时空分布不均匀性。一般而言，冰和雪的度日因子变化范围分别为6.6~20.0 mm/（d·K）和2.5~11.6 mm/（d·K）。因雪的反照率比冰的大，所以雪消融强度更小，其度日因子一般也相应地更小。与能量平衡模型类似，度日模型同样以实地观测为支撑。度日因子数值需通过实地观测获取。

能量平衡模型中各分量比例不同，会在度日因子中体现。总体而言，较高的感热通量比例会导致较小的度日因子。例如，由于高气温和风速，格陵兰冰盖低海拔处感热通量比例较高，度日因子值也较低。由于存在较大的涡动通量，海洋性冰川更有可能比大陆性冰川具备更小的度日因子值。在高海拔和高辐射地区，冰的升华作用更大，同样也可导致更小的度日因子值。目前，普遍认为度日因子会随着海拔升高、直接太阳辐射增强及反照率的降低而增加。度日因子还有可能依赖于气温。低气温可引起较高的度日因子值。度日因子在空间上呈现出较大的变化特征，也显示出一定的季节变化规律。

为考虑能量平衡中不同分量的影响，也可将风速、水汽压和辐射分量加入到温度指数型模型当中，如加入总辐射和水汽压分量，可提高融水径流模拟的精度；加入净辐射、水汽压和风速可改进日融雪的估算水平。

在实际情形中，地形因素对冰面消融影响很大。然而，常用的度日因子模型并不包括诸如坡度、方位等地形条件，使得模型会产生较大的误差。由于冰川消融速率依赖于冰川海拔（气温）变化，可在度日模型中加入辐射因子（辐射因子本身受山体强烈影响），从而模拟在山区高度的空间不均匀性。

冰川表碛覆盖层也对度日因子有很大影响。为研究表碛覆盖下冰的消融特征，可构建一个简单的能量传输模型来模拟表碛层对消融速率的影响。但类似模型的研究通常局限于一定空间范围内，尚需分析其在大尺度范围内的时空统计变化特征。

2. 冰川动力学模式

冰川动力学模式是基于冰川流变定律、质量和动量守恒方程建立的物理模型，其以冰川的物质平衡、形态参数、流变参数为输入，不仅能够模拟山地冰川过去的变化过程，而且可以预估冰川在给定未来气候情景下的动态响应。

常用的冰川动力学模式包括频率响应理论模型、剖面形状因子模型、冰流模型等。目前，冰流模型的使用最广泛。始现于 20 世纪 70 年代的冰流模型，以物质平衡变化为输入，以冰川厚度随时间的变化为输出结果。该模型假设冰川运动的驱动力为重力，冰川冰是不可压缩的非牛顿流体，利用物质守恒方程、动量守恒方程、运动方程及物理方程（本构方程），模拟构建冰川内部应力与应变场，最终达到求解冰川几何形态变化的目的。不同简化程度与维度的冰流模型具有与热力学、大地平衡构造学及冰川物质平衡模型等相耦合，已实现比较成熟的耦合模型系统。

全分量冰流模型考虑了包括剪切应力与法向应力的所有应力，适合解决非线性问题和不规则流体运动，但目前尚无获取完整解析解的方案，同时数值求解极为复杂。因此，不同思路下各种简化模型应运而生，常用的包括：浅冰近似冰流模型与高阶近似冰流模型。其中，在对纳维-斯托克斯方程简化中，高阶冰流模型仅仅忽略了垂向阻滞力，因此几乎无地形约束，能够处理边界层压力导致的底部滑动和冰内温度的影响，适用于山地冰川的模拟预测，但该模型没有解析解，对参数的要求较高。浅冰近似冰流模型对纳维-斯托克斯方程作零阶近似，这就简化了纵向应力。经过浅冰近似冰流模型处理的冰流模型只包含两个应力分量，有效简化了模型架构与算法设计。但模型受地形约束，只有对其进行改良之后才适用于山地冰川研究。该模型有解析解，是目前国际上应用最为广泛的简化方案，有较长的研究历史和较为丰富的研究资料。

3. 冰盖动力学模式

冰盖动力学模式自 20 世纪 50 年代开始起步。总体而言，其经历了一个从简单到复杂的发展过程。在研究之初，人们仅对最简单的情形，即板状（slab）冰川的层流速度分布进行研究，对冰内温度场的研究也比较简单，基本上是一维情形，且仅涉及冰盖。随着计算技术的进步，自 20 世纪 70 年代，冰流模拟快速发展。人们开始模拟冰川系统的动力特征及其达到稳定状态下的动力响应过程。在 1976 年出现了第一个基于浅冰近似假设的三维冰流模型。与此同时，人们开始尝试将冰流模型和冰温模型进行耦合，在 1977 年出现了第一个格陵兰冰盖的热动力耦合模型。几年以后，为模拟冰架的流动，浅层冰架近似（shallow shelf approximation）模型开始出现，该模型目前仍被广泛使用。与此同时，人们开始将冰盖模型的研究成果应用至冰川上，如基于浅冰近似的流线型模型，结合冰川末端的历史进退变化资料，模拟了挪威的 Nigardsbreen 冰川的变化特征。

浅冰近似模型具有诸多局限性，若其不考虑纵向应力梯度（longitudinal stress gradient），则会导致在地形起伏剧烈处模拟能力欠佳。因此，人们在浅冰近似模型的基础上前进一步，在垂直方向上忽略了垂直剪应力的水平变化，加入了纵向应力梯度分量，发展了具有一阶/高阶近似精度的三维冰流模型。一阶/高阶近似模型在相当程度上提升了冰流模型的模拟水平。相对于浅冰近似模型，一阶/高阶近似模型更加胜任细致的问题。例如，可以模拟冰川的流速场和应力场并与实地的冰裂隙位置进行对比。当然，也可以通过适当的参数化方案提升浅冰近似模型的模拟能力，如可在二维浅冰近似模型中引入适当的因子来参数化纵向应力梯度。

冰本质上属于 Stokes 流体，可以由三维 Stokes 流动模型描述。冰盖流动由三维非线性 Stokes 控制方程和不可压缩条件共同描述（Leng et al., 2012）：

$$\nabla \times \sigma + \rho g = 0$$
$$\nabla \times u = 0 \tag{10-3}$$

式中，σ 为应力张量；ρ 为冰的密度（一般取为固定值，约 910 kg/m³）；g 为重力加速度矢量（[0, 0, g]，其中 g = 9.8 m/s²）；u 为三维速度场矢量。其三维有限元变分形式为

$$\int_\Omega \tau : \nabla \varphi \mathrm{d}x - \int_\Omega p \nabla \varphi \mathrm{d}x - \int_\Omega n \sigma \varphi \mathrm{d}s = \rho \int_\Omega g \varphi \mathrm{d}x \tag{10-4}$$

式中，Ω 为三维模拟区域；τ 为应力偏量张量；φ 为测试函数；p 为冰的压力；n 为边界面的外法向矢量。

无论浅冰近似模型还是一阶/高阶近似模型，它们都是在不同程度上对 Stokes 模型的近似。因此，随着计算能力的不断提升，人们开始尝试直接用 Stokes 模型进行模拟。第一个 Stokes 模型可以追溯到 20 世纪 90 年代。但直到 21 世纪初，Stokes 模型的应用才逐渐开始广泛。虽然其构建难度大，但 Stokes 模型具有强大的模拟能力，如可以模拟存在空穴时的基于库仑摩擦定律的冰川底部滑动特征，也可以用来研究冰川流动对底部热通量的敏感性等。目前 Stokes 模型已经应用至极地冰盖的具体研究中，这也是未来冰盖模拟的主流方向。

4. 冻土模式

自冻土学形成以来，用于研究冻土状态和变化、分布及其时空变化的冻土模型大量涌现，它们大都是基于热传输原理来模拟土壤中的热状态，主要包括概念的、经验的和基于过程的模型。近年来，随着多年冻土对气候变化作用认识的逐渐深入，多年冻土与气候关系相关模型得到了越来越多的重视并取得了较快发展，多数模型已被广泛用于预估不同尺度气候状况变化情景下多年冻土热状况的空间变化。需要说明的是，有些冻土模式的发展面向冻土工程应用，因而不一定与地球系统模式相耦合。

1）热流理论

瞬时状态的热流方程几乎是所有地热模型的基本原则。

$$C \frac{\partial T}{\partial t} = \lambda \frac{\partial^2 T}{\partial z^2} \tag{10-5}$$

在它的基础上可以给出两个精确的解析模拟：一个是谐波解，可以描述为温度波在土壤中传播的衰减方程：

$$T_{z,t} = \bar{T} + A_S \times e^{-z\sqrt{\pi/\alpha P}} \times \sin(\frac{2\pi t}{P} - z\sqrt{\pi/\alpha P}) \tag{10-6}$$

另一个是阶跃变化解：

$$\Delta T_{z,t} = \Delta T_S \times \text{erfc}\left(\frac{z}{2\sqrt{\alpha t}}\right) \tag{10-7}$$

式中，C 为容积热容量；T 为温度；λ 为导热系数；z 为深度；t 为时间；α 为热扩散率；P 为周期；A_S 为地面温度的年振幅。

在多年冻土模型中，土壤的冻结和融化过程极其重要，精确解模型在应用中具有局限性。同时，在实际状况下，地表温度的季节性变化受到积雪、植被、土壤质地等因素的影响超出了精确解模型的能力。因而，只能通过制定简化假设或通过数值手段来解决复杂问题。对于存在冻融过程的土壤，通常把潜热释放和吸收的影响归到土壤热容量中能得到非常好的效果。

2) 活动层模型

模拟冻土活动层水热与冻融过程的模型较多，目前常用的有以下几种模型。

Stefan 模型：Stefan 模型是多年冻土模型中应用较广的数值方法，主要用于计算冻融锋面。它基于两个重要假设：土质均匀且土的冻结或融化温度为 0℃，将求解简化为有内热源的一维热传导问题，其积分形式为

$$X = \sqrt{\frac{2\lambda I}{L}} \tag{10-8}$$

式中，L 为融化潜热；I 为冻结或融化指数（I_F 或 I_T）。

冻结数模型：将大气和地面冻结指数关联为季节冻结深度和融化深度比值，据此定义地面冻结指数与融化指数的比值——冻结数，它是一个周期（通常为 1 年）连续低于/高于 0℃气温的持续时间与其数值乘积总和。Anisimov 和 Nelson（1997）将空气冻结数修正为地面冻结数，给出用于计算目的冻结数定义：$F = \sqrt{\text{DDF}}/(\sqrt{\text{DDT}} + \sqrt{\text{DDF}})$，式中 DDF 和 DDT 分别为冻结和融化度日因子（℃·d），并确定按 0.50、0.60、0.67 划分岛状、零星、不连续及连续冻土。

Kudryavtsev 模型：给出一种活动层底板温度的计算方案，并经不断修正，因充分考虑植被和积雪对多年冻土和活动层的影响，近年来被广泛应用于环北极和北半球其他区域多年冻土模拟，普遍认为其具有良好的适用性。

TTOP 模型：TTOP 模型是基于热补偿影响温度位移机制的用于计算活动层底板温度的模型。

$$T_{\text{ps}} = \frac{\lambda_{\text{T}} I_{\text{TS}} - \lambda_{\text{F}} I_{\text{FS}}}{\lambda_{\text{F}} P} \tag{10-9}$$

式中，I_{TS} 和 I_{FS} 分别为地表冻结指数和融化指数。也可利用气温冻结指数计算：

$$T_{\text{TOP}} = \frac{n_{\text{T}} \lambda_{\text{T}} I_{\text{TA}} - n_{\text{F}} \lambda_{\text{F}} I_{\text{FA}}}{\lambda_{\text{F}} P}, T_{\text{TOP}} < 0 \tag{10-10}$$

$$T_{\text{TOP}} = \frac{n_{\text{T}} \lambda_{\text{T}} I_{\text{TA}} - n_{\text{F}} \lambda_{\text{F}} I_{\text{FA}}}{\lambda_{\text{T}} P}, T_{\text{TOP}} > 0 \tag{10-11}$$

3）统计经验模型

统计经验模型通常把多年冻土与地形气候指数（如海拔、坡度和坡向、平均气温或者辐射强度等）联系起来，这类指标通常较易获得，所以这种类型的模型在山地多年冻土区的研究中有着广泛的应用。例如，年平均气温（MAAT）、年平均地温（MAGT）、雪底温度（BTS）等指标，结合数字高程模型（DEMs）被广泛用于北半球大范围多年冻土制图及区划等方面。可将气温与坡度、坡向建立相关关系并折算成等效纬度形式，计算直射地面的太阳辐射量，据此建立等效纬度模型，其常与其他技术如地表覆被、遥感影像等相结合，用于高纬多年冻土的分布模拟。PERMAMAP 和 PERMAKART 模型采用了一个经验的地形指标，基于 GIS 框架来估计和获取地形复杂的山地多年冻土空间分布。

4）数值模型

地学的热物理模型都是通过有限差分或有限元的方法求解一维热传导方程来模拟垂直方向上土壤温度剖面的。相较于精确解模型，数值模型有着更好的灵活性，能够较好地解决时间和空间上的异质性问题，但会较为依赖于土壤的物质组成和初始状态资料。冻土数值模型的上边界条件可以有不同的形式，如温度可以是直接的地表温度或者是冻结数，而地表能量平衡模型通常利用辐射平衡及用空气动力学理论分割得到的感热通量和潜热通量。

由于冻土物理过程的复杂性和特殊性，早期的 GCM 没有涉及冻融过程。近年来，陆面过程模式中冻土参数化方案取得了许多进展，如基于土壤基质势和温度的最大可能的未冻水含量方案已经获得广泛认可和应用。另外，目前的陆面过程模型中土壤分层依然较少且模拟深度多数小于 10 m，由于对于地下状况的考虑粗糙，很难准确反映多年冻土的过程。用于区域或大陆范围的多年冻土分布模型通常会以 GCM 或 RCM 的输出数据作为输入或驱动数据，以模拟多年冻土在未来气候情景下的变化情况。

5. 积雪模式

按照复杂程度和发展历程，积雪模式大致可分为 3 类：第一类是利用相对简单的强迫-恢复（force-restore）法，模拟积雪-土壤复合层的温度变化，或者利用单层积雪模型，分别计算积雪和土壤的热力学性质与热通量。早期的基于能量平衡的积雪消融模型属于这一类，比较简单。第二类是基于物理基础的复杂精细模型，其详细刻画积雪内部的质量及能量平衡,以及雪面与大气的相互作用,如 SNICAR 和 SNOWPACK 等。在这类模型中,对积雪内部的三相变化作用、积雪内部液态水的运动、积雪的压实及雪粒的尺度成长等均进行了十分精细的描述。此类模型的计算量极大,并不适合大尺度水文和气候研究。值得一提的是,Anderson(1976)及 Jordan(1991)基于此类模型提出的积雪物理过程参数化方案为发展适合于与 GCM 进行耦合的积雪模型建立了良好的基础。第三类是基于物理过程的中等复杂模型。此类模型发展了相对简化的物理参数化方案,既能够描述复杂精细模型中最重要的物理过程,又可以利用较少的分层来求解积雪内部过程和各物理量的变化。自 20 世纪 90 年代以来,此类中度复杂的多层积雪模型(通常 2~5 层)逐渐发展起来。例如,用于气候研究的一维积雪模式,既基于质量及能量平衡,包括了较详细的三相变化及运动的详细描述,以及其他一些复杂的物理过程,而且分层也多于 3 层,但是该模型建立的简化而有效的液态水方案能够很好地处理融水的运动(出流、入渗及径流)。同时,此类多层积雪模型的计算量可接受,因而在当前的水文和气候模型中被广泛采用,如 community land model(CLM)和 WEB-DHM-S 等。下面分别对适合于气候研究的第一和第三类积雪模型进行介绍。

1)积雪能量平衡模型

积雪下垫面的高反照率特征明显削弱地表净辐射,冷却大气,从而影响大气环流。同时,融雪会改变寒区流域的径流过程。因此,积雪消融是冰冻圈-水圈-大气圈相互作用的纽带之一,积雪能量平衡模型着重对此过程进行描述。

积雪消融是典型的表面能量平衡过程,可表示如下:

$$M = (R_n + H + \lambda E + S - G)/L \tag{10-12}$$

式中,M 为消融量(mm/d);R_n 为净辐射(MJ/d);H 为雪面感热通量(向下为正)(MJ/d);λE 为凝结或凝华潜热通量(MJ/d);S 为降水在雪面上释放的能量(MJ/d);G 为积雪内部热流量(向下为正)(MJ/d);L 为冰的融化比热容(MJ/kg)。

净辐射占消融能量的主要部分,湍流传热次之。以能量平衡为基础的积雪消融模型具有普适性,但一些理论和技术问题仍待解决。此外,基于气象要素的积雪消融统计模型输入简单,目前仍在水文模型中使用,但需要局地校正,在气候模型中难以使用,下文不再提及。

2)基于物理过程的中等复杂积雪模型

简化的积雪-大气-土壤间输运模型(SAST)属于中等复杂积雪模型,其分别刻画了比焓、雪水当量和积雪深度 3 个变量。该模型使用包含了水汽扩散过程的简化方程的有效热传导系数来表征水汽组分对于热输送的贡献,但忽略了对积雪质量平衡的作用,用比焓代替温度建立能量平衡方程,简化了相变计算的复杂性,积雪分层的厚度可变,可采用单步试探法的计算方案(孙菽芬,2005)。

在该模型中,采用比焓(H)代替温度(T)作为预报变量,并定义融点温度下的液态水比焓为 0 来建立能量方程,控制方程为

$$\frac{\partial H}{\partial t} = \frac{\partial}{\partial z}\left\{K\frac{\partial T}{\partial z} - R_S(z)\right\} \tag{10-13}$$

式中，K 为有效热传导系数[W/（m·K）]，包括考虑蒸汽相变及扩散产生的热效应。由于雪对于太阳辐射是透明的，积雪内部太阳辐射通量 R_S（W/m²）遵循 Beer 定律：

$$R_S(z) = R_S(0) \times (1-\alpha) \times \exp(-\lambda z) \tag{10-14}$$

式中，α 为雪面反照率；$\lambda(1/m)$ 为消光系数。

比焓与温度之间的关系为

$$H = C_v(T - 273.16) - f_i \times L_{ii} \times W \times \rho_1 \tag{10-15}$$

式中，L_{ii} 为冰融化成水的相变热（J/kg）；ρ_1 为水的固有比重（1000 kg/m³）；W 为体积雪水当量；f_i 为总雪质量中干冰的质量比数，其变化为 0（融化水态）~1（干雪态）；C_v 为平均体积热容[J/（m³·K）]，原则上可由各相质量比及其相应比热容计算而得。这样，由于积雪中液态水的温度总为融点温度，故其输运并不引起能量流动，使方程简洁、程序编制简化，节省计算时间。

该模型的质量平衡方程控制总的雪水当量变化，其等于液态水及气态水质量之和。雪层的水当量变化仅由降雪、降雨、雪内部融化液态水流进流出、径流及雪表面蒸发所引起。整个积雪分层不超过 3 层（实际分层多少取决于积雪总厚度）。定义第 j 层厚度为 D_{zj}，该层中雪水当量为 W_j，则表层（$j=1$）雪水当量变化方程为

$$\frac{\partial(w_1 D_{z1})}{\partial t} = p_{snow} + IF_0 - IF_1 - RF_1 - E_0 \tag{10-16}$$

而表层之下各层（$j=2,3,\cdots$）的方程则为

$$\frac{\partial(w_j D_{zj})}{\partial t} = IF_{j-1} - IF_j - RF_j \tag{10-17}$$

式中，E_0 为积雪表层的蒸发量（m/s）；RF_j 为从每一层下界面处流出径流量速率；IF_j 为液态水在每一层上界面实际入渗速率(m/s)；p_{snow} 为干降雪降到表面堆积在表层的速率；IF_0 则为降雨产生下渗到表层的速率。

积雪的毛细作用由引入的持水能力表征。积雪压实及雪密度变化、雪粒直径、雪面反照率与雪龄的关系等物理过程均在该模型中进行了考虑。

6. 海冰模式

海冰是气候系统的重要组成部分，主要通过反照率正反馈效应、盐析作用和对海洋深对流的调制作用，对极地、中高纬度，以及全球的环流与能量收支产生影响。其中，其辐射效应和正反馈作用为主要关注的特征，而海冰盐度、动力学模型建模在 20 世纪 80 年代及之前均有一系列的理论工作。但由于其计算复杂，并未能在地球系统模式层面进行耦合。从 20 世纪 90 年代起，随着拥有大气、海洋、陆地三圈层的耦合模式形成，海冰也逐渐作为一个单独的要素或作为海洋模式的一个子模块出现在耦合模式中。海冰

模式的发展经历了几个阶段：热力学海冰模式阶段、动力学海冰模式阶段、动力学和热力学海冰模式阶段。最初的海冰模式仅有成冰与融冰的简单热力学过程，并未考虑水平平流、流变学等动力因素。这种简单模型也常见于单独海洋模式的调试中。随着计算能力的增强、流变学及相关数值算法的发展，现代气候系统模式中的海冰模式均含有热力与动力过程，其中热力过程主要包括：温度（或焓）模拟、盐度模拟、积雪与融池过程、短波反照率方案、短波穿透、边界层热量通量交换等部分。动力过程则主要包括：海冰流体变形学（rheology）、边界层动量交换、海冰成脊（ridging and rafting）、平流等过程。

海冰模式中的主要预报变量为海冰的厚度分布（ice thickness distribution，ITD）、热容量（焓）、速度、积雪厚度与比热容等，此外由于设置不同，比较复杂的模式还预报盐度、积雪分布、融池分布等。对厚度分布的模拟这些预报变量或过程之间的相互关系如图 10.2 所示。图 10.2 中蓝色背景部分是当前模式中尚未完整刻画的部分，如积雪在冰面的重分布、融池厚度分布、盐度的动态发展等。目前，在耦合气候系统模式中，如 CMIP5 主流分辨率为 0.5°~1°，其水平格网往往与相耦合的海洋模式相同、往往采用转置格网或三极点格网以回避北极奇点，并且均具备上述的动力学与热力学过程。对于预报模式或极区区域模式而言，水平分辨率可达到 0.1°甚至更高。垂直方向上，一般通过将海冰厚度离散化为几个厚度范围（传统意义下的 bin 方案），同时在各厚度范围内分别发展厚度分布，依照热力和动力过程使其相互转化。气候系统模式中一般选择 5 类或更多的厚度类型。

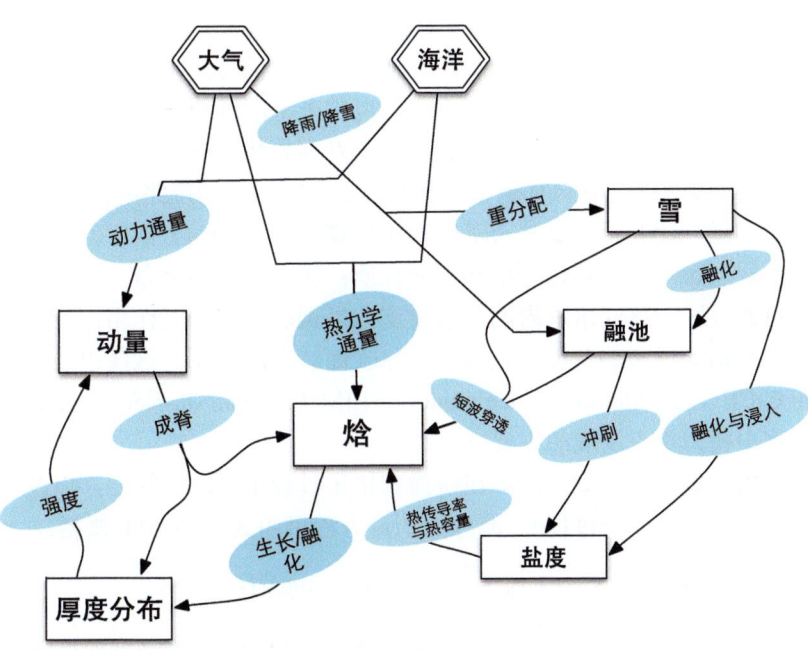

图 10.2　海冰模式主要预报变量及其相互关系

海冰厚度分布 g 的预报方程主要可由式（10-18）概括：

$$\frac{\partial g}{\partial t} = -\nabla\cdot(gu) - \frac{\partial}{\partial h}(fg) + \Psi \tag{10-18}$$

其中，海冰厚度的变化由平流过程、热力学过程和动力学成脊过程所决定，集中体现在图10.2中厚度分布的相关过程中。其中，与厚度及各状态量相关的热力学过程主要包括：边界层热量交换、反照率、短波穿透、盐度方案，温度扩散方案，侧向融化/生长方案。其中，海气边界的热量交换是成冰的物理基础，其也会影响海冰的垂直生长和消融。反照率方案是影响辐射平衡的主要因素，其将决定短波辐射量进入和返回大气的比例。海冰表面辐射平衡主要可由式（10-19）描述：

$$F_0 = F_s + F_l + F_L\downarrow + F_L\uparrow + (1-\alpha)(1-i_0)F_{sw} \tag{10-19}$$

从大气进入海冰内部的能量及辐射通量 F_0 主要由感热 F_s、潜热 F_l、向下 $F_L\downarrow$ 和向上 $F_L\uparrow$ 的长波辐射平衡，以及由反照率 α 和穿透率 i_0 主导的短波辐射平衡 F_{sw} 过程决定。现阶段主流的反照率方案（如CCSM3）均包含积雪、融池、裸露冰面对反照率的影响。短波穿透方案主要决定短波在冰内部的热量分配，常见的短波穿透方案包括基于Beer's Law的简单指数递减方案，或基于delta-eddington的复杂散射模型。盐度方案则主要模拟海冰中盐分的析出过程，盐度及其发展受温度的影响较大，同时也会影响热传导率、多孔性（porosity）等。简单的垂直盐度廓线方案忽略盐度随时间变化的变化特性，现正为更复杂的时间发展方案所代替。侧向融化/生长方案主要模拟在给定的厚度分布和密集度，以及浮冰尺寸分布的情况下，侧向（在冰间和冰缘区域）的融化/生长过程，这个方案现阶段主要受制于对浮冰尺寸观测有限等现实，如目前应用于模式的观测往往来自于北极区域，其对于南大洋并不一定适用，因而也是未来改进的方面之一。

近几年来，热力过程相关参数化研究主要的发展趋势表现在：①如何更真实地描述积雪及其对辐射的影响（包括风如何重分配积雪、干雪湿雪的反照率特征等）；②融池及其厚度的精确刻画，使其正确反映对辐射的正反馈作用；③动态盐度方案，影响析盐过程及海洋边界层，影响内部热传导率和消光性质；④浮冰大小分布，影响侧向生长与消融，进一步可通过影响冰间水道内的热量收支，以调制海气相互作用；⑤更准确的边界层过程，主要包括动量和热量输入及其与海冰表面特征的关系。这些也是国际主流的海冰模式，如CICE（Los Alamos sea ice model）、LIM（Louvain-la-Neuve sea ice model）等是在现阶段集中精力重点发展的主要方面。

海冰的动力学过程主要刻画海冰在碰撞和挤压过程中的动力特性，以及在不同应力作用下如何产生厚冰（成脊过程）。海冰的动量方程可由式（10-20）概括：

$$m\frac{\partial u}{\partial t} = \nabla\cdot\sigma + \vec{\tau}_a + \vec{\tau}_w - \hat{k}\times mfu - mg\nabla H \tag{10-20}$$

其中，对速度 u 的改变主要由式（10-20）右端的各项所描述：流变学过程 $\nabla\cdot\sigma$、大气 $\vec{\tau}_a$ 及海洋 $\vec{\tau}_w$ 对海冰拖曳、科氏力 $\hat{k}\times mfu$，以及海表梯度项 $mg\nabla H$。其主要驱动力来自于大气及海洋的拖曳作用，而海冰与其他流体（如大气和海洋）不同的方面主要体现在流体变形学模型中，即如何描述海冰的非牛顿流体特性。海冰成脊过程由于非线性较强、直接计算量很大,一般是基于海冰脊的厚度观测设计参数化方案来处理,因而具有较大的不确定性。经过 SIMIP 计划评估,即黏滞-塑性(viscous plastic,VP)模型是当前流变学模型中最合理的。当前的气候系统模式中,应用最为广泛的是 EVP(elastic viscous-plastic)方案,它是 VP 模型的一个变种:在密集度较低的情况下,海冰为一种黏性流体;在密集度较高的情况下体现塑性;由于塑性所造成的问题刚性很强、显式求解需要极小的时间步长,因此 EVP 模型为传统 VP 模型引入虚假的发展项,以缓解时间步长较小的问题,这一项体现为弹性波(EVP 中 elastic 部分)。EVP 由于实现简单、效率比较高,因而广泛流行,CMIP5 模式中九成以上均采用了此方案。但 EVP 方案其收敛性和正确性取决于虚假的弹性波发展项是否能有效收敛,这要求发展方程的时间步长足够小,其在高分辨率情况下所引入的较高的计算量不可忽视。与基于流变学模型的动量方程不同,海冰动力成脊过程则主要通过参数化的方式处理,即基于对海冰冰脊的统计观测(如脊厚度分布),通过调整预报变量海冰厚度分布(ITD),以反映海冰挤压和剪切过程中生成的冰脊。目前,在海冰动力学方面也存在一系列科学前沿,如高分辨率海冰模式中的流变学及其求解方案,如何设计更为合理的海冰成脊方案等。在高分辨率下(10 km 或更高), 海冰动力模型中诸如海冰为连续介质等假设将受到挑战,某些重要的动力学特征,如冰间水道的刻画、流变学的各向异性等将突显,这是当前高分辨率海冰模式,尤其是预报业务模式亟须解决的科学与建模问题。

7. 河湖冰模式

淡水冰主要包括湖冰、河冰和水库冰。只有较大面积的淡水冰生消会对整个地球系统,或者气候有反馈,其他影响较小。湖冰、河冰的生消过程主要受热力学支配,其模式涉及气象条件和湖泊、河流自身形态参数。作为地球系统的一部分,河湖冰模式的核心是对接大气的雪/冰表面热平衡模式、雪/冰内部热传导模式和冰底面水体热通量模式。

1)雪/冰表面热平衡方程

雪/冰表面热平衡方程:

$$(1-\alpha)Q_s - I_0 + Q_d - Q_b(T_{sfc}) + Q_h(T_{sfc}) + Q_e(T_{sfc}) + F_c(T_{sfc}) - F_m = 0 \quad (10\text{-}21)$$

其中,雪/冰表面,在冰上有积雪存在时为雪表面,无积雪时为冰表面。式中,α 为表面反照率;Q_s 为入射短波辐射;I_0 为穿过表层渗透进雪/冰下层的短波辐射;$(1-\alpha)Q_s - I_0$ 为用于表面热平衡部分的短波辐射,其值取决于表层厚度;Q_d 和 Q_b 分别为入射长波辐射和反射长波辐射;Q_h 和 Q_{le} 分别为感热通量和潜热通量;F_c 为表面下传递到表面的热通量;F_m 为用于表面融化的热通量。所有通量指向雪/冰表面方向为正方向。Q_b、Q_h、Q_{le} 和 F_c 是关于雪/冰表面温度(T_{sfc})的函数。计算表面热通量和表面温度需要的气象强迫项为风速、气温、相对湿度、云量和降雪。

2)雪/冰热力学模式

1891 年,Stefan 最先给出了计算冰厚度的解析模式,即 Stefan 公式:

$$\frac{dh_i}{dt} = -\frac{k_i}{h_i \rho_i L_i}(T_{\text{sfc}} - T_f) \tag{10-22}$$

式中，h_i 为冰厚；t 为时间；k_i、ρ_i 和 L_i 分别为冰热传导系数、冰密度和冰融解潜热；T_{sfc} 为冰表面温度；T_f 为冰底温度，即冰点（结冰温度）。

设 t_f 为计算终端时刻，将 Stefan 公式两边对时间 $t \in I = [0, t_f]$ 积分得

$$\frac{1}{2}h_i^2 = \frac{k_i}{\rho_i L_i} \int_I (T_f - T_{\text{sfc}}) dt \tag{10-23}$$

令

$$\text{FDD} = \int_I (T_f - T_{\text{sfc}}) dt \tag{10-24}$$

当积分时间步长 $dt = 1$ 天时，FDD 为累积冰冻度日。此时，冰厚 h_i 计算公式为

$$h_i = \sqrt{h_0^2 + a^2 \text{FDD}} \tag{10-25}$$

$$a = \sqrt{2k_i/\rho_i L_i} \tag{10-26}$$

式中，h_0 为初始计算冰厚。

由于观测困难和受到现场观测条件约束，通常用气温替代冰表面温度。这种简单的替代通常会令冰厚计算值因气温和冰表面温度之间的差异产生偏差。为了减小计算冰厚的偏差，Zubov 在 1945 年总结北极海冰的现场观测数据，提出了修正的 Stefan 公式：

$$h_i = \sqrt{(h_0 + 25)^2 + a^2 \text{FDD}} - 25 \tag{10-27}$$

1993 年 Leppäranta 根据气-冰间的热传导通量，结合气-冰间的热传导方程，提出了修正 Stefan 公式：

$$k_a(T_a - T_{\text{sfc}}) = k_i \frac{(T_{\text{sfc}} - T_f)}{h_i} \tag{10-28}$$

$$h_i = \sqrt{h_0^2 + a^2 \text{FDD} + (k_i/k_a)^2} - (k_i/k_a) \tag{10-29}$$

式中，k_a 为大气边界层热交换系数。

20 世纪 80 年代起，湖冰半经验解析模式被广泛应用。该模式采用 Stefan 公式，气温是影响雪冰热力学过程的关键参数，通过累积冰冻度日计算冰厚。

而实际雪/冰的热力学过程是气-冰-水三者相对复杂的热力学过程。因此，在最初的解析模式基础上，发展出了数值模式。由于湖冰和海冰热力学生消过程具有相似性，很多湖冰热力学数值模式均是在海冰热力学数值模式的基础上发展而来的。

3）雪/冰底面热平衡方程

湖冰冰底热通量是冰数值预报的重要内容之一。它因观测的难度及冰底影响因素的不确定性，观测数据较少。雪/冰数值模式中对其的处理通常有两种方式：①假定为常值；②由经验公式计算得到。其中，被广泛使用的经验计算公式包括：涡动法、体积块法和剩余能量法。然而，这些经验公式主要依赖于温度（冰底温度、水温等）的观测数据，

并根据不同区域给定经验参数的取值，但往往由于观测温度的缺乏和参数的不确定性，导致计算热通量难以进行。

剩余能量法，其基本原理认为冰竖直方向上的温度梯度变化远远大于水平方向，仅考虑竖直方向上的热通量。冰底薄层能量平衡方程如下：

$$-\rho_i L_f \frac{\partial (h_a+h_b)(z,t)}{\partial t} = -k_i \frac{\partial T[(h_a+h_b)(z,t),t]}{\partial z} - \frac{\partial q[(h_a+h_b)(z,t),t]}{\partial z} + F_w(z,t) \quad (z,t) \in Q \quad (10\text{-}30)$$

式中，$-\rho_i L_f \partial (h_a+h_b)(z,t)/\partial t$ 为等价的融化潜热通量，即冰底生长或融化的相变过程中所释放或吸收的热量；$k_i \partial T[(h_a+h_b)(z,t),t]/\partial z$ 为冰底热传导通量；$\partial q[(h_a+h_b)(z,t),t]/\partial z$ 为太阳辐射渗透量通量；ρ_i、L_f 和 k_i 分别为冰的密度、融化潜热和热传导系数；$F_w(z,t)$ 为海洋热通量。由于考察的冰底薄层厚度很小，因此可将冰底边界上的海洋热通量在冰底薄层能量平衡方程中以热源项形式给出。

对于厚冰（$h>50$ cm），冰底薄层热力系统的能量平衡方程中不需考虑太阳辐射渗透量的影响，即太阳辐射渗透量不能传递到冰底薄层。

河冰因为水流提供热量，因此在冰底热通量上需要考虑同湖冰的差异，其他基本相同。

10.2 冰冻圈过程的模拟

10.2.1 冰川物质平衡模拟

目前，能量平衡模型已较广泛地用于单条冰川的物质平衡研究当中，并取得一系列成果。例如，人们发现乞力马扎罗山 Kersten 冰川的净短波辐射主要由冰面反照率决定；祁连山"七一"冰川物质平衡高度结构主要受反照率高度结构的影响，且其分布式能量-物质平衡模型对气温垂直递减率、降水梯度、降水固/液态划分指标等参数较敏感；在南亚季风时节，西藏帕隆四号冰川的云量和冰面反照率对冰面能量平衡具有很大影响，且南亚季风很可能会加速消融区冰面的消融。

利用能量平衡模型对冰川消融的模拟研究正逐渐向冰川分布式能量平衡模型研究过渡。除了应用观测数据外，还可将遥感反演数据同化到冰川消融模型中。这对那些因无法接近而缺乏详细地面观测资料的冰川流域具有重大的现实意义。随着技术和观测手段的提高，将单点模型推广到整个冰川流域的分布式模型是今后冰川水文发展的重要方向。

10.2.2 冰盖物质平衡模拟

1. 格陵兰冰盖

受气候再分析数据所限，格陵兰地区的物质平衡研究大约集中在 1958 年以后。在此之前的物质平衡资料需要通过重建获取。例如，可以应用 20 世纪再分析资料和欧洲中尺度天气预报中心气象再分析资料重建格陵兰冰盖 1870~2010 年的表面物质平衡。再分析资料不仅应用于过去，还可应用于未来。应用区域气候模式 MAR 及 ERAINTERIM 的再分析资料在不同空间尺度上（15~50 km）对格陵兰冰盖在 1990~2010 年的物质平衡进行了模拟，可发现：①年际间表面物质平衡分量的变化在不同空间分辨率下具有一致性；②随着空间分辨率的降低，MAR 模式可以模拟出更大的降水；③除降水外的表面物质平衡各分量可以通过低精度下特定的插值方法模拟得到。格陵兰冰盖春季消融事件的发生会降低冰面反射率，从而引发正反馈机制，使得物质平衡量趋于负值。若不考虑冰盖动力过程，未来格陵兰冰盖因升温而导致的消融将超过因水汽增加而导致的降水的增大。

2. 南极冰盖

虽然目前普遍认为气候模式会在不同程度上低估南极的物质积累，但对实测物质平衡数据进行质量控制之后发现，人们可能过高估计了南极物质平衡模拟值与实测值之间的偏差，即气候模式模拟的物质平衡或许并没有被过分低估。事实上，由于时空分布的不均匀，模式的模拟能力也同样具有不均匀性。例如，区域气候模式 RACMO2/ANT 可能会低估东西南极内陆高海拔处的物质平衡，但也可能会高估沿海附近坡度较大处的物质平衡。在影响南极冰盖物质平衡各因素之中，风吹雪过程作用显著。由于风吹雪物理过程的影响，南极半岛地区和西南极沿海附近呈现出较高的物质积累率。在南极大部分内陆区域，物质积累率较低，降雪年际间变化较小而季节性变化较大，主要的消融过程是风吹雪的升华作用。同时，风吹雪过程可以和大气层相互作用，影响大气层底部的湿度并减少南极表面的升华作用，使得在大气接近饱和地区的降雪减少。

10.2.3 冻土分布与气候响应模拟

一个模型的价值取决于它对确定目标的效果而非其复杂程度，所以有时简单的模型可能比包括许多过程的模型还要有效，特别是在缺乏数据的区域。由于冻土模式种类较多且相互间差异较大，本节仅对各个模型的适用情况做简要介绍。

1. 活动层厚度

Stenfan 的近似解是应用最为广泛的估算空间活动层厚度的方法，通过在站点上获得的夏季气温记录和活动层数据，进行土壤参数的经验估算，即可模拟活动层厚度的空间分布特征。在它基础上发展起来的冻结数模型常被用来判断多年冻土是否存在。但冻结数模型只有当冻结指数和融化指数都可靠才可应用，对局地因子的过度简化使得冻结数模型只能用于小比例尺制图。Kudryavtsev 模型和 TTOP 模型近年来也得到了广泛的应用，它们在计算活动层地板温度方面具有巨大的优势。

2. 多年冻土分布模拟

MAAT 是判断温度较稳定的高纬地区多年冻土存在的可靠指标。高海拔地区不稳定型和过渡型类型多年冻土居多，冻土本身极不稳定，局地条件对土壤温度模式影响又极大，以 MAAT 对多年冻土进行指示，可能会引起较大误差。MAGT 是多年冻土分带分区方案中起主导作用的指标，该方案很好地反映了冻土能量的高低，而且表征了多年冻土发育和存在状况、垂向分布特征。但高海拔和高纬度多年冻土在分布模式上很不一致，程国栋（1984）提出根据年平均地温将高海拔多年冻土划分为极稳定型（<−5℃）、稳定型（−5~−3℃）、亚稳定型（−3~−1.5℃）、过渡型（−1.5~−0.5℃）、不稳定型（−0.5~0.5℃）、极不稳定型六大类。BTS 方法较好地解决了高山地区难以开展钻探等地球物理勘探方法的困难，以测量的雪底温度作为冻土温度的替代指标，在冬季积雪较厚的高山区有着较好的应用。但 BTS 方法有其适用条件，积雪以超过 80 cm 为佳，且无降水及雪崩等的干扰；其在我国东北地区有很好的应用价值，但在青藏高原地区由于积雪普遍较薄不具备应用条件。

3. 多年冻土对气候变化的响应

到目前为止，预估多年冻土对气候变化的响应通常都在 GCM 之外，仅用 GCM 的结果来驱动地表条件，主要是由于 GCM 不能很好地描述多年冻土过程。对 CMIP5 模型的结果分析发现，多个模型对于土壤温度的模拟结果差异极大，其中最大的问题在于地气之间热量传输过程，尤其是冬季积雪的调节过程，其次有机质层的影响也很大，再加上目前的模型在物理过程中的考虑并不完善且差异很大，致使从模型模拟的地温状况获取的现在及未来的活动层厚度和多年冻土面积等信息差异极大且具有非常高的不确定性，因而学者们常结合 GCM 或 RCM 的结果，利用 Stefan 方程模拟活动层厚度。冻结数模型和 TTOP 模型也常被用来用 GCM 的输出结果对未来气候变化情境下的北半球多年冻土状况进行预估。而 Kudryavtsev 模型常与 GIS 技术相结合，被广泛地用于估计不同气候变化情景下环北极地区和大陆尺度的活动层厚度变化，以及活动层增厚的潜在影响。

大尺度的多年冻土模型是用于描述多年冻土与气候相互关系最有效的手段，但受到数据资料及许多重要过程存在空间差异的限制，极大降低了它们的空间分辨率和精度。其最大的不确定性来自于大范围的地表（植被、积雪）和土壤（成分和含水量）状况的空间分布是未知的。研究发现，使用 GCM 数据驱动的小比例尺多年冻土模型在估算多年冻土面积时误差最高达到 20%，与近百年来多年冻土的变化预期相当。

10.2.4 积雪模拟

自从 IPCC AR4 以来，积雪范围和消融模拟日益受到重视，主要是因为它们可以强烈地反馈气候变化。不同复杂程度的模型，其性能也会不同。在北半球 5 个积雪站点的多模型对比实验表明（Stocker et al., 2013）：大多数模型在裸地或者低矮植被上可以得到与观测一致的结果，但森林站点的积雪模拟相互之间差异很大，主要是由于植被冠层和积雪之间的复杂相互作用尚难以正确描述。尽管如此，CMIP5 的多模式集合预报可以再现大尺度的积雪变化特征。尽管集合预报有不错的模拟性能，但各种模式在一些区域模拟的春季积雪覆盖范围差异很大。具体而言，各种模式可以再现北半球北部区域的积雪季节变化，但在偏南的区域（主要是中国和蒙古国），积雪本身比较分散，难以准确模拟，可能是由于模型无法正确模拟积雪开始和融化的时间。此外，模型能再现北半球积雪范围与年均地表气温的线性关系，但是 CMIP3 和 CMIP5 均低估了最近观测到的春季积雪范围的减少率，主要是因为低估了北半球地表升温。

积雪模型的发展仍然存在一些难点，如下所述。

（1）雪面反照率的参数化。雪面反照率决定了能量平衡，其精确参数化对融雪模拟至关重要。雪面反照率受到诸多因素的影响，其中主要包括新雪覆盖厚度、雪龄老化、云对太阳光谱的改变、太阳高度角、下垫面反照率等。目前的参数化方案往往只考虑了部分主要因素，致使模拟的反照率有偏差，或者不能反映日变化，或者变化过于剧烈等。

（2）湍流传热的参数化。近冰面层大气以稳定条件下的弱湍流为基本特征，相对于充分发展湍流而言，对弱湍流的观测和理论认识尚很有限。目前，研究人员多借助湍流通量的整体输送公式的简化形式，即忽略大气稳定度对整体输送系数的影响且假设动力学与热力学粗糙度为同一常数，间接获取冰面热通量。然而，观测研究证实，两种粗糙度并非等同，而是湍流特征尺度的函数。一些评估显示，基于裸地或者矮小植被表面观测资料发展的传热方案可能适用于冰川湍流传热模拟，但由于对冰雪界面湍流通量的观测分析很少，已有方案仍需被广泛评估。

（3）对降水类型的判断。降雨和降雪对地表能量平衡和径流产生起着近乎相反的作用。降雨可以减小反照率，增加短期径流；降雪显著增加反照率，减弱雪面能量平衡，从而减小短期径流。尽管降水类型极其重要，但目前的常规观测资料往往只有降水量，而缺乏降雪观测。因此，模型使用者往往以温度作为判断雨雪的指标，但降水类型还依赖于水汽含量和海拔等。当空气比较干燥时，降水类型以雨和雪两种类型为主，不易形成雨夹雪，只需要一个临界温度区别雨雪，该临界温度取决于海拔。当空气比较湿润时，容易形成雨夹雪，需要两个临界温度区分 3 种降水类型，临界温度取决于水汽含量和海拔。

（4）对降雪的校正。由于受到地形、风速和观测手段等的影响，降雪观测值往往严重偏低。这可能是水文模型中积雪消融往往比实际消融时间提前的原因。引进卫星观测的积雪范围变化信息可有效校正现有的地面降雪观测数据，从而提高对春季融雪径流的预报。

10.2.5 海冰模拟

海冰模式是研究海冰的有利工具，它具有以下优点：①可以模拟计算出不易被观测的许多重要物理过程和变量的变化；②根据模拟的海冰变化，可以促进物理和动力过程的诊断分析；③有与海洋和大气模式耦合的潜力，可以用来研究彼此之间的相互作用。

目前的海冰模式均可以较好地刻画海冰调节气候变化的两个正反馈过程：①海冰的形成减少了海-气之间的热量输送，抑制了海洋通过局地热量储存、侧向热量输送来调节气候的正常能力；②海冰的形成导致大部分太阳辐射反射回太空，并导致大气变冷、海冰增多。绝大多数海冰模式能够成功地模拟北极海冰的年变化（9 月最小，3 月最大），与实测的月份完全吻合。但把模拟的海冰范围与实测海冰范围相比较，发现仍存在某些差距，尤其在北大西洋地区，那里模拟的海冰比实测海冰更均匀，主要原因很可能是大气-海洋边界条件表达的不合适，以及缺少海洋作用力的影响。感热和潜热被假定为不依赖于冰的增长及其物理状态，这对薄冰和迅速增长的冰是不实际的。

现有的海冰模式成功地再现了北极海冰漂流特征，尤其是波弗特海上存在一个显著的顺时针涡流。加入 Hibler 海冰动力学后，最厚的海冰立即出现在格陵兰北部，而不是出现在北极盆地，比较热力学海冰模式结果，海冰边缘位置只是略有改进。

目前，耦合气候模式中海冰反照率的处理还不理想。表面反照率被指定为外部参数，反照率在春、秋季节是一致的，但夏季值取得过高（0.64）。实际上，由于融化的影响，夏季测得的反照率接近 0.5。射入冰内的短波辐射取 17%，比测得值 18%~35%明显偏低。有试验结果表明，当长波、短波辐射各减少 5%时，海冰厚度分别增加 1.4 m 和 4.4 m；云量扰动时，夏季海冰范围剧烈变化，这种对太阳辐射和云的敏感性意味着海冰模拟更多地依赖于指定的云条件和太阳辐射。尽管有了卫星观测，但在整个极区，卫星观测的云量通常比地面观测少 5%~35%，区域差别可高达 45%，所以卫星观测的云量也有适用性问题。云和太阳辐射可以改变，但表面强迫却固定，这种不协调只能通过与大气环流模式耦合来改善。

10.2.6 河/湖冰模拟

近年来，淡水冰的热力学数值模式得到了较快的发展，同时发现影响其发展的主要问题不是模式结构本身，而是数值算法的优化和其中多元参数的参数化方案，以及在运算条件允许范围内运用高分辨率计算，进而从本质上改善数值模拟的精度。

河冰模拟存在的特殊性限制着模拟能力。这些限制有：①水和渠底的热交换，它们包含了水与底部土壤之间的热传导及河水与地下水之间的热交换。从水体热平衡诸因素的影响程度看，水与渠底的热交换的作用很小，所以人们常常忽略不计。但在河流封冻以后，这部分能量就成为水体增热的主要来源之一。②水与冰盖之间的热交换。当水体表面形成冰盖后，水-气间的热交换变为水-冰间的热交换。这种热交换，对冰盖形成、冰盖厚度及冰盖的消融有很大的影响。它取决于水体的湍流作用。除了上述各种热交换外，还有支流加入热量、水流动力加入热量、降水失去热量等。在水流热平衡中，这些项可视河流的具体情况决定取舍。③水温是冰情研究中重要的组成部分。水面初冰是水体表面温度降到 0℃的结果。水温在冰情发生、发展和消失的过程中一直起着重要的作用。

尽管相比海冰的动力学过程，湖冰相对静止，湖冰下界面的湍流不明显，因此湖冰的雪/冰生消过程中热力学过程起主导作用，但近年来河冰水力学的研究日益受到重视，取得了不少进展，如冰期河道阻力的机制、水冰的相互作用研究等。

10.3 冰冻圈变化的预估

气候变化预估是指气候系统对基于未来可能的社会经济和技术发展而给出的一系列温室气体和气溶胶排放、大气温室气体和气溶胶浓度情景或者辐射强迫的响应，其通常借助于气候模式进行计算。与气候预测不同，气候变化预估是以假设为前提条件的，它可能会实现，也可能不会实现。冰冻圈各要素变化的预估有两种途径：一种是用耦合冰冻圈模式的全球气候（地球）系统模式直接对冰冻圈要素变化进行预估；另一种是先用全球气候（地球）系统模式预估气候变化，再利用气候变化情景驱动冰冻圈模式进行冰冻圈要素变化的预估。本节首先介绍全球社会经济情景和温室气体排放情景的发展，然后再对冰冻圈变化进行逐一介绍。

10.3.1 全球社会经济情景和温室气体排放情景

对气候变化的预估首先需要设计未来温室气体排放情景，但其设计是建立在全球社会经济情景的基础上的。社会经济情景的构建主要考虑以下因子：人口和人力资源，社会经济，特别是与能源生产和使用变化相关的能源排放的变化（包括温室气体和气溶胶等），技术变化和改革与进步，土地利用与覆盖，农业、林业和草地等，环境和自然资源，政策和机构管理，以及生活方式的变化等。这些因素的变化可以造成大气中微量气体和颗粒物成分的改变，影响辐射强迫，以及相关联的海洋、陆地、冰冻圈等的变化与反馈，进而造成气候变化。社会经济排放情景的构建，是根据上述因素的过去情况和设计的未来的可能变化，主要通过各种综合评估模型（IAM）计算得来的。

未来的全球社会经济情景包括不同的发展特征，如人口增长率为低、中或高；经济发展速度为非常快、快、中速、慢，或慢到快；技术进步为快、中、慢或慢到快；环境技术发展为快、中、慢或中到快；环境保护为被动、主动、积极主动或主动被动兼有；贸易为全球化、贸易壁垒或弱全球化；政策与管理为市场开放、强或弱全球管理，或地方管理；脆弱性为低、中或高。而经济社会发展框架又可以设计为经济优化、市场改革、全球可持续发展、区域可持续发展、区域竞争和常规商业等。

正在启动之中的 IPCC AR6 将使用共享社会经济路径(shared socio-economic pathways, SSP)，包括 SSP1（可持续发展）、SSP2（中等路径，BAU）、SSP3（局部发展）、SSP4（不均衡发展）和 SSP5（传统化石燃料为主的发展）5 种社会经济路径。

在温室气体排放情景方面，IPCC 先后给出了 6 种不同的温室气体排放情景。表 10.1 列出了 IPCC 5 次评估报告所使用的温室气体排放情景和大气 CO_2 浓度加倍时的大致时间。

从实际观测到的 1990~2012 年大气 CO_2 浓度来看，其落在 IPCC 前四次评估报告所使用的不同排放情景的设计范围内（图 10.3）。

在第一次评估报告期间，IPCC 给出了 BEST 继续照常排放情景，CO_2 浓度加倍时间为 2030~2040 年。

表 10.1 IPCC 5 次评估报告所使用的温室气体排放情景和大气 CO_2 浓度加倍时的大致时间

IPCC 报告	温室气体排放情景	达到 CO_2 加倍时间
第一次	BEST 继续照常排放	2030~2040 年
第二次	IS92a~Isq2f 每年增加 1%	大约 2070 年
第三次	SRESA1、SRESA1FI、SRESA2、 SRESA1B、SRESB1、SRESB2	2070 年~达不到
第四次	SRESA1、SRESA1FI、SRESA2、 SRESA1B、SRESB1、SRESB2	2070 年~达不到
第五次	RCP8.5、RCP6.0、RCP 4.5、RCP2.6	21 世纪中后期~达不到

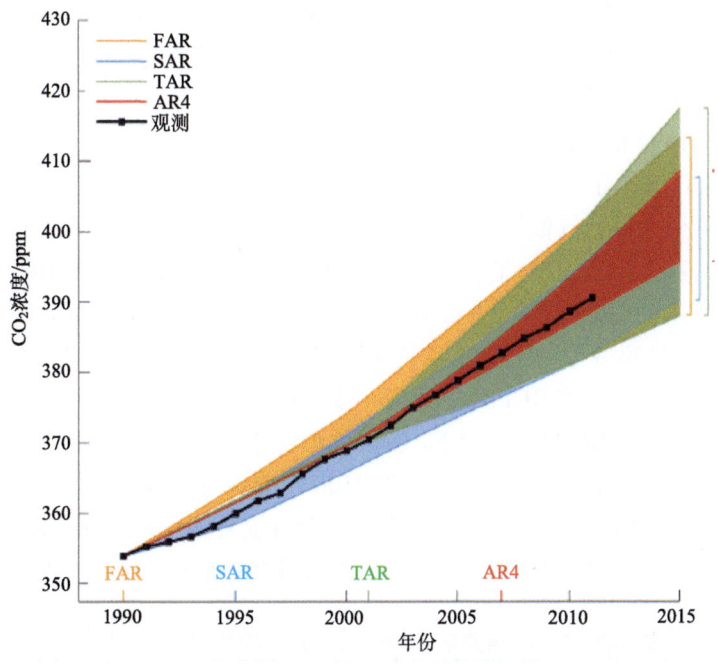

图 10.3 IPCC4 次评估报告（FAR、SAR、TAR、AR4）预估 1990~2015 年与观测的 1990~2012 年大气 CO_2 浓度变化曲线（Stocker et al., 2013）

1992 年 IPCC 发布了温室气体排放估计的全球情景，即 IS92 系列情景，用来驱动全球模式预估未来气候变化情景。依据未来不同社会经济、环境状况，IS92 可划分为 6 种排放情景（IS92a~IS92f）。其中，IS92a 情景下的辐射强迫与 CO_2 浓度以每年 1%的速度增加情景相当。虽然 IS92 系列情景仅考虑了与能源、土地利用等相关的 CO_2、CH_4、N_2O 和 S 排放，但其 CO_2 排放曲线能够较合理地反映现有各种排放情景研究所得出的 CO_2 排放趋势。因此，IS92 情景推进了气候模式对未来气候变化的预估研究，为气候变化影响评估提供了气候情景。

随后，2000 年 IPCC FAR 公布了《排放情景特别报告》(SRES)，发布了一系列新的排放情景，即 SRES 情景。SRES 设计了 4 种世界发展模式，即 A1：假定世界人口趋于稳定，高新技术广泛应用，全球合作，经济快速发展；A2：人口持续增长，新技术发展缓慢，注重区域性合作；B1：世界人口趋于稳定，清洁能源的应用，生态环境得到改善；B2：人口以略低于 A2 的速度增长，注重区域生态改善。依据上述发展模式，SRES 确定了 40 种不同的排放情景。其中，A1 根据能源系统的不同发展方向可分成 3 个情景组：高强度的矿物燃料使用（A1FI）、非矿物能源（A1T）、各种能源的平衡发展（A1B）。为方便使用，开发者从 6 个情景组（A1B、A1T、A1FI、A2、B1、B2）中分别指定一种情景作为代表，即说明性情景（illustrative scenarios）。这些情景能够涵盖 SRES 中 40 个情景的大部分排放范围，被 SRES 工作组推荐作为未来社会排放量评估基线。在说明性的 SRES 排放情景中，到 2100 年大气 CO_2 浓度为 540~970 ppm[①]（比 1750 年 280 ppm 浓度高出 90%~250%）。与 IS92 排放情景相比，SRES 排放情景扩展了累积排放量的高限，而低限类似，并且涵盖了人口、经济、技术等方面的未来温室气体和硫排放驱动因子，因此 SRES 情景比 IS92 情景应用更为广泛。

2011 年 IPCC 推出了典型浓度路径（representative concentration pathways，RCPs）4 套排放情景，供全世界的气候模式组用以强迫气候系统模式开展气候变化预估研究。表 10.2 给出 RCPs 情景全球 2100 年的人口、GDP 和 CO_2 排放量。从表 10.2 中可以看到，在最低排放路径 RCP2.6 时，预计 2100 年全球人口大约为 93 亿人，而最高排放路径 RCP8.5 时，预计 2100 年全球人口大约为 110 亿人，对于不同情景相应的 CO_2 排放量差异很大。在设计的最高排放 RCP8.5 路径下，到 2100 年，辐射强迫将达到 8.5 W/m^2，中等稳定排放 RCP6.0 和 RCP4.5 路径下，辐射强迫在 2100 年后将分别稳定在 6.0 W/m^2 和 4.5 W/m^2，而最低的排放路径 RCP2.6，在 2100 年前接近 3 W/m^2，此后下降，到 2100 年接近 2.6 W/m^2。RCP 的 4 种情景，其中前 3 个情景大体与此前 SRES A2、SRESA1B 和 SRESB1 相对应。IPCC AR5 和正在启动之中的 IPCC AR6 使用 RCPs 情景。

表 10.2 RCPs 情景全球 2100 年人口、GDP 和 CO_2 排放量

排放情景	人口/亿人	GDP	CO_2 排放量/(10^9tC)
RCP2.6	93 (71~105)	9.4 (7.2~12.1)	−0.21 (−3.8~1.7)
RCP4.5	97 (71~148)	9.9 (6.1~15.7)	5.6 (3.1~8.4)
RCP6.0	104 (71~151)	12.5 (7.2~20.1)	12.7 (8.7~16.9)
RCP8.5	110 (71~151)	13.4 (7.5~20.5)	34.2 (27.9~39.7)

注：2100 年的 GDP 描述使用与 2000 年的比率，即相当于 2000 年 GDP 的倍数。

资料来源：van Vuuren et al., 2011。

---

① 1ppm=1mg/L。

10.3.2 冰川变化的预估

由于不同地区气候背景各异,冰川地形也千差万别,目前关于冰川未来变化特征的研究仅限于有限的冰川条数,其流域变化特征还有待研究。同时,由于数据或方法所限,不同冰川采用的预估模型也会不同。因而,对冰川的预估性研究尚存在一定的不确定性。

例如,在阿拉斯加地区,Columbia 冰川是对海平面上升贡献最大的一条冰川,其贡献大约占 2003~2007 年观测到的海平面总体上升的 0.6%。可根据目前获取的地形、冰川流速观测数据率定出适宜的模型参数组合。作为一维流线型冰流模型的输入和控制条件,进而对 Columbia 冰川的过去及未来的变化进行模拟。Columbia 冰川可能会在 2020 年左右达到新的平衡态。2020 年以后 Columbia 冰川的末端位置、冰流通量(损耗)将出现较为稳定的特征。

相比大规模的 Columbia 冰川,小型山地冰川的数据更容易获取,使用的模型也会更为复杂。例如,根据现有地形和物质平衡资料,应用三维 Stokes 模型对瑞士的一条山地冰川(Rhonegletscher 冰川)在 1874~2007 年的变化进行模拟,发现在 2025~2050 年和 2075~2100 年时间段内,Rhonegletscher 冰川体积:①在冷湿条件下分别减少 0.16 km^3(7.7%)和 0.33 km^3(19%);②在中间态条件下分别减少 0.54 km^3(28%)和 0.52 km^3(84%);③在暖干条件下分别减少 0.95 km^3(59%)和 0.09 km^3(100%)。这表明 Rhonegletscher 冰川对温度变化更为敏感。其在 21 世纪末期将只存留少量冰体。瑞士 Grosser Aletschgletscher 冰川也具有类似表现,其在 2100 年末将后退约 6 km 并损失大约 90% 的冰体积。

除了应用冰川流动模型外,还可通过物质平衡对冰川变化进行大致的预估。例如,根据 3 种不同的方法:算术平均、冰川测高和多重回归分析,并基于已有的观测数据,Huss 等(2012)对欧洲阿尔卑斯山脉所有的冰川在 1900~2100 年的物质平衡进行了插值分析,估算了在 2020~2040 年、2040~2060 年、2060~2080 年和 2080~2100 年 4 个不同时间段内,阿尔卑斯冰川物质平衡平均值和面积在 RCP2.6、RCP4.5、RCP6.0 和 RCP8.5 四种排放情景下的变化情形,发现阿尔卑斯冰川逐渐消亡。总体而言,相较 2003 年,阿尔卑斯冰川面积在 2100 年年末会减少 4%~18%。

相对于阿尔卑斯山脉区域,其他山脉区域的冰川变化模拟研究较少。在亚洲,若温度在 21 世纪末分别上升 3℃、4.5℃ 和 6℃,且降水保持在 1980~1999 年的平均水平,那么尼泊尔喜马拉雅冰川 AX010 将可能分别在 2083 年、2056 年和 2049 年左右消亡。在北美洲,在 RCP4.5 和 RCP8.5 排放情景下,加拿大洛基山脉的 Haig 冰川将可能在 2080 年左右消亡。

10.3.3 冰盖变化的预估

1. 格陵兰冰盖

根据气候模式 AOGCMs 对物质平衡的模拟,未来格陵兰冰盖近期的表面物质平衡变化速率可能与 20 世纪 30 年代的值相似。在 IPCC AR4 的气候情景 A2 和 B2 下,格陵兰东部将会约有 650 km³/a 的淡水在 2071~2100 年流入北大西洋,其中 70%来源于格陵兰冰盖。在 RCP4.5 和 RCP8.5 情景下,冰盖边缘消融增强,物质损耗,而在冰盖内部降水增大,物质增加,2070~2099 年格陵兰冰盖分别约 300 Gt/a 和 800 Gt/a。不同的模型可能会导致不同的模拟结果。例如,若假设未来气候条件保持不变,100 年后三维 Stokes 冰流模型预估格陵兰冰盖将约有 6 cm s.l.e 的物质增加,而浅冰近似冰流模型却预估约有 3 cm s.l.e 的物质损失。同时,不同的气候情景导致不同的模型敏感性,如将冰盖底部滑动速率加倍,Stokes 冰流模型的敏感性比浅冰近似模型增大约 43%。总体而言,格陵兰物质损耗速率可能随时间的增加而变大。

2. 南极冰盖

与格陵兰冰盖情形类似,南极冰盖未来的变化同样具有不确定性。未来 100 年内,南极表面物质平衡变化主要取决于降水,并以约 32 mm w.e./a 的速率增加,从而使得海平面以大约 1.2 mm/a 的速率下降。未来 2 个世纪内,影响南极冰盖表面物质平衡的因素中,升华作用所占比例会增加 25%~50%,但降雪依然占主导作用。但与此同时,由于冰盖边缘处动力不稳定,其周边冰川的流动会加速冰流入海洋。因此,冰架崩解和消融也可能是南极冰盖物质损失的主要原因。事实上,在冰架底部因洋流作用而消融的同时,冰盖本身还会产生相应的动力学响应,从而导致更多的冰经触地线流入海洋。随着气候变暖,冰流速度会持续增大,南极冰盖物质也会加速损耗,到 2100 年冰盖物质损耗速率可能为 160~220 km³/a。

3. 未来冰冻圈变化对海平面变化的贡献

海平面未来的变化基于模型模拟,多模式模拟的平均结果表明,整个 2006~2100 年,山地冰川变化导致的海平面上升估计为(155±41)mm(RCP4.5)~(216±44)mm(RCP8.5),相当于目前全球冰量减少 29%~41%。 最大的贡献是加拿大和俄罗斯北极、阿拉斯加及南极和格陵兰冰盖周围的冰川,尽管中欧、南美低纬地区、高加索、中亚及加拿大和美国的冰川预估对海平面上升贡献较小,但其体积损失量到 2100 年可达到 80%以上。由于选择的气候模型和排放情景不同,预估的结果存在差异。用一系列敏感性试验定量给出由有限物质平衡观测校验带来的不确定性,由此可得出,到 2100 年,对海平面上升每个预估的最大不确定性的上限值范围为±84 mm。这一结果与稍早的研究结果基本一致,当时利用 15 个气候模式给出的预估为(166±42)mm(RCP4.5)和(217±47)mm(RCP8.5)。

IPCC AR5 的评估基于过程的全球海平面上升预估,其主要利用了 21 个 CMIP5 AOGCMs 模型获得的各种 RCP 结果,冰川和冰盖表面物质平衡的预估由全球平均地表温度预估结果驱动。根据 IPCC AR5 的评估结果,全球平均地表温度的变化可能在 5%~95%的信度区间,因此,以下对全球平均海平面上升贡献的评估均来自于 CMIP5 模拟结果,其信度范围均处于 5%~95%。

到 2100 年冰盖动力的可能变化,已有文献仅根据特殊情景提供了部分预估结果,因此除格陵兰冰盖出流量在 RCP8.5 情景下有着较高的变化速率外,其他均作为独立情景处理。每种 RCP 情景所给出的全球平均海平面上升的可能范围均包含了 CMIP5 集合模型所获得的全球气候变化的不确定性。与全球气候变化幅度相关的不确定性部分在情景处理中得到校正,而方法的不确定性则需要独立处理。

预估贡献的总量给出了未来全球平均海平面上升的可能范围,由于气候预估结果的差异,由海平面变化的时滞特征产生滞后效应,到 21 世纪中叶,各种情景的中值预估位于 0.05 m 的范围内。到 21 世纪末(2081~2100 年 20 年平均和 1986~2005 年 20 年平均之间的 95 年时间),用 RCP2.6 给出的最小值(0.40 [0.26~0.55] m)和 RCP8.5 给出的最大值(0.63 [0.45~0.82] m),中值预估则大约相差 0.25 m,RCP4.5 和 RCP6.0 给出的 21 世纪末的结果很类似,分别为 0.47 [0.32~0.63] m 和 0.48 [0.33~0.63],但 RCP4.5 较 RCP6.0 上升速率在较早期显著(图 10.4 和表 10.3)。到 2100 年,可能的范围为 0.44 [0.28~0.61] m(RCP2.6)、0.53 [0.36~0.71] m(RCP4.5)、0.55 [0.38~0.73] m(RCP6.0)和 0.74 [0.52~0.98] m(RCP8.5)。

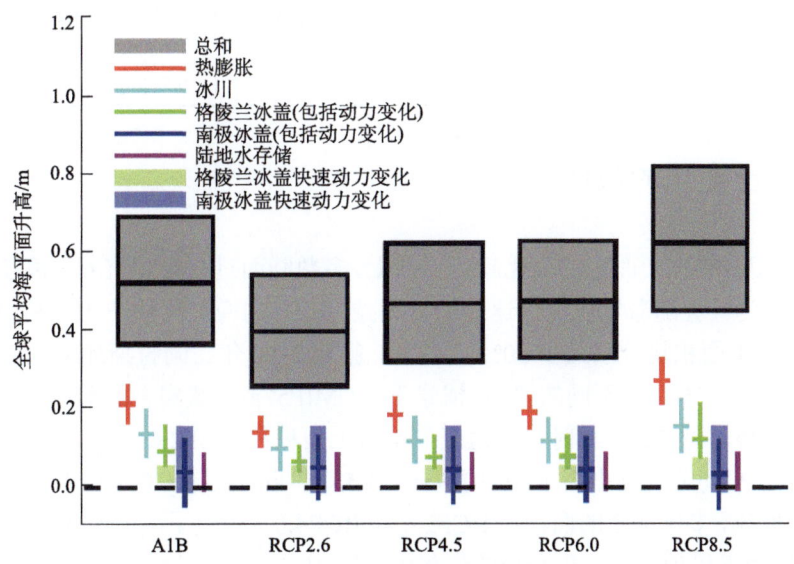

图 10.4 基于过程模型预估全球平均海平面上升及其贡献的中值及范围(2081~2100 年相对于 1986~2005 年)

分别用 4 个 RCP 情景和 AR4 中的 A1B 情景。冰盖的贡献包括冰盖快速动力变化,并分别给出。冰盖快速动力变化和人类活动影响的陆地水储量变化用均等概率分布处理,并将其作为独立情景

表 10.3　2081~2100 年相对于 1986~2005 年全球平均海平面上升及其贡献预估的中值和可能变化范围

（单位：mm/a）

情景	SRES A1B	RCP2.6	RCP4.5	RCP6.0	RCP8.5
热膨胀	0.21 [0.16~0.26]	0.14 [0.10~0.18]	0.19 [0.14~0.23]	0.19 [0.15~0.24]	0.27 [0.21~0.33]
冰川	0.14 [0.08~0.21]	0.10 [0.04~0.16]	0.12 [0.06~0.19]	0.12 [0.06~0.19]	0.16 [0.09~0.23]
格陵兰冰盖表面物质平衡	0.05 [0.02~0.12]	0.03 [0.01~0.07]	0.04 [0.01~0.09]	0.04 [0.01~0.09]	0.07 [0.03~0.16]
南极冰盖表面物质平衡	−0.03 [−0.06~−0.01]	−0.02 [−0.04~−0.00]	−0.02 [−0.05~−0.01]	−0.02 [−0.05~−0.01]	−0.04 [−0.07~−0.01]
格陵兰冰盖快速动力	0.04 [0.01~0.06]	0.04 [0.01~0.06]	0.04 [0.01~0.06]	0.04 [0.01~0.06]	0.05 [0.02~0.07]
南极冰盖快速动力	0.07 [−0.01~0.16]	0.07 [−0.01~0.16]	0.07 [−0.01~0.16]	0.07 [−0.01~0.16]	0.07 [−0.01~0.16]
陆地水储量	0.04 [−0.01~0.09]	0.04 [−0.01~0.09]	0.04 [−0.01~0.09]	0.04 [−0.01~0.09]	0.04 [−0.01~0.09]
2081~2100 年全球平均水平面上升	0.52 [0.37~0.69]	0.40 [0.26~0.55]	0.47 [0.32~0.63]	0.48 [0.33~0.63]	0.63 [0.45~0.82]
格陵兰冰盖	0.09 [0.05~0.15]	0.06 [0.04~0.10]	0.08 [0.04~0.13]	0.08 [0.04~0.13]	0.12 [0.07~0.21]
南极冰盖	0.04 [−0.05~0.13]	0.05 [−0.03~0.14]	0.05 [−0.04~0.13]	0.05 [−0.04~0.13]	0.04 [−0.06~0.12]
冰盖快速动力	0.10 [0.03~0.19]	0.10 [0.03~0.19]	0.10 [0.03~0.19]	0.10 [0.03~0.19]	0.12 [0.03~0.20]
全球平均海平面上升速率	8.1 [5.1~11.4]	4.4 [2.0~6.8]	6.1 [3.5~8.8]	7.4 [4.7~10.3]	11.2 [7.5~15.7]
2046~2065 年全球平均海平面上升	0.27 [0.19~0.34]	0.24 [0.17~0.32]	0.26 [0.19~0.33]	0.25 [0.18~0.32]	0.30 [0.22~0.38]
2100 年全球平均海平面上升	0.60 [0.42~0.80]	0.44 [0.28~0.61]	0.53 [0.36~0.71]	0.55 [0.38~0.73]	0.74 [0.52~0.98]

10.3.4　冻土变化的预估

在 21 世纪多年冻土面积的变化趋势预估上，多数陆面过程模型有着高度统一的趋势判断，一致认为其会随着气温的快速升高显著减少。有的模型预估在 B1 和 A2 情景下 2100 年多年冻土面积将分别减少 30%和 47%；截至 2100 年，阿拉斯加地区 2 m 以上的多年冻土将减少 57%。在不同的 RCP 情景下，CMIP5 多模式集合的模拟结果也体现出相同的变化趋势。到 2099 年时，近地表多年冻土面积在 RCP2.6、RCP4.5、RCP6.0 和 RCP8.5 情景下平均分别减少至 10.0×10^6 km^2、7.5×10^6 km^2、5.9×10^6 km^2 和 2.1×10^6 km^2。其中，到 2099 年，多年冻土的面积在 RCP2.6 和 RCP4.5 情景下已趋于稳定，而在 RCP6.0 和 RCP8.5 情景下仍处在进一步减少的趋势中（图 10.5）。

图 10.6 为不同 RCP 情景下，CMIP5 模式预估的近地表多年冻土面积状况，不同的颜色代表预估格点存在多年冻土的模式个数。在 RCP2.6 情景下，目前绝大部分连续多年冻土区除了部分转变为不连续多年冻土外，将很可能保留下来。在 RCP4.5 和 RCP6.0 情景下，随着增温速率升高，多年冻土区向北后退更加显著，尤其是在阿拉斯加地区。而在 RCP8.5 情景下，除了几个预估升温较低的，其他大多数模型预估欧亚大陆和加拿大的全部冻土几乎将不复存在。但在加拿大北极群岛、西伯利亚高地东部、俄罗斯北极

沿海和部分青藏高原地区仍将有多年冻土的遗留。但值得注意的是，鉴于目前的陆面过程模型通常的模拟深度为 2~4 m，上述模拟结果仅反映 2 m 以上多年冻土面积的变化状况，并不能代表实际的多年冻土面积变化。

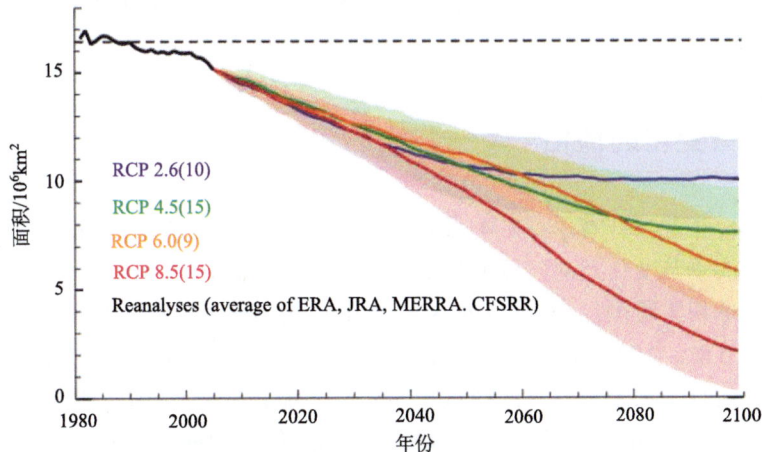

图 10.5　CMIP5 模型预估的多年冻土面积变化（Slater and Lawrence, 2013）

图中括号内数字表示模式数

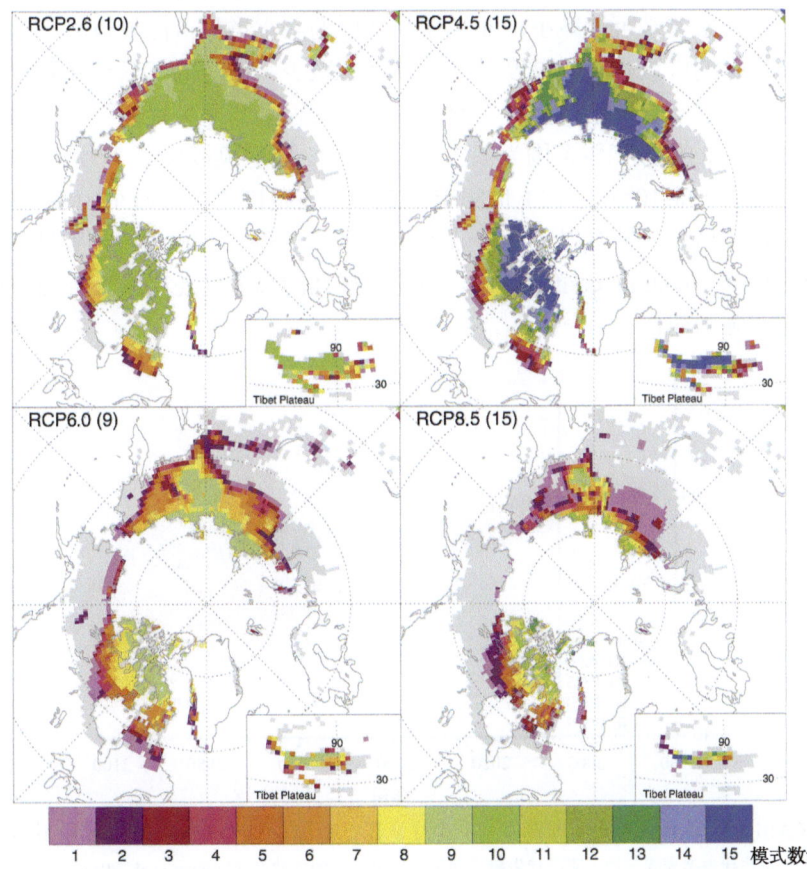

图 10.6　预估 2099 年存在多年冻土的 CMIP5 模型数目（Slater and Lawrence, 2013）

尽管各模式在预估多年冻土面积减小趋势上较为一致，但是各模式所模拟的冻土退化速率之间的差异幅度极大，如 RCP4.5 情景下模拟的多年冻土面积减少的比率范围为 15%~87%，而 RCP8.5 情景下的变化范围则为 30%~99%。这也体现出由于 10.2.3 节中提到的诸多原因，目前的模式尚不能很好地模拟多年冻土物理过程及变化特征，仍需进一步提高和改进。

10.3.5 积雪变化的预估

1986~2005 年北半球春季（3~4 月）平均积雪范围为 $32.6×10^6$ km^2。北半球的积雪范围具有很大的季节变化及对气候变化的敏感响应。根据 IPCC AR5 报告，自 20 世纪中叶以来，北半球积雪范围已缩小。1967~2012 年，北半球 3 月和 4 月平均积雪范围每 10 年缩小 1.6%（0.8%~2.4%），6 月每 10 年缩小 11.7%（8.8%~14.6%）。在此期间，北半球积雪范围在任何月份都没有具有统计意义的显著增加。基于 CMIP3 和 CMIP5，IPCC 对不同情景下北半球 21 世纪末的积雪覆盖和雪水当量作了预估，主要结论如下。

（1）积雪范围非常可能缩小，但具体减少量仅具有中等信度。积雪的变化取决于降水和消融的平衡。不管是 CMIP3 还是 CMIP5 都模拟出，全球升温背景下，北半球大范围的积雪范围在未来非常可能减小。北半球高纬度的降水增加可能导致较冷的区域有更多的降雪，而较暖的区域则因为温度过高而致降雪减少。更暖的气候意味着秋季的积雪日会推迟，春季的融雪会发生得更早，而积雪范围的缩小与季节性积雪期的缩短密切相关。以 1986~2005 的模拟积雪范围为参考值，CMIP5 模型模拟显示 21 世纪中叶春季积雪范围将平均减小 5%~10%，到 21 世纪末，春季积雪范围将平均减小 10%~30%，其取决于温室气体排放情景（图 10.7）。这一点在所有的模式中具有相当的一致性，但减少幅度仅具有中等信度（medium confidence），因为模型间的离散度还比较大且当前模型对雪的各种过程存在强烈简化。

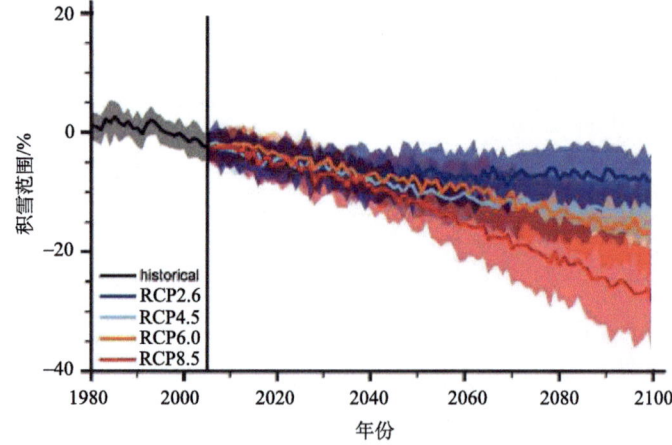

图 10.7　CMIP5 模型预估的北半球春季（3~4 月）积雪范围相对于 1986~2005 年模拟值的变化

黑线代表多模式平均，阴影代表模式间 1 个标准偏差的离散度（Stocker et al., 2013）

(2) 雪水当量对降雪更敏感,其变化取决于纬度带。升温将导致降水中降雪比例减小,且增加了融雪强度,但是情景分析中北半球高纬度冬季降水量的增加又会有助于积雪量的增加。雪水当量是否增加取决于这些因素之间的平衡。CMIP3 和 CMIP5 的模拟研究显示,在最冷的区域,年最大雪水当量倾向于增加或者不显著的减少,但在季节性积雪区域的南端,年最大雪水当量倾向于减少。应该注意到,相对于积雪范围变化的预估,现有模型对年最大雪水当量的情景分析具有更大的离散度,仅有中等信度。

总之,在 IPCC 考虑的排放情景下,北半球春季积雪范围在 21 世纪末非常可能减少。年最大雪水当量受多种因素的综合影响(消融发生更早,而固态降水增加),对其沿纬度变化的预估(在最冷区域增加或者变化很小,往南减少)只有中等信度。在变暖背景下,北半球春季融雪的提前将改变春季河流径流的峰值,从而减少晚些时候的流量,可能影响到水资源管理。同时,积雪范围的减小也不利于多年冻土保持稳定。

10.3.6 海冰变化的预估

全球变暖导致北极气温升高和北极海冰范围减少。20 世纪 90 年代后期以来,9 月北极海冰范围频繁出现创纪录的低值。2007 年 9 月,北极海冰范围为 4.3×10^6 km^2,只有 1979~2010 年 9 月平均海冰范围(6.52×10^6 km^2)的 66%。2012 年 9 月平均北极海冰范围为 3.61×10^6 km^2,为有卫星观测纪录以来的最低值,导致了北极西北和东北两条航道全线开通。伴随着北极海冰的消融,北极的气候和生态环境正在发生令人瞩目的变化,而这种变化通过复杂的反馈过程,正在对欧亚大陆的大气环流和气候产生显著的影响。因此,人们特别关注夏季北极海冰何时会消失。

对 CMIP3 多模式分析的结果指出,到 21 世纪 30 年代,夏季北冰洋将成为无冰的海洋(海冰范围小于 1×10^6 km^2)。但对参加 CMIP5 计划的 26 个耦合模式输出结果的进一步分析显示,在 RCP8.5 排放情景下,20 世纪 80 年代以前所有模式模拟结果的平均值与 9 月观测的北极海冰范围接近,此后则比观测范围大。在 RCP4.5 排放情景下,多数模式预估结果表明,到 21 世纪末,9 月海冰范围依然大于 2×10^6 km^2。为减少不同模式模拟结果的发散性,对较好模拟当代海冰演变的 7 个耦合模式的集成预估结果表明,在 RCP8.5 排放情景下,21 世纪 40~60 年代,9 月北极海冰将消失(海冰范围小于 1×10^6 km^2)。在 RCP8.5 排放情景下,这 7 个耦合模式预估海冰从 4.5×10^6 km^2 减少到 1×10^6 km^2 所需时间是 14~36 年,中间值是 28 年。据此,有学者认为,如果以 2007 年为参考时间点,到 21 世纪 30 年代 9 月北极海冰范围将消失(图 10.8)。

10.3.7 冰冻圈变化预估的不确定性

冰冻圈预估的不确定性大体可归结为:①观测信息的匮乏。用于冰冻圈预估的气候系统/地球系统模式需要利用空间和时间足够充分的观测资料进行约束和评估,但在 20 世纪 70 年代发展起来的卫星观测技术手段之前,对冰冻圈许多要素的系统性观测数据非

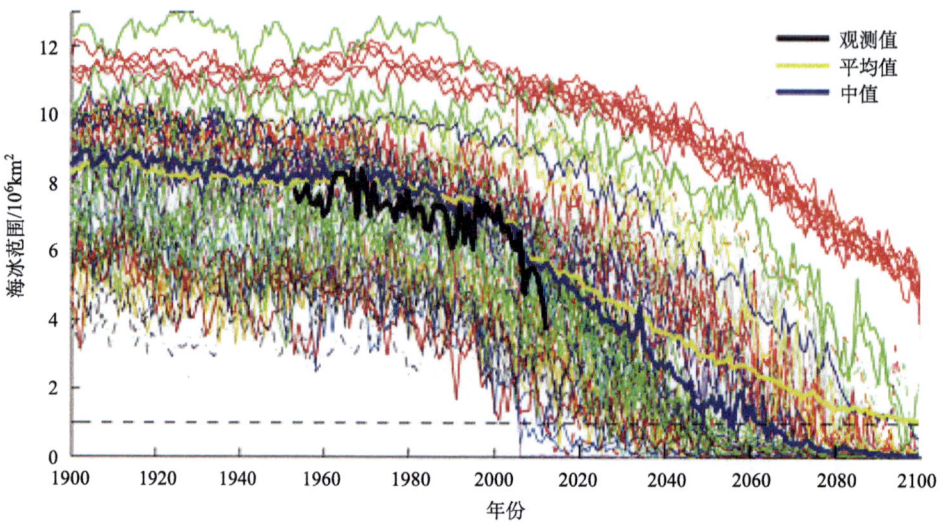

图 10.8 在 RCP8.5 排放情景下，由 36 个 CMIP5 模式 89 个集成样本数模拟得到的 9 月北极海冰范围
每条细彩色线代表一个集成数，粗黄色线代表所有集成样本的算术平均，蓝色线是它们的中间值，粗黑色线代表观测值。
水平黑色虚线表示 $1×10^6\ km^2$，该值代表夏季近似无冰北冰洋

常缺乏；即使在目前，由于冰冻圈一般处于高纬度和高海拔地区，远离人居，因此对冰冻圈某些要素的观测依然是空白，其覆盖度、准确率和精确性问题依然较为严重，很难量化全球和区域相关要素或指标的长期趋势和短期变率。②由于对冰冻圈过程和机制认识不足，气候系统/地球系统模式的模拟性能还需要进一步提高，冰冻圈模式的模拟能力也需进一步改进。例如，模式中包含的气候系统要素不完备，如缺乏对造成南极冰盖和格陵兰冰盖发生巨大、迅速动力变化的关键过程，模式分辨率的限制依然是研究区域气候变化及其归因的制约因素之一，模式模拟内部气候变率的不确定性仍然制约着归因研究的某些方面。③排放情景的不确定性。未来温室气体和气溶胶等人为影响因子的假定，会直接影响到未来气候变化的预估结果。其不确定性来源主要包含：化石燃料燃烧的 CO_2 排放量、固定源和流动源的 CH_4 和 N_2O 等排放量的计算方法，政策、技术进步和新型能源开发等对温室气体排放量估算的影响，未来温室气体排放清单与排放构想等因素。当前在气候变化预估研究中，为降低预估结果的不确定性，多采用多模式集合预估的方式，一般认为其要优于单个模式的预估效果。

思 考 题

1. 简述冰冻圈分量模式在气候系统/地球系统模式中的地位和作用。
2. 当前在冰冻圈预估研究中，为降低预估结果的不确定性，多采用多模式集合预估的方式，一般认为要优于单个模式的预估效果，主要原因是什么？

延伸阅读

耦合模式比较计划（CMIP）

由 WCRP 推动的 CMIP 是一整套耦合地球系统或者气候系统模式的比较计划，旨在通过比较模式的模拟能力来评价模式的性能，促进模式的发展，同时也为生态、水文、社会经济诸学科预估在气候变化背景下未来可能的变化提供科学依据。CMIP 计划经历了 CMIP1、CMIP2、CMIP3、CMIP5 几个阶段的发展，为模式研究提供了迄今为止时间最长、内容最为广泛的模式资料库。CMIP6 正在实施中。

第五阶段的耦合模式比较计划（CMIP5）的目的是：①判断由于对碳循环及云有关的反馈了解不够而造成的模式差异的机制；②研究气候可预报性，开发模式预测年代尺度的能力；③确定为什么类似的强迫在不同的模式中得到不同的响应。CMIP5 的模式比较结果为 IPCC AR5 所采用。

参加 CMIP5 比较的耦合模式在全球海气耦合模式的基础上做了许多改进，如改进物理参数化、提高模式分辨率等。其中，最大的发展是地球系统模式（earth system model，ESM）已经建立。ESM 包括气候系统对各种外强迫的响应，如碳循环、气溶胶、甲烷循环、植被及野火、土地利用、臭氧和大陆冰盖等。全球 23 个模式组的 50 多个气候模式参加 CMIP5，其中包括中国发展的 6 个模式（国家气候中心 BCC_CSM1.1 和 BCC_CSM1.1-M、中国科学院大气物理研究所 FGOALS-s2 和 FGOALS-g2、北京师范大学 BNU-ESM、国家海洋局第一海洋研究所 FIO-ESM）。

对于未来气候预估，CMIP5 专门设计了长期气候模拟（long-term simulations）试验，包括历史气候模拟和未来气候变化预估（RCPs 情景）。与第三阶段的耦合模式比较计划（CMIP3）相比，CMIP5 中包括了更多的历史气候模拟试验，除进行长期历史气候模拟（historical）外，还进行自然强迫模拟试验（historicalNat）、温室气体强迫模拟试验（historicalGHG）及其他强迫模拟试验（historicalMisc）等，这更有利于开展气候变化检测和归因研究。未来气候变化预估试验的温室气体强迫使用 RCPs 情景，主要包括 RCP2.6、RCP4.5 和 RCP8.5 试验，部分模式也进行 RCP6.0 预估试验。

第 11 章 冰冻圈科学观测和实验技术

冰冻圈科学的迅速发展受益于不断革新的野外观测和实验方法与技术。冰冻圈科学研究的基础是通过野外观测和实验室分析测试获得冰冻圈各要素的各类数据，然后通过模型模拟分析，获得冰冻圈自身过程的机制及其与其他圈层相互作用的认识。本章介绍了冰冻圈区域野外气象和水文观测的通用技术和方法，以及钻探与坑探、电磁、穿透雷达等勘测技术，并分别对冰冻圈各要素特殊的观测方法和冰冻圈影响区社会经济调查方法做了阐述。在实验室分析技术方面，本章介绍了冰冻圈研究中涉及的力学、热学、光学方法，阐述了冰冻圈的物理结构、化学成分、年代学技术与方法。鉴于近几十年来遥感技术在冰冻圈科学研究中的广泛应用，本章详述了光学遥感、微波遥感、高度计、无线电回波探测，以及重力卫星的原理、方法和应用。

11.1 观测和实验技术在冰冻圈科学发展中的作用

早期的冰冻圈研究针对冰冻圈单个要素，如冰川（冰盖）、冻土、积雪、河冰、湖冰、海冰及古冰缘地貌等进行简单的人工观测和调查分析。例如，19 世纪晚期以来在阿尔卑斯山脉开展的冰川长度、面积、物质平衡、温度、运动等人工观测；积雪天数、厚度、密度等物理参数的观测；河（湖）冰的初（终）冰期、面积、厚度、密度等，以及海冰类型、密集度、厚度、冰间河与湖观测等。然而，人工观测费时费力，覆盖的冰冻圈区域小、获得的资料少，一些偏远地区无法到达而缺少资料，这些都极大地限制了全面认识冰冻圈各要素过程和机制的研究。

20 世纪 70 年代以来，遥感技术的应用促进了冰冻圈科学的研究。利用航空和卫星遥感开展的冰冻圈观测，涵盖了可见光、近红外、热红外、微波、激光、无线电和重力等技术，可以高效地获取大范围高分辨率冰冻圈要素的几何、物质和能量等各类参数，结合实地观测和验证资料，有效地提高了冰冻圈各类参数的精度。同时，野外观测中其他高技术的应用，如钻探与坑探技术、探地雷达、高密度电法、瞬变电磁法、频率域电磁等方法提高了冰冻圈要素微观和宏观上的物理和化学特性观测，各类自动观测（如自动气象站、涡动相关系统、自动摄影等）也极大地促进了冰冻圈物质和能量过程观测的效率和精度。近年来，在关注全球环境变化的国际合作组织"综合全球观测战略合作伙伴关系（IGOS-P）"的推动下，成立了冰冻圈主题组并推出了冰冻圈专题报告，从"地-空-天"一体化观测冰冻圈要素及其变化，目标是在全球范围创建冰冻圈观测框架，建立一个完整的、协同的、综合的冰冻圈观测体系，为冰冻圈科学基础研究和业务服务提供所需要的完备和详细的冰冻圈资料和信息。同时，WMO发起了"全球冰冻圈监测（GCW）"计划，将制定冰冻圈监测的标准并实现数据共享。这些举措将会推进冰冻圈科学的迅猛发展。

经过近几十年的发展，针对冰冻圈各环境要素的实验室分析技术，在采样流程、样品处理、实验室分析理论及技术等方面均日益成熟和完善。力学、热学、光学、物理结构和电磁学等先进的理论和方法应用于环境样品的理化参数分析。检测精度的提高、仪器设备的快速更新及分析方法的创新，给冰冻圈科学研究带来了新的机遇。同时，模式模拟方法已经广泛应用于冰冻圈各组分的变化模拟、归因和预估，包括全球（区域）气候模式、冰川物质平衡模式、冰川（盖）动力学模式、冻土模式、积雪模式、海冰模式和河、湖冰模式等。冰冻圈各分量模式与气候系统模式的耦合，可以预估未来不同气候情景下冰冻圈的动态变化过程等。应用于冰冻圈科学研究的相关模式将由简单逐渐到复杂，越来越多的物理、化学和生物过程被引入到模式中来，而且相关模式向着积分时间更长、空间分辨率更小、对各子系统描述更全面的方向发展。总之，高技术的应用和冰冻圈模式的发展，实现了冰冻圈科学的集成研究，促进了冰冻圈科学的快速发展。

11.2 野外观测和勘测方法与技术

11.2.1 通用方法和技术

1. 气象观测

WMO制定了详细的气象观测，如涉及冰冻圈要素的积雪和季节冻土观测。但冰冻圈区域气象观测不同于普通的气象台站，测点布置要灵活，仪器要轻便，气象要素的观测有特殊的规范。冰冻圈气象观测的目标主要为：①影响冰川、积雪、冻土过程及雪冰融水径流的常规气象因素；②冰川、冻土、积雪区的小气候特征；③冰川、冻土表面的能量-物质交换特征。冰冻圈气象观测主要由自动气象站（automantic weather station，AWS）来实施（图11.1），观测参数包括气温、相对湿度、风速风向、气压、四分量辐射、雪深、总雨量（T200B或国家标准总雨雪量）及蒸发量（蒸发皿）等。此外，利用涡动系统观测雪（冰）-气和地-气界面能量传输。气象观测的传感器需要具有耐低温、测量范围较宽、精度高、较易维护等特点。气象测量传感器的工作原理及适用范围见表11.1。

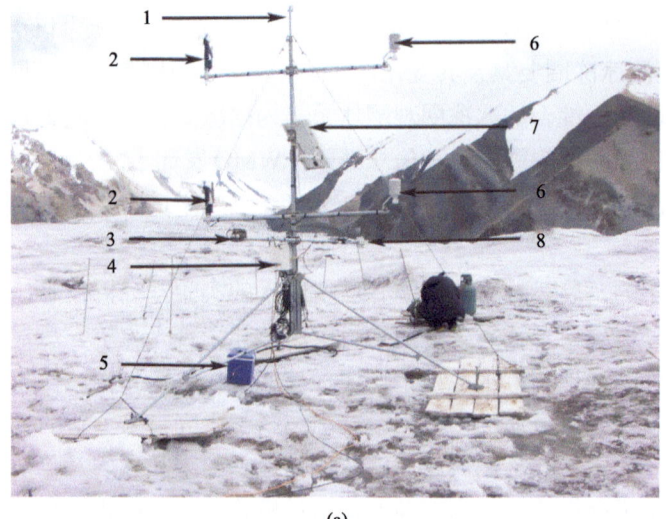

(c)

(d)

图 11.1 冰冻圈自动气象观测仪器

(a)冰面自动气象站（1.避雷针，2.风速风向传感器，3.雪深传感器，4.数据采集器，5.电瓶，6.温湿度传感器，7.太阳能板，8.四分量辐射）；(b)冰面涡动系统（1.避雷针，2.温湿度传感器，3.数据采集器，4.数据处理器，5.三维超声风速风向传感器）；(c)T200B 雨量计（1.太阳能板，2.数据采集器，3.防风护栏，4.防雪量计容器）；(d)冻土区气象观测场（1.避雷针，2.太阳能板，3.风速风向传感器，4.数据采集器，5.雪深传感器，6.温湿度采集器，7.防风护栏，8.防雪量计容器，9.数据处理器，10.CO_2/H_2O分析仪，11.三维超声风速风向传感器）。(a)和(b)由陈记祖提供，(c)由张国帅提供，(d)由杜二计提供

表 11.1 冰冻圈自动气象观测系统

类别	观测参数	工作原理	适用范围
自动气象站	温度、湿度	温度传感器是利用铂电阻随温度变化的原理，其具有灵敏度高、性能稳定、精度高及复现性好的特点。湿度传感器利用高分子聚合物的介电常数随着环境湿度变化的原理，将其转换成电压量变化，对应于相对湿度的变化	温度：校准测量范围为−50~60℃，在0℃的精度为±0.3~±0.1℃ 湿度：测量范围为0~100%，精度为1%，长期稳定性（RH/a）<1%
	风速、风向	风速传感器通过螺旋桨旋转在静止线圈中产生可变频率信号，将原始信号转换成数字串口输出。风向传感器是一个耐用的模塑风向标，其通过编码器输出风向	风速为0~100 m/s，风向为0°~360°
	四分量辐射	以电热偶为连接，将太阳暴晒程度通过屏蔽通电接收器转化为加热电流的功率，来得到单位时间接收的太阳辐射量	光谱范围：短波300~2800 nm，长波4.5~42 μm 灵敏度：5~20 μV/(W·m^2)（短波），5~15 μV/(W·m^2)（长波） 工作环境：−40~80℃，0~100% 相对湿度 视角：短波辐射传感器180°，长波辐射传感器向下150°，长波辐射传感器向上180°
	雪深	声波测距传感器是通过测量超声波脉冲发射和返回的时间测量出距离，同时需要测量温度来修正声速在空气中的变化	测量范围：0.5~10 m 精度：±1.0 cm 操作温度：−45~50℃

续表

类别	观测参数	工作原理	适用范围
自动气象站	气压	传感器是利用环境压力变化导致可移动电极上的薄膜弯曲,进而影响固定电极间的电容的原理,压强数字可转变为电信号,从而检测出压力的大小	量程:500~110 hPa 校准精度:±0.07 总精度:±0.25 长期稳定性(hPa/a):±0.1 工作温度:−40~60℃
冻土观测系统	冻土地温	热敏电阻传感器主要通过数据采集器或者高精度万用表测量土壤电阻值,然后在实验室内标定方程换算获得温度值	测量范围:+30~−30℃ 测量精度:±0.05℃
	土壤热通量	土壤热通量传感器采用热电堆测量温度梯度,该热电堆由两种不同的金属材料组成。热电堆探测器接收热辐射,热辐射能使两个不同材料结点之间产生温差电势,以电压的形式输出	精度:±5% 测量范围:−500~500 W/m²
	土壤水分	时域反射(TDR)或频域反射(FDR)传感器,通过数采仪直接测量并换算出土壤的未冻水含量。TDR通过探测器发出的电磁波在不同介电常数物质中传输时间的不同而计算含水量。FDR通过探测器发出的电磁波在不同介电常数物质中传播频率的不同计算含水量	TDR:0~100%VWC*,精度0.3%VWC FDR:0~100%VWC,精度0.05%VWC
	降水量(翻斗式雨雪量计)	由感应器及信号记录器组成遥测雨量仪器。雨水由最上端的承水口进入承水器,落入接水漏斗,经漏斗口流入翻斗,当积水量达到一定高度时,翻斗失去平衡翻倒,开关接通电路,向记录器输送一个脉冲信号,记录器控制自记笔记录降水量	承雨口内径:Φ200 mm 仪器分辨力:0.5 mm(1型) 降雨强度测量范围:0.01~4 mm/min 工作环境温度:−10~50℃
	降水量(T200B总雨雪量计)	降水被收集在雨雪量计容器内,通过弦振荷载传感器称量,然后输出一个为电压函数的频率,可计算出降水量。一般加装防风护栏,保证测量的准确性和可靠性	容积:600 mm 采集面积:200 cm² 灵敏度:0.05 mm 温度范围:−40~60℃
	蒸发	通过测量蒸发皿内水位的变化来计算蒸发量	精度:0.25% 工作温度范围:−40~60℃
	反照率	通过对经标定的漫反射参考板的测量,获得地面的总照度,以及直射、漫射照度光谱信息,从而获取反照率	波长范围:350~2500 nm
	红外辐射温度	基于四次方定律,通过检测物体辐射的红外线能量,获得物体的辐射温度	测量范围:−50±3000℃, 波长范围:0.18~14μm 响应时间:<200 ms 精度:<0.2℃
涡动系统	三维风速、CO_2和H_2O通量	测量空气的三维风速及超声虚温和空气中的CO_2和H_2O气体含量。这两种传感器测得的数据构成了涡动协方差系统的原始数据。经过数据采集器在线计算或离线处理,可得到CO_2通量、潜热通量、显热通量、空气动量通量、摩擦风速等	风速测量范围:0~65 m/s 风速测量精度:12 m/s 风向分辨率:0.1° 声速分辨率:0.1 m/s 声速温度范围:−40~70℃ 可承受降雨强度:300 mm/h CO_2标定范围:0~3000 ppm,精度:1% H_2O标定范围:0~60 ppt,精度:2%

*VWC是体积含水量;1 ppt=10^{-12}。

2. 水文观测

冰冻圈水文过程及影响因素有其独特性，观测的主要目标是获得冰川、冻土和积雪融水的径流量。冰冻圈区水文监测主要包括水位、流速、水温、水化学及同位素等基本要素，这些指标均需注意低温、河道碎石等极端因素。因此，传感器在选择上要求较高（表 11.2）。

表 11.2 冰川区水文观测

观测参数	工作原理	适用范围
水位、水温	采集器有温度和压力传感器，温度传感器测量环境温度，压力传感器测量水位	水位 精度：±0.3 cm 分辨率：0.14 cm 爆破压力：310 kPa； 水温 工作范围：−20~50℃ 测量精度：±0.37℃ 误差：0.1℃
流速	某一声源（超声波）发出的声波被另一个接收体（水中的悬浮物）反射，利用接收体接收的声波频率与声源的发射频率之间的差异计算水流速度	量程：±10 m/s 精度：读数的 1% 或±0.5 cm/s 工作温度：−4~30℃

高寒山区河流径流观测与常规水文观测基本相同。由于冰川作用区或冻土分布的山坡流域面积较小，一般可以将测流堰作为水文观测断面。在测流断面旁设水尺建自记水位计，或用水位计测量径流深，在低、中、高水位分别进行测流，建立水位流量关系曲线。在较大的流域，可选择顺直天然河段，或将在公路桥附近上、下河段作为测流断面，在近河岸设水尺建自记水位计。冰川区河段一般为间歇性河流，冬半年冻结，夏半年解冻。径流测量一般从解冻期开始。盛夏水量较大，测流难度也较大，如果遇到山洪暴发断面被冲坏，可用洪痕法估算其洪峰流量。

同位素水文学是根据稳定同位素和放射性同位素在自然界水体中的丰度变化来研究水循环，最常用的稳定同位素为 δD 和 $\delta^{18}O$，而放射性同位素为氚（T）和 ^{14}C。20 世纪 70 年代以后，同位素技术被逐渐地应用到流域径流过程形成、水流路径和流域滞留时间中。同位素技术的出现也为流量过程线的划分提供了完善的物理基础。利用降水过程中 $\delta^{18}O$、δD 和水化学变化分析降水径流过程，基于质量平衡方程和浓度平衡方程，进行二水源流量过程线分割。伴随着同位素示踪剂和地球化学示踪剂的联合应用，用冰川和积雪融水、降水、地下水 3 种水源的 $\delta^{18}O$ 与水化学离子示踪剂结合的模型，来推求各种水源对流量过程线的贡献，即三水源流量过程线分割。该方法划分的水源数量无需人为确定，可以按照流域水源成分在出口断面形成的流量过程特征差异，自动分析确定应该有的水源数、水源量及各种水源在出口断面形成的流量过程。由于划分方法完全以物理定律为基础，方法的合理性和效果较好，因而被广泛应用。

3. 钻探与坑探技术

冰冻圈内（如冰川和多年冻土）蕴藏有大量的古气候和环境信息，冰冻圈钻探与坑探技术是获得气候环境信息的基础。钻探技术是指以获取一定深度内物质为研究介质的野外勘探技术，所钻取物质可用于实验室内各项理化参数的分析测量；同时，通过钻探还可获得研究对象表层以下较深连续观测剖面，进而进行各项深部观测研究。坑探技术是指以获取研究对象直观观测剖面或较浅深度处研究介质的野外观测与勘探技术。总体来看，冰冻圈钻探与坑探技术的应用对象主要为多年冻土和冰川。而针对不同的应用对象，钻探与坑探技术的特点又不尽相同。其中，冻土钻探技术以人力或机械钻取为主；坑探则主要依靠人力或机械挖掘坑槽。冰川钻探技术主要分为人力手摇、机械及热力钻取 3 种方式；坑探技术主要有浅坑挖掘、机械及热力孔钻 3 种。

1）冻土坑探和钻探技术

冻土坑探主要依靠人力或机械，按野外调绘和观测需要，从地表向下挖掘一定宽度及深度的坑槽，现场对坑槽内多年冻土层剖面的多种理化参数进行观察和测量。此外，通过在坑槽内不同深度布置多种观测仪器（如温、湿度传感器等），可进行后续长期的冻土层定点观测研究。冻土钻探技术主要依靠人力或机械动力旋转空心钻杆下端的圆环状钻头（一般为金刚石材质），同时下压钻杆，自多年冻土表面垂直向下钻取一定深度的圆柱状样品，用于各项理化参数的测量和安装测温传感器。与坑探技术相比，钻探技术所获取的冻土样品深度可达多年冻土层底部，从而有助于全面、深入认识施钻区多年冻土层的整体物理结构性状及化学组分特征。用钻探技术获取深部样品后，在钻孔内沿不同深度布置温度传感器，并进行多年冻土变化长期定点观测研究。

2）冰川坑探钻探技术

冰川坑探钻探技术主要包括浅坑挖掘、机械和热力孔钻 3 种方式。浅坑挖掘一般在表面有粒雪覆盖的冰川面上开展，主要采用人力或借助小型电动工具挖掘一定深度的雪坑，来获得观测剖面，从而对雪层的多项物理参数（如密度、粒雪组构、污化层等）进行观测[图 11.2(a)]。同时，可沿雪坑垂直剖面按一定的间隔采集雪样品，用于后期实验室内各项理化参数的分析。

在冰川上利用环形钻头和中空钻杆，通过人力摇动、机械转动或热力下融的方式自上而下获取连续的圆柱状冰芯[图 11.2(b)]，并同时得到一定深度的钻孔用以观测研究。其中，人力手摇或机械钻取技术[图 11.2(c)]是依靠人力或机械旋转中空钻杆，通过钻杆下端钻头上的切刀，旋转下切粒雪或冰层，而保留提取钻杆中部的雪冰样品，提取后用于各项理化参数的分析测定。冰芯机械钻探技术将动力发生装置整合于钻取装置内部，通过电缆与冰面上电力和起降装置连接，随钻探过程不断上下往复于冰川表面与钻孔内。冰芯热力钻取技术[图 11.2(d)]则通过电力加热钻杆下端的环状热力钻头，融化钻头表面所接触的雪冰，从而实现垂直钻进。由于热钻头的环状加热构造，热钻在下融冰体时，只融环状融化钻头所接触的冰体。热力钻取装置的整体结构设计理念与冰芯机械钻相似，即钻取装置整体长度较短且保持不变，依靠电缆实现电力传输及传动在冰川钻孔内的升降。

图 11.2　冰川坑探及钻探技术

(a) 雪坑；(b) 冰芯；(c) 冰芯机械钻；(d) 冰芯热力钻

此外，还可以用热力钻技术仅仅获得钻孔而不采集冰芯样品，其利用钻头喷出热水（称为热水钻）或高压水蒸气（称为蒸汽钻）向下融化冰层，以获取一定深度的钻孔。在山地冰川，可利用蒸汽钻获得 10~20 m 的钻孔；而在极地使用的大型热水钻可以获得数百米的钻孔。

一般人力钻探主要用于浅冰芯样品的钻取；机械钻探主要用于大陆型冷性冰川深冰芯样品的钻取；热力钻探装置则通常应用于海洋型暖性冰川深冰芯的钻取。

4. 电磁方法

1）高密度电法（electrical resistivity tomography, ERT）

通过两个电极向地表供电测量电流强度，同时用另外两个电极测量其电势差，依据电势差与电流强度的比值，再乘以与排列方式和地形相关的系数 K，获得视电阻率。在地下地层的电性结构不是均匀半空间的情况下，视电阻率不能反映地层真实电阻率，需对视电阻率值进行反演，计算得到地层的电阻率分布信息。由于冰为非导体，土体冻结后，其中含有大量的冰，厚层地下冰电阻率较融土会有几十或百倍的增加。由于多年冻土上限附近往往有地下冰层或透镜体的存在，冻土这些特性为电法勘探提供了较好的物质基础。因此，在地下冰探测相关研究方面，高密度电法已被广泛应用，可较好地反映多年冻土上限、地下冰分布和冻土厚度等信息。

2）瞬变电磁法（time-domain electromagnetic, TEM）

瞬变电磁法的基本原理是电磁感应定律。由于在阶跃脉冲作用下地质体电导率越高，产生的涡旋电流强度越大，激发的二次电磁场强度也就越大。应用瞬变电磁法采集数据时，利用接地导线或不接地回线向地下发送一次脉冲电磁场，在一次断电后，通过观测及研究二次涡流场随时间变化规律来探测介质的电性特征。该方法在冰川及冰缘环境研究中已得到了广泛的应用，如对落基山石冰川中地下冰分布和青藏高原温泉地区多年冻土进行探测后，获取了该区多年冻土分布特征、上下限深度及多年冻土厚度。

3）频率域电磁法（frequency-domain electromagnetic, FEM）

频率域电磁法同样采用供电线圈回路为发射源，但与瞬变电磁法不同的是其电流以某一频率呈正弦变化。其接收到的信号具有与发射电流相同的频率，且可以分为一次场和二次场。一次场由发射源激发，在地质体中没有导电性介质时仍存在，二次场由导电体在一次场的激发下产生的电流所致。二次场具有与一次场相同的频率，但在时间上有滞后性。分析二次场特征即可对地质体的地电结构进行研究。该方法应用电磁感应的趋肤效应，由高到低改变工作频率，以达到由浅入深探测地质目标的目的。该方法在极地地区冰川及冰缘环境研究中已得到了广泛的应用，如探测石冰川中的地下冰、欧洲阿尔卑斯山的浅层地下冰、挪威高山多年冻土分布下界。

5. 穿透雷达技术

穿透雷达技术是基于地下介质的电学差异，利用反射电磁波的动力学特征和到达时间、信号处理及成像等技术方法，来探测和识别冰冻圈各类介质的空间分布、形态和物理性质。雷达探测技术从原理上可分为两类。

1）探地雷达（ground penetrating radar, GPR）

探地雷达属单脉冲雷达制式，是通过发射和接收高频电磁波（常用频率在兆赫兹范围），利用电磁波在介质中的传播时间和振幅等信息，得到地层或目标体的介电常数，从而对其进行地质解释。由发射天线发射的电磁波，经过浅地表、地下介电常数界面的反射或折射等途径到达接收天线的波分别为地表直达波、反射波和折射波。不同类型的波的产生条件及探测深度存在差异，反射波对地下介质反射面的反映较为直观，数据处理较简单，因此其是多年冻土勘测中最为常用的方法。

2）测冰雷达（ice radar）

测冰雷达又称为无线电回波探测（radio-echo sounding, RES）或探冰雷达（ice-penetrating radar），属于调频脉冲压缩雷达制式。相比于探地雷达，其穿透能力更强，多用于极地冰盖厚度、内部结构、冰下地形和冰岩界面过程及环境特征探测领域。冰雷达数据主要以雷达图像（radargram）的方式来呈现。雷达图像主要有两种格式，分别为单道波形图（A-scope）和多道叠加剖面影像（Z-scope）。冰雷达现场观测的搭载平台有车载和机载两种。车载冰雷达覆盖面小，但探测精度和定位精度较高，适合冰下情况复杂的小范围冰盖调查；机载冰雷达覆盖面广，探测效率高，不过存在姿态稳定性差和定位能力弱的缺点,通常用于冰盖大面积的调查。

11.2.2 冰冻圈要素监测

冰冻圈各要素,包括冰川(冰盖)、积雪、多年冻土、河冰、湖冰、海冰的野外观测和勘测技术具有一定的差异性,其具体方法和技术见表11.3。

表11.3 冰冻圈野外观测和勘测技术

冰冻圈要素	观测项目	观测方法和技术
冰川(冰盖)	物质平衡	花杆雪坑法、重复地面立体摄影测量法、水量平衡法、遥感技术
	冰川面积	地面摄影法、航空摄影测量、遥感技术
	冰川厚度	热钻法、地震法、重力法、电测法及理论估算法、遥感技术
	冰川表面流速	经纬仪前方交会法、GPS测量、重复地面立体摄影测量、遥感技术
	冰川温度	钻孔温度测量、非接触式辐射温度计测量
	成冰过程	雪坑层位观测法、冰芯观测法
积雪	积雪深度	花杆、超时雪深探测仪
	积雪密度	测量体积和称重法
	雪水当量	雪枕、宇宙射线仪
	积雪粒径	光学显微镜、米格纸、CT扫描仪
	积雪硬度	冲力硬度计
	液态水含量	雪特性分析仪
	积雪温度	热红外温度计、针式温度计
	杂质元素	过滤、称重、化学成分分析
多年冻土	季节冻结和融化深度	探地雷达、机械探测法、地温法
	冻土地温	热敏电阻温度探头法、热电偶温度探头法、分布式光纤温度计
	冻土水分	烘干法、介电常数法[时域反射(TDR)或频域反射(FDR)水分传感器]、电阻法、张力计、中子散射法、γ射线法
	多年冻土上限	探地雷达、高密度电法、坑探、钻探、地温法
	冻土厚度	地温法、高密度电法、钻探、电导率成像法
	冻土地下冰	坑探、钻探、高密度电法
河/湖冰	封河期 冰厚度	钻孔人工测量、冰雷达、定点自动化监测仪器
	封河期 冰量	目测
	封河期 水内冰	钻冰取样
	封河期 冰花厚度	冰花尺
	封河期 冰塞	地电法
	开河期 冰密度	钻冰取样称重
	开河期 流冰面积	目测及图像法
	开河期 流冰速度	流速测量仪

续表

冰冻圈要素	观测项目		观测方法和技术
河/湖冰	流凌期	冰凌密度	目估法、统计法和摄影法
		冰量大小	目测法
	湖冰	厚度	钻孔人工测量、冰雷达、定点自动化监测仪器
海冰	海冰范围		卫星遥感
	海冰厚度		船（机）载 EM、钻孔人工测量、冰雷达、定点监测仪器
	密集度		卫星遥感
	密度		取样称重
	盐度		取样分析、电导率测量法

1. 冰川观测方法

现代冰川观测是研究冰川变化的基础，也是认识冰川对气候的响应和预测冰川未来变化的基础。冰川观测主要包括冰川物质平衡观测和冰川长度、面积、体积等的观测。

1）冰川物质平衡

冰川物质平衡是冰川积累和消融的代数和，也是冰川对气候变化响应的最直接的参数。物质平衡各分量的量纲一般以单位面积上的水体质量或水层深表示（g/cm² 或 mm）。物质平衡及其积累与消融则是某一时段的积分。冰川物质平衡时段的基本单位是年度，即以水文年为标准。北半球水文年的时间为10月1日至翌年9月30日。冰川物质平衡的观测主要有直接观测法（测杆和雪坑法）、水量平衡法和飞行勘测法、重复地面立体摄影测量法等。

(1) 测杆和雪坑法：直接在冰川上布设测杆（花杆）进行系统的定期观测，然后综合各测点的结果，计算出整个冰川或冰川上某一部分在全年或某一时段的物质平衡及其各分量。其具体方法是，在冰川消融区，测杆垂直插入冰内，采用测杆观测冰川表面的变化。当冰川表面有积雪（粒雪）及附加冰时，还要分别记录它们的厚度（h）及平均密度（ρ）。冰川积累区主要是雪及粒雪层，主要利用雪坑法观测，测杆作为辅助方法。雪坑按层位测定密度和厚度，计算出该年层的纯积累量。

(2) 水量平衡法：当冰川面积较大、地形复杂、直接观测难以实现时，可应用水文学方法来测量整个冰川流域的物质平衡。其基本原理是流域的水量平衡公式：

$$B = P - R - E - I$$
$$B_g = B / k \tag{11-1}$$

式中，B、P、R、E、I 分别为全流域的水量平衡、平均降水量、平均蒸发量、平均径流深和渗透水量；B_g 为全流域所有冰川及积雪的物质平衡；$k = S_g / S$ 为冻结系数，S_g 为流域内的冰川面积，S 为全流域面积。

测取全流域的平均降水量、径流深、蒸发量、渗透水量及流域内冰川面积等指标，通过水量平衡计算冰川物质平衡。当融水渗透量不大时，渗透水量常忽略不计。在海洋型冰川上，蒸发与凝结常相互抵消，可忽略不计。在大陆型冰川上，蒸发量可通过试验估算；在亚大陆型冰川上，考虑蒸发的径流深的修正系数大致为 0.95；在极大陆型冰川上，径流深的修正系数为 0.90。

（3）飞行勘测法：该方法可以估计一个地区冰川物质的平衡状态。利用夏末航空照片或卫星影像资料来判读平衡线的高度（ELA），并计算积累区面积比率（AAR）的变化。当 ELA 较高而 AAR 较小时，该地区冰川可能处于负平衡，反之，则处于正平衡。该方法对海洋型冰川比较适用，因为平衡线与粒雪线是一致的，在航片上易于识别。

（4）重复地面立体摄影测量法：卫星测高技术和卫星重力测量技术可应用于冰川物质变化监测，前者对高程变化敏感，主要通过光学立体摄影、合成孔径干涉雷达（InSAR）和激光测高等技术获取地面高程，监测不同时期冰川表面高程变化，进而估算冰川冰量变化和物质变化；后者对物质变化敏感，通过监测重力场变化，可以分析研究区内的物质变化。卫星重力测量技术的优势在于监测几百千米或者更大尺度区域内的物质变化，如南极和格陵兰冰盖，但是不能确定区域内物质损失所出现的具体地点，也不能区分地面和地下的物质变化状况。

（5）极地冰盖物质平衡观测方法：分量法是计算极地冰盖物质平衡的常用方法。极地冰盖上物质的收入几乎全部来自大气固体降水，用测杆法、雪坑法，有时也可利用浅孔冰芯记录，如放射性同位素（如氚）的峰值，计算多年积累量的平均值及其大致的年际变化。冰盖物质的支出项可分为冰山的裂解、表面消融、风吹雪、冰床及冰架底部的消融。冰盖上的凝结及蒸发被认为是相互抵消的，因此可忽略不计。冰山崩解的测量主要是通过航空相片或卫星影像判读，同时要估算其厚度和生存期限。冰架底部消融量的估算比较困难，目前还没有好的方法。冰盖上的消融只发生在其最边缘部分，而且相当多的融水又重新渗入粒雪层变成内补给。

冰流量法是通过测量冰盖边缘冰的流量，间接计算每年冰山的崩解量。以冰的厚度乘以该处的平均流速，可以得到边缘线单位宽度的冰流量，再与冰盖的积累量相对比，得到冰盖的物质平衡。

整体法不分别估算物质的收入和支出项，而直接测量冰盖体积的变化。其具体方法如下：一是用卫星测高法测量冰盖高程的变化，同时估算地面均衡调整或与构造有关的垂向运动，最后估算冰盖体积的变化；二是用重力法直接估算冰盖的物质平衡。空间技术的发展和新技术的应用为这个方法提供了广阔的前景。

2）冰川面积

冰川面积的观测最有效的方法是地面立体摄影测量。应用大地测量和地面立体摄影测量可以得到整个冰川的规模（长度、面积、体积）及形态变化的准确数据。而地面测量法测量及成图比较复杂，费用较高，目前只应用于重点研究冰川，其精度高于航空测量及卫星遥感图像。

利用卫星遥感技术测量冰川面积已经得到了广泛的应用。卫星遥感监测方法可以分为两类：基于目视解译的信息提取和计算机辅助分类法。目视解译精度高，却耗时费力，主要应用于精度要求较高的工作中。计算机辅助分类法相对成熟。目前遥感影像数据中提取冰川边界的常用方法有：比值阈值、非监督分类、监督分类、主成分分析、积雪指数、基于地理信息系统（GIS）的模糊数学与数字高程模型（DEM）等。上述方法都不能很好地提取表碛覆盖型冰川的边界，于是又提出一种基于遥感和 DEM 相结合的半自动分类法。该方法虽然在一些研究区取得了很好的效果，但很难被推广应用到其他地区。目前对表碛覆盖冰川的边界提取尚未有通用的、较成熟的方法。在实际操作过程中，可以尝试多种方法并进行比较，以选择其中合适的方法。

3）冰川运动

传统的方法多采用经纬仪前方交会法测量冰川运动速度。近年来，全球定位系统（GPS）应用于冰川运动速度观测，可利用静态、动态两种模式进行观测，其中静态模式重复多次观测，可提高测量精度，而动态模式则通过已知基准点与测点距离的时段间隔变化来计算流速变化。重复地面立体摄影测量也能表征冰川运动矢量特征。

4）冰川厚度

冰川厚度测量先后采用过多种方法。单条冰川获取厚度分布为最直接有效的方法，包括热钻法、地震法、重力法和电测法等。其中，最准确的为热钻法，然而孔的钻取较困难，只能获知很有限的若干离散点的冰川厚度；地震法根据弹性震动在冰中的分布特征来观测冰川的厚度与结构，它比钻孔法简单、便宜，但设备重而复杂，且必须使用爆炸物质，当冰川厚度较小时难以测量；重力法是把冰川厚度看作是在冰川上得到的负重力异常的函数，其精度逊于地震法，但更简便。应用重力法计算确定剖面冰川厚度时，必须预先知道该剖面某一点的冰厚度；目前广泛使用的是电测法，即无线电回波探测（雷达探测），它比地震法更为优越。对于低于融点的冰，电磁波在其中传播时衰减很小，即具有较强的穿透能力，因此雷达（包括探地雷达和机载探空雷达）探测方法广泛应用于冰川与冰盖的厚度测量，特别是在大陆型冰川的测厚方面取得了较好的资料。应用上述方法获得的冰川厚度资料，通过空间插值得到整条冰川的厚度。

5）冰川温度

冰川表面温度测量，目前还没有一种精度较高的非接触式辐射温度计，一般参照气象站常规地表温度观测办法。在需要测温的冰川表面选择没有粗颗粒表碛且较平坦的区域，将精密热敏电阻温度单探头的感应头部分朝向东，并将其和导线一半埋入冰雪或细表碛中，另一半露出表面。探头与下垫面必须紧贴，不可留有空隙。目前，雪坑剖面温度测量采用精密热敏电阻测温单探头组测量。钻孔冰温测量则是将若干冰温探头组成一条电缆线，放入冰钻孔中或放入冰孔中下端密封的 PE 塑料管中。

2. 积雪观测方法

积雪从形成到融化，或者转化成冰粒，一直处于连续不断地变化中。由于降雪过程的间断性、风的作用和积雪的变质过程，不同地区和同一地区不同雪层的积雪具有各自不同的物理特征，包括积雪深度和积雪微观结构等。雪水当量在积雪水文研究中意义显著，也是目前积雪观测中的重要参数之一。

1) 积雪深度

积雪深度是指积雪的总高度。量雪尺是测定积雪深度的一种直接而轻便的方法。为了连续测量较大范围多个点的积雪雪深，可在测量区布设若干花杆，目测或用望远镜读数，这种方法对于山区积雪深度测量更为常见。超声雪深监测仪是一种采用超声波遥测技术对降雪过程监测、记录、分析的设备。它通过向被测目标发射一个超声波脉冲，然后再接收其反射回波，测量出超声波的传播时间，再根据超声波在空气中的传播速度计算出传感器与被测目标之间的距离。该方法适用于无人值守的野外监测，可以实现人工雪深自动化的连续监测。

2) 积雪密度

积雪密度即单位体积积雪的质量，以 g/cm^3 为单位。湿雪和干雪的密度不同。湿雪密度的测量包括雪的所有组成部分（冰、液态水和空气），而干雪密度测量时只包括冰基质和空气。体积量雪器是测量雪压用的一种仪器，雪压为单位面积上积雪的质量，以 g/cm^2 为单位，雪密度可以由雪压和雪深的商获得。雪特性分析仪是一种测量积雪密度和特性的仪器，它的主要组成部分包括一个读数表和探头，探头为一钢质、叉形的微波共振器，可以测量共振频率、衰减度和 3dB 带宽 3 个电参数，用于精确计算积雪的介电常数，并且通过半经验公式来计算雪密度和液态水含量。

3) 雪水当量

根据积雪密度和雪深可以计算雪水当量，即雪水当量＝积雪密度×积雪深度。因此，上述测量积雪密度的仪器，如传统的体积量雪器、称雪器和雪特性分析仪等都可以用于雪水当量的计算。雪枕（snow pillow）是一种传统的测量积雪层中雪水当量的方法。雪枕安装在地面上，与地齐平，或者埋在一薄层土或砂下。雪枕内的液体静压力是测量雪枕上积雪重量的量度，该液体静压力通过浮筒式液位记录器或者压力传感器测量，从而可以连续测量积雪的水当量。

宇宙射线仪是一种可以替代传统的利用雪枕测量雪水当量的先进仪器，它通过测量被积雪层吸收的地面释放的宇宙射线（如伽马射线）的量来获得雪水当量，因此不会对积雪样本造成破坏。其原理在于积雪层对土壤顶层自然辐射元素发射的宇宙射线具有衰减能力，地面自然辐射出的伽马射线的量取决于放射源（即地面）与探测器之间介质的水含量，因此雪层的雪水当量越多，射线的衰减就越多。

4）积雪粒径

传统的基于地面观测的雪粒径一般指的是粒径的物理尺寸，而目前基于遥感电磁波方法的雪粒径大多使用的是积雪的光学粒径，光学粒径是散射概率（如气泡或内部颗粒边界）间距离的函数，包括光学有效粒径和光学等效粒径等。其中，光学有效粒径可以用近红外波段与可见光波段反照率的比值来计算，光学等效粒径则可用雪粒的体积–表面积比等参数来表示。米格纸，即毫米格网法是测量积雪粒径的一种简单易行的方法，它将积雪样本放在毫米格网板上，通过积雪粒径和格网板上的格网线间距，比较估算平均积雪粒径和平均最大积雪粒径。利用光学显微镜也可测量积雪粒径。电子显微镜也可用于积雪粒径的观测，不过受温度等的影响，其观测精度不稳定。电子计算机断层扫描（CT）技术是目前最好的积雪粒径测量方法，它通过提取积雪样本，在低温实验室采用立体测量技术进行观测，该技术不仅可以观测积雪粒径，还可以得到积雪颗粒及积雪体的三维立体形态，从而计算出雪粒的体积和表面积。

5）积雪硬度

积雪硬度测量常用冲力硬度计。这种硬度计的上端有活动的金属砝码，根据砝码的质量和下降高度，以及硬度计被打入雪层的深度，可以计算出雪层的硬度，也可用落锤式圆盘硬度计来测量积雪的硬度。

6）液态水含量

积雪中精确的液态水含量可以由雪特性分析仪获取，液态水含量用体积或质量百分比来表示。表11.4给出了积雪液态水含量的按体积分数分类的划分标准。

表11.4 积雪液态水含量分类标准

术语	描述	液态含水量大致范围/%
干	雪层温度通常低于0℃，干雪中松散的雪粒间黏性很小，即使用力挤压，也很难将干雪做成雪球	0
微湿	雪层温度为0℃，即使将其放大10倍也观察不到水的存在，轻轻挤压时，雪很容易团到一起	<3
湿	雪层温度为0℃，放大10倍后可以观察到雪粒间半月形水痕的存在，但是用手对雪轻挤、微甩时不会产生水	3~8
很湿	雪层温度为0℃，用手对雪轻挤压时会产生水，但雪的孔隙中仍有相当多的空气	8~15
极湿	雪层温度为0℃，雪被水浸泡，且雪孔隙中空气含量仅占20%~40%	>15

7）积雪温度

积雪表层温度一般用热红外温度计进行测量。雪层内部温度可用针式温度计和温度探头等进行测量，它们均以热敏电阻为原件，利用金属导体或半导体在温度变化时本身电阻随之发生变化的特性来测量温度，其中针式温度计设计小巧、携带方便，而温度探头则可以长时间地置于野外进行连续的积雪温度观测。

8）杂质元素

当积雪中杂质的种类和数量影响到积雪的物理特性时，还需要对这些杂质元素进行分类和测量。积雪中常见的杂质包括粉尘、沙粒、烟尘、生物质、有机物等。杂质类型和数量的测量一般是通过实地雪样收集和实验室化学分析获得的。

3. 冻土观测方法

冻土观测内容主要包括冻土特征参数和活动层水热状态、冻土热状态等动态过程的观测。冻土特征参数主要包括：季节冻结和季节融化深度、冻土年变化深度、冻土年平均地温、多年冻土下限或多年冻土厚度等基本特征参数。

1）季节冻结和季节融化深度

季节冻土区观测季节冻结深度，多年冻土区观测季节融化深度。多年冻土区季节融化深度也称为多年冻土上限。其一般有3种观测方法，即机械探测、土体温度观测和可视化观测方法。

机械探测方法主要采用冻土器和融化管来观测。冻土器用于观测季节冻结深度，其由外管和内管组成，冻土器外管内径30 mm、外径40 mm。外管为一标有0刻度线的硬橡胶管，内管为一根有厘米刻度的软橡胶管（管内有固定冰柱用的链子或铜丝、线绳），底端封闭，顶端与短金属管、木棒及铁盖相连。内管中灌注当地干净的一般用水（保证水含量盐较低）至刻度的0线处。观测时将内管提出读出冰上下两端相应的刻度。融化管用来观测季节融化深度，其结构与冻土器结构类似。

土体温度观测主要通过测量活动层内土体的热敏电阻值经换算为土体温度来确定季节冻结和融化深度。由于季节冻结深度或季节融化深度数年内会发生变化，因此，一般观测深度需超过最大季节冻结深度或最大季节融化深度一定范围。

可视化观测方法主要通过坑探或钻探方法来确定，这种方法主要用于一次性观测最大季节冻结深度和季节融化深度。在季节冻土区，一般在3月中旬或4月初通过坑探和钻探确定冻结和融土的界限深度。在多年冻土区，一般是在9月下旬至10月初通过上限附近存在厚层地下冰的特征来确定最大融化深度。

2）冻土年变化深度、冻土年平均地温、多年冻土下限或多年冻土厚度

这些变量主要通过一定深度范围内的冻土热敏电阻温度串的电阻值观测经计算来获得。冻土年变化深度存在着区域差异，一般在10~20 m变化，因此，一般冻土温度观测深度需要大于10~20 m。根据一年内土体温度连续观测资料来确定冻土年变化深度，确定年变化深度就可确定冻土年平均地温（年变化深度处的地温）。另外，冻土年变化深度也可通过一次钻孔温度测量并结果依据相关计算方法来估算。若要通过土体温度来获得

多年冻土下限或多年冻土厚度观测值时，冻土温度观测深度至少应该大于冻土下限深度。但根据冻土温度观测结果计算获得冻土地温梯度，可近似推测多年冻土下限深度或多年冻土厚度。

3）冻土热状态

冻土热状态为各深度上冻土温度的时空变化特征，可以通过不同深度的热敏电阻温度串量测的电阻值换算成温度来获得。依据冻土观测的目的，可以制作不同深度和不同观测间隔的热敏电阻温度串。一般热敏电阻观测可采用两种方法：一是可采用分辨率为 $\pm 1\mu V$ 的高精度万用表进行手动观测，然后依据标定方程换算成温度值。二是可采用数据采集仪进行自动观测。

4）活动层水热过程

土体温度可采用热敏电阻或铂电阻或热电偶等来观测，水分可采用时域反射或频域反射或其他类型的水分传感器来观测。由于浅层土体温度和水分具有强烈的时空变化，因此，一般活动层内土体水热观测传感器间隔可采用 5 cm、15 cm、30 cm、50 cm、80 cm、120 cm、180 cm、240 cm、300 cm，最深达到多年冻土上限位置即可。一般观测应采用自动数据采集仪进行，观测频率为每 30 分钟 1 次。

4. 河冰和湖冰观测方法

河冰和湖冰的观测分为冰情目测、人工测量和自动化观测等。湖冰的观测主要包括初冰期、完全封闭期、消冰期、完全解冻期、冰厚等。河冰观测的主要内容为冰情观测，凌情演变的 3 个时期的观测项目各不相同。流凌期，主要观测河流结冰流凌的状况，即流凌密度、冰花、冰块大小、冰量大小、岸冰变化等。封河期，主要观测封冻河段起讫地点、位置、长度、宽度、段数、封冻态势（平封、立封等）、冰厚、冰量、冰下过水断面面积、水内冰态、冰塞情况、河槽蓄水量等。开河期，主要观测冰质、冰色变化、岸冰脱边、滑动，解冻开河位置、时间、长度、段落、流冰面积、速度，冰凌卡塞、堆积情况、冰坝形成位置、阻塞程度及其发展变化、河水漫滩、串水偎堤情况等项目。以上各阶段所测要素大部分需要人工目测或手工测量。随着科技的发展，国外开发了一些新的原型观测仪器。例如，SWIPS（shallow water ice profiling sonar）系统测量水温、河冰的生长和消融速度、河床温度等，该系统的优点在于可以用于封河期和开河期的水内冰冰花的形成，悬浮冰盘的发展，海冰下冰花输移等恶劣条件下的原型观测。

1）河、湖冰厚度

河、湖冰厚度定点监测可利用磁致伸缩式冰厚测量传感器、电阻率冰厚测量传感器等。磁致伸缩式冰厚测量传感器由仪器箱和测量杆两个硬件部分组成。测量时，下磁环在重锤重力的作用下向下运动，并放置在冰/雪面上；下磁环的运动通过气动方式来控制，下磁环带有一个气囊，气囊通过导气管与气缸连接，当气缸在减速电机的驱动下压缩空气时,气囊膨胀,下磁环机构浮力和重力的合力将其浮起,与冰层的底面接触。这时,利用磁致伸缩式冰厚测量传感器探测固定磁环与上磁环的距离,以及固定磁环与下磁环的距离,得到冰/雪表面和冰底面的位置,测量值存储在数据记录仪内。

2)冰凌密度

流凌密度的自动化监测主要采用图像法,即在岸边设置高精度摄像机拍摄图片,并通过远程将数据传输到监测中心,进行图像处理,分析冰凌的密度。流凌密度随着气温、水温的降低而逐渐加大。

3)冰流速

冰流速的实时监测也可以采用图像法,但由于红外烟杆图像监测流速的方法还不成熟,图像法在夜晚监测流速便很困难。目前,一些新的流速监测仪器也相继出现,如ADCP(acoustic doppler current profiler)技术。此外,有一些小型监测传感器,如携带速度计的Zigbee无线监测技术等。

5. 海冰观测方法

海冰观测包括海冰范围、密集度、厚度、形态和类型等,主要通过考察船、冰站和浮标等海冰现场观测技术(图11.3)。

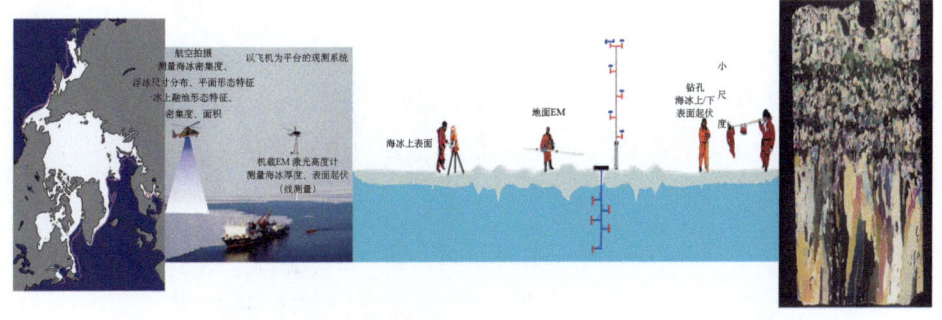

图 11.3　基于卫星遥感、船舶、直升机、冰站及冰芯的海冰观测体系

1)船基海冰观测

冰区航行期间的海冰观测有利于获得大范围的观测数据,同时保证一定的观测精度,破冰船作为移动的平台是连接卫星遥感和冰面观测的桥梁。基于考察船的海冰观测主要体现为形态学参数的观测,如海冰密集度、厚度、融池覆盖率和冰脊分布等。主要的观测技术包括:根据观测规范的人工观测,基于电磁感应技术的海冰厚度观测,以及基于图像识别的海冰形态观测等。

WMO 针对海冰的分类和形态等参数进行了定义,采用了卵形记录方法(egg code)对海冰分 3 类进行记录。船基人工观测和记录有利于获得海冰基本物理参数的空间分布信息，优化卫星遥感产品的解译算法，反馈到海冰预报系统，提高后者的预报精度。WMO 卵形记录方法划分海冰生消阶段的标准见表 11.5。

表 11.5　海冰的分类

分类	冰花	冰屑/脂状冰	尼罗冰	饼冰	初冰（灰冰）
英文名称	frazil	shuga/ grease	Nilas	pancakes	young grey ice
厚度/m	—	<0.05	0.05~0.10	<0.30	0.10~0.15
分类	初冰（灰白冰）	薄一年冰	一年冰	厚一年冰	多年冰
英文名称	young grey-white ice	thin first-year ice	first-year ice	thick first-year ice	multi-year ice
厚度/m	0.15~0.30	0.30~0.70	0.70~1.20	>1.20	> 2.50

除了人工观测外，依托考察船，还能布放一系列外挂设备对海冰物理特性进行连续观测。如图 11.4 所示，在中国"雪龙号"考察船上，布设了红外海表温度测量仪对海冰/海水表面温度进行测量，利用向外倾斜的自动摄影相机对海冰密集度和表面形态进行监测，利用垂直向下录像机对破冰船压翻的海冰厚度断面进行监测（通过对比厚度断面和悬挂至冰面的标志物得到海冰厚度），以及利用电磁感应测量仪 EM-31 对海冰厚度进行观测。

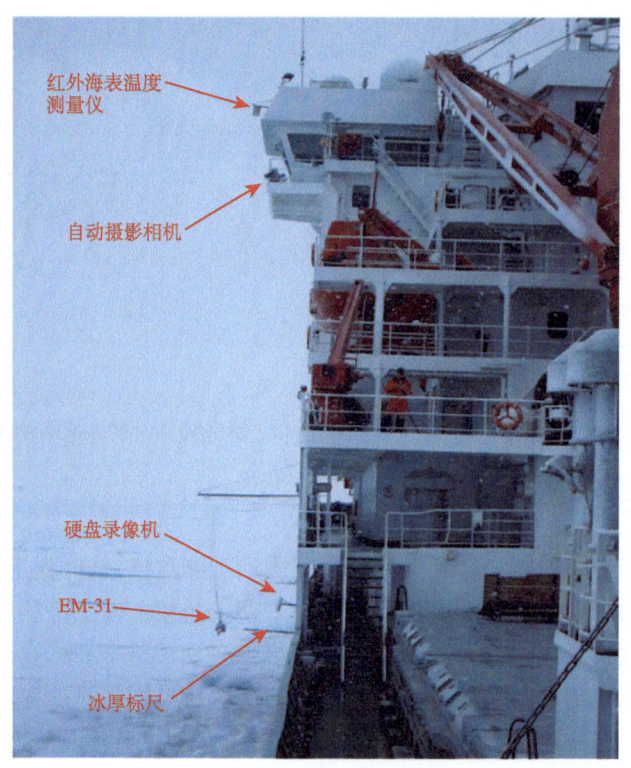

图 11.4　基于雪龙号考察船的海冰观测系统

电磁感应技术被广泛应用到海冰厚度观测领域，该技术属非接触式、观测较方便实施、数据精度较高，可适用于多种场合，包括冰面观测、船载悬挂式观测和机载观测。水下仰视声呐也是观测海冰厚度的主要自动化技术之一。潜艇和水下机器人的观测与船基和机载的观测类似，属于快照式的观测。潜艇的观测属于海盆尺度，有利于得到大范围的海冰厚度分布，水下机器人的观测一般只局限于百米尺度，但有利于获得冰底形态的三维结构。

2）冰基海冰观测

冰基海冰观测主要是建立冰站，实施海冰多要素观测。短期冰站观测侧重于冰芯样品的采集和物理结构的测定，长期冰站侧重于气–冰–海相互作用过程的观测。长期冰站的观测项目包括中底层大气垂直结构、大气边界层结构、气–冰界面的辐射和湍流通量、积雪–海冰层的物质平衡、积雪–海冰层的物理结构、冰底的短波辐射传输、冰底上层海洋层化和流场，以及海冰的运动等。对应观测技术包括系留汽艇/GPS 探空、气象梯度塔、EM-31 电磁感应冰厚测量仪、光谱通量仪、水下机器人等。

3）冰基浮标观测

冰基浮标观测与浮冰站观测类似，属拉格朗日观测，其有利于获得气–冰–海相互作用关键过程的观测数据。浮标属无人值守观测，其大大降低了建立和维护浮冰站的人力和物力成本，因此被广泛应用到南、北极海冰观测中。冰基浮标观测参数包括大气边界层、积雪–海冰的物质平衡、海冰的运动和冰场变形、冰底湍流和短波辐射通量，以及上层海洋的层化结构和海流等。海冰运动在 20 世纪一般通过 ARGOS（advanced research and global observation satellite）卫星定位，定位精度较差，为百米量级，2000 年以后的浮标一般采用 GPS 定位，定位精度为 10~20 m。相对其他观测参数，海冰运动最易观测，因此其历史观测数据也最为丰富。

6. 冰冻圈社会经济调查方法

冰冻圈社会经济调查方法是指调查者应用特定的方法和手段在冰冻圈核心区、作用区与影响区搜集有关冰冻圈变化及其对人员、生计、资源、基础设施、社会、经济等的影响、传统适应知识、现有适应措施的信息资料，并对其进行审核、整理、分析与解释的方法。

1）冰冻圈社会调查研究的原则

（1）客观性原则：冰冻圈变化对自然环境与经济社会的影响不仅复杂多样，而且区域差异显著。因此，在调查时应根据研究内容的着重点与预期目的，从具体情况出发，选择调查地区，确定调查对象，充分搜集客观材料，探寻冰冻圈变化与社会经济之间的因果联系与作用规律。

（2）真实性原则：调查研究是否科学主要取决于搜集资料的真实性。我国冰冻圈主要位于西部高山高原地区，偏远不易到达，且多为少数民族地区，这些因素，尤其是语言障碍严重影响调查进程与获取资料的真实性。因此，在开展社会调查时，应预判调查地区可能存在的各种情况，尽可能提前做好准备工作，如将问卷翻译成调查地区语言文字，或者通过当地政府联系翻译人员等，力争获取真实数据。

（3）准确性原则：主观性被认为是社会调查研究的一大缺陷，要克服它，在社会调查时就必须实事求是准确描述调查事实，尤其是涉及数据时，要力求达到准确。

2）常用的冰冻圈区域社会调查方法

（1）确定调查对象的方法：包括普遍调查、典型调查、抽样调查、个案调查 4 种，在冰冻圈社会调查中主要采用抽样调查方法。

（2）调查和收集资料：冰冻圈区域社会调查方法有问卷法与访谈法。问卷的设计要充分考虑调查目的、调查内容、样本性质、资料处理及分析方法、财力、人力和时间，以及问卷的使用方式。问卷主要包括封面信、指导语、问题及答案、编码等几个部分。问卷调查可以分为准备阶段、调查阶段、分析阶段和总结阶段。

11.3 实验室分析技术

11.3.1 力学

1. 单轴试验

单轴试验是主要用于开展冻土和冰等材料的无侧向抗压强度的试验。试样制备可采用扰动样和原状样两种。用于冻土和冰单轴试验的仪器一般采用材料试验机改装而成，包括可控温试验箱、轴向加压设备、轴向应力和变形量测系统。根据不同的试验要求，使用不同的加载控制方式，强度试验最常用的是恒应变速率，蠕变试验采用的是恒荷载试验。对于单轴强度试验，可获得单轴压缩强度（无侧向抗压强度）。对于单轴蠕变实验，可获得蠕变三要素（冻土的破坏时间、破坏应变和最小蠕变速率）、长期强度曲线和长期强度极限。

2. 三轴试验

用于冻土三轴试验仪主要包括压力室、轴向加压系统、围压系统、反压力系统、孔隙水压力测量系统、轴向变形和体积变化量测系统，主要用于开展冻土和冰等材料的三轴压缩试验，其试样尺寸与单轴一样。试样制备可采用扰动样和原状样两种。用于冻土三轴仪器有两个特殊要求：一是压力室必须是可控温的；二是仪器提供的轴压和围压比常规土的三轴试验仪要大，如最大轴向力为 5 t、10 t 和 15 t；最大围压为 5 MPa、10 MPa 和 20 MPa。

11.3.2 热学

热学是研究物质处于热状态时的有关性质和规律,是人类对冷热现象的探索。热学的主要参数有:导热系数、导温系数和比热容,三者之间存在密切的关系{$\alpha = \lambda/\rho C$,α 为导温系数(m/h);λ 为导热系数[W/(m·K)],ρ 为密度(kg/m³);C 为比热容[J/(kg·K)]}。只要能实测两个参数,第三个参数便可计算求得。

1. 导热系数

实验室内主要采用稳态法和非稳态法对物质的导热系数进行测定。稳态法是用热源对测试样品进行加热,样品内部的温差使热量从高温处向低温处传导,其内部各点的温度将随加热快慢和传热快慢的影响而变化;在控温条件下,热传导过程将达到平衡状态而形成稳定的温度分布,根据热量、样品厚度、样品面积、时间和温度等的关系来计算导热系数。稳态法包括纵向热流法、径向热流法、直接电加热法、热电法和热比较法。智能型双平板导热系数测定仪对保温材料导热系数的测试,使用的是稳态法(纵向热流法-绝对法)。非稳态法是用热源对测试样品进行短时间加热,使样品温度瞬时发生变化,根据其变化的特点和时间的关系,通过导热微分方程的解计算出试验样品的导热系数。对保温材料、岩土的导热系数测试,可采用非稳定态法中的瞬时热流法-热线法。对金属、岩土、液体和粉末的导热系数测试,使用的是非稳定态法中的瞬时热流法-闪光法(激光脉冲法)。

2. 导温系数

导温系数可以在已知导热系数和比热容的条件下求得,也可通过试验直接得到。实验室内主要采用圆柱体瞬态热流法。岩土在室内采用正规状态法,野外采用温度波法和薄板法。

3. 比热容

实验室内主要采用传统的比热容测试仪、平板导热系数测试仪和热分析法测定比热容。其中,热分析法使用得最为标准和普遍。Q2000 差示扫描量热仪可对金属、岩土、液体和粉末的比热容进行测试,其使用的就是热分析法。

11.3.3 光学

1. 单颗粒烟尘光度计(single particle soot photometer, SP2)技术

单颗粒烟尘光度计(SP2)技术由激光发射器(Nd: YAG crystal,1064 nm)、流量控制系统、4 个光信号检测器及信号存储系统组成。含气溶胶颗粒的喷气由进样口进入仪器腔内,垂直穿过激光束中心,接受强激光束的照射,吸收能量、温度上升;黑碳颗粒散射激光,经由过滤器聚焦到光信号探测器上。将光信号与已知标样黑碳颗粒释放的光

信号对比,即可推断单个气溶胶颗粒中黑碳的含量;再将一定时段内所有气溶胶颗粒中的黑碳积分,除以相应时段内通过仪器的气溶胶体积,便可得到大气中黑碳含量水平。由于所有颗粒都能散射照射到颗粒表面的激光,经过探测反射光的信号强度还可以确定气溶胶颗粒的粒径、分析黑碳颗粒被包裹与否。SP2 可以测量分析单颗粒气溶胶中的黑碳含量,不受黑碳形态、黑碳与其他组分的混合状态的影响。该技术也可用于分析液态水样中黑碳含量,水样被蠕动泵输入到超声雾化器转化为气态,经干燥后进入 SP2 进行分析。

2. 激光微粒粒径测量技术

利用均匀的液态样品中微粒对激光的背散射参数在一定粒径和浓度范围内与微粒粒径和浓度呈线性变化的特征,测量不同散射角的散射微粒光强,即可确定微液态样品中微粒的浓度和粒径分布参数。其工作原理是来自 He-Ne 激光器的光经扩束镜扩束后照射到被测颗粒物样品上,被测颗粒在激光照射下产生散射现象,散射光由变换透镜聚焦后被位于其后焦面上的光电探测器接收,并转换成电信号输出,可获得被测颗粒的直径及直径分布。该技术主要用于分析雪冰和水体样品的微粒粒径及数量。

3. 衍射技术

利用 X 射线照射粉末样品,随照射角度的变化,衍射出特征矿物的衍射花纹,其是定量定性分析矿物成分与组成的主要设备,通过其可以获得矿物的结构特征。当 X 射线沿某一方向入射到晶体时,晶体的每个原子的核外电子产生的相干波彼此发生干涉,每两个相邻波源的波峰与波峰相互叠加得到最大限度的加强,晶体点阵结构中具有周期性排列的原子或电子散射的次生 X 射线间相互干涉,决定了 X 射线在晶体中的衍射方向,所以通过对 X 射线衍射方向的测定,可以得到晶体的点阵结构、晶胞大小和形状等信息。X 射线衍射分析方法简单、分析成本低、分析速度快、分析范围广且对样品无损害、数据稳定性高,在矿物结晶过程研究、矿物表面研究、矿物定量分析和矿物晶体结构测定方面均有新的应用。

4. 光学物理影像技术

显微镜包括电子显微镜、生物显微镜、体视镜等,以及各类大型荧光显微镜等。电子显微镜与电子探针利用电子束对样品成像,反映样品的表面微观特征,配合波谱仪或能谱仪,能定量计算微区元素分布。扫描电子显微镜(SEM)通过探测样品原子外层电子束轰击时逃逸出来的电子(二次发射电子和背散射电子)和激发后跃迁的电子回迁时发出的光能,并将它们转换成图像,从而可在纳米尺度显示样品的微观结构。扫描电子显微镜配有两种检测器(二次电子检测器和背散射电子检测器),弹性散射电子来自样品表层几百纳米的深度范围,由于它的产额随样品原子序数的增大而增多,所以不仅可用来分析形貌,还可用来分析成分。该技术主要用于矿物、岩石形貌特征、结构与构造等分析。

11.3.4 微观物理结构

依据冰冻圈的组成要素分类，可将其物理结构分析技术分为两大类：第一类为雪冰（包括积雪、冰川冰及河、湖与海冰）物理结构分析检测技术；第二类为冻土物理结构分析检测技术。

雪和冰的微观物理结构检测主要包括雪冰二者的晶体形态、组构及粒径，以及形态检测包括粒雪孔隙度与成冰深度，雪冰密度，二者混合结构形态，雪冰中混合杂质的浓度，粒雪成冰过程中所封存气泡的数量、形状、尺寸、分布状态等。雪冰微观物理结构分析检测仪器设备主要有称重计、放大镜与数码影像提取设备，以及高倍显微镜和电子显微镜成像仪及激光粒型粒度仪等。其中，冰组构分析利用冰的各向异性特征，在可见光下对冰的粒径大小、晶面朝向进行统计，分析结晶轴的方向，获得冰晶体生长方向、后期的变化等参数。此外，冰芯物理参数扫描技术是利用特征波长的单色光对冰芯进行扫描，得到冰芯的完整图像、再现冰芯物理特征，其能够清晰地反映冰芯中污化层、白冰层、冰片与粒雪层等。冰晶粒径反映成冰的温度环境，冰晶 C 轴可以反映成冰作用的各种过程。

冻土的微观物理结构检测主要包括冻土的岩性特征、含水率、密度、色泽、厚度等，其次为岩土与水分的混合结构、未冻结水组分在冻土内的分布特征、冻结冰缘的结构、土壤土质类型及其冷生构造等，以及土壤颗粒物形态、粒径组构、孔隙度、分凝冰透镜体结构等。所采用的主要仪器有数码影像提取设备、高倍显微镜、电子显微镜成像仪、激光粒型粒度仪、脉冲核磁共振仪、全自动比表面积及孔隙度分析仪等。

11.3.5 化学成分

1. 离子色谱（ion chromatograph，IC）技术

离子色谱技术是分析离子成分的一种液相色谱方法。根据分离机制，离子色谱可分为高效离子交换色谱（HPIC）、离子排斥色谱（HPIEC）和离子对色谱（MPIC）。离子交换色谱是最常用的离子色谱，分离机制主要是离子交换，采用低交换容量的离子交换树脂来分离离子。离子色谱最重要的部件是分离柱、高效柱和特殊性能分离柱。柱管材料一般使用惰性材料。离子色谱可同时检测样品中的多种成分，具有选择性好、灵敏度高、分析快速等优点。对常见阴离子（F^-、Cl^-、Br^-、NO_2^-、NO_3^-、SO_4^{2-}、PO_4^{3-}）和阳离子（Li^+、Na^+、NH_4^+、K^+、Mg^{2+}、Ca^{2+}）的平均分析时间小于 15min。对常见阴离子的检测限小于 10μg/L。离子色谱技术广泛用于雪冰样品中主要可溶性离子成分的分析。

2. 电感耦合等离子体质谱（inductively coupled plasma mass spectrometry，ICP-MS）技术

电感耦合等离子体质谱技术是将电感耦合等离子体的高温电离特性与质谱仪的灵敏快速扫描的优点相结合而形成一种高灵敏度的分析技术。其质量分析器多采用四极杆质

谱，也有采用具有高分辨的双聚焦扇形磁场质谱、飞行时间质谱等。该技术的特点如下：灵敏度高；速度快，可在几分钟内完成几十个元素的定量测定；谱线简单，干扰相对于光谱技术要少；线性范围可达 7~9 个数量级；样品的制备和引入相对于其他质谱技术简单；既可用于元素分析，还可进行同位素组成的快速测定；主要应用于雪冰中无机元素和同位素的分析测试。

3. 有机碳/元素碳（OC/EC）热光分析技术

有机碳（OC）和元素碳（EC）（黑碳）分析方法，首先在系统中通入氦气，在无氧的环境下持续升温，逐步加热颗粒物样品，使样品中有机碳挥发，之后通入 2%的氧/氦混合气，在有氧环境下继续加热升温，使得样品中的元素碳完全氧化成 CO_2。无氧加热释放的有机碳经催化氧化炉转化生成的 CO_2，以及有氧加热时段生成的 CO_2，均在还原炉中被还原成 CH_4，再由火焰离子化检测器（FID）定量检测。无氧加热时的焦化效应（charring）也称为碳化，其可使部分有机碳转变为裂解碳（OPC）。为检测出 OPC 的生成量，用 633 nm 激光检测样品加热升温过程中反射光强（或透射光强）的变化，以初始光强作为参照，确定 OC 和 EC 的分离点。该方法的测量范围为 0.2~750 μg C /cm^2，最低检测限为总有机碳 0.82 μg C /cm^2、总元素碳 0.20 μg C /cm^2。该技术可以应用于水及各类沉积物中有机碳和元素碳含量的分析检测。

4. 气体稳定同位素比质谱（isotope ratio mass spectrometer, IRMS）技术

其是根据带电粒子在电磁场中偏转的原理，按物质原子、分子或分子碎片的质量差异进行分离和检测物质组成的分析技术。质谱仪以离子源、质量分析器和离子检测器为核心。离子源使试样分子在高真空条件下离子化，电离后的分子因接受了过多的能量会进一步碎裂成较小质量的多种碎片离子和中性粒子。它们在加速电场作用下获取具有相同能量的平均动能而进入质量分析器。质量分析器是将同时进入其中的不同质量的离子，按质荷比 m/z 大小分离的装置。分离后的离子依次进入离子检测器，采集放大离子信号，经计算机处理，绘制成质谱图。该技术广泛用于核科学、地质年代测定、同位素稀释质谱分析、同位素示踪分析等。

5. 冷原子荧光光谱（cold vapor atomic fluorescence spectroscopy, CVAFS）技术

其是原子荧光光谱法的一种，是通过测定待测元素的原子蒸气在辐射能激发下发射的荧光强度进行定量分析的方法。该方法具有灵敏度高、检出限低、稳定性好、线性范围宽且谱线较为简单等优势，是目前国际通用的测定各类环境样品中 Hg 含量的方法。将样品中不同形态的 Hg 转化为原子汞并以高纯氩气将 Hg 蒸气载入检测器，基态 Hg 原子受到波长 253.7 nm 的紫外线激发，激发态 Hg 原子可辐射出相同波长的荧光，利用荧

光强度与汞含量成正比的关系确立待测样品中 Hg 的含量，检测下限可达 ppt[①]级。冷原子荧光光谱法可以检测雪冰中各种形态 Hg 的浓度。

6. 激光同位素比分析技术

基于光腔衰荡光谱法（CRDS）的同位素分析技术，该方法具有测量速度快、灵敏度高、量程大等优点。CRDS 的主要部件是激光源、一对高反射性镜面形成的光共振腔和光探测器。在光腔衰荡光谱法中，一小部分脉冲激光会进入光腔并且由高反射性镜面反复多次反射，每次都有少量的光透过镜面而离开光腔，这部分光就构成了光衰荡信号，它的强度变化可以简单地用单指数衰减来描述。目前，利用该技术的同位素测量包括液态水与气态水同位素比、温室气体同位素比等气态小分子同位素比。例如，利用水同位素分子对激光的差异吸收定量分析水同位素比的组成（如 $^{18}O/^{16}O$ 和 $^{2}H/^{1}H$ 等）。

7. 在线连续融化分析（continuous flow analysis，CFA）方法

该方法是在线连续融化冰芯样品技术与连续进样分析法，或其他在线样品前处理装置和在线分析设备的集合。通过计算机优化控制冰芯样品的融化速度，达到为在线快速分析系统提供样品，实现快速分析的效果。该方法可以获得高分辨率冰芯样品，也极大地提高了大批量冰芯样品分析的效率，比较适合在冰芯钻取现场开展分析，避免了后续运输和处理过程中可能的污染。流动注射分析法是 20 世纪 90 年代中期诞生并迅速发展起来的溶液自动在线处理及测定的分析技术，有流动注射分光光度法、流动注射原子光谱法、流动注射电化学分析法、流动注射酶分析法、流动注射荧光及化学发光法等，可用于雪冰中多种离子和元素的测定。

8. 气相色谱分析（gas chromatography，GC）法

需要分离的诸组分在流动相（载气）和固定相两相间的分配存在差异（有不同的分配系数），当两相做相对运动时，这些组分在两相间的分配反复进行，即使组分的分配系数只有微小的差异，最后可使这些组分得到分离。气相色谱的流动相为惰性气体，气-固色谱法中以表面积大且具有一定活性的吸附剂作为固定相。当多组分的混合样品进入色谱柱后，由于吸附剂对每个组分的吸附力不同，经过一定时间后，各组分在色谱柱中的运行速度也就不同。吸附力弱的组分容易被解析下来，最先离开色谱柱进入检测器，而吸附力最强的组分最后离开色谱柱。这样，各组分得以在色谱柱中彼此分离，顺次进入检测器。常用的检测器有热导检测器（TCD）、氢火焰离子化检测器（FID）、电子捕获检测器（ECD）、质谱检测器（MSD）等。质谱检测器是一种质量型、通用型检测器，这将色谱的高分离能力与质谱的高灵敏度和较强的结构鉴定能力结合在一起，也常被称为色谱-质谱联用（GC-MS）分析。该方法可以用于雪冰和环境样品中有机物的分析检测。

[①] 1ppt=10^{-12}。

11.3.6 测年方法与技术

测年方法与技术是开展冰冻圈长期演化研究的基础。相对于冰芯而言，河、湖与海冰的年代尺度一般较短，通常所讲的冰冻圈测年技术主要是指冰芯定年和沉积物（或堆积物）定年。

1. 冰芯定年法

目前，冰芯定年所采用的技术方法主要有 5 种，分别为季节参数法、参考层位法、放射性同位素法、理论模式法及气候事件比较限定法。季节参数法，其定年精度最高，广泛应用于冰芯上部定年。其采用的主要参数包括氢、氧稳定同位素比值，可溶性离子浓度，不溶性微粒含量等。其基本依据是各参数的显著季节变化，通过数年层的方法进行定年。参考层位法主要针对某一特定年代进行定年，如核试验（氚含量和 β 活化度）和火山事件等，为其他连续冰层定年（如季节性参数法）方法提供了参考和限定。该方法对较长时间尺度冰芯年龄的确定存在不足，目前一般用于百年尺度内冰芯特定层位绝对年龄的限定。放射性同位素可由宇宙辐射、核试验等产生。通过测定不同层位冰芯在沉积过程中所保存的放射性同位素强度，结合各放射性核素的衰变周期来进行冰芯年代的确定。例如，^{210}Pb 已被成功地用来研究冰芯过去 100~200 年积累量的变化；^{10}Be 在南极冰盖深冰芯定年中也取得了很好的结果。理论模式法在深部冰芯定年工作中有着较广泛的应用。其原理为，由冰川形成的基本积累流动规律可知，降雪在沉降到冰川表面后，经密实化成冰作用会逐渐积累变厚，并会随时间向下部或离开分水岭的方向运动。在假定了冰是不可压缩体后，冰川中雪在变成冰后产生的仅为塑性变形，即上部垂直压力引起冰在水平方向的扩展。冰体上部压实力可根据实测的密度随深度变化的规律进行计算。由于冰层的不断减薄，冰川内每一年层冰均在相对向下运动。在相对稳定状态的冰盖或冰帽中心处，冰体质点的年垂直速度必然等于一个冰当量年层厚度。目前使用较普遍的理论模式是 Nye 时间尺度的。在冰芯底部模式定年发生较大偏差且又无特定层位绝对年龄进行限制的情况下，可以用气候事件比较限定法定年。将冰芯中各参数指示的极端气候事件与进行过较准确定年的介质（如已有的冰芯、深海沉积物、湖芯、石笋、树轮等）记录的相同极端气候事件年代进行对照，以建立冰芯的总体年代序列。用该方法所确定的年代一般分辨率较低，只用于粗略年代概念的事件性气候环境变化讨论。

2. 古冰川测年

第四纪冰川年龄测定是第四纪冰川研究中最基本的问题之一，也是解决第四纪冰川演化的关键。近年来，宇宙成因核素（cosmogenic radionuclide，CRN）或陆生原位宇宙成因核素（terrestrial in situ cosmogenic nuclides，TCN）、光释光（optically stimulated luminescence，OSL）、电子自旋顺磁共振（electron spin resonance，ESR）等对冰川侵蚀与堆积地形进行直接定年的测年技术的发展与应用，以及与地衣年代测定法（lichenometry）、常规 ^{14}C 与加速器质谱 ^{14}C（accelerator mass spectrometry ^{14}C，AMS^{14}C）、

^{40}K/^{40}Ar、^{40}Ar/^{39}Ar、U 系、古地磁、热释光（thermoluminescence，TL）等的结合推动了第四纪冰川研究的深入发展。而且这些测年技术有其最佳年代测试范围。几种测年技术在测试范围上有可相互印证的重叠部分，对于同一次冰川作用可以应用不同测年方法进行综合定年，以期提高测年精度与测试年龄的可信度。

1）地衣测年

地衣测年是测定新近冰川与冰缘沉积物的一种简捷而有效的方法。冰川退缩或冰碛沉积并稳定后，地衣等一些先锋性低等植物能很快地着生并定居下来。通过测量研究区域选定样方特定种类地衣的最大个体，并参照该地衣的生长速率，就可以得出冰碛沉积或冰川退缩至今的年龄。其测年范围从数年到 5000 年，可测定全新世中新冰期与 LIA 冰进的年代。最大的优势是测定 LIA 的冰进年龄，弥补距今 200~500 年这一时段的测年空白。

2）^{14}C 测年

^{14}C 测年是发展最早、最成熟、测年结果最可靠的测年方法。常规 ^{14}C 测年具有测年精度高、可测样品种类多（有机物质或无机含碳物质）、取样简单等特点。随着科学技术的发展，20 世纪 70 年代末发展起来的加速器质谱仪（AMS）^{14}C 还具有用样量少、灵敏度高、测定上限增大（理论上限可达 100 ka）、测量时间短等优点。冰川发育在高海拔或高纬度气候寒冷的地方，能够在冰川沉积中保存下来的有机物很少且很难被发现，因此，多数情况下是利用 ^{14}C 进行间接地测定冰川沉积或冰水沉积。因 ^{14}C 的半衰期（$T_{1/2}$=5730 年）比较短，^{14}C 测年在第四纪冰川研究中的应用受到影响。

3）释光测年

释光测年技术包括热释光测年（TL）与光释光测年（OSL）。释光测年的基本原理是：自然界中的矿物因光热事件或风化、侵蚀与搬运过程的曝光，释光信号回零，这是释光测年的零点。沉积物沉积后，矿物在自身和其所在环境中放射性元素衰变所产生的 α、β、γ 及宇宙射线等的辐射下，产生电离或电子被激发到高能态形成游离态自由电子，自由电子在矿物晶格内运动时能被晶体中的晶格缺陷捕获形成缺陷电子。缺陷电子个数与矿物沉积后埋藏时间成正比，这是释光测年的基础。矿物在加热激发或者用一定波段的光来照射激发就可以将其储存的能量以光能的形式释放出来。光能的大小与矿物接受到的总辐射剂量成正比，只要测定出样品吸收到的总辐射剂量，并采用一定的理化分析法测算出样品所在环境中的年剂量，就可以得到沉积物沉积至今的年龄。理论上，该测年技术可对倒数第二次冰川作用以来的冰川沉积进行有效测定。冰碛的样品采集需要绝对避光。

4）电子自旋共振（ESR）测年

电子自旋共振，也称为电子顺磁共振（electron paramagnetic resonance，EPR）。ESR

测年的基本原理是：自然界中的矿物因地壳运动（断层活动等）的剪切压力、机械碰撞（如泥石流、太阳照晒）、受热（地热、火山喷发、自然火灾和人类用火）与矿物的重结晶等，全部或部分 ESR 信号回零，即成为 ESR 测年的零点，计时从沉积物沉积时开始。沉积物沉积后，某些矿物在自身和其所在环境中放射性元素（U、Th、^{40}K 等）衰变所产生的 α、β、γ 及宇宙射线等的辐射下，形成自由电子和空穴心，这些自由电子能被矿物颗粒中杂质（Ge、Ti、Al）与晶格缺陷（原先存在的晶格缺陷或者由辐射产生的晶格缺陷）捕获而形成杂质心与缺陷中心，缺少电子的空穴形成空穴心。这些杂质心与空穴心都是顺磁性的，称为顺磁中心。顺磁中心可用 ESR 谱仪进行测定。顺磁中心个数与沉积时间成正比，沉积时间越长，顺磁中心的数量就越多（在顺磁中心没有饱和之前）。通过测定顺磁中心个数达到测定沉积物年龄的目的。顺磁中心的数量与矿物颗粒自沉积以来所吸收的总的辐射剂量成正比，只要测出沉积物中矿物颗粒所吸收的总累积剂量，并采用一定的理化分析方法测算出矿物颗粒所在环境中的年剂量率，就可以算出样品的年龄。ESR 测年技术测定年龄跨度大，从数千年到数亿年；样品的制备相对简便，可在室内自然光下进行，在野外样品采集时只要避免阳光的直接照射即可进行样品采集。Ge 心具有测定风成沉积物的应用前景，冰碛物可作为 ESR 测年选用的材料。在中国第四纪冰川测年方面的研究进展主要是使用对光照与研磨都较为敏感的 Ge 心取得。

5）宇宙成因核素测年

宇宙成因核素测年法，又称为陆源就地宇宙成因核素（terrestrial in situ cosmogenic nuclides, TCN）测年法，是近二十多年来伴随高能加速器质谱仪发展而兴起的一种新的同位素地质年代法。与常规的 ^{14}C 和 AMS^{14}C、OSL、ESR 等测年技术相比较，CRN 不仅可以测定地表物质的暴露年龄，也可以测定陆源沉积物的埋藏年龄或沉积年龄。

宇宙成因核素是由来自宇宙空间的初始的、高能量的质子、氦核和一些较高原子序数的重核与大气物质相互作用产生中子、光子和正负介子等次生宇宙射线粒子再与暴露于地表的物质作用而形成的。宇宙成因核素的形成速率与宇宙射线的强度及地表物质中靶元素的含量成正比，地表物质中宇宙成因核素的累积量与其暴露的时间长短有关，暴露时间越长，宇宙成因核素的累积量越大。通过测定样品中宇宙成因核素的浓度并计算宇宙成因核素的生成速率就可以测算出样品的年龄。用于测年的宇宙成因核素有 ^{3}He、^{10}Be、^{14}C、^{21}Ne、^{26}Al 与 ^{36}Cl 6 种（应用最多的是 ^{10}Be），有效的测年范围为 10^{3}~10^{7} 年。

在第四纪冰川测年方法中，CRN 测年法是迄今为止在冰川地貌研究中应用最成功的方法之一，不但可以测定冰川漂砾或冰蚀地形等的暴露年龄，还可以测定冰碛物或冰蚀地形的埋藏年龄。一般冰川作用区的冰川侵蚀地形或冰碛物的岩性中都会有含有石英成分的石英岩脉、花岗岩、片麻岩、石英砂岩等，非常适宜 CRN 技术的应用。

11.4 遥感技术

冰冻圈严酷的环境给实地观测带来困难，使得航空、卫星遥感成为其研究的重要技术手段。冰冻圈遥感手段涵盖可见光、近红外、热红外、微波、激光、无线电等常规遥感探测方法，同时重力卫星、星载/机载无线电回波探测等新方法加快了冰冻圈遥感的快速发展。根据研究内容不同特点与要求，综合运用多种遥感手段提高对冰冻圈要素的监测精度已经成为冰冻圈遥感新的发展趋势（图11.5）。卫星摄影成像具有稳健的重复观测能力，克服了航空遥感成像面积小、重复观测能力低等缺陷，其已经成为冰冻圈遥感的重要手段。目前，卫星遥感可监测的冰冻圈要素见表11.6。

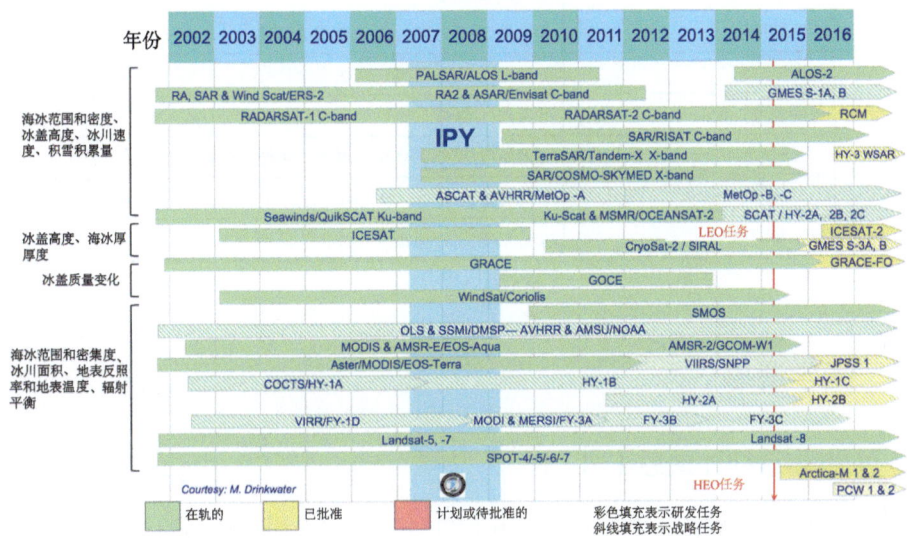

图 11.5　冰冻圈遥感卫星任务与计划

源自全球冰冻圈观测（GCW）网站 http://globalcryospherewatch.org/satellites/overview.html

表 11.6　冰冻圈要素的遥感监测一览表

冰冻圈要素	参数	遥感资料
冰川	反照率、面积、编目、表面温度	可见光/近红外遥感、热红外遥感
	体积	可见光/近红外摄影测量、雷达/激光高度计
	物质平衡	可见光/近红外、热红外及激光遥感、重力卫星
	高程、厚度、表面形态、运动	可见光/近红外摄影测量、合成孔径雷达、合成孔径干涉雷达、雷达/激光高度计、无线电回波探测
积雪	范围、覆盖度、反照率、表面温度	可见光/近红外、热红外遥感
	粒径	可见光/近红外、高光谱遥感
	雪深/雪水当量	主被动微波遥感、激光雷达
	湿度	主被动微波遥感
	密度	主动微波遥感
冻土	地表冻融	主被动微波遥感
	制图、形变、活动层厚度	可见光/近红外、热红外遥感、合成孔径雷达

续表

冰冻圈要素	参数	遥感资料
河、湖冰	密集度、面积	可见光/近红外遥感、主动微波遥感
	厚度	主被动微波遥感、激光雷达遥感
	封冻\解冻期	可见光/近红外、热红外、主被动微波遥感
	温度	热红外遥感
	表面粗糙度	激光雷达遥感
	冰塞和凌汛	可见光/近红外和合成孔径雷达遥感
海冰	制图	可见光/近红外遥感、雷达高度计
	表面温度、反照率	可见光/近红外、热红外遥感
	密度、运动、厚度	可见光/近红外、热红外遥感、主被动微波遥感、高度计
		主被动微波遥感、激光高度计
	冰塞和凌汛	可见光/近红外和合成孔径雷达遥感

11.4.1 光学遥感

1. 可见光/近红外遥感（VIR）

可见光/近红外遥感是指利用可见光和近红外波段进行遥感探测的技术。除冻土外，冰冻圈其他要素在可见光波段反射率较高，使其在卫星图像上容易识别并进行制图。因此，早期的卫星传感器主要集中在可见光和近红外波段来探测冰冻圈特征。可见光/近红外遥感主要用于获取积雪范围、亚像元积雪范围比例、积雪表面反照率、积雪粒径等；开展冰川编目与制图、监测冰川带冰裂缝等活动；进行冻土与冰缘地貌制图；获取与冻土分布有关的地表能量、植被分布和地形高程等信息，同时进行冻土变形（冻胀、融沉和蠕变）监测；进行海冰制图与海冰运动监测；获取河湖冰密集度与面积；监测冰塞和凌汛灾害、冰川湖泊及其溃决洪水等。

1）冰川制图

冰川在可见光波段反射率较高，与周围其他地物呈现明显的反差。根据主光轴与铅垂线的夹角关系，将航空摄影分为垂直摄影和倾斜摄影。其中，垂直摄影具有较高的几何精度而应用较为广泛，利用研究区多时相单幅影像或根据立体摄影测量（stereophotography）方法，绘制冰川表面地形图、监测冰川质量平衡等。除直接利用地物反射波谱特性差异外，图像增强、假彩色合成等数字图像处理技术能够突出冰雪高亮度区细微结构、易于识别冰川表面沉积物及消融状况，对直观准确提取冰冻圈要素信息同样重要。目前，全球常用冰川制图研究的高分辨率卫星有 IKONOS、QuickBird、GeoEye、WorldView、资源三号等（表 11.7）。利用 VIR 遥感影像进行冰川制图的原理在于冰川高反射特性、容易识别、影像解译直观。在冰川编目及面积变化方面，20 世纪 80 年代遥感图像开始应用在冰川编目中。波段比、监督分类及非监督分类等遥感图像处理方法逐步替代了传统的基于地形图、航片及目视判读量算方法。

表 11.7 常用高分辨率卫星列表

卫星	多光谱/全色空间分辨率（星下点）/m	立体观测能力	重访周期/天	发射时间/（年.月）
Landsat MSS	78	无	18	1972.07
Landsat TM	30	无	16	1982.07
Landsat ETM	30/15	无	16	1999.04
Landsat OLI	30/15	无	16	2013.02
SPOT 1-4	20/10	有	26	1986.02
SPOT 5	10/2.5	有	5	2002.05
SPOT 6	6/1.5	有	5	2012.09
CBERS-02B	19.5/2.4	无	26	1999.10
QuickBird	2.44/0.61	有	1~6	2001.10
IKONOS	4/1	有	3	1999.09
ASTER	30/15	有	16	1999.02
IRS-P5	10/2.5	有	5	2005.05
ALOS	10/2.5	有	2	2006.01
WorldView-2	1.85/0.46	有	3.7	2007.09
ZY-3（资源三号）	5.8/2.1	有	5	2012.01
高分一号	8/2	无	4	2013.04

雷达干涉测量技术是监测冰川表面形态及其变化的重要手段。近年来，由于高分辨率光学遥感影像提供了更为详细的冰川表面信息，根据其上特殊的图像特征，较容易识别出冰裂隙、雪丘、表面融化特征等。此外，在倾斜摄影获得的立体像对上，还可以根据太阳的遮阳技术，获得冰雪区垂直方向厘米级精度的表面模型，用于冰面地形特征、冰面断裂线监测等冰川表面形态研究。

2）冰湖监测

冰湖溃决洪水（GLOF）为区域最严重的灾害之一。高分辨率 DEM 等地形资料和遥感影像判读经验成为冰湖调查和监测的有效手段，同时遥感影像增强处理对解译冰川和冰湖很有帮助。在 VIR 卫星影像上，依据较亮色调及河岸侵蚀和堆积等影像信息识别冰湖溃决洪水；利用溃决后冰碛坝通常成为小丘分隔的终碛，有的伴有小水塘及粗糙纹理等特征来判别曾经溃决的冰湖。

3）积雪范围监测

利用 VIR 遥感手段获取积雪范围，如美国国家海洋和大气管理局（NOAA）改进型甚高分辨率辐射计（AVHRR）、美国地球静止轨道环境业务卫星（GOES）、美国陆地卫星（Landsat）专题制图仪（TM）/增强专题制图仪（ETM+）/陆地成像仪（OLI）、美国地球观测系统（EOS）中分辨率成像光谱仪（MODIS）、法国空间研究中心（CNES）地球观测卫星系统（SPOT）植被传感器（VEGETATION）等影像开展积雪制图。针对这些卫星遥感数据源发展了多种识别积雪的方法，如积雪指数法、亮度阈值法、图像监督分类法、目视判读法、辐射传输模型法等。前3种方法被广泛采用，尤其是积雪指数法。归一化差分积雪指数（normalized difference snow index，NDSI）是指将积雪在可见光波段高反射与近红外波段低反射进行归一化处理，突出积雪特征，其计算公式如下：

$$\text{NDSI} = \frac{\text{VIS-NIR}}{\text{VIS}+\text{NIR}} \qquad (11\text{-}2)$$

式中，VIS、NIR 分别代表可见光波段和近红外波段，如 TM 的 2 波段和 5 波段；NOAA/AVHRR 的 1 通道和 2 通道；Terra 卫星搭载的 MODIS 可选择 4 波段和 6 波段等。

在全球和大尺度区域，积雪范围计算方法较为成熟。但在局地小尺度，积雪范围提取方法还在不断发展与改进。日本发展了一个可见光和两个近红外波段反射率比值算法的 S3 积雪指数模型，并将其应用到 Landsat-5/TM 的积雪范围提取，有效地提高了植被覆盖下积雪制图的精度。在中国，基于 MODIS 数据发展了一个积雪范围融合算法，通过 NDSI 阈值调整改进山区的积雪识别，并通过多源、多时空数据融合提供逐日无云积雪范围产品。

4）冻土监测

遥感技术冻土制图的原则是形态发生法，即通过对冷生形成作用的区分和对冷生过程的解释建立判别标准。应用遥感技术冻土制图有 3 个方面：①根据积雪、裸露基岩及寒冻风化碎屑堆积物、生长于多年冻土地区的高山草甸等地貌和植被特征确定多年冻土的范围；②根据卫星影像进行断裂构造判读并确定构造地热融区；③根据航空相片识别石冰川等冰缘地貌。此外，差分干涉雷达用于冻土蠕变的监测，其分辨率被证实高于航空摄影测量方法。

5）海冰监测

海冰在可见光和近红外的反照率比开阔水域高很多。海冰遥感主要是获得海冰范围、海冰类型（一年冰或多年冰，甚至更细的海冰类型）、海冰密集度、海冰厚度及冰间水道大小分布等物理参数。海冰范围可以较容易地从无云 VIR 图像中直接确定。相同日照及冰面污化环境下，各类海冰因其结构及表面粗糙度不同，它们反射 0.4~1.1 μm，尤其是 0.4~0.7 μm 太阳辐射的能力将会出现差异。在 Landsat TM 或 NOAA/AVHRR 相应波段图像上形成一定灰阶差，结合背景资料等辅助信息便可确定区分海冰类型的灰阶阈值。

2. 热红外遥感（TIR）

热红外遥感的工作波长为 8~14 μm，主要用于探测地表物体发射率和反演表面温度，且能在无日照条件下获得长序列观测资料。TIR 遥感主要用来获取冰川、积雪和海冰等的温度、表面辐射与物质平衡，多年冻土监测，海冰冰面首次融化出现日等。积雪的热红外数据不仅能辅助辨别雪与非雪的边界和识别雪云，而且可以估算雪表面温度。此外，基于白天和晚上两套 MODIS 数据，局部分裂窗算法用于同步提取地表比辐射率和地表温度，其成果被美国国家航空航天局（NASA）MODIS 数据组采纳、生产并发布了分辨率为 1 km 的 MODIS LST 产品。

11.4.2 微波遥感

微波遥感是指通过探测地物对微波的反射或者自身的微波辐射来提取地物几何与物理信息。微波遥感不受太阳光照条件限制，不受云雾等天气影响，具有全天候、全天时的特点，正好弥补了光学遥感的缺陷。此外，微波对雪冰等要素具有较强的穿透深度，能够探测来自冰雪层内的信息，弥补在可见光/近红外高反射率的特点，其容易辨识冰、雪等要素，但无法进一步获得要素冰川厚度等详细信息。例如，从 TM 图像可以判读冰裂隙，但依然不能监测冰川（冰盖）动力学研究所需的裂隙深、间距和分布密度等参数。

根据工作方式的不同，微波遥感可分为两大类：一是主动微波遥感，如合成孔径雷达等；二是被动微波遥感，如微波辐射计等。微波遥感主要以积雪制图、雪深、雪密度、雪湿度等积雪参数的估算为目标。利用合成孔径雷达（SAR）干涉测量法、雷达高度计和激光雷达开展冰川地形绘；通过 SAR 数据监测冰川带和雪线、冰舌末端及冰盖前缘变化、冰面湖、冰裂隙和冰川表面冰碛、冰面运动速度、应变率及冰力学等参数；采用主被动微波遥感监测地表及浅层土壤的冻融状态和冻融循环；通过主被动微波遥感的时序图像监测海冰运动，监测河湖冰厚度、封冻和解冻日期；利用激光雷达获取表面粗糙度；利用合成孔径雷达监测冰塞和凌汛灾害、冰川湖泊及其溃决洪水。

1. 被动微波遥感

1）雪深和雪水当量

利用被动微波反演雪深/雪水当量的核心理论是积雪中雪颗粒的散射特性。从雪下土壤发射出的微波信号经过积雪层被散射削弱，信号的衰减程度与散射粒子数量有关，积雪越深或是雪水当量越大，微波信号经过雪粒子越多，即微波信号的衰减程度与雪深或雪水当量相关。此外，散射强度随着频率的增加而增强，频率越高，微波亮度温度越低。因此，低频和高频的亮温差随着雪深或雪水当量的增加而增加。这种亮温梯度法被广泛地用于雪深或雪水当量的反演。

2）地表冻融

由于大多数遥感手段只能感知到地表非常浅的部分，因此冻土遥感的最直接手段是对地表冻融状态的观测。影响冻土的介电常数的因素较为复杂，除受频率、温度、土壤类型等因素影响外，还受土壤颗粒、冰、自由水、结合水等自身比例成分变化的制约。冻土冻融过程对土壤的微波辐射和散射特性有着显著的影响，土壤冻结后发射率增大，而其后向散射系数会显著降低。因此，主被动微波遥感是监测地表冻融研究的重要手段。冻土对微波信号的影响包括：热力学温度较低、发射率较高、微波在冻土内的穿透/发射深度较大，需要考虑冻土的体散射效应。

3）海冰密集度

海冰密集度是指单位面积上海冰所占的比例，即海冰在空间上所占的平均比例，其可在区分海冰与海水面的基础上获得。早期基于可见光/近红外影像阈值区分法获取海冰密集度，但因其较粗空间分辨率带来的海冰判读误差，导致海冰密集度结果具有较大的偏差。而冰和水体在微波波段的介电特性具有显著差异，因此利用多通道微波辐射扫描仪（SMMR）和特殊传感器微波图像仪（SSM/I）等被动微波传感器亮温和极化特征反演海冰密集度的算法已被广泛应用，如 NASA 算法等。

2. 主动微波遥感

主动微波遥感是一种有源传感器（成像雷达、散射计、高度计等），其根据地物反射或散射的回波信号来反演地表信息。与可见光/近红外遥感相比，主动微波遥感不仅具有较高的空间分辨率，确定位置更准确，而全天时全天候提供冰雪等时空分布的细节信息，在山区积雪制图、融雪径流模拟等方面都可以发挥重要的作用。

1）合成孔径雷达（SAR）

SAR 是一种通过飞行平台向前运动实现合成孔径的雷达技术，将小孔径的雷达天线虚拟成一个大孔径的天线，获得类似大孔径天线探测的能力。地物电磁波特性与入射电磁波的频率、极化及入射角都有着密切的关系，因此 SAR 技术充分利用不同频率、不同极化及不同入射角的电磁波对地物进行观测，能够得到更加丰富的地物信息。

同时，微波具有极化特性，不同极化状态在同一入射角照射下，较厚一年冰与多年冰后向散射系数具有差别。多种极化模式可以改进地物的区分识别与分类的能力，可以直接通过 3 个极化的彩色合成影像对海冰进行分类（图 11.6）。海冰物理特性较为复杂，无论可见、近红外图像的灰阶还是微波遥感图像的亮温或后向散射系数，都不随海冰厚度变化呈简单的线性关系，因而用它们反演冰厚度很困难。不过，海水开始冻结成冰时伴有快速排盐过程，使冰面物理性质明显与下伏冰层不同，表面介电常数异常高，其微波辐射、散射及传输特性较特殊。航空 SAR 极化主动微波传感器监测这类薄海冰，时序 SAR 图像还用于监测海冰表面位移。

无人机遥感系统是继传统航空、航天遥感平台之后的第三代遥感平台。低空飞行拥有较高的空间分辨率，能够在云下飞行弥补传统光学卫星数据受云影响的缺陷，能够实现大区域、长航线及定点、定区域遥感监测，其以诸多难以替代的遥感平台优势，对海冰、河湖冰等小尺度冰冻圈要素监测具有广阔而深远的发展空间和应用前景。

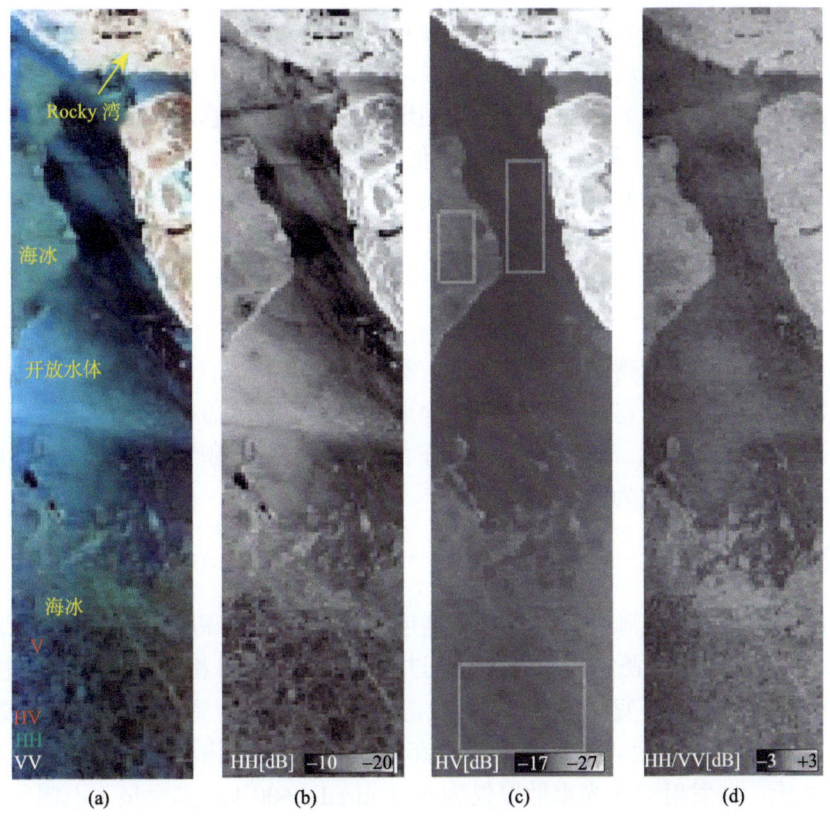

图 11.6　SAR 海冰分类影像图（RADARSAT-2）（Scheuchl et al., 2001）
(a)3 个通道 RGB 合成图像；(b)HH 影像；(c)HV 影像；(d)HH/VV 影像

2）合成孔径干涉雷达（InSAR）

InSAR 结合了合成孔径雷达成像技术和干涉测量技术，解决了 SAR 对地物第三维信息（高程信息或速度信息）的提取，已经成为 SAR 技术发展的重要领域。利用两副天线同时观测（单轨双天线模式）或两次近平行观测（重复轨道模式），获得同一地区的两景数据，通过获取同名点地物对应两个回波信号之间的相位差，并结合轨道数据来获取高精度、高分辨率的冰川等高程信息。类似航片利用光学像对提供的视差测量地面高程，InSAR 是利用卫星或飞机 SAR 接收到的复图像提供干涉相位差，经换算即可获取数字高程模型或者地表形变图。

11.4.3　高度计

高度计是指机载或星载传感器发射脉冲并接收来自地表反射回波信号，根据回波信号时间间隔测量飞行器与脉冲照射点的距离，从而测量地表高程。按照工作波段，高度计分为激光高度计和雷达高度计，两者基本原理相同，均能够直接测量地表绝对高程，这是其他测量无法比拟的优势。利用高度计获取冰川（冰盖）等高程的精确变化量，同时结合冰雪密度分布，通过求积法可以获得该地区冰雪物质平衡。因此，星载/机载高度计已成为测量冰川（冰盖）表面高程及编制地形图的主要传感器。高度计空间分辨率在垂直方向较高（厘米级），但在水平方向较低（雷达高度计为千米级），激光高度计提高了水平方向分辨率。雷达高度计，尤其是机载激光高度计为定量监测冰裂隙的主要观测手段。

1. 雷达高度计

雷达高度计不仅能测得地面绝对高程，类似于冰盖下湖泊，冰架下水面也会影响冰面地形，因而也可以根据雷达高度计所测地形变化，探测冰盖接地线位置等。激光雷达只能获取冰层的表面信息。对于冰雪三维分布信息，如海冰积雪厚度、冰盖厚度、基底地貌特征等特征测量则成为雷达探测的优势。

2. 激光高度计

激光高度计发射激光脉冲束，在同一高度平台下，激光高度计照射的面积远比雷达高度计小，从而提高了观测精度。因此，通过对同一地点多时相回波点云信息进行对比，可以获得更加详细的冰面变化信息。与机载雷达高度计相比，星载激光高度计发展较晚，2003 年 1 月~2010 年 8 月，地球科学激光高度计（GLAS）搭载于冰云和陆地高程卫星（ICESat-1）上，其发射的激光束散度仅为 0.11 mrad，600 km 高空星下点照射面积的直径仅 70 m，垂直分辨率约为 5 cm，可以提供相当准确的极地冰盖地形信息，极大地满足冰盖物质平衡和动力模型研究的需求。例如，ICESat 携带的 GLAS 可以观测南极洲和格陵兰冰盖的高程变化，并可以测量表面粗糙度、积雪和海冰表面特性（http://glas.gsfc.nasa.gov/）。ICESat-2 与 ICESat-1 相似，但将加载第二代激光高度计三维成像激光雷达 sigma-space，这项冰冻圈领域新技术已被用于 ICESat-2 的研发任务。

11.4.4 无线电回波探测

无线电回波探测（RES）又称为冰雷达，其根据电磁波在成层性或均匀性冰盖内部衰减回波信号的不同，有效探测冰层厚度、冰下地形、冰层及冰底状况、冰川流速等下伏界面参数。20 世纪 60 年代，冰雷达被首次引入南极和北极格陵兰冰盖调查，主要用于绘制冰厚及冰下地形图。目前，雷达探测方式从单基、多基探测发展至多频多极化同步测量等。

11.4.5 重力卫星

由于激光雷达只能测量冰的表面特征，虽然雷达能穿透冰层测得冰层间特征、冰下地貌，但无法测得冰下水量等特征。地球重力仪利用水比岩石质量轻而具有较低的引力特征，用于揭示冰下物质，估算冰川冰盖质量的变化。同时，地球重力仪对同一地区进行重复观测求得重力异常差异，通过积分法可以直接获得该区域冰雪物质平衡。重力卫星探测技术开始于 20 世纪 50 年代末，其经历了 3 个发展阶段：①光学技术，全球大地水准面的精度为米级；②多种目标跟踪和卫星对地观测技术，属于距离交会法测定卫星位置，卫星雷达测高必须对测高卫星精密定轨；③以星载 GPS 精密跟踪定轨为主要定轨技术，受大气影响较小，测定精度可以达到厘米级。主要的低轨重力卫星包括 CHAMP（德国航天中心，2000 年 7 月 15 日）、GRACE（美德联合研制，2002 年 3 月 17 日）和 GOCE（欧洲太空局，2009 年 3 月 17 日）重力卫星计划。利用地球重力场模型的基本原理，由重力卫星对重力场重复观测反演地球质量变化，从而反演地球冰盖质量变化及融化研究。

思 考 题

1. 最近数十年来哪些关键因素促进了冰冻圈科学的迅速发展？
2. 极地冰盖物质平衡观测的难点是什么？
3. 实验室光学分析技术有哪些应用？
4. 利用遥感技术监测冰冻圈主要有哪些方法？

延 伸 阅 读

《冰冻圈主题报告》，效存德，谢爱红，马丽娟等译，气象出版社。

《冰冻圈主题报告》（*Cryosphere Theme Report*）是全球综合观测战略伙伴（Integrated Global Observing Strategy，IGOS）计划中冰冻圈主题团队的工作报告总结。本报告以冰冻圈观测系统（cryspheric observation system, CryOS）为冰冻圈主题贯穿整个报告，定义冰冻圈和冰冻圈数据的主要应用，列出了目前冰冻圈科学的主要研究领域的基本气候变量的观测能力和要求，并给出近期、中期和长期的规划。通过实测、卫星和航空的冰冻圈综合协调观测系统，详细说明数据管理的目标。本报告概述冰冻圈观测、数据和产品的要求，以及对其发展和维护的一些建议，着重强调对数据校验和协调的需求，随着要求和技术的提高，持续完善观测规范和数据集。其中，本报告的附录极有参考价值，主要给出了观测的核心变量（essential variables）及其精度要求。

CryOS 不仅包括雪和冰的属性观测，还包括以下 5 个方面：卫星遥感设备，地面网络设备，航空观测，模式、同化和再分析系统，以及数据管理系统。CryOS 需要促进冰冻圈在模式中的估算，揭示冰冻圈在气候中的作用及其在气候模式模拟中的可预报性，以及激励冰冻圈过程参数化的完善。数据和信息管理部门必须要服务于冰冻圈研究、长期科学监测和业务监测中的数据和信息交换。鼓励监测手段的发展，结合多种的和不同分布中心的所有类型的数据（包括模式场），超越传统的元数据服务或者网站门户。

参 考 文 献

白珊, 刘钦政, 吴辉碇, 等. 2001. 渤海、北黄海海冰与气候变化的关系. 海洋学报, 23(5): 33-41.
程国栋, 我国高海拔多年冻土地带性规律之探讨. 地理学报, 1984, 39(2): 185-193.
崔托维奇 H A. 1985. 冻土力学. 张长庆, 朱元林译. 北京: 科学出版社.
崔之久, 赵亮, Vandenberghe J, 等. 2002. 山西大同、内蒙古鄂尔多斯冰楔、砂楔群的发现及其环境意义. 冰川冻土, 24(6): 708-716.
方精云, 位梦华. 1998. 北极陆地生态系统的碳循环与全球温暖化. 环境科学学报, 18(2): 113-120.
何丽烨, 李栋梁. 2011. 中国西部积雪日数类型划分及与卫星遥感结果的比较. 冰川冻土, 33(2): 237-345.
李培基, 米德生. 1983. 中国积雪的分布. 冰川冻土, 5(4): 9-18.
李铁刚, 孙荣涛, 张德玉, 等. 2007. 晚第四纪对马暖流的演化和变动: 浮游有孔虫和氧碳同位素证据. 中国科学(D 辑: 地球科学), 37(5): 660-669.
刘时银, 姚晓军, 郭万钦, 等. 2015. 基于第二次冰川编目的中国冰川现状. 地理学报, 70(1): 3-16.
秦善. 2011. 结构矿物学. 北京: 北京大学出版社.
施雅风. 2005. 简明中国冰川编目. 上海: 上海科学普及出版社.
孙菽芬. 2005. 陆面过程的物理、生化机理和参数化模型. 北京: 气象出版社.
吴紫汪, 马巍. 1994. 冻土强度与蠕变. 兰州: 兰州大学出版社.
谢自楚, 刘潮海. 2010. 冰川学导论. 上海: 上海科学普及出版社.
徐鹏, 朱海峰, 邵雪梅, 等. 2012. 树轮揭示的藏东南米堆冰川 LIA 以来的进退历史. 中国科学: 地球科学, 42(3): 380-389.
杨思忠, 金会军. 2010. 大兴安岭伊图里河地区的冰楔冰氢、氧同位素记录及其反映的古温度变化. 中国科学(D 辑: 地球科学), 40(2): 1710-1717.
姚檀栋, 段克勤, 田立德, 等. 2000. 达索普冰芯积累量记录和过去 400 a 来印度夏季风降水变化. 中国科学(D 辑: 地球科学), 30(06): 619-626.
赵希涛. 1996. 中国海面变化. 济南: 山东科学技术出版社.
周幼吾, 郭东信, 邱国庆, 等. 2000. 中国冻土. 北京: 科学出版社.
Adams W P, Lasenby D C. 1985. The roles of snow, lake ice and lake water in the distribution of major ions in the ice cover of a lake. Ann. Glaciol. , 7: 202-207.
Aellen M, Funk M. 1988. Annual survey of Swiss glaicers. Ice, (3): 3.
Allen P A, Etienne J L. 2008. Sedimentary challenge to Snowball Earth. Nature Geosciences, 1: 817-825.
Anderson E A. 1976. A Point Energy and Mass Balance Model of a Snow Cover. Marryland: NOAA Technical Report NWS, 19, Office of Hydrology, National Weather Service, Silver Spring, MD.
Belzie C, Gibson J A E, Vincent W F. 2002. Colored dissolved organic matter and dissolved organic carbon exclusion from lake ice: Implication for irradiance transmission and carbon cycling. Limnol. Oceanogr. , 47: 1283-1293.
Bennett K E, Prowse T D. 2010. Northern Hemisphere geography of ice-covered rivers. Hydrological Processes, 24: 235-240.
Bond G C, Lotti R. 1995. Iceberg discharges into the North Atlantic on millennial time scales during the last glaciation. Science, 267: 1005-1010.

Bond G, Showers W, Cheseby M, et al. 1997. A pervasive millennial scale cycle in the North Atlantic Holocene and glacial climates. Science, 294: 2130-2136.

Colbeck S C, Akitaya E, Armstrong R L, et al. 1990. The International Classification for Seasonal Snow on the Ground. International Commission on Snow and Ice (IAHS), World Data Center A for Glaciology, University of Colorado, Boulder, CO, USA.

Cuffry K M, Paterson W S B. 2010. The Physics of Glaciers(Fourth Edition). Amsterdam, Boston: Elsevier.

Echelmeyer K, Wang Z X. 1987. Direct observation of basal sliding and deformation of basal drift at sub-freezing temperatures. Journal of Glaciology, 33(113): 83-98.

Ehlers J, Gibbard P L. 2007. The extent and chronology of Cenozoic global glaciation. Quaternary International, 164-165: 6-20.

EPICA community members. 2004. Eight glacial cycles from an Antarctic ice core. Nature, 429: 623-629.

EPICA community members. 2006. One-to-one coupling of glacial climate variability in Greenland and Antarctica. Nature, 444: 195-198.

Fierz C, Armstrong R L, Durand Y, et al. 2009. The International Classification for Seasonal Snow on the Ground. Paris: IHP-VII Technical Documents in Hydrology N° 83, IACS Contribution N° 1, UNESCO-IHP.

Flavio L, Christoph C R, Dominik H, et al. 2012. The freshwater balance of polar regions in transient simulations from 1500 to 2100 AD using a comprehensive coupled climate model. Clim Dyn. , 39: 347-363.

Frakes L A. 1979. Climates throughout Geologic Time. Amsterdan: Elsevier.

Grenfell T C, Maykut G A. 1977. The optical properties of ice and snow in the Arctic Basin. Journal of Glaciology, 18 (80): 445-463.

Grootes P M, Stuiver M, White J W C, et al. 1993. Comparison of oxygen isotope records from the GISP2 and GRIP Greenland ice cores. Nature, 366: 552-554.

Hays J D, Imbrie J, Shackleton N J. 1976. Variations in the earth's orbit: Pacemaker of the ice ages. Science, 194: 1121-1132.

Hoffman P F, Kaufman A J, Halverson G P, et al. 1998. A Neoproterozoic snowball Earth. Science, 281: 1342-1346.

Huss M. Extrapolating glacier mass balance to the mountain-range scale: the European Alps 1900-2100. The Cryosphere 6,713-727, doi: 10. 5194/EC-6-713-2012, 2012.

Ims R A, Ehrich D. 2012. Arctic Biodiversity Assessment, Terrestrial Ecosystems. Conservation of Arctic Flora and Fauna (CAFF).

IPCC, 2007. *Climate Change 2007: The Physical Science Basis. Contribution of Working Group I to the Fourth AssessmentReport of the Intergovernmental Panel on Climate Change*[Solomon, S., D. Qin, M. Manning, Z. Chen, M. Marquis, K.B. Averyt,M. Tignor and H.L. Miller (eds.)]. Cambridge University Press, Cambridge, United Kingdom and New York, NY, USA, 996 pp.

IPCC, 2013. *Climate Change 2013: The Physical Science Basis. Contribution of Working Group I to the Fifth Assessment Report of the IntergovernmentalPanel on Climate Change* [Stocker, T.F., D. Qin, G.-K. Plattner, M. Tignor, S.K. Allen, J. Boschung, A. Nauels, Y. Xia, V. Bex and P.M. Midgley(eds.)]. Cambridge University Press, Cambridge, United Kingdom and New York, NY, USA, 1535 pp.

Ivanova E V. 2009. The Global Thermohaline Paleocirculation. moscow: Springer Science+ Business Media B. V.

Jordan R. 1991. A one-dimensional temperature model for a snow cover. CRREL, Special Report: 91-6. Hanover, NH, 49pp.

Kamarainen J. 1993. Studies in ice mechanics. Helsinki University of Technology, Report, 15: 184.

Kang S, Zhang Q, Kaspari S, et al. 2007. Spatial and seasonal variations of elemental composition in Mt. Everest(Qomolangma)snow/firn. Atmospheric Environment, 41: 7208-7218.

Kwok R, Rothrock D A. 2009. Decline in Arctic sea ice thickness from submarine and ICES at records: 1958-2008. Geophysical Research Letters, 36(15): L15501.

Leng W, Ju L, Gunzburger M, et al. 2012. A parallel high-order accurate finite element nonlinear stokes ice sheet model and benchmark experiments. J. Geophys. Res. , 117(F1).

Li X, Cheng G D, Jin H J, et al. 2008. Cryospheric change in China. Global and Planetary Change, 62(3-4): 210-218.

Marzeion, B., M. Hofer, A. H. Jarosch, G. Kaser, and T. Mölg. 2012. A minimal model for reconstructing interannual mass balance variability of glaciers in the European Alps. Cryosphere 6, 71-84.

Oerlemans J. 2005. Extracting a climate signal from 169 glacier records. Science, 308: 675-677.

Osterkamp T E. 2001. Sub-sea permafrost. // Steele J H, Turekian K K, Thorpe S A. Encyclopedia of Ocean Sciences. Boston, Mass: Academic Press: 3399.

Paterson W S B. 1994. The Physics of Glaciers. 3 nd edition. Oxford: Pergamon Press.

Pederson T G, Gray S T, Woodhouse C A. et al. 2011. The unusual nature of recent snowpack declines in the North American Cordillera. Science, 333: 332-335.

Rignot E, Jacobs S, Mouginot J, et al. 2013. Ice-shelf melting around antarctica. Science, 341: 266-270.

Romanovsky V E, Smith S L, Christiansen H H. 2010. Permafrost thermal state in the Polar Northern Hemisphere during the International Polar Year 2007-2009: A Synthesis10. Permafrost and Periglacial Process, 21: 106-116. Published online in Wiley Inter Science(www. interscience. wiley. com).

Scheuchl B, Caves R, Cumming I, et al. 2001. Automated sea ice classification using spaceborne polarimetric SAR data. In Geoscience and Remote Sensing Symposium, 2001. IGARSS'01. IEEE 2001 International, 7: 3117-3119.

Schuur E A G, J Bockheim, JG Canadell and et al. 2008. Vulnerability of permafrost carbon to climate change: Implications for the global carbon cycle, BioScience, 58: 701-714.

Shur Y L, Jorgenson M T. 2007. Patterns of permafrost formation and degradation in relation to climate and ecosystems. Permafrost Periglac. Process. , 18(1): 7-19.

Slater A G, Lawrence D M. 2013. Diagnosing present and future permafrost from climate models. Journal of Climate26(15): 5608-5623.

Sturm M, Holmgren J, Liston G E. 1995. A seasonal snow cover classification system for local to global applications. Journal of Climate, 8: 1261-1283.

Tarnocai C, Canadel J G, Schuur E A G, et al. 2009. Soil organic carbon pools in the northern circumpolar permafrost Region. Global Biogeochemical Cycles, 23: GB2023.

Thomas D N, Dieckmann G. 2003. Sea Ice: An Introduction to Its Physics, Chemistry, Biology, and Geology. Hoboken: Wiley-Blackwell.

Thompson L G, Davis M E, Mosley-Thompson E, et al. 2005. Tropical ice core records: Evidence for asynchronous glaciation on Milankovitch timescales. Journal of Quaternary Science, 20(7-8): 723-733.

UNEP. 2007. Global Outlook for Ice and Snow. Nairobi: United Nations Environment Programme.

Untersteiner N. 1961. On the mass and heat budget of Arctic sea ice. Archives for meteorology, geophysics, and bioclimatology, Series A. 12(2): 151-182.

van Vuuren D P, Edmonds J A, Kainuma M, et al. 2011. The representative concentration pathways: An overview. Climatic Change, 109: 5-31.

Vandenberghe J, French H M, Gorbunv A, et al. 2014. The Last Permafrost Maximum(LPM)map of the Northern Hemisphere: Permafrost extent and mean annual air temperatures, 25-17 ka BP. Boreas, 43(3): 652-666.

Vincent W F, Gibson J A E, Jeffries M O. 2001. Ice-shelf collapse, climate change, and habitat lossin the Canadian high Arctic. Polar Record, 37(201): 133-142.

Vladimir S A. 2009. Snow and its Distribution in Igor Alekseevich Shiklomanov Edited, Hydrological Cycle Volume II. pp. 364. ISBN: 978-1-84826-025-2 (eBook). Encyclopedia of Life Support Systems, United Nations Educational Scentific and Cultrual Organization.

Walker D A, Halfpenny J C, Walker M D, et al. 1993. Long-term studies of snow-vegetation interactions. Biology Science, 43: 287-301.

Wang Y J, Cheng H, Edwards D L, et al. 2005. The Holocene Asian monsoon: Links to solar changes and North Atlantic climate. Science, 308: 854-875.

Yen Y C, Cheng K C, Fukusako S. 1991/1992. A review of intrinsic thermophysical properties of snow, ice, sea ice, and frost. The Northern Engineer, 23(4)and 24(1): 53-74.

Yu G, Xu J, Kang S, et al. 2013. Lead isotopic composition of insoluble particles from widespread mountain glaciers in western China: Natural vs. anthropogenic sources. Atmospheric Environment, 75: 224-232.

Zachos J C, Pagani M, Sloan L, et al. 2001. Trends, rhythms, and aberrations in global climate 65 Ma to present. Science, 292: 686-693.

Zhang T, Barry R G, Knowles K, et al. 2008. Statistics and characteristics of permafrost and ground-ice distribution in the Northern Hemisphere. Polar Geography, 31(1): 47-68.

索 引

B

巴黎协定　16
雹　56
北大西洋涛动　15
北极涛动　15
冰川　25, 100
冰川搬运　233
冰川底部滑动　92
冰川动力学　68
冰川动力学模式　277
冰川堆积　234
冰川观测方法　314
冰川化学　114
冰川侵蚀作用　232
冰川水文　215
冰川温度　100, 101
冰川物质平衡模式　274
冰川运动　91
冰的介电常数　91
冰的热学性质　89
冰的蠕变　87
冰冻圈　1, 2, 19
冰冻圈变化　5
冰冻圈地缘政治　19
冰冻圈服务功能　266
冰冻圈服务价值　268, 269
冰冻圈化学　111
冰冻圈科学　6, 7, 8
冰冻圈旅游　265, 266
冰冻圈模式　274, 292, 302
冰冻圈社会经济调查方法　323
冰冻圈水文　208
冰冻圈灾害　17

冰盖　25
冰盖动力学模式　274, 277
冰架　26
冰间湖　53
冰间水道　78
冰晶体　84
冰皮　76
冰期-间冰期旋回　141, 142
冰-气动量交换　194
冰-气潜热和感热交换　193
冰山　26
冰楔　137, 147
冰芯　136, 140, 144
冰芯定年法　330
冰芯记录　138, 139, 141, 143
冰雪-反照率反馈机制　192, 193
冰组构　86

C

成冰作用　70
初期冰　76
初生冰　76
穿透雷达技术　312
垂直地带性　25
脆弱性　243, 244, 246

D

Dansgaard-Oeschger（D-O）事件　142
大陆型冰川　30
大气冰冻圈　3
大气气溶胶　111
大气圈　192, 193
大西洋经向翻转流　15
地带性　25

地球系统科学合作伙伴　9
地球系统模式　271，272，273，274，303
地下冰　73
地质　114
第三极环境　10
第六次评估报告　10
典型浓度路径　294
电磁方法　311
电感耦合等离子体质谱技术　327
东亚季风　194，195
动力降尺度　274
冻结潜热　65
冻土　25
冻土的变形　97
冻土的热学性质　103
冻土观测方法　319
冻土化学　122
冻土力学特征　94
冻土模式　274，278，288
冻土强度　94
冻土水文　227
冻土微生物　200
冻土温度　104
冻土中水分迁移　102
冻土组构　73
冻胀丘　137，150
多年冰　51
多年冻土　36

F

反照率　64，91，106
粉尘　120
服务　19
附加冰带　71

G

干湿沉降　114

干雪带　70
高度计　339
高寒草原　196，197
高寒灌丛　196
高寒荒漠　196，197
共享社会经济路径　292
古冰川测年　330
光学　325
光学遥感　334
国际冰冻圈科学协会　9
国际水文科学协会　10
国际大地测量与地球物理学联合会　9
国际地圈-生物圈计划　9
国际科学理事会　10
国际科学联盟　9
国际全球环境变化人文因素计划　9
国际社会科学联盟　9
国际生物多样性计划　9
过去全球变化　9

H

海冰　25
海冰的含盐度　104
海冰观测方法　321
海冰化学　127
海冰密集度　52
海冰模式　130，193，273，274，282，283，284，285，290，291
海冰相图　131
海底多年冻土　54
海平面变化　213
海洋冰冻圈　3
海洋型冰川　30
含冰量　65
含盐度　104
寒带针叶林　195
寒带针叶林带或泰加林带　196

寒区生态系统　195
寒区生物地球化学循环　203
寒区碳储量　203
河冰和湖冰观测方法　320
河冰和湖冰化学　111
河湖冰模式　274，285
黑碳　120
活动层　36
火山活动　111
火星冰冻圈　20

I

IPCC　4，10

J

积累区　66
积累速率　66
积雪　25
积雪观测方法　317
积雪模式　274，280，281
激光同位素比分析技术　329
极地和高山观测、研究与服务执委会小组　10
极地海洋生物　205
季节冻土　36
简单气候模式　271，272
介电常数　108
经济社会可持续发展　6
经向翻转流　15
净辐射通量　64
净积累量　136，145

K

可持续发展　242，243
可溶性化学成分　112

L

冷原子荧光光谱技术　328
离子色谱技术　327
力学　324
联合国环境署　10
联合国气候变化框架公约　5
联合国政府间气候变化专门委员会第五次评估报告　1
两极区域淡水　211
流动定律　87
陆地冰冻圈　3

M

毛细管作用　69

N

能量平衡　64

O

欧亚大陆积雪变化　195
耦合模式比较计划　272，303

P

平衡线　71

Q

"气候与冰冻圈"计划　8
气候变化　4
气候环境指标　136
气候系统　4
气候系统模式　271，272，273，283，285，294，303
气体稳定同位素比质谱技术　328
气相色谱分析　329
气象观测　305

区域气候模式　271, 273, 274, 288
全球社会经济情景　292
全球水循环　211

R

热光分析技术　328
热学　325
热盐环流　211, 213
人类活动　114
人类排污　112
融池　79
融雪水文　224

S

沙尘暴　111
渗浸带　70
生物地球化学循环　111
生物圈　192, 195
湿雪带　70
世界气候研究计划　8
世界气象组织　8
适应　6
适应性　7
水圈　192, 208, 211
水文观测　309
水质　112

T

苔原　195, 196, 199
泰加林带　198
天然气水合物　124
统计降尺度　274

W

WCRP/CliC　9
外太空尘埃　111
微波遥感　337

微观物理结构　327
微粒　120
纬度地带性　25
未来地球　9
温度　100
温室气体　137, 143
温室气体排放情景　292, 293, 300
物理结构分析技术　327
稳定同位素　121
无机成分　114
无线电回波探测　340
温盐环流　16
物质平衡　66

X

吸附-薄膜水迁移　69
吸光性杂质　113
霰　56
相变潜热　65
消融带　71
消融区　66
消融速率　66
小冰期　145, 151
行星冰冻圈　20
学科体系　7
雪的热学性质　90
雪水当量　153
雪线　71

Y

岩石圈　192, 231, 232
盐度　105, 128
遥感技术　332
一年冰　51
印度季风　145
影响　6, 7
有机成分　119

有机污染物　119
元素富集系数　118

Z

灾害风险　247
在线连续融化分析方法　329
中等复杂程度气候模式　271, 272, 273
中世纪气候异常期　151

重金属　116
重力卫星　340
主动冷却路基　262
钻探与坑探技术　310

其他

20 世纪暖期　151